Bericht über den V. Internationalen Astronautischen Kongreß

Innsbruck, 5. bis 7. August 1954

Im Auftrage der
Österreichischen Gesellschaft für Weltraumforschung

herausgegeben von

Friedrich Hecht

Wien

Mit 165 Abbildungen

Springer-Verlag Wien GmbH 1955

ISBN 978-3-662-37558-7   ISBN 978-3-662-38334-6 (eBook)
DOI 10.1007/978-3-662-38334-6

Statement

The feasibility of flight through outer space is no longer a topic for academic debate. High-altitude rockets have repeatedly risen beyond the upper fringes of the atmosphere and have shown that rockets can be propelled and guided through the vacuum of outer space. Even animals have been carried aloft in such flights and they are in as good a state of health today as they have ever been before.

From the engineering aspect, manned space flight and its ultimate purpose — voyages to the moon and the nearer planets — are merely a logical extrapolation of the present art of rocketry. Admittedly, it is a bold extrapolation: The moon ship of the future will compare to a present-day high-altitude rocket as a modern transatlantique airliner compares to a bail-and-wire aeroplane of 1910. The same ingredients are required to make space flight as successful as aviation: Devotion on the part of its protagonists, money and a determined step-by-step program.

Research will play a vital part in Man's imminent conquest of space. It will have to provide the answers for many still open questions, not only in the realm of engineering, but even more in adjacent fields such as aviation medicine, radiology, meteor research, and others. In a revolutionary new technological endeavor, — such as aviation was 50 years ago, or as astronautics is today — the supporting sciences involved have to fight for their recognition and respectability. Thus, it is hardly unusual that we space flight protagonists are occasionally frowned upon by members of the older scientific fraternities. We should not bother about this, however, for the younger generation is on our side. The time is here when it is no longer possible to argue about the feasibility of commercial aviation. Soon the time will come when it will no longer be respectable to raise doubt at the feasibility of astronautics.

Wernher von Braun

Inhaltsverzeichnis

5. August 1954

Seite

6. August 1954

7. August 1954

Grundsätzliches zur Raumtaucherrüstung

Von

H. Oberth, Feucht[1], GfW

(Mit 15 Abbildungen)

Zusammenfassung. Ausgehend von den physikalischen Bedingungen, unter denen ein an einer Außenstation eingesetzter Raumtaucher arbeiten muß, entwickelt der Verfasser Ideen zur Konstruktion der hierfür erforderlichen Rüstung, die sich von der eines Stratosphärenfliegers wesentlich unterscheidet. Durch verhältnismäßig einfache Vorrichtungen läßt sich erreichen, daß die Forderungen: Aufrechterhaltung eines genügenden Innendruckes gegenüber dem Außendruck 0, Schutz gegen schädliche Strahlungen und den Aufprall kosmischer Staubteilchen, hinreichende Bewegungsfreiheit, die Möglichkeit, die Arme in die Rüstung hineinzunehmen, Temperaturregelung und Fortbewegungsfähigkeit erfüllt werden. Zum Schluß werden Richtlinien für die Erprobung einer solchen Rüstung auf der Erde gegeben.

Die Rüstung für Stratosphärenflieger ist schon ziemlich weitgehend entwickelt, und vieles kann für den Raumtaucheranzug übernommen werden: Aber nicht alles, und es scheint daher heute an der Zeit, darüber nachzudenken, was neu entwickelt werden muß, um später mit den Entwicklungsarbeiten fertig zu sein, wenn man den Raumanzug braucht.

Zunächst möchte ich die *Aufgabe der Raumtaucherrüstung* scharf umreißen, denn in der Technik bringt eine richtig gestellte Frage oft schon einen Teil der Lösung. Dabei will ich fürs erste von jenen Rüstungen absehen, die man einmal auf dem Mond und dem Mars brauchen wird, und lediglich nach den Rüstungen für die Arbeiter auf der Außenstation fragen.

Die Aufgabe dieser Rüstungen unterscheidet sich von jener der Stratosphärenrüstungen in neun Punkten:

1. Im allgemeinen ist der *Andruck*, unter dem der Raumtaucher arbeitet, praktisch gleich Null. Während man bei Stratosphärenrüstungen auf Leichtigkeit achtet, um den Flieger nicht unnötig zu belasten und zu ermüden, genügt es, wenn beim Raumtaucheranzug die *Gliedmaß*en leicht sind, weil sie sonst den Arbeiter zwar nicht durch ihr Gewicht, wohl aber durch ihre Trägheit belästigen würden. Beim *Rumpfstück* dagegen ist es gerade *angenehmer*, wenn es eine gewisse Trägheit besitzt, denn man gewinnt dann beim Arbeiten eine größere Beständigkeit der Körperstellung. Angenommen z. B., daß ich frei schwebe, und ich habe mit der rechten Hand links etwas gemacht und greife nun nach rechts, um mir ein Werkzeug zu holen, so macht bei Andruckfreiheit mein ganzer Körper eine Drehung im Gegensinne nach links, aber offenbar um so weniger, je weniger der Arm und je stärker der Körper dabei belastet ist.

Einem nennenswerten Andruck wird der Raumtaucher nur ausgesetzt sein, wenn er an einem Teil, der in größerem Abstand um das Zentrum rotiert, von

---

[1] (13 a) Feucht bei Nürnberg, Pfinzingstraße 74, Bundesrepublik Deutschland.

außen etwas auszubessern hat. Dabei wird es sich aber stets so einrichten lassen, daß man am Rumpfstück ein Drahtseil befestigt, an dem man ihn vom Zentrum her „herabläßt", so daß nicht er selbst das Gewicht des Rumpfstückes zu tragen hat.

Aus dieser Überlegung folgt: Das Gewicht des Rumpfstückes einer Raumrüstung ist nicht mit Rücksicht auf den Raumtaucher, sondern lediglich mit Rücksicht auf den *Kostenpunkt* zu begrenzen, denn je mehr Gewicht man hinauftragen muß, desto mehr Treibstoff kostet natürlich die Beförderung. Dies ist nun aber wieder nicht so schlimm, denn man muß die Rüstung nur ein einziges Mal hinaufschaffen, dann bleibt sie als Inventarstück der Außenstation oben. Und bei der Außenstation ist Trägheit in praktisch jeder Form sogar erwünscht, damit sie durch anlegende Raumschiffe in ihrer Bahn weniger gestört wird.

Alles in allem stellt der Umstand, daß die Rüstung schwer sein darf, zweifellos eine wesentliche Vereinfachung unserer Aufgabe dar, wie Sie noch sehen werden.

2. Der Raumtaucher muß noch mehr als der Höhenflieger gegen *schädliche Strahlen* geschützt sein. Dies erschwert die Aufgabe wieder.

3. Ebenso ist der Einschlag feiner kosmischer Staubkörner zu befürchten. Hiergegen ist der beste bisher bekannt gewordene Vorschlag von v. Braun veröffentlicht worden, man solle 1 bis 3 cm vor der eigentlichen Wand noch eine zweite Wand anbringen. Staubkörner, die diese durchdringen, werden durch die Wucht des Aufpralls mindestens in feinste Teilchen zerrissen, wenn nicht verdampft, und können daher der Innenwand nicht mehr schaden. Dieses Prinzip läßt sich auch bei der Raumrüstung verwenden, wenn sie nur so entworfen ist, daß man sie doppelwandig machen kann. Ausgenommen sind höchstens die Hände.

4. Der Höhenflieger sitzt eigentlich nur ruhig in seiner Zelle. Die Beine bewegt er kaum, und die Arme hebt er selten höher als schulterhoch und bedient eigentlich nur das Steuer und hin und wieder einige Geräte. — Der Raumtaucher dagegen muß beim Bau der Weltraumstation oft mit sperrigen und spitzen Stücken und Werkzeugen hantieren, wobei auch noch infolge der Andruckfreiheit seine Bewegungen ungeschickt werden. Da muß man natürlich dafür sorgen, daß in die Rüstung *keine Löcher gerissen* werden, und daß man solche Löcher, wenn sie doch entstehen sollten, so schnell als möglich wieder schließen kann. Die äußere Hülle darf also beileibe nicht bloß aus versilbertem Gummi bestehen, sondern der härteste und zäheste Stahl darf uns hier nur gerade gut genug sein, besonders bei den Gliedmaßen. Beim Rumpfstück kann man sich ja mehr durch die Stärke einer an sich nicht so harten Wand schützen.

Leider hat sich Mutter Natur beim Bau des Menschen nicht an die DIN-Normen gehalten, und wir sind verschieden groß. Wir wollen aber nicht jedem Raumtaucher einen eigenen Metallanzug nach Maß anfertigen und müssen daher auch darüber nachdenken, wie man an der Rüstung Rumpf und Glieder nach Bedarf kürzer oder länger und die Brust breiter oder schmäler machen kann. Für allzu verschiedene Größen wird man wohl immer verschiedene Rüstungen bauen müssen; ich denke mir drei Typen, nämlich für Körpergrößen von 157 bis 172, von 172 bis 187 und über 187 cm. Und wenn einmal auch Frauen Raumtaucheranzüge brauchen sollten, wird man für diese noch zwei bis drei neue Typen bauen müssen. Immerhin muß also ein Typ, wie man sieht, noch innerhalb weiter Grenzen verwendbar sein. Die Ober- und Unterarmstücke und mindestens die Unterschenkelstücke müssen daher (Abb. 1 a) aus je zwei Teilen bestehen, die man nach Bedarf ineinanderrücken oder auseinanderziehen kann. Die Fixierung könnte beispielsweise dadurch erfolgen, daß die beiden Enden im Querschnitt rund und mit Rohrgewinde ineinandergeschraubt sind. Denn auf den Querschnitt kommt es hier ja kaum an, solange er nur weit genug ist, daß das Glied darin Platz hat. Irgend ein passendes Mittel, um ein solches Gewinde zu dichten, würde sich ja wohl auch für das Vakuum des Weltraums finden. Man könnte aber auch (Abb. 1 b) daran denken, die beiden Enden ineinander gleiten zu lassen und mit Schraubenbolzen von außen zusammenzuhalten und innen mit Gummistoff zu unterlegen, doch es würde wohl zu weit führen, hier auf diese verschiedenen Möglichkeiten einzugehen.

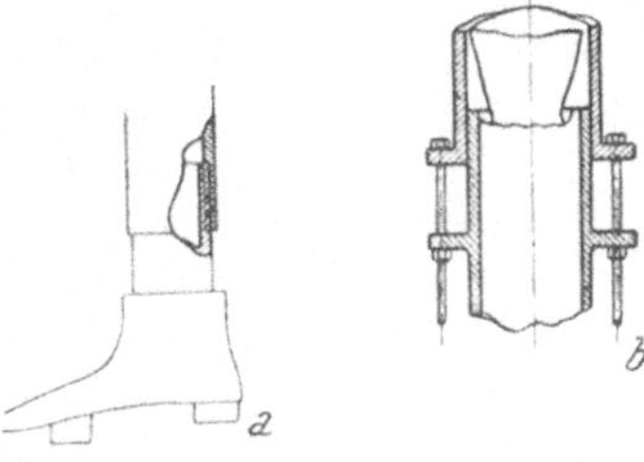

Abb. 1.

5. Wie schon erwähnt, muß der Raumtaucher seine Glieder leichter bewegen können als ein Hochflieger. Erstens, um besser arbeiten zu können, und zweitens, um sich auch durch Kreisen der Arme und Beine in eine andere Lage zu drehen, so wie es eine Katze beim Fallen durch Kreisen des Schwanzes tut. Man könnte zwar auch an Kreisel denken, die seinem Körper eine gewisse Stellung geben, die sich dadurch ändern ließe, daß der Winkel zwischen Rumpf und Kreisel oder dessen Tourenzahl geändert wird. Der Gedanke ist nicht einmal so abwegig, wie er auf den ersten Blick vielleicht aussieht. Alles gegeneinander abgewogen ist es aber doch besser, auf solche Richtkreisel zu verzichten, zumal der Taucher die Arme ja sowieso bewegen muß und die Beine schließlich auch, denn wenn er sich z. B. mit den Fußklinken oder Haftmagneten an der Wand angeheftet hat, an der er arbeiten soll, so muß er den Rumpf zur Wand hinbeugen, also im Oberschenkelgelenk entsprechende Bewegungen ausführen; dann muß er sich vielleicht wieder wegbeugen, wenn er z. B. den Schweißapparat zur Hand nimmt und dem Flammenbogen nicht zu nahe kommen will; später hat er vielleicht an der Wand weiterzuschreiten usf.

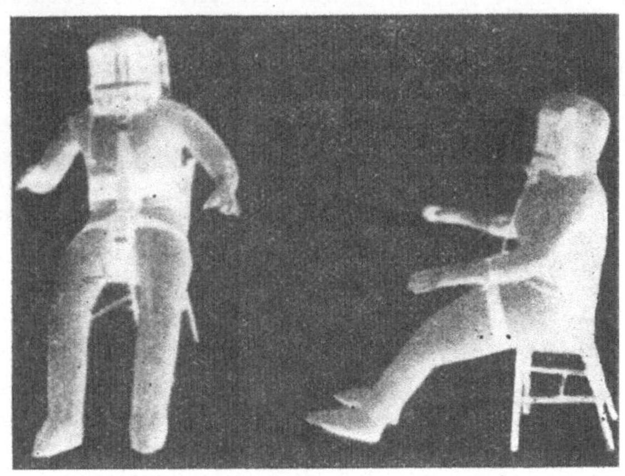

Abb. 2.

Verglichen mit der Aufgabe einer Stratosphärenrüstung erschwert also dieser Umstand unsere Aufgabe.

Und dabei haben wir es auch noch mit einer Rüstung zu tun, die hauptsächlich aus Metall bestehen, doppelwandig und gerade an den Gliedern möglichst leicht und beweglich sein soll.

Abb. 2 zeigt eine Stratosphärenrüstung aus dem Jahr 1935. Wenn man mich vorher gefragt hätte, so hätte ich gesagt: „So geht das nicht!" — Hier zeige ich ihnen ein Gerät. Wenn man hineinbläst, so streckt es sich, denn ein biegsamer Beutel sucht stets diejenige Form anzunehmen, bei der sein Inhalt am größten ist. Ebenso streckten sich bei diesem Taucheranzug bei abnehmendem Luftdruck Arme und Beine, und der arme Kerl saß drinnen wie ein aufgeblasener Gummifrosch und konnte sich kaum mehr rühren.

Bei den modernen Stratosphärenrüstungen wird dieser Übelstand durch Metallbänder und Federn verhindert, leider genügt aber die dadurch gewonnene Beweglichkeit für unsere Zwecke noch nicht.

Ein metallenes Glied können wir nun aber auch so bauen, daß es sich bei innerem Überdruck nicht streckt, sondern *beugt*. Angenommen, wir hätten (Abb. 3 *a*) zwei Röhren *1* aus Metall, die oben mit einem Scharnier *2* verbunden und an den Enden *3* mit starren Deckeln verschlossen sind. Innen sollen sie mit Ballonstoff ausgelegt sein, der bei *4* hervorguckt. Wenn man bei *5* durch einen Schlauch hineinbläst, so wird sich dieser Beutel aufblähen, die Röhren nach oben werfen und das Glied beugen (Abb. 3 *b*). Dies geschieht allerdings nur, weil der Drehpunkt auf der Seite liegt. Würde man ihn genau in die Mitte legen, so daß sich die Drehachse mit der Längsachse schneidet (Abb. 3 *c*), so würde der Innendruck das Glied gerade strecken und nicht beugen.

Zwischen diesen beiden Extremen gibt es nun für den Drehpunkt eine gewisse Mittelstellung, wo der Innendruck das Glied weder beugt noch streckt. Man kann sie unter gewissen Voraussetzungen über die Elastizitätseigenschaften des unterlegten Gummistoffs sogar rechnerisch bestimmen — ich halte hier aber die experimentelle Erforschung für einfacher und dabei besser.

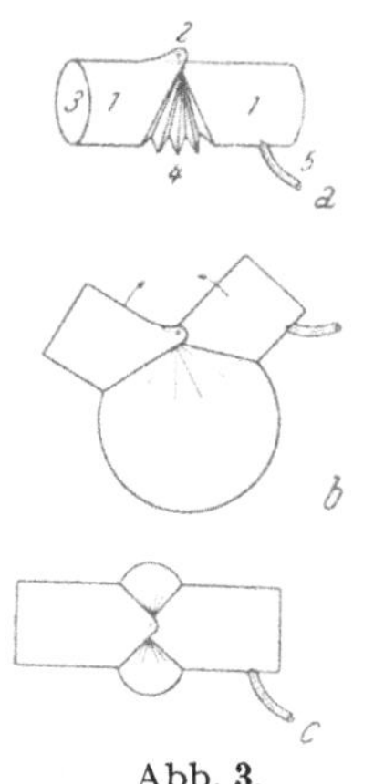

Abb. 3.

Abb. 4 *a* zeigt das Ellbogengelenk. Der Drehpunkt liegt zwischen der Mitte und dem Innenrand. Der Gummistoff, mit dem das Gelenk unterlegt ist, ist durch darüberliegende Ringe besonders vor zu starker Aufblähung geschützt. Diese Ringe schieben sich dachziegelartig übereinander, ähnlich wie bei einer Ritterrüstung (vgl. auch Abb. 4 *b*).

Dies wäre der Innenteil des Gelenkes. Gegen kosmischen Staub steckt es außerdem in einer von den Drehachsen gehaltenen, teilweise offenen Hohlkugel. Die offenen Stellen sind mit beweglichen Platten geschützt.

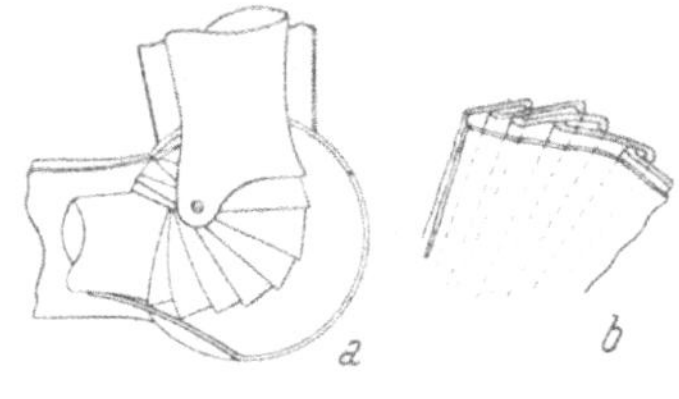

Abb. 4.

Bei den Händen müssen wir leider auf das Prinzip der Doppelwand verzichten, wenn wir sie durch *Handschuhe* schützen wollen. Da wird es sich nicht vermeiden lassen, daß durchschnittlich alle zehn Tage einmal ein kosmisches Staubkorn durchdringt und eine vielleicht stecknadelkopfgroße Verletzung verursacht. Die Hand- und Fingerrücken würde ich aus dehnbarem Buna machen; an der Hohlhandseite würde ich sie mit abriebfesten Stücken, die Cordgewebe enthalten, bekleiden, die Beugefalten jedoch nicht belegen. Außerdem würde ich vorschlagen, daß der Raumtaucher unter diesen starken Handschuh noch einen zweiten aus dünnem Gummi anzieht, der etwas plastisch ist, damit er sich bei Einschlag kosmischen Staubes möglichst von selbst wieder schließt, und der sich außerdem gegen den äußeren etwas verschieben läßt, wenn das Loch etwas größer sein sollte.

Der Unterarmteil mit dem Handschuh wäre außerdem auswechselbar zu machen und für Arbeiten, die keine große manuelle Geschicklichkeit erfordern, durch ein doppelwandiges Stück mit Greifklaue zu ersetzen. Bei der Hand ist dies Stück so weit, daß man die Greifklaue mit der Hand auch an einem Kugelgelenk schwenken kann.

Die *Beugebewegungen* der Hand können dem Handschuh überlassen werden. Die Drehbewegung um die Längsachse kann folgendermaßen ausgeführt werden: Der Handschuh hängt an einer Manschette aus Metall (Abb. 5, *1*). Sie soll im Querschnitt kreisrund sein und sich im starren Teil *2* drehen. Um die Drehung zu erleichtern, wäre zwischen beiden ein Stirnkugellager *3* vorzusehen, denn der Überdruck von 1 atü preßt die beiden Ringe mit bemerkenswerter Kraft aufeinander. Die Dichtung würde ich einer U-Manschette *4* übertragen. Diese Drehstelle muß keineswegs in der Nähe der Hand liegen; sie kann vielmehr bis zum Ellbogengelenk hinauf an jeder Stelle des Unterarmes angebracht sein.

Hier habe ich übrigens einen ganz ketzerischen Gedanken: Ich glaube, es müßte möglich sein, die menschliche Hand durch häufiges Hineinhalten in ein immer höheres Vakuum so weit dagegen abzuhärten, das heißt Haut und Bindegewebe so weit zu festigen, daß der Raumtaucher die Hände gegebenenfalls auch frei tragen kann. Das könnte bei besonderen Gelegenheiten von Vorteil sein. Im *allgemeinen* möchte ich es allerdings *nicht* befürworten; erstens muß der Raumtaucher zu oft an glühend heiße oder eiskalte Körper greifen, und der

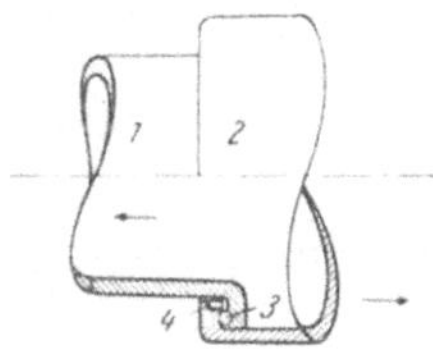

Abb. 5.

LEIDENFROSTsche Zustand wird hier des fehlenden Luftdrucks wegen *nicht* eintreten. Zweitens müßte dann der Unterarm vor dem Handgelenk von einer Dichtungsmanschette umgeben sein, und die Hand könnte nicht in die Rüstung hineingenommen werden, was mir wichtig scheint; und drittens (glauben Sie es, oder glauben Sie es nicht!) würde man die nackten Finger im Vakuum *nicht* so leicht beugen, wie in dem eben beschriebenen Handschuh, wenn er richtig ausgeführt ist.

Ein ähnliches Drehgelenk würde ich an der *Schulter* anbringen und darüber, mit möglichst weit über den Körper greifenden Drehpunkten, ein Beugegelenk ähnlich jenem für den Ellbogen. Letzteres wird außerdem auch noch von einer Feder gestützt. An den *Knie-* und *Fußgelenken* würde ich ähnliche Beugegelenke anbringen wie bei dem Ellbogen, an den Unterschenkeln ähnliche Drehgelenke wie an den Unterarmen, und bei den *Oberschenkelgelenken* würde ich ähnlich verfahren wie bei den Oberarmgelenken.

Das klingt zwar sehr gefährlich. Angenommen nämlich, der Drehring hätte 35 cm im Durchmesser, so würde das bedeuten, daß eine Kraft von

$$35^2 \cdot \pi/4\,\text{cm}^2 \cdot 1\,\text{kg/cm}^2,$$

das sind ziemlich genau 1000 kg, die beiden Teile gegeneinander preßt. Mit Hilfe der Lagerkugeln können wir nun aber die Kraft, die nötig ist, um die beiden Stücke gegeneinander zu drehen, auf etwas über 20 kg herabmindern, wozu dann noch 2 bis 3 kg kommen, um den Widerstand der Dichtung zu überwinden. Das ist immer noch viel, aber glücklicherweise greift diese Kraft nahe am Drehpunkt und am Gelenk an, und dort haben wir eine Kraft, die die meisten von uns gar nicht ahnen. Wenn Sie z. B. den Oberschenkel waagerecht hochziehen und nahe am Leib 30 kg darauf legen, so merken Sie beim Heben noch kaum einen Widerstand. Nach unten zu ist unsere Kraft noch größer, da überwinden wir ja sogar noch im Abstand des Knies leicht unser eigenes Körpergewicht; und zwischen den Schenkeln hat ein erwachsener Mann, der dabei gar nicht einmal ein geübter Reiter zu sein braucht, auch eine ganz erhebliche Kraft.

Es gibt auch noch andere Lösungsmöglichkeiten, z. B. Doppelgelenke, Cardanische Befestigung der Schenkelröhre und anderes mehr, doch müßte ich zu weit ausholen, um das alles ausführlich zu behandeln. Dieser Vortrag kann ohnehin nur Anregungen für die Entwicklungsarbeiten bringen.

6. Die Stratosphärenrüstung muß bei wechselndem Außendruck (und das bedeutet: bei wechselndem Überdruck) brauchbar sein. Der Raumtaucher dagegen arbeitet beim Außendruck Null und beim Innendruck von 1 atü.

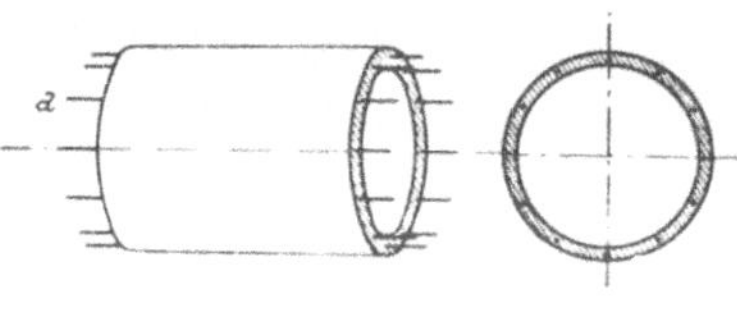

Abb. 6.

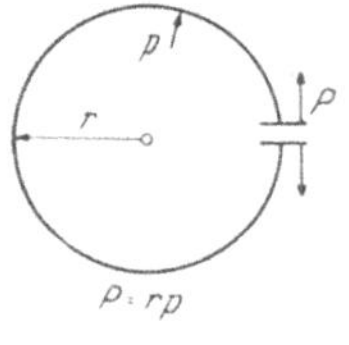

Abb. 7.

Dieser konstante Überdruck erleichtert die Aufgabe wesentlich und gestattet Maßnahmen, die beim Höhenflieger im allgemeinen unmöglich wären.

Angenommen z. B., wir hätten einen zylindrischen Schlauch, der sich aufbläht, wenn man Gas hineinpumpt, und sich verengt, wenn man das Gas wieder herausläßt. An einer Änderung der Länge soll er dadurch gehindert sein, daß in die Wand Bänder a eingelassen sind, die nicht dehnbar sein mögen (Abb. 6).

Wenn es nun gelingt, die *Dehnung quer zur Achse der Wandspannung proportional zu halten* (ich komme noch darauf zurück), so wird folgendes geschehen:

Die Kraft P, die den Schlauch auseinanderzutreiben sucht, ist bekanntlich

$$P = r\,p,$$

wobei r den Schlauchhalbmesser und p den Innendruck bezeichnet (vgl. hierzu auch Abb. 7). Sie ist also bei gegebenem Innendruck p dem Schlauchhalbmesser proportional.

Andererseits ist die Kraft T, mit der sich der Schlauch zusammenzieht, laut Voraussetzung

$$T = k\,r,$$

wobei k ein Proportionalitätsfaktor sein soll.

Wenn nun Gleichgewicht herrscht, so ist

$$P = T$$

und daher

$$r\,p = k\,p \qquad \text{oder} \qquad p = k.$$

Sie sehen, daß sich hier r forthebt, und wenn wir statt r einen anderen Halbmesser, sagen wir $n\,r$, eingesetzt hätten, so hätten wir bekommen:

$$P = n\,r\,p \qquad \text{und} \qquad T = k\,n\,r$$

und bei Gleichsetzung von P und T hätten wir immer noch gehabt:

$$p = k.$$

Dies heißt aber nicht mehr und nicht weniger, als *daß der Innendruck gleich einer konstanten Zahl ist, die nur von der Elastizität der Wand, nicht aber vom Volumen der darin befindlichen Luft abhängt.* Man könnte aus der Rüstung Luft in einen solchen Schlauch hineinblasen oder daraus in die Rüstung zurückbefördern, ohne daß der Druck im Schlauch wechselt — natürlich immer unter der Voraussetzung, daß T zu r proportional bleibt. Diese Voraussetzung läßt sich nun *verwirklichen.*

Wenn an einer elastischen Feder (Abb. 8) von der Länge L eine Last T hängt, so wird sie sich um den Betrag $\varDelta L$ ausdehnen, der innerhalb weiter Grenzen der Last T proportional ist.

Wir nehmen nun einen Zylinder aus gummiertem Stoff (Abb. 9, *1*) mit Längsfalten, der mit Längsstreifen aus undehnbarem Material belegt ist. Diese legen sich dachziegelartig übereinander. Diesen Behälter *1* stecken wir in einen starren Zylinder *2* mit dem Durchmesser L/π, das heißt also mit dem Umfang L.

Dieser Zylinder *2* ist bei *3* offen. Nun führen wir eine Zugfeder *4* durch den Schlitz *3* hindurch, legen sie um *1* herum, führen sie dann wieder durch *3* und sodann über *2*, dann wieder durch *3* und über *1* und so abwechselnd über *1* und *2*. Zuletzt spannen wir sie so stark, daß sie den Zylinder *1* auf den Innendruck von 1 atü zusammenpreßt. Offenbar entspricht dann der Umfang von *1* der Länge ΔL.

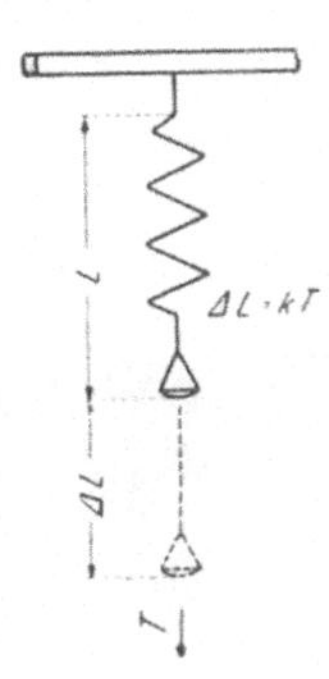

Abb. 8.

Damit die *Reibung* nicht zu groß wird, kann man die Feder *4* nach Abb. 10. unterteilen und zwischen die Teile kleine, leicht rollende Walzen *5* einspannen. *6* ist ein starrer Behälter für komprimierte Preßluft oder für Reservesauerstoff. Er ist nur darum hier untergebracht, damit die Wandfalten des Zylinders *1* nicht in Unordnung kommen, wenn er völlig entleert werden sollte. Natürlich sind gleichzeitig auch elastische Zickzackbänder vorgesehen, die die Falten wieder in die richtige Lage bringen, wenn sich *1* zusammenzieht.

Wenn wir dem Behälter *1* nicht die Form einer langen Röhre, sondern jene eines verhältnismäßig kurzen Zylinders geben wollen, so müssen wir den Zylinder *2* oben und unten durch je eine starre Querplatte *7* (Abb. 11) abschließen, damit sich die Enden von *1*, die natürlich aus nachgiebigem Stoffe sein müssen, nicht herausblähen können, denn dann würde der Innendruck von der Menge des Inhalts abhängig werden. Die Abb. 11 zeigt einen solchen Zylinder im Schnitt, *8* ist die schon einmal erwähnte äußere Schutzhülle gegen kosmischen Staub.

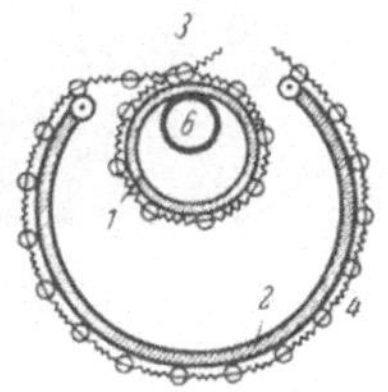

Abb. 9.

Wir können also aus der Taucherrüstung, die natürlich stets unter dem Druck von 1 atü steht, nach Bedarf mit einem Arbeitsminimum Luft in einen solchen Behälter treiben, oder sie wieder in die Rüstung strömen lassen. Etwas ähnliches wäre bei einer Stratosphärenrüstung nur in einer einzigen Höhe über dem Erdboden möglich.

Aus diesem Grunde kann man dem Raumtaucher eine Annehmlichkeit schaffen, die der Höhenflieger bisher noch nicht hat: *Er kann notfalls die Arme in die Rüstung hineinnehmen.*

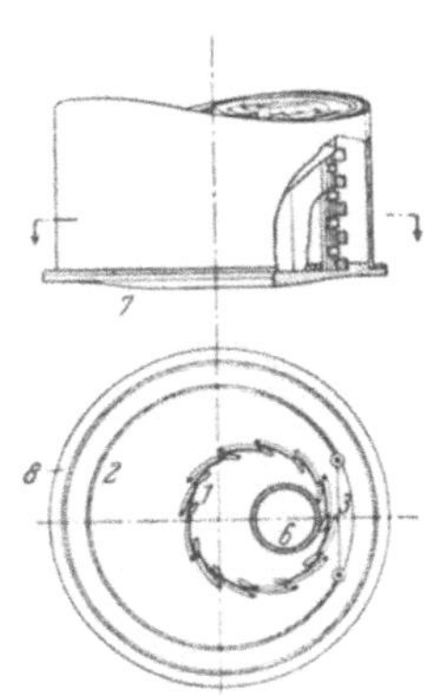

In der Abb. 12 sehen Sie einen Stratosphärenflieger nach anderthalbstündiger Fahrt. Das Fenster hat sich innen beschlagen und ist oben sogar vereist, so daß er kaum noch etwas sehen kann.

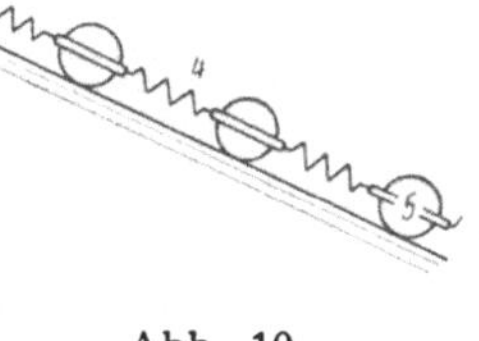

Abb. 10.

Abb. 11.

Vereisen könnte nun das Raumtaucherfenster zwar nicht, nicht einmal im Schatten eines Raumschiffs, der Außenstation oder gar der Erde, denn es gibt hier oben keinen kalten, schneidenden Wind, und die Wärmeabstrahlung ins Vakuum ist im Vergleich zur Wärmeaufnahme durch die Innenluft bei einiger Turbulenz dieser zu gering, um die Scheibe unter Null abzukühlen. Aber mit Tau könnte sich die Scheibe immerhin beschlagen.

Dagegen könnte man nun zwar einen Scheibenwischer wie beim Auto anbringen. — Doch das ist noch nicht alles. Wenn hier nicht die Tauschicht und die Lichtreflexe über manches den Mantel christlicher Nächstenliebe breiteten, so würden Sie wahrscheinlich auch bemerken, daß sich der Versuchspilot anderthalb Stunden lang die Nase nicht geputzt hat.

Und dabei muß der Raumtaucher vielleicht noch länger in seiner Rüstung ausharren als der Höhenflieger! Es ist also *nötig*, daß er die Möglichkeit erhält, sich die Nase zu putzen, vielleicht an seinen Kleidern etwas zu richten, zu essen, kleinere Löcher rasch von innen mit Gummiplatten zu bedecken, die Scheiben zu wischen und anderes mehr. Da er sich z. B. beim Bau von Weltraumspiegeln oder bei der Anbringung von Wächterbomben, die sich auf ungebetene Gäste stürzen sollen, gegebenenfalls 40 bis 50 km von der Station entfernen muß und relativ zur Station nur irdische Geschwindigkeiten erreichen kann, könnte man auch darüber nachdenken, ihm die Möglichkeit zu geben, nicht zu jeder Notdurftverrichtung in die Zelle zurückkehren zu müssen.

Den rechten Arm kann der Taucher nun in folgender Weise in die Rüstung hineinziehen:

Abb. 12.

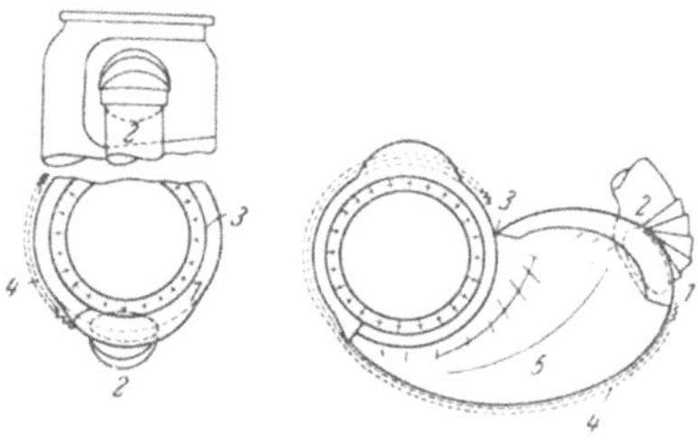

Abb. 13.

Abb. 13 stellt die Raumtaucherrüstung von oben gesehen dar. Auf der rechten, oberen Brustseite befindet sich eine Art Klappe oder Tür *1*, die bis hinter den Arm reicht, so daß der Ärmel *2* noch auf dieser Türe sitzt und mit ihr mitgeführt wird. Sie dreht sich um das Scharnier *3* und wird von den Federn *4* zugezogen. Diese Federn reichen hinten über die Rüstung und sind so stark gespannt und in ihrer Länge so bemessen, daß die Türe *1* in jeder Stellung gerade dem Innendruck von 1 atü standhält. Dies läßt sich bei einer starren, in Scharnieren drehbaren Platte noch leichter erreichen als bei einem freien, weichen Zylinder. Innen befindet sich

a) vor dem Scharnier, und

b) besonders vor den übrigen Rändern der Klappe *1* ein harmonikaartig gefalteter Sack *5* aus gummiertem Stoff, der das Innere abdichtet, wenn die Klappe *1* offen ist. Durch die darüber verlaufenden verschiedenen Zugfedern wird er davor geschützt, nach außen gestülpt zu werden, sonst würde er sich beim Schließen der Klappe nicht mehr richtig legen.

Außen befindet sich an dieser Klappe auch noch eine Klinke. Diese schnappt von selbst zu, wenn die Klappe geschlossen wird, und fixiert sie so. Vor dem Öffnen wird sie mit der linken Hand an einem Drahtseil aufgezogen.

Will nun der Taucher den rechten Arm in die Rüstung hineinziehen, so klinkt er mit der Linken die Türe *1* aus und zieht sie am Ärmel *2* nach vorne, wobei er den rechten Arm waagerecht nach vorne hält. Zuletzt kann er mit dem Ellbogen nach hinten und unten in den nunmehr freigewordenen Raum *5* fahren und die Hand aus dem Ärmel herausholen.

Durch Verlagerung des Scharniers *3* läßt sich die Rüstung verschiedenen Schulterbreiten anpassen.

Übrigens wäre zu diesem Punkt noch zu bemerken, daß auch die Möglichkeit bestehen würde, auf dieses Hereinnehmen der Arme mit Hilfe einer Brustklappe und eines elastischen Luftbehälters ganz zu verzichten. Man könnte den einen Arm (diesmal besser den linken) ständig in der Rüstung lassen und links an der Rüstung einen Roboterarm anbringen, der elektrisch bewegt und dadurch gesteuert wird, daß die linke Hand in eine Art Handschuh hineingreift, dessen Glieder mit elektrischen Kontakten verbunden sind. Ich ziehe die oben beschriebene Lösung aber vor, denn sie ist einfacher und erfordert keine starken elektrischen Ströme.

7. Für den Stratosphärenflieger ist es eine einfache Sache, wenn er nach der Seite oder nach rückwärts schauen will. Für einen frei schwebenden Raumtaucher dagegen wäre dies wesentlich umständlicher. Man wird die Raumtaucherrüstung daher zweckmäßig mit Seitenfenstern und einem Rückspiegel versehen.

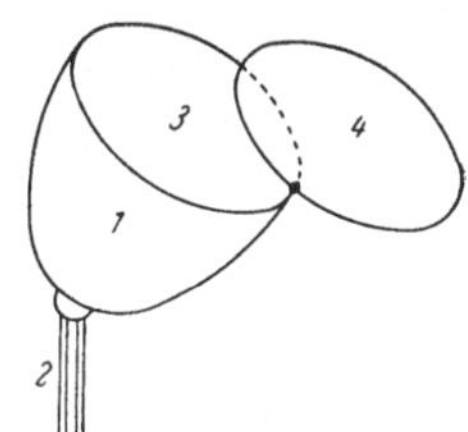

Abb. 14.

8. Der *Temperaturfrage* muß bei der Raumtaucherrüstung ebenfalls Aufmerksamkeit geschenkt werden. Die Aufgabe ist keineswegs schwieriger als bei der Stratosphärenrüstung, aber sie ist anders gelagert. Wir können den Raumtaucher selbst im Schatten eines Weltkörpers spielend leicht gegen 270° unter Null und ebenso leicht z. B. in der Nähe des Merkur gegen die brennende Sonnenwärme schützen, die sonst alles auf 360° erhitzen würde. Wenn wir z. B. die Rüstung spiegelnd machen, strahlt sie nicht einmal so viel Wärme in den Raum, als der Körper des Raumtauchers erzeugt, und wir müssen sogar im Erdschatten für eine Abstrahlung der überschüssigen Wärme nach dem Weltraum sorgen.

Abb. 14 zeigt den Abstrahler. Er hat etwa die Form eines quergeschnittenen länglichen Ellipsoides *1*. Die Außenseite spiegelt, die Innenseite ist berußt. Er läßt sich am Stiel *2* schwenken, und der Stiel ist auch noch gegen die Rüstung drehbar, und das Maul *3* kann daher stets gegen eine dunkle Stelle des Himmels gerichtet werden. Die Schwenkung kann willkürlich mit der Hand von innen oder außen, oder auch automatisch von Photozellen oder Thermoelementen veranlaßt werden. Im Ellipsoid *1* läuft eine ebenfalls berußte Spiralröhre; ein kleiner Elektromotor saugt die Luft aus der Rüstung erst durch einen Luftreiniger und pumpt sie dann durch diese Spiralröhre wieder in die Rüstung zurück.

Die abzustrahlende Wärme wechselt. Im Sonnenschein und bei angestrengter Arbeit ist sie größer als bei Ruhe und im Schatten. Es ist deshalb noch ein Deckel *4* vorgesehen, der sich ganz oder teilweise über das Maul des Abstrahlers schieben läßt. Wenn er ganz offen ist, strahlt er 0,091 Kcal/m²sec, bei 65 cm Mauldurchmesser also 0,03 Kcal/sec ab. Das dürfte für die ersten Unternehmungen im Weltraum genügen.

9. Man wird dafür sorgen müssen, daß sich der Raumtaucher im Weltraum frei bewegen kann. Dazu dient die „*Rückstoßpistole*" (Abb. 15, *5*). Sie stellt einen kleinen, schwenkbaren Raketenofen dar. Sie wird mit hypergolen Flüssigkeiten aus zweien der Tanks *5* gespeist und von der Stelle *7* aus bedient. *7* be-

findet sich etwas unterhalb der Brustklappe. Wie Sie aus der Abb. 13 entnehmen konnten, ist die Rüstung von oben gesehen nicht flach wie der menschliche Körper, sondern aus verschiedenen Gründen tonnenförmig. Im freien Raum vor dem Bauch liegen bei 7 Schalthebel und Schaltknöpfe, die sowohl von außen als auch von innen bedient werden können. Beim Arbeiten sind sie von außen mit einer Klappe bedeckt, damit nicht beim Anlangen an irgend einem Werkstück versehentlich einige von ihnen betätigt oder gar beschädigt werden.

Die Klappe von 7 spiegelt auf der Innenseite und läßt sich an den beiden Bügeln bei 17 fortheben und drehen, so daß der Raumtaucher im Spiegel die Knöpfe von 7 auch sehen kann und nicht blind daran umherfingern muß. Dies scheint mir wünschenswert, denn abnorme Andruckverhältnisse stören bei Neulingen den Muskelsinn. — Später wird man sich ja an manches gewöhnen, so wie der Seemann an das Schaukeln des Schiffes.

Selbstverständlich wird von 7 aus auch der Abstrahler, der Luftreiniger und ähnliches betätigt.

Die Rückstoßpistole ist normalerweise so gerichtet, daß die Wirkungslinie des Rückstoßes durch den Schwerpunkt des Systems geht. Sie erteilt dann dem Raumtaucher lediglich eine translatorische Beschleunigung. Er kann aber von 7 aus auch eine Schwenkung der Rückstoßpistole veranlassen; dann wird er entweder sich zu drehen beginnen, oder wenn er sich schon dreht, kann er die Drehung auf diesem Wege auch wieder aufhalten. Auf diese Weise kann er die Richtung seines Fluges lenken.

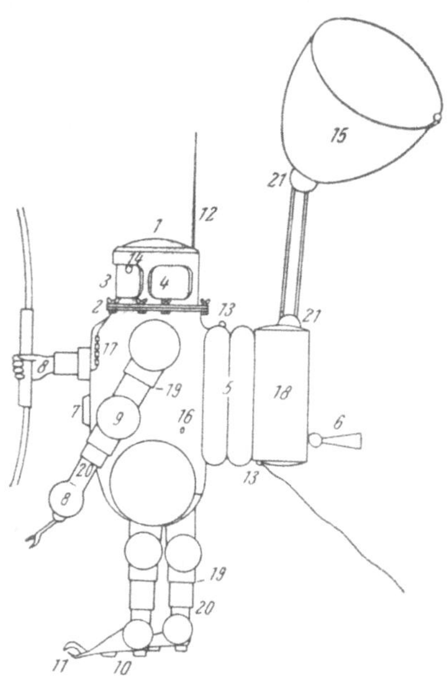

Abb. 15.

Dies sind also die neun Punkte, in denen sich die Aufgabe der Raumtaucherrüstung von jener des Stratosphärenanzugs unterscheidet. Es wären jetzt nur noch die Ziffern in Abb. 15 zu erklären; sie bedeuten folgendes:

1 ist ein von innen abnehmbarer, verschließbarer Deckel aus durchsichtigem Material. Wenn der Raumtaucher den rechten Arm in der Rüstung hat, kann er ihn von innen öffnen. Sonst kann er ihn von außen öffnen und auf diese Weise aus der Rüstung kriechen, aber nur, wenn der Außendruck so groß ist wie der Innendruck. Im leeren Raum läßt sich dieser Deckel nicht öffnen!

2 ist ein von außen verschließbarer Flansch, der beim Bau und bei Reparaturen eine Rolle spielt.

3 vorderes Fenster.

4 Seitenfenster.

5 Behälter für die Preßluft oder den Reservesauerstoff, und die Munition für die Rückstoßpistole.

6 Rückstoßpistole.

7 Schalthebel und Schaltknöpfe.

8 Handschuh und Greifklaue. Um beides zu zeigen, habe ich angenommen, daß der Taucher rechts einen Handschuh und links eine Greifklaue trägt, was ja auch oft vorkommen wird.

9 Gelenke.

10 Haftmagnete.

11 Anhängeklauen mit elastischer Oberklinke. Sie schließen sich, wenn man die Zehen hochstellt, und öffnen sich, wenn man sie tiefstellt.

12 Kurzwellenantenne. Da der Weltraum den Schall nicht leitet, können sich die Taucher nur durch Radio oder durch den Draht untereinander und mit den Leuten in der Zelle verständigen.

13 Haken und Schraube zur etwaigen Befestigung eines Seiles oder Kabels (z. B. zur Einsparung von Rückstoßmunition für die Rückkehr, zur Anseilung von Gegenständen, Sicherung für den Fall, daß die Rückstoßpistole versagt, Anseilung des Raumtauchers bei der Arbeit an rotierenden Dependenzen und anderes mehr).

14 Rückspiegel.

15 Wärmeabstrahler.

16 Stecker für etwaige, am Kabel hängende Telefonleitungen.

17 Scharnier der Brustklappe.

18 Elastisches Luftreservoir.

19 Verkürzungsstelle für die Gelenke.

20 Drehgelenke.

21 Schwenkstellen für den Wärmeabstrahler

Wenn diese Rüstung für Außenstation und freie Fahrt einmal fertig ist, so wird es verhältnismäßig leicht sein, von ihr und von der Stratosphärenrüstung ausgehend Rüstungen für Mond und Mars zu entwickeln. Sie werden sich von dieser Rüstung hauptsächlich in folgenden Punkten unterscheiden:

1. Man wird auf die Klinken und Haftmagnete an den Füßen verzichten und

2. wahrscheinlich auch auf den Rückspiegel.

3. Man wird beim Rumpfstück mehr auf Leichtigkeit achten, besonders auf dem Mars. Man wird daher

4. manches aus Gummistoff machen, was hier aus Metall ist.

5. Weiterhin braucht man keine Rückstoßpistole und keine Rückstoßmunition.

6. Man wird auch nicht so lange von der Zelle fortbleiben und benötigt daher weniger Reserveluft, Luftreinigungsstoffe usw.

7. Auf dem Mond wird man sich vermutlich weder durch Funk noch durch Schall verständigen können, sondern dies wird außer durch Kabel nur durch optische Zeichen und durch Lichttelefonie möglich sein.

7 a. Auf dem Mars wieder wird man sich sowohl akustisch als auch optisch und durch Kurzwellen verständigen können.

8. Auf dem Mars braucht man sich nicht mehr gegen kosmischen Staub zu schützen.

Schließlich wären noch einige Worte über *Entwicklungsarbeiten auf der Erde* zu sagen:

1. Als erstes müßte man die Gelenke an sich untersuchen und mit Preßluft von 1 atü füllen und prüfen; desgleichen die Brustklappe und den elastischen Luftbehälter.

2. Hätte man dann dies alles im einzelnen durchprobiert, so wäre eine vollständige Rüstung zu bauen und erst einmal auch bloß im Freien unter 1 atü abzupressen.

3. Schließlich müßte man ihr Gewicht durch Aufhängen an einer langen, starken, elastischen Feder teilweise kompensieren. Dann steigt jemand hinein und prüft vor allem die Beweglichkeit der Gelenke bei 1 atü Druck. (An sich ist das nicht schlimmer, als wenn er 10 m tief ins Wasser tauchte.) Er sollte auch versuchen, an einem langen Seil frei hängend die Rückstoßpistole zu betätigen, Arbeiten (z. B. mit dem elektrischen Schweißbrenner) an einer eisernen Wand auszuführen, und ähnliches mehr.

4. Erst ganz zuletzt wäre dann der Anzug im Vakuum auszuprobieren, und zwar zuerst ohne, dann mit Versuchsperson.

Solid Propellants and Astronautics

By

A. J. Zaehringer, Allen Park/Mich.[1], ARS

(With 1 Figure)

Abstract. It ist shown that solid propellants can be useful for certain astronautical operations. A critical review of solid propellants and motor systems is presented. It is pointed out that solid propellants compare very favorably with liquid propellants especially for applications in high altitude rockets and in boosters for space aggregates. Because of high reliability and good storage characteristics, applications in space will be many. The progress during the last twenty years points to the future large-scale use of solid propellants for astronautics.

I. Introduction

The propulsion aspects of astronautics have, in the past, almost exclusively been centered with liquid propellants. It will be the purpose of this paper to show that solid propellants may be used with great advantage in certain astronautical operations. It is also hoped that those engaged in the design and engineering phases will realize the tremendous potential available with solid propellants.

II. Critical Review

A description of the method of operation of the solid propellant rocket is not within the scope of this paper; the interested person, however, should consult recent works [1, 2] for this information.

Solid propellants may be divided into the following classes:

1. *Monopropellants.* A single compound or mixture of compounds containing both oxidant and reductant components within the compound. Example: nitrocellulose, ballistite.
2. *Homogeneous.* A mechanical mixture of oxidant and reductant. Example: gunpowder.
3. *Composite.* A transition between the two types above. Example: GALCIT, cast propellants.

In addition, solid propellants are typed according to operating system, as follows:

1. *Restricted.* Burning takes place on only one surface, usually perpendicular to the longitudinal axis of the grain, viz., "cigarette" fashion. Since a relatively small burning area is involved, this type of unit is commonly used for low impulse purposes, JATO being an example.
2. *Unrestricted.* Burning takes place on many or all surfaces of the grain. This type of unit is usually used for high-thrust, short-duration units.

---

[1] American Rocket Co., Wyandotte/Mich., U.S.A.

Table I lists typical impulse ratings of different types of solid propellant rockets and their applications.

The outstanding features of solid propellants are (1) high total impulse to total rocket weight ratio, (2) high reliability, and (3) significant trends toward lower costs.

Table II compares the important physical and ballistic parameters of solid and liquid propellants. It can be seen that solids compare quite favorably with liquids. Thus, despite the lower specific impulse of the solids, the total impulse to total rocket weight is quite comparable. Undoubtedly, solids would fare much better if operating pressures could be brought down to the level commonly employed with liquids (viz., about 20 atm).

A new factor which should be considered in any comparison is reliability. This would be especially important in manned space operations. This problem has been analyzed [3] in the case of liquid propellant aggregates and findings are that either the vehicle falls short of its velocity goal or that considerable excesses of propellants be carried along to counter the usual flow problems. In the case of a solid propellant rocket, the problem of uncertain propellant flow has been reduced to statistically negligible proportions. That means not the usual 1 to 2% errors but a failure rate of about one part in 10^4 to 10^6. That the reliability factor is an important item in rocket development is confirmed by the length of time for rockets to become operational in the military field [4]. The complexity of many liquid propellant rockets is also leading to serious logistical problems in the field when they do become operational [5].

Table I. *Applications of Solid Propellant Rockets*

Type	Thrust (lb)	Duration (sec)	Impulse (lb sec)
Artillery	2,500	0.2	500
JATO	1,000	15	15,000
Boosters	5,000	10	50,000
	50,000	10	500,000
High-Performance Rockets	20,000	50	1,000,000
	50,000	100	5,000,000

Table II. *Comparison of Solid and Liquid Propellants*

Parameter	Solid[1]	Liquid[2]
Specific Impulse, lb sec/lb	180—200	240
Exhaust Velocity, ft/sec	5000—7000	7200
Operating Pressure, psi	1000—2000	300
Flame Temperature, °F	2000—5000	5100
Burning Rate, in/sec	0.05—1.5	—
Temp. Sensitivity, %/°F	0.1 —1.0	—
Density, g/cm³	1.2 —1.8	0.99
Cost, $/lb	0.50—5.00	—
$\dfrac{\text{Total Impulse}}{\text{Total Weight}}$, sec	50—150	160 [3]

[1] Usual range of values. [2] For liquid oxygen-75% ethanol. [3] From V-2 data.

The theme of this Congress demands that we start considering economy. Although solid propellant costs have been high, this has been the result of high material and manufacturing costs. It has been stated [6] that trends are toward the use of lower cost materials and new low-cost production processes. As the usage of solid propellants becomes more common, unit costs will probably go down. Despite the present high price, solid propellants compare favorably in price with liquids on a cost/performance basis, due to much simplified construction and more reliable operation.

III. High Altitude Rockets

As higher and higher levels of manned flight are attained in the transition from aeronautics to astronautics, data concerning environmental conditions becomes important. At the present time high altitude sounding rockets and balloons are slowly collecting data concerning temperature, pressure, radiation, etc. Balloons have been effective up to about 100,000 ft while the Aerobee rocket operates at altitudes of up to 75 miles, and the V-2 and/or Viking around 100 miles, while only one V-2/WAC Corporal has reached the 250 mile level. Naturally, with the few vehicles that have been available, these soundings have been highly exploratory and much more data will be needed.

It can thus be seen that many hundreds, perhaps thousands of soundings will have to be made at various levels. When one considers the unit cost of an Aerobee [7] at $ 25,000 and the $ 400,000 for the Viking [7], it becomes apparent that lower costs are necessary. Preliminary analysis (assuming a propellant specific impulse of 200 sec and a total propellant cost of $ 1.00/lb) indicates that a solid propellant sounding rocket with the impulse capability of the V-2 or Viking could be produced for about $ 50,000 less instrumentation. It is envisaged that such a solid propellant rocket would have a configuration similar to the OBERTH 3-stage rocket which was proposed at WASAG [8].

Such rockets would have the characteristics of extreme simplicity, high reliability, and low cost. Firings could be made at just about any portion of the globe under widely different climatic conditions by relatively inexperienced crews using simple equipment. Such advantages are extremely conducive to large-scale data gathering.

IV. Boosters for Space Aggregates

The next step in the transition from aeronautics to astronautics will, of necessity, involve the use of large aggregates. Unfortunately there is little data released on large solid propellant rockets. Based on World War II data, extrapolations can be made.

Aside from photographs showing the boost of present U.S. missiles, the only data on production boosters is from the familiar JATO motor. One of the first proposals, however, for the use of on-shelf units for boosters came from Great Britain [9] where it was proposed to use 180 boosters (5,00 lb for 5 sec) mounted in two banks around the base of the initial step of a 3-step orbital rocket. Such units were probably modified Tiny-Tim rockets which deliver about 25,000 to 30,000 lb sec impulse [10]. Data from the Aerojet 14AS—1000 JATO rocket motor [11] indicates that even these units could be used to boost large vehicles such as the V-2. One hundred of these units would deliver 1,400,000 lb sec impulse at a motor weight of only 20,000 lb and only a small additional expenditure in weight would be needed for a thrust ring. Thus, the rocket designer can we l profit by use of standard solid propellant units for impulse increases of 100,000 to 2,000,000 lb sec.

As a result of present developments in the missile field, standard boosters of 50,000 to 100,000 lb sec may evolve. At the end of World War II extruded grains of solid propellants had been produced up to about 12 inches in diameters and weighing about 500 lb [12] (this would correspond to about 100,000 lb sec impulse). Techniques developed near the end of the war [13] indicated casting propellants would allow production of grains of very large sizes at low cost. Although no details concerning the outcome of this technique have been announced, it is significant that a number of U.S. firms (Atlantic Research Corporation, Grand Central Aircraft Company, Phillips Petroleum, Standard Oil of Indiana, and Thiokol Chemical Corporation) have announced work on low cost solid propellants. Although the GALCIT (asphalt-perchlorate) propellant used by Aerojet-General is a cast propellant, it is thermoplastic whereas work on cast propellants were of the thermosetting type. Certainly if the cast-type propellants prove successful, it will offer tremendous advantages for the design of very large grains. Casting of batches of 4,000 to 5,000 lb is not at all unusual in the plastics and rubber industry [14] and with propellants having an I_{sp} of 200 lb sec/lb would allow single grains capable of yielding about 1,000,000 lb sec impulse. Then such grains could be produced with existing equipment and levels of technology presently available in the plastics field. Extrapolation beyond this level is possible in connection with cooling and control techniques cited in previous literature [15] which would allow single grains at about the 1,000,000 to 5,000,000 lb sec impulse level.

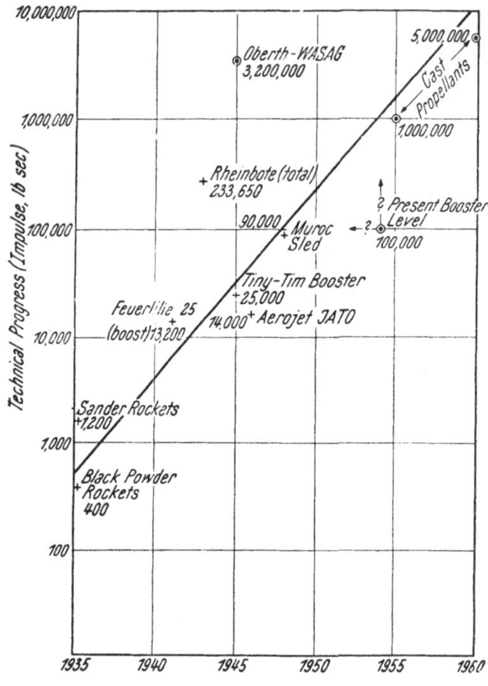

Fig. 1. Technical Progress in Solid Propellants.

and levels of technology presently available in the plastics field. Extrapolation beyond this level is possible in connection with cooling and control techniques cited in previous literature [15] which would allow single grains at about the 1,000,000 to 5,000,000 lb sec impulse level.

V. Space Applications

Venturing out beyond the realms of extrapolation, it is possible to see many uses for solid propellants in space. Aside from the obvious propulsive uses, the main applications will be in the field of auxiliary devices.

For example, in the construction of the space station, small rocket motors will be very useful in moving personnel and equipment. Emergency standby power can also be provided. The ability to withstand long storage periods at extremes of temperatures and pressures without attention will prove of great value in space.

This is in diametric opposition to liquids which require constant care. One interesting use of small motors would be to use them as "life preservers". Scattered in the vicinity of the space station, and marked by metallic or luminescent strips for visibility, these preservers could provide instant impulse to stranded persons. They, of course, would require no service.

On the moon the uses of solid propellants will be numerous. For example, it has been suggested [16] that small solid propellant rockets could carry HE charges up to 100 miles for seismographic exploring. Relatively small rockets could cover long ranges. The excellant storability of the units will also prove valuable in all operations.

Fig. 1 plots technical progress (as measured by impulse) versus time in the development of solid propellant rockets. The rapid strides during a span of twenty years point a way to the future large-scale employment of solid propellants for astronautics.

References

1. SIEFERT, MILLS, and SUMMERFIELD, The Physics of Rockets. Amer. J. Physics 15, 11 (1947).
2. G. P. SUTTON, Rocket Propulsion Elements, p. 272. New York: J. Wiley, 1949.
3. M. ROSEN, Margin for Error. Space Flight Symposium. Amer. Rocket Soc. Annual Convention, New York City, December 4, 1953.
4. D. A. ANDERTON, Missile Program Still Lags Dangerously. Aviat. Week 58, 83 (1953).
5. Aviat. Week 58, 11 (1953).
6. C. E. BARTLEY, Solid Propellant Rockets: Basic Concepts, Present Status, and Trends in Development. Amer. Rocket Soc., Paper 91/53.
7. J. HUMPHRIES, Conference on Rocket Exploration of the Upper Atmosphere. J. Brit. Interplan. Soc. 13, 33 (1954).
8. H. OBERTH, Errors in Rocket Development, Part 1. Rocketscience 6, 5 (1952).
9. K. W. GATLAND, A. E. DIXON, and A. M. KUNESCH, Initial Objectives in Astronautics. J. Brit. Interplan. Soc. 9, 161 (1950).
10. K. W. GATLAND, Development of the Guided Missile, p. 124. New York: Philosophical Library, 1952.
11. Operating Instructions for Model 14AS—1000 JATO Rocket Motors. Aerojet Engineering Corp., Azusa, Calif., March 1950 (Unclassified).
12. W. A. NOYES (Edit.), Chemistry, p. 116. Boston: Little, Brown, 1948.
13. Ibid, p. 111.
14. Modern Plastics Encyclopedia. New York: Plastics Catalog Corp., 1948. Cf. Machinery and Equipment Section, p. 1219.
15. A. J. ZAEHRINGER, A Critical Analysis of Solid Chemical Rocket Propulsion. Rocketscience 3, 84 (1949).
16. C. RYAN (Edit.), Conquest of the Moon, p. 92. New York: Viking Press, 1953.

Analysis of Orbital Systems

By

Krafft A. Ehricke, Buffalo/N.Y.[1], ARS

(With 21 Figures)

Abstract. The paper presents an analysis of orbital systems, consisting of the orbital establishment, its supply vehicles and their technique of operation. Satellite orbits are classified as permanent (stationary for more than 10 years) and as temporary. The lower altitude limit for permanent satellite orbits appears to be 450 to 500 miles. These orbits are occupied by observational satellites. An altitude range between 500 and 700 miles is found to be relatively most desirable for observational satellites. Three types of temporary orbits are defined, namely auxiliary orbits (120 to 150 miles altitude; duration of occupation a few hours at the most; purpose is payload transfer), orbits of departure of astronautical expeditions, particularly into the translunar space (350 to 400 miles altitude; duration of occupation about one year or less; purpose is assembly of inter-orbital vehicles), and orbits of arrival of astronautical expeditions (30,000 to 40,000 miles altitude for Venus or Mars expeditions; duration of occupation for a few days by returning expedition until being picked up by orbital vehicle from the earth). It is shown that the optimum satellite orbit of departure is as close to the earth as feasible and that the optimum orbit of return as well as the optimum satellite orbit at the target planet vary with the target planet. Therefore, with the exception of the orbit of arrival, all satellite orbits preferably lie below 700 miles altitude, that is, within the physical atmosphere of the earth.

Orbital supply systems are discussed, distinguishing between passenger-carrying and load-carrying orbital vehicles. The latter type is fully automatic. A large supply vehicle will be needed for periods of establishing orbital installations. For their maintenance a small version is anticipated. Desirable features and configurations for observational satellites and for orbital vehicles are discussed.

Nomenclature

C_L	lift coefficient		T_{pr}'	period of regression with respect to the half of the globe being exposed to the sun
F	thrust			
F_c	apparent centrifugal force			
i	orbital inclination with respect to the ecliptic		t_r^*	sidereal period of revolution in an orbit
P	precession constant		v	velocity
R	distance from the sun		W	vehicle weight
r	distance from the earth		y	altitude
$r_{s,opt}$	distance of optimum satellite orbit of departure with respect to a given interplanetary transfer ellipse		α	angle of attack
			$\gamma_\oplus$	or γ parameter of the terrestrial gravity field ($6.254 \cdot 10^4\, n \cdot \mathrm{mi}^3/\mathrm{sec}^2 = 3.98 \cdot 10^5\,\mathrm{km}^3/\mathrm{sec}^2$)
S	lifting area		$\gamma_\ominus$	parameter of the solar gravity field ($2.067 \cdot 10^{10}\, n \cdot \mathrm{mi}^3/\mathrm{sec}^2 = 1.36 \cdot 10^{11}\,\mathrm{km}^3/\mathrm{sec}^2$)
T_{pr}	period of regression of the orbital nodes due to polar-precession			

---

[1] Bell Aircraft Corporation, Buffalo, N.Y., U.S.A. Preliminary Design Department.

δ	orbital inclination with respect to the equator	ψ_p	rate of regression
δ	displacement thickness of the boundary layer	ω	angular velocity
			Subscripts:
θ	trajectory angle	A	apogee or aphelion
λ	mean free molecular path	c	circular
ϱ	air density	P	perigee or perihelion
σ	ϱ_y/ϱ_{00}	s	satellite
		y	referring to altitude y
$\dot{\varphi}$	angular velocity of satellite in orbit	00	surface value

I. Foreword

While the present paper was under way, the author learned about the paper "Fabrication of the Orbital Vehicle" by Messrs. Gatland, Kunesch and Dixon [11] which, in part covers the same subject as presented independently in [4] and in the present paper, namely the use of automatic supply ships. The British study concentrates on the fabrication of a space ship while [4] and this study stress, in addition, the use of automatic supply ships for the establishment and maintenance of satellites. However, the important factor is the principal agreement as to the general philosophy regarding automatic supply ships. This, the author feels, should be valued as a welcome and encouraging sign that the concepts regarding the avenues of approach toward space flight begin to converge in the light of careful analyses and strictly functional vehicle layout.

II. Introduction

Evaluation of the present trends in the technology of rocket propulsion indicates a growing emphasis not only on one of the main development lines — the guided missile — but likewise on the manned, rocket-powered plane which represents the other main development line. While details of the work in all leading countries are classified, the known activities and problems[1] in the guided missile field, as well as published data on recent successful flights of Bell Aircraft and Douglas Aircraft piloted rocket planes bear witness to this fact.

Such development trends, although presently based on military considerations, could not, for all practical purposes, agree more properly with what might be called for at the present time in a planned development program leading toward space flight. In a sense, therefore, a coordinated space flight program is already in existence. Although, figuratively speaking, the final destination of the space flight enthusiast is different from the terminal of the military planner, as far as rockets are concerned, both stations nevertheless do lie on the same route of development progress. Obviously, the military terminal is so close to the goal of the space flight enthusiast, at least in regard to orbital systems, that from thereon he may very well be capable of being on his own for the rest of the way.

Fig. 1 is a graphical presentation of such a planned space flight program. Originally published several years ago [1][2] it applies unchanged. In fact, a quite similar line of thought has been presented recently [2]. The program anticipates 4 phases:

---

[1] An example for the order of magnitude of the problems facing the guided missile development in leading countries is presented in the Air Force study entitled "Almost is Not Enough", Air Force **36**, No. 3 (1953).

[2] Numbers in brackets refer to References on pages 57 and 58.

Phase *A*. Development of a manned orbital glider (satellite rocket plane) with very limited stay time in the outer atmosphere; perhaps only as few as 5 to 10 revolutions.

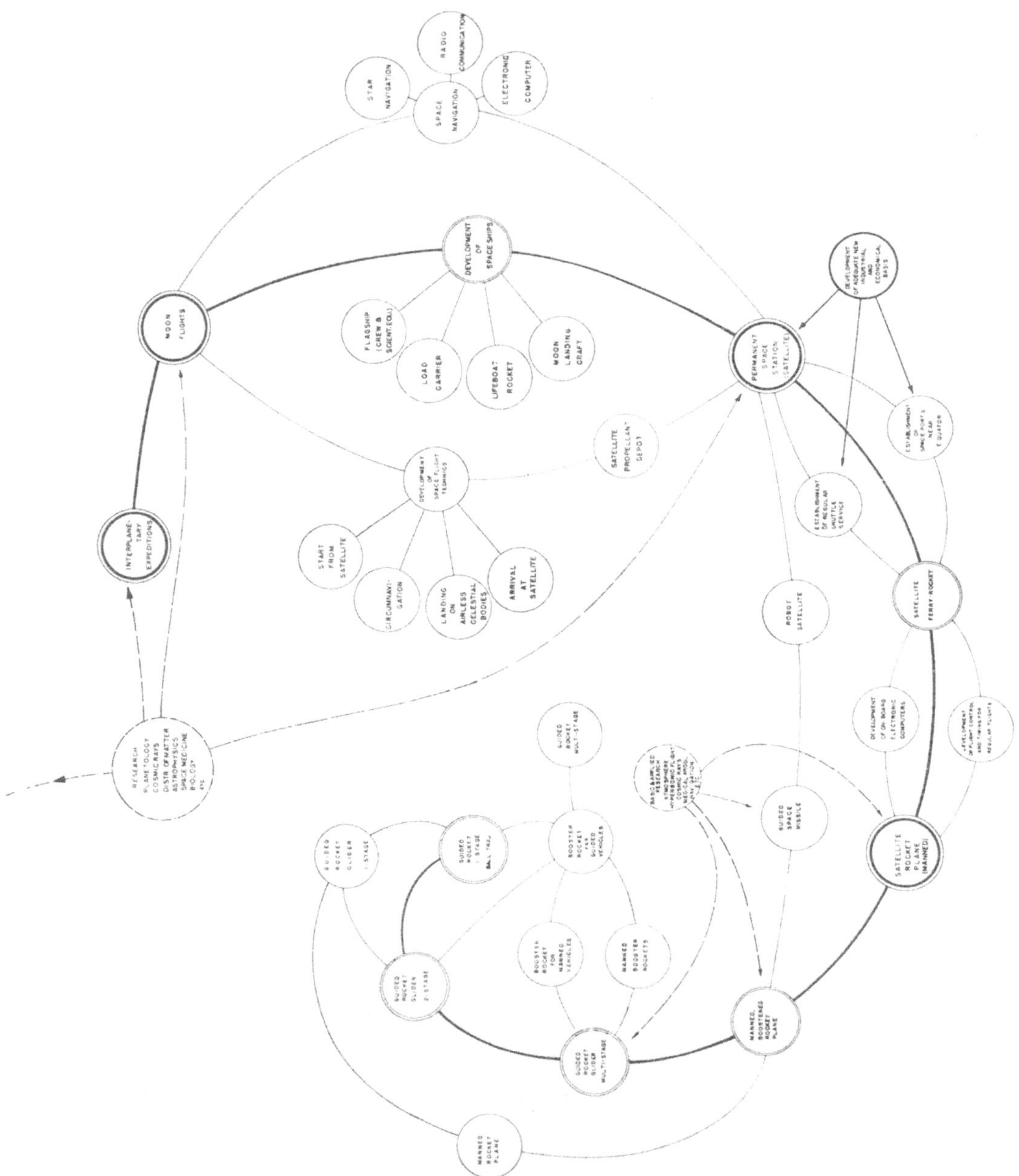

Fig. 1. Phases of development leading toward interplanetary flight.

Phase *B*. Development of a permanent space station.

Phase *C*. Development of space ships for astronautical expeditions (this is meant to include the complete technical and biological system required for such an endeavor).

Phase *D*. Interplanetary flight.

This whole program up to and including the first interplanetary expedition can take about as little time as you wish to assume (within technical reason), provided you succeed in making it a "hang-the-expenses" program, similar to the Manhattan Project. The likelihood that you succeed is extremely small, at least beyond phase *A* and certainly beyond phase *B*, because thereafter a military incentive can no longer be expected with a reasonable degree of probability. Of course, it is impossible now to accurately predict where the military "terminal" will be, but chances are that one can look for it somewhere in phase *B*; the limit presumably is reached with a low altitude temporary, and eventually permanent observation station (manned reconnaissance satellite) which, as far as it is effective, represents the non plus ultra of military reconnaissance.

Military interest is a necessary, but not sufficient condition for a "hang-the-expenses" program. To get this under way seriously, it will take a state of acute emergency. Excluding this possibility, phase *A* could, within the next 10 to 15 years, be pushed up to the point where a multi-stage satellite rocket plane is available, and the art of flying between 26,000 and zero feet per second has adequately been

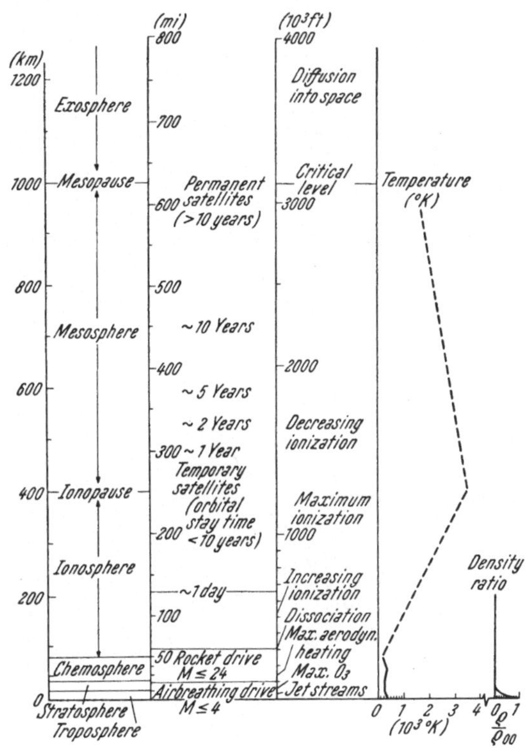

Fig. 2. Exploration of the atmosphere.

mastered. At the same time, the use of automatic (instrument carrying) robot satellites in temporary orbits can be anticipated. Aside from reconnaissance, these instrumental satellites can be useful as test carriers and closely connected with the development of long range rockets of the ballistic type. These rockets are called guided space missiles in Fig. 1, since, for greater ranges, they reach far beyond the realm of temporary satellites into the region where the permanent satellite will be located. Fig. 2 shows the various altitude regions pertaining to air-breathing flight, rocket powered intercontinental flight, temporary, and permanent satellites. In the latter case, satellites whose orbit is stationary for a decade or more, have, somewhat arbitrarily, been classified as permanent. With reference to "space missiles" (intercontinental ballistic rockets), Fig. 3 presents a plot of summit altitude and range versus cut-off speed; where the summit altitude is given as ratio of summit point distance to surface distance from the center of the earth (surface distance $r_{00} = 3{,}436$ n. mi. or $6{,}378$ km), the range is expressed as half center angle (radians) of the trajectory, and the cut-off speed is presented in terms of the circular velocity at the cut-off point. This plot is based on a family of ellipses which yield the greatest range for a given cut-off velocity. Finally, the development of an instrumental satellite will be interrelated with the development of very-long-range or orbital rocket planes, inasmuch as it ties in with atmospheric research and investigation of hypersonic flight phenomena. Phase A thus can be termed, popularly "Conquest of the Atmosphere". As such it will, in its entirety, find military interest. On these premises it can be expected that any military development program will, in all major points, coincide with a coordinated space program during phase A.

The same holds true for phase B only as far as the value of a satellite in an overall defense system is concerned.

Beyond the reconnaissance station, then, the conditions for astronautical progress will change radically, because the main customer for the products of this development will drop out. This implies the possibility that on the very verge of true astronautics may lie its most critical period. However, it is fully recognized that, since this period certainly lies 20 to 30 years ahead, new conditions may arise which either offer new incentives or make a more liberal devotion of civilized mankind to its truly noble aspirations possible.

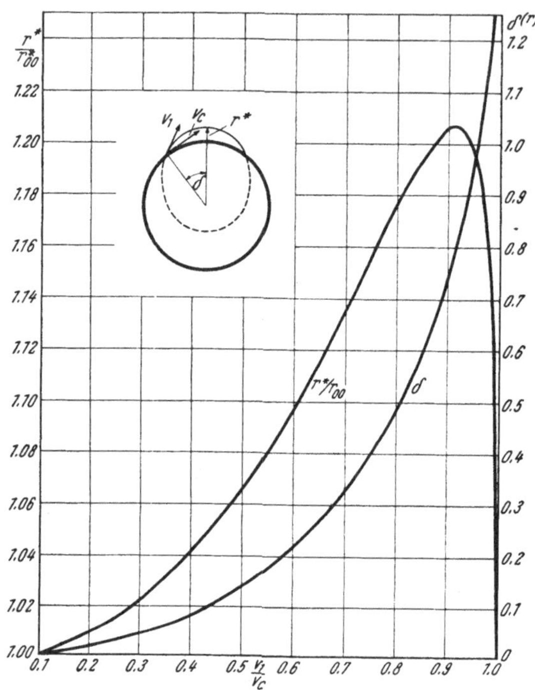

Fig. 3. Summit distance and range for optimum elliptic paths. v_c = circular velocity at cut-off point.

The effectiveness and usefulness of any inhabited satellite, and the chances for realization of astronautical expeditions decisively depend on the development of a highly functional supply system as well as on a realistic attitude toward orbital establishments. In the subsequent discussions we will, for reasons of brevity, designate both, the supply system from earth to orbit, as well as the orbital establishment, as orbital system. Briefly, then, the most challenging task of phase B will be the development of orbital systems. Some of them may still lie within the realm of military interest, others just beyond that limit.

The work will logically be a continuation of the preceding phase inasmuch as then previous development efforts are utilized to the greatest possible extent. This point has been stressed before [3], particularly with reference to the fact that a continuation of the astronautical development program beyond military requirements will be immediately dependent upon the existence of an economic supply system which operates efficiently with what is available, rather than requiring "The Great Iron Ship" of space for proceeding.

At the end of phase A we can expect, at the most, to find the following status of rocket technology:

1. Three-stage vehicles of 600,000 to 1 million pounds take-off weight — perhaps even as high as 1.5 million pounds — will either be available, or within reach of short-term development efforts, because more is not needed for any terrestrial vehicle up to and including instrumental satellites and temporary orbital reconnaissance planes. In fact, most of the temporary instrumental satellites will weigh much less. At ideal velocities of the order of 31,000 ft/sec, as required for orbital supply ships, such initial weight will allow for a payload capacity of 9,000 to 12,000 lb in automatically controlled vehicles, and of 1,000 to 1,500 lb in manned vehicles with winged upper stage.

2. Man will have gained his first experience regarding short-time existence in space, sheltered in a cockpit. Conditions will be more severe in phase B when he has to stay in space for extended periods of time and, during this time, has to work outside, protected only by a space suit. As a result of the first trials during phase A it will be possible to determine more accurately the maximum safe stay time of a crew in space, at least during the initial phase of establishing and operating a satellite, because during this time outside activity will be particularly frequent. This probably will result in the requirement for a certain cycle of rotation of personnel; a very expensive proposition, because it cannot be done without winged upper stages which have a particularly low transport efficiency [4]. For this reason it will be found necessary to restrict the number of personnel in space to the bare minimum.

These apparently plausible premises pretty much determine the fundamental design criteria for orbital systems, namely,

(a) orbital establishments must be small, because of the limited payload capacity of available vehicles, or their souped-up versions, and because, for operational and logistic reasons, the establishment of a given unit cannot take any arbitrary length of time and, for that matter, number of supply flights,

(b) the number of personnel, permanently accomodated by the satellite must be very limited. It is, perhaps, not an unreasonable guess to assume 4 persons. This is about as much as can be carried — aside from the pilot — in one passenger vehicle within the range of available take-off weights (point 1 above). Thus not more than one passenger ship would be involved in a normal personnel rotation.

(c) From (a) and (b) it follows quite naturally that, for maintenance of an established satellite, only comparatively small quantities of supply are needed, probably not more than 2,000 lb per month [4]. Making this weight the standard payload for a small maintenance ship will provide a reasonable safety margin inasmuch as several ships can be sent up in rapid sequence, should need arise.

Before continuing, it may be pointed out here that the above reasoning applies to thermo-chemical rockets, because they are believed to be the only type of rocket propulsion available for phase A and for a large portion, if not all, of phase B. As far as we can see today, the technical application of nuclear energy to rocket propulsion will be restricted, for some time to come, to the transfer of heat to working fluids. Even under extremely favorable heat transfer conditions of high pressure and high temperature, thermo-nuclear power plants appear by no means superior — in many cases they are even inferior — to thermo-chemical systems [5], except under space flight conditions. This also is, in essence, the conclusion which must be drawn from the excellent paper [6] which points out means of greatly increasing the specific impulse of working fluids by radically lowering the chamber pressure (although this makes the heat transfer — and pile cooling — process very difficult). It can, therefore, be expected that the development of thermo-nuclear propulsion systems for rockets will not be sufficiently attractive until true space flight has become imminent, that is, in phase C and D (Fig. 1). At present, and in the decades to come, the atomic development program will spend much of its efforts to carrying this energy to the industrial and household consumer. The result of this effort doubtlessly will help building the "atomic space ship"; but, by then, I hope, will we have proceeded already well into phase *B*. Thus it is unlikely that we will encounter thermonuclear propulsion in phase *A* or *B*; on the other hand, it may not be altogether unreasonable to assume that phase *C* and *D* rapidly will do away with thermo-chemical propulsion for inter-orbital space ships. This, in fact, is part of the space ship development program which constitutes phase *C*.

On the basis of the general design criteria outlined above, it follows that the supply system must be different for "building periods" and for "maintenance periods". Inhabited satellites generally pass through both of these periods. Establishments in orbits of departure of astronautical expeditions are of temporary nature and, therefore, experience only the first period.

Based on these premises, a new satellite supply system, involving automatic supply ships for material transport, and restricting the use of winged upper stages to passenger service only, has been analyzed in [4]. The relative weight and complexity of a purely automatic supply ship has been compared to a supply ship having a crew or passenger carrying capability. The result was overwhelmingly in favor of the wingless automatic supply ship which, for a take-off weight of 13. to 1.4 million pounds (11,000 lb payload) was found to yield a 9 times greater payload capacity per mission (if not even more) than a ship of equal size with winged upper stage. It has also been shown that an automatic supply ship system with an 11,000 lb "heavy-duty" ship for the "building period" is reasonably adequate for the establishment of small observational (reconnaissance) satellites, as well as for the establishment of orbits of assembly and departure for atronautical missions up to and including our two neighboring planets.

The present study is an extension of the analysis presented in [4], covering complete orbital systems.

III. Requirements

The primary objective of an orbital supply system is to maintain connection between the earth and any orbital installation in the terrestrial gravity field, for the purpose of transporting personnel and equipment into and out of the respective orbit.

In order to fulfill the requirements connected with these objectives, it is necessary to

1. study the probable range of distances and inclinations (with respect to the equator plane) of future orbits,

2. analyze the probable material and transportation demands for the various types or orbital establishments.

Orbital establishments, involving human activity in space are

(a) observational satellites (permanent)
(b) orbits of departure of astronautical expeditions (temporary)
(c) orbits of arrival of astronautical expeditions (temporary)
(d) auxiliary orbits (temporary).

1. Observational Satellites

As observational satellites we define orbital installations which are concerned exclusively with terrestrial functions, pertaining to the earth as the abode of man, and to scientific activity.

Such satellites, being inhabited, will stay up permanently. Orbital inclinations of between 45 and 75 degrees are desirable, in order to pass, at one time or another, through the zenith of as many points on the surface as possible. Orbital altitudes should be as low as possible, in order to keep maintenance costs down and permit best utilization of earth-scanning devices (such as telescopes, camera, radar, other electromagnetic equipment). Low altitude is especially important for obtaining reasonable resolution with non-optical devices (e. g. radar; see, for instance [7]).

Fig. 2 indicates an altitude of 450 miles or more for permanent satellites. However, 400 miles, or perhaps even 350 miles, appear feasible if provisions are made for correction forces, applied to the satellite by means of an attached propulsion system, or by pushing or towing (to the limited extent necessary) with a rocket ship, provided the satellite is a small, single-body affair. In any case, there is no reason why the orbit of permanent satellites should be located beyond 600 to 700 miles altitude.

On the other hand, two factors may be mentioned which caution against placing orbits, particularly permanent orbits, at too low an altitude:

1. Orbital perturbation.

2. Accuracy of flight, particularly of automatic supply ships.

The second factor will be subject of a separate discussion which, in its details, is beyond the scope of the present paper. Some remarks pertaining to the first factor are presented subsequently.

Any orbit around the earth is perturbed by the sun, moon, and by the oblateness of the earth. Its polar radius is about 12 miles smaller than its equatorial radius. As SPITZER has shown [8], these perturbations affect a satellite orbit in two ways:

(a) they cause periodic oscillations in altitude (tidal effect),

(b) they produce a precession of the orbital plane.

The tidal effect causes the orbit to deviate from a perfect circle (if it ever was one, for reasons of accuracy of the original establishment). SPITZER has shown that the effect of sun and moon is negligibly small. The sun causes a deviation of less than one foot in altitude, and the effect of the moon is about twice as strong. Perturbations due to the oblateness of the earth can be considerably larger. They are zero when the orbital plane coincides with the equator plane. With increasing inclination the oblateness becomes progressively more effective, reaching a maximum for $\delta = 90^0$ (polar orbit) where δ designates the angle of the orbital plane with respect to the equator plane of the earth. In a polar orbit the

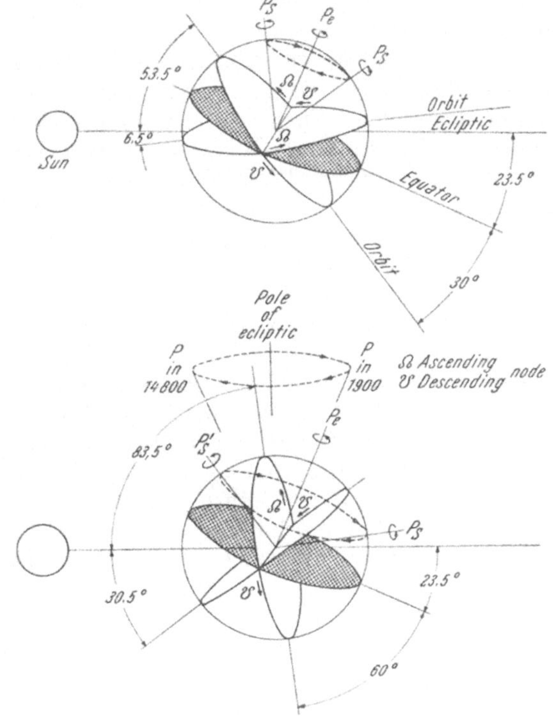

Fig. 4. Regression of the nodes due to polar-precession.

amplitude of the oscillation in altitude is found to be about 1 mile, if the orbital altitude is about 60 miles. At 625 miles altitude, the deviation still is about 0.94 miles, gradually decreasing to 0.75 miles at about 1875 miles altitude. The amplitude, therefore, changes very little within the range of relevant orbital altitudes. Since the above values apply to a polar orbit, any orbit with less inclination will show a lesser altitude oscillation.

The tidal effects are therefore small in any case, except in regions of atmospheric density where even this altitude variation augments materially the effect of air forces in causing a decay of the orbit into a spiral of descent. This, however, is the region, roughly below 100 miles, the empty zone in Fig. 2, above the region of hypersonic rocket flight.

The second effect mentioned above is orbital precession owing to a non-spherical distribution of the gravitational potential in the surrounding space. The inhomogeneity is such that it produces a gravitational pull, directed normal to and toward the equatorial plane, on every body which moves outside of this plane. The result of this normal force is of considerable practical significance for observational activity. It causes a regression of the nodes, that is, a retrograde or "westerly" motion of the two points of intersection of satellite orbit and equator (nodes). In other words, the north pole of the satellite orbit is not at rest, but revolves about the north pole of the equatorial plane. These conditions are explained in Fig. 4 [3] for the cases of an orbital inclination of 30⁰ and of 60⁰. In analogy to the lunisolar-precession of the equator with respect to the ecliptic plane owing to the perturbing effects of moon and sun, one may designate the cause for the nodal regression of the satellite orbit as polar-precession, because it is caused, for all practical purposes, by the polar oblateness of the earth. Spitzer [8] has shown that again the effect of sun, moon, and the stars is negligible for any practical length of time. Under the influence of polar oblateness the pole of the satellite orbit (Fig. 4) revolves about the pole P_e of the equatorial plane from P_s to P_s' and back to P_s. When the pole, coming from P_s arrives in P_s', the ascending and descending node have changed their places. The period of regression is the time required for P_s to complete one revolution about P_e along the circle indicated by the dashed line. Actually, as mentioned before, the lunisolar-precession causes P_e to revolve about the pole of the ecliptic plane, as indicated in the lower part of Fig. 4; but the motion is so slow that its influence on the orbital position with respect to the ecliptic plane can be neglected for all practical purposes.

The orbital period of regression due to polar-precession is given by

$$T_{pr} = \frac{360}{\dot{\psi}_p} \text{ (sec)} = \frac{0.00417}{\dot{\psi}_p} \text{ (d)} \tag{1}$$

where the rate of regression $\dot{\psi}_p$, in degree per second, depends, in analogy to the lunisolar-precession of the equator, on a precession constant P, multiplied by the cosine of the angle of inclination δ,

$$\dot{\psi}_p = P \cos \delta. \tag{2}$$

The precession constant, derived in [8] and [9], can be expressed in the first approximation, using present notation, by

$$P = \chi \frac{360}{t_r{}^*} \tag{3}$$

where

$$t_r{}^* = \frac{2\pi\, r_s}{v_c} = \frac{360}{\dot{\varphi}_s} \tag{4}$$

is the period of revolution, measured against a fixed point in space (r_s and $\dot{\varphi}_s$ represent the distance and angular velocity of the satellite) and

$$\chi = 1.64 \cdot 10^{-3} \left(\frac{r_{00}}{r}\right)^2 .$$ (5)

r_{00} and r being the radius of the earth and the mean distance between orbit and the center of the earth, respectively.

The period of regression, therefore, depends on orbital distance and inclination. It increases with both parameters. The preceding equations show that T_{pr} becomes infinite in the case of an polar orbit. At very small inclinations the period of regression reaches its smallest value and depends on the distance only.

The period of regression defined in Eq. (1) refers to a fixed coordinate system in space rather than to a point on the earth's surface. Of greater importance for observational purposes is the effect of regression on the visibility of certain parts of the surface. Only those regions are accessible to optical observation which lie in daylight. Due to the revolution of the earth about the sun, the distribution of light and darkness on the globe varies during the year. If the sun would be infinitely far away so that the motion of the earth could be regarded as being rectilinear for any practical length of time, then a given point on the surface could be observed in daylight at alternate time intervals equal to T_{pr}. However, since the earth moves along a circle, reaching the original position in regard to the sun after 365 days, and since the regression is directed retrograde, that is, opposite to the motion of the shadow of the earth, the period of regression in regard to the daylight side must be shorter. It can be expressed in the form

$$\frac{1}{T_{pr}'} = \frac{1}{T_{pr}} + \frac{1}{365} .$$ (6)

A given point on the earth can thus be observed in daylight at alternate intervals of T_{pr}', independent of the orbital distance as far as the additive term $1/365$ is concerned.

Fig. 5 shows the period of regression T_{pr} and T_{pr}' as function of orbital altitude and inclination. The period increases with both parameters, but it grows more rapidly with the inclination than with the distance. Because of Eq. (6) the period of regression should not be too long. Hence, for large orbital inclination, low orbital altitude again is desirable. Inasmuch as there is a lower altitude limit, several observational satellites may become necessary.

Summarizing, then, it can be stated that all known circumstances point toward *high* orbital inclination, but *low* orbital altitude as the most desirable position of observational satellites. A maximum of about 700 miles orbital altitude, therefore, appears acceptable.

2. Orbits of Departure

Orbits of departure are occupied by temporary satellites with astronautical functions. In these orbits are the astronautical (inter-orbital) vehicles assembled, equipped, and fueled. From these orbits they depart to their destination in the cislunar or translunar space.

It has originally been explained in [3] that, due to the polar-precession of inclined orbits, observational satellites can not be used as bases for astronautical endeavors, at least not into interplanetary space. For that matter, no orbit of departure can be used for the return. The reason for this is that orbits of departure whose plane is inclined with respect to the plane of the transfer ellipse which leads to the target planet, require additional energy, since the velocity vector not only has to be increased from circular to hyperbolic, but also its direction must be changed. If v_1 is the velocity in the old orbit and $v_2 \gtrless v_1$ the velocity in the new orbit, and if i is the angle between the two orbital planes, then the total velocity increment, required for the scalar and the directional change is given by

$$\Delta v = \sqrt{v_1{}^2 + v_2{}^2 - 2\,v_1\,v_2 \cos i}. \tag{7}$$

For the directional change alone $(v_1 = v_2 = v_c)$ the energy penalty amounts to

$$\frac{\Delta v}{v_c} = \sqrt{2\,(1 - \cos i)} = 2 \sin \frac{i}{2}\,. \tag{8}$$

This relation is plotted in Fig. 6 and shows the fallacy of the assumption that an observational satellite in an inclined orbit could be used as base for inter-planetary flights. This does not apply to the moon or to any operation in the cislunar space, because in this case the transfer paths to the apogee are ellipses or nearly parabolas with the earth remaining in one focus.

An astronautical expedition, therefore, will return into an orbit which is different from the orbit of departure. As far as lunar circumnavigations and cislunar operations (training and development flights) are concerned, this is the only thing to observe.

In regard to interplanetary expeditions the conditions are different. It has been shown in [4] that there exist certain optimum satellite orbits of departure or arrival for which the transfer energy to another distance from the sun becomes a minimum. This optimum orbit is defined by the relation

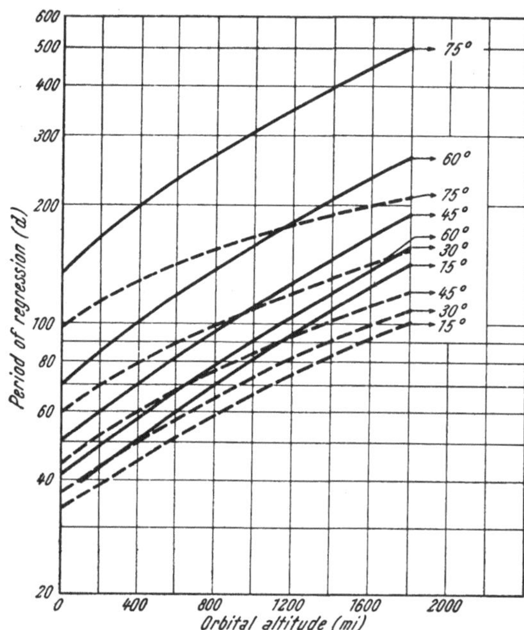

Fig. 5. Period of regression of orbits. Absolute ———, daylight side -----

$$r_{s,opt} = \cfrac{2\,\gamma_\oplus}{\dfrac{\gamma_\ominus}{R_P}\left[\sqrt{\dfrac{2\,R_A}{R_P + R_A}} - 1\right]^2} \tag{9}$$

where $\gamma_\oplus$ and $\gamma_\ominus$ are parameters of the terrestrial and solar gravity field, respectively (cf. nomenclature) and R_P and R_A are the perihelion and aphelion distance of the interplanetary transfer ellipse (normally assumed to contact the orbits of the planet of departure and of the target planet, respectively). The optimum satellite orbit distance is shown in Fig. 7, plotted against the distance of one of the apsides, while the other, of course, is assumed to lie in the earth's orbit. It will be noted that just for Venus and Mars the optimum satellite orbits are very far out.

These orbits are optimum inasmuch as they yield the smallest transfer energy from the satellite orbit to the *planetary* orbit of the target planet. For the optimum satellite orbit near the target planet Eq. (9) must be applied to the gravity field of the respective planet; that is, $\gamma_{target\,planet}$ must be substituted for $\gamma_{\oplus}$. The transfer energy, in velocity equivalents, is plotted in Fig. 8 for all planets in the solar system, as function of the distance of the satellite orbit of departure (or

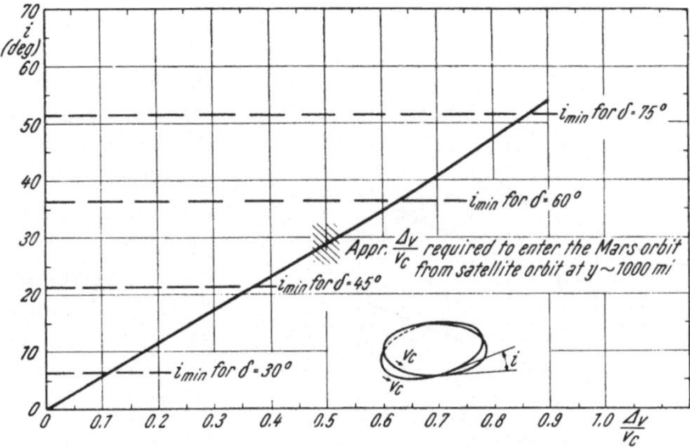

Fig. 6. Velocity increment required for change of orbital plane. δ = orbital inclination with respect to the equator, i = orbital inclination with respect to the ecliptic.

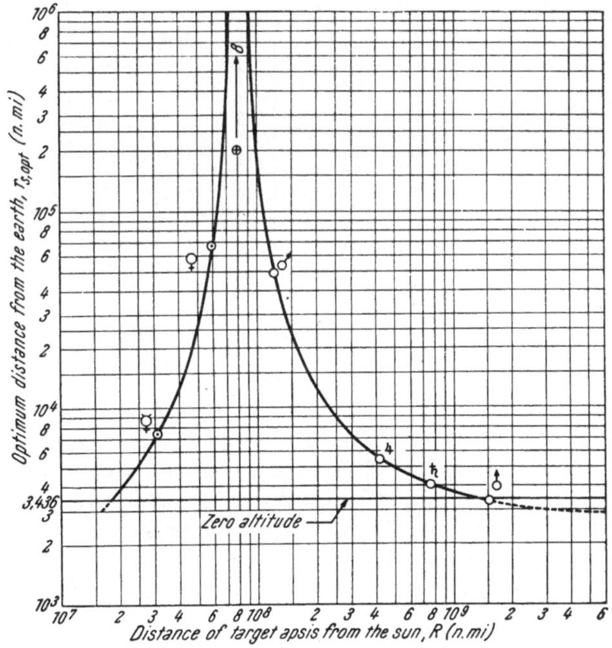

Fig. 7. Optimum distance of departure or arrival as function of the target planet.

arrival). In the case of Venus and Mars the savings amount to about 4,000 ft/sec. However, it has also been shown in [4] that the optimum orbit of *departure from the earth* lies as close to the surface as feasible, if the orbital supply system is taken into account. An example, illustrating this fact is presented in Fig. 9, showing the conditions for an orbit of departure for a Mars expedition [4]. The figure shows various velocities involved as function of the distance from the earth, where r_{00} is the earth's radius, r_I is the distance at which the ascending supply ship has attained local circular velocity, v_c is the circular velocity, Δv_{II} is the velocity increment which throws the vehicle into the transfer ellipse to the satellite orbit, and Δv_{III} is the short burst of power required at the apogee point to enter the satellite orbit; finally, v_A is the velocity at the apogee point of the transfer ellipse and ΔV_{st} is the velocity increment required for the Mars ships, leaving the orbit, to attain hyperbolic velocity with respect to the earth and to enter an interplanetary transfer ellipse whose aphelion lies in the Mars orbit. The circular velocity at r_I must be attained independently of the distance of the orbit of departure. Therefore what counts for a minimization of the overall effort — supply and departure — is the sun $\Delta v_{II} + \Delta v_{III} + \Delta V_{st}$. It can be seen that the curve representing this sum of velocities increases with the distance from the earth.

As a matter of economy, the altitude of the orbit of departure should therefore be as low as feasible. This holds true also for all lunar and cislunar operations.

The orbital inclination has no significance for lunar and cislunar operations with one exception which will be mentioned subsequently. For circumnavigations the moon orbit can be intersected from any direction and there is no principal preference as to the inclination of the satellite orbit around the moon. The exception is that, for observation of certain areas and particularly if, at a later stage, landings on a predetermined landing site, are planned, then the resulting requirements of course determine the inclination of the satellite orbit of departure. Under these conditions it would be more or less accidental if an observational satellite could be used as base for departure or could be aimed at during a return manoeuvre.

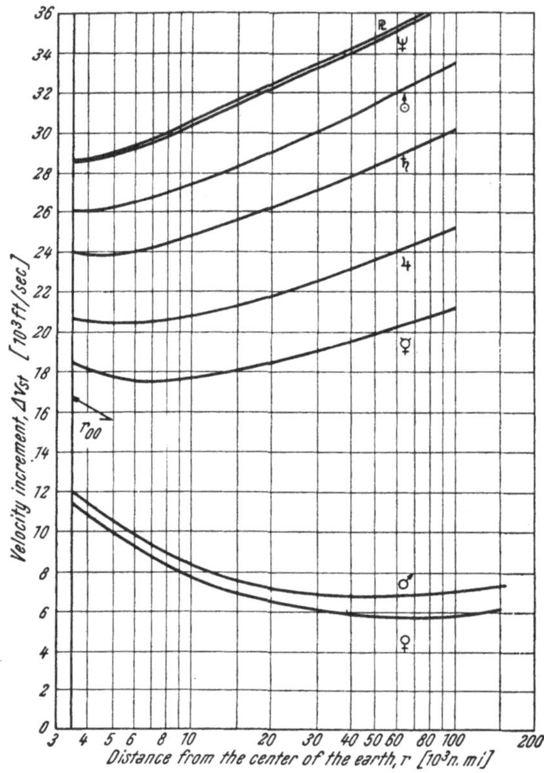

Fig. 8. Velocity of departure vs. distance from earth.

For interplanetary expeditions the orbital inclination is determined by the plane of the transfer ellipse to the target planet. Thus the inclination of the orbit of departure at the beginning of the assembly operations (the initial inclination) follows from the period of regression T_{pr} and from the time required to get the expedition under way. Since the time of departure is fixed uniquely by the correct constellation of earth and target planet for a given transfer ellipse, it is the time of beginning of the assembly that must be selected and which, for the given altitude, yields the desired initial inclination.

Summarizing then, it can be stated that orbits of departure should be as close to the surface as possible for maximum economy. Since they are of temporary nature, orbital altitudes 350 miles, perhaps down to 300 miles, appear feasible. In a sense (Fig. 2), the best orbits of departure lie thus "deep" in the atmosphere, namely in the lower portion of the mesosphere. The orbital inclination is determined by orbital altitude, plane of the transfer ellipse, and assembly

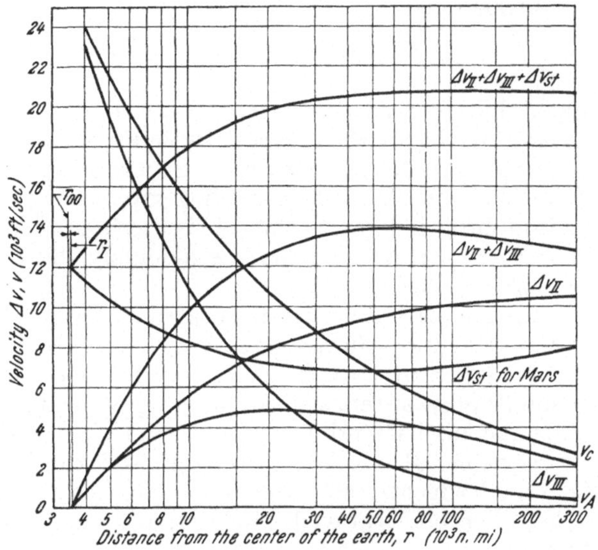

Fig. 9. Effect of supply system on selection of assembly orbit of interplanetary expedition to Mars.

time. Usually, the orientation of the interplanetary transfer ellipse will be similar to that of the ecliptic plane ($\delta = 23.5^0$); so, at one time, the orbit of departure must also lie in this plane. For this inclination and for an altitude of 300 to 400 miles the period of regression (Fig. 5) T_{pr} is approximately 55 days. In [4] an example has been presented of a small Mars expedition, involving 8 persons and 3 ships. Its assembly requires about 600 flights with the 11,000 lb payload automatic supply ship. The assembly time, utilizing the advantages of prefabrication on the earth to the utmost extent would be not more than 4 to 5 months. During this time the assembly orbit completes roughly 2 to 3 periods of regression. The orbital plane oscillates between -23.5^0 and $+23.5^0$ inclination with respect to the equator. The trajectories of the supply ships must follow this change; that is, they must be varied from ascent to ascent.

3. Orbits of Arrival

Although the supply system requirements supersede the recommendation of Eq. (9) concerning the optimum orbit of departure for planet-bound space ships, the above analysis nevertheless applies unchanged to the orbits of arrival. Arriving in the optimum orbit saves much propellant which must be taken as payload through all preceding propulsion periods and which, therefore, is particularly expensive.

The crew is picked up by an auxiliary ship, or the space ship is refueled from the earth. This energy, freshly supplied from the earth after return, is applied much more economically, since it has not been carried through part of the solar system prior to its use.

Since Venus and Mars are the only planets likely to be visited in the foreseeable future, it follows, therefore, that orbits of arrival from interplanetary expeditions can be expected to lie very far out, namely at about 40,000 miles distance. Consideration of the energy requirements for picking up crew and equipment, however, may lead to a compromise orbit at a somewhat reduced distance of perhaps 25,000 to 30,000 miles.

4. Auxiliary Orbits

Standard supply ships will not be capable of reaching orbits thus far out, even without payload. In this case it is necessary to introduce an auxiliary orbit which is occupied temporarily for the purpose of transfer of propellant, material, or passengers. It is taken over from the ascending supply ships by a space ferry which carries the load into the far-out orbit. This has been proposed in [3] and also in [10] as a method of restricting the size of supply ships without unduly reducing the transport capacity.

It appears that the auxiliary orbit can be located as close as 120 miles above the surface for a few revolutions (meaning several hours). In the present case, when personnel and equipment is to be picked up in an orbit of arrival, the winged passenger ship(s) must be refueled and provided with additional propellant tanks or boosters in the auxiliary orbit.

From the discussions in Sub-Sections 31 through 34 it can be concluded that nearly all orbital establishments preferably should be located as close to the surface as feasible. For observational satellites, altitudes between 400 and 700 miles (650 to 1,100 km) are indicated. Assembly orbits can lie at even lower altitude, in the range between 350 and 400 miles (560 to 650 km), depending on the assembly time required. Extreme cases are the auxiliary orbits and the orbits of arrival from interplanetary space, the former being located around 120 miles (200 km), the latter somewhere between 25,000 and 40,000 miles (for Venus and Mars expeditions), depending on the recovery effort regarding the residual hardware in the orbit of arrival. Probably not much, if any, of this will be recovered. The smaller these efforts are — being, in the extreme case, restricted to picking up the personnel and scientific material — the closer can the orbit of arrival be to its theoretical optimum, roughly at 49,000 miles. These extreme orbits are occupied only occasionally and then for very short periods of time.

Two discrete ranges of orbital inclinations can be anticipated: Large angles of inclination between 60^0 and 80^0 for observational satellites and small angles around 23^0 for orbits of departure and arrival. Auxiliary orbits needed for flights into orbits of arrival will, therefore, also have inclinations around 23^0. For lunar expeditions any orbital inclination may occur.

5. Supply Requirements

The supply requirements depend very much on the level of effort which the contractor is willing to buy.

For the purpose of the present discussion, a permanent crew of 4 persons has been assumed tentatively for the observational satellite. This is not meant to imply that such a satellite could not be smaller; it only means that, in the author's opinion, it does not have to be larger in order to fulfill its observational and some scientific functions reasonably well.

It has been stated in [4] that an adequate satellite for 4 persons would have a volume of about 20,000 cu ft (566 m³) and a surface weight of not more than about 500,000 lb (about 225 metric tons), requiring a total of about 50 successful flights with the large automatic supply ship. More details are presented in Section 4.

The supply demands for this satellite would be of the order of 2,000 lb (about 1 t) per month.

For lunar circumnavigations, [11] and [4] independently arrived at a weight of about 500,000 lb in the orbit of departure, requiring roughly 50 successful flights of an 11,000 lb payload supply ship. In other words, this endeavor is of the same level of effort as the observational satellite.

Regarding the minimum permissible limit of effort for successful interplanetary expeditions, there exists yet a considerable divergence of opinion, with [12] anticipating a particularly high minimum level of effort. Whether or not this is correct will be born out by the experience gained in the process of establishing a terrestrial (observational) satellite and conducting circumnavigations of the moon. For a Mars expedition with 8 persons and 3 ships the weight in the orbit of departure is about 6.8 million pounds [4] for the case of return into the optimum orbit of arrival. This requires a total of about 600 supply flights with the large supply ship; a level of effort which is by a factor of ten larger than for observational satellites and lunar circumnavigations.

Of primary interest for the layout of orbital supply systems are observational satellites, the development of space ships, circumnavigation of the moon and perhaps a small-scale landing on its surface; in other words phase B and C in Fig. 1.

IV. Missions

The primary objective of an orbital supply system is the accomplishment of the two principal missions:
1. Material supply.
2. Transportation of personnel.

For highest economy and efficiency, both missions should not be combined in one vehicle.

The required capacity of the material supply system is very different for establishing and for maintaining a satellite. Therefore, a large and a small automatic supply ship has been proposed.

The large ship thus will be used for a limited time only. Since the upper stage is wingless and does not return, it should be laid out in such a manner that most of its components can be utilized as construction elements in space. This, to a certain extent, determines the layout of large supply ships of which more details are presented below.

The components which are most promising as construction elements are the payload section and the propellant tanks.

1. Observational Satellite

Of particular interest for the satellite are the propellant containers of stage 3 of the large supply ship. In order to utilize them to best advantage, the layout of the satellite must take these units into account as construction elements.

Since NOORDUNG [13] has proposed the wheel- or doughnut-concept, this type of satellite design has been very much in vogue, because it allows for rotation of the system, thereby producing apparent gravity or weight in the tube of the wheel. This concept, however, has two important shortcomings: it requires a comparatively large satellite body and it requires a very delicate balancing system.

The centrifugal acceleration is given by $v^2/\varrho = \omega^2\,\varrho$ where ϱ is the radius of curvature and ω the angular velocity of a point. Hence, for a given acceleration, either ω or ϱ must be large. Of these two parameters the angular velocity is subject to more stringent limitations for obvious physiological reasons and in order to keep the Coriolis acceleration, another effect resulting from the body's inertia, at reasonably low level. This acceleration is given by the relation $2\,\omega\,d\varrho/dt$. For a given angular velocity the Coriolis acceleration is proportional to the radial velocity of a body, because it represents the inertial resistance of the body mass to the change in angular velocity with changing radial distance (Fig. 10). In the course of normal activities on the satellite such changes in radial distance will occur frequently. Now, if ω is very large, even small values of $d\varrho/dt$ will produce a considerable Coriolis force, thereby making working and living conditions in the satellite difficult or even intolerable. Consequently, the wheel must have a large radius ϱ and this requirement automatically leads to unnecessarily sizeable satellites.

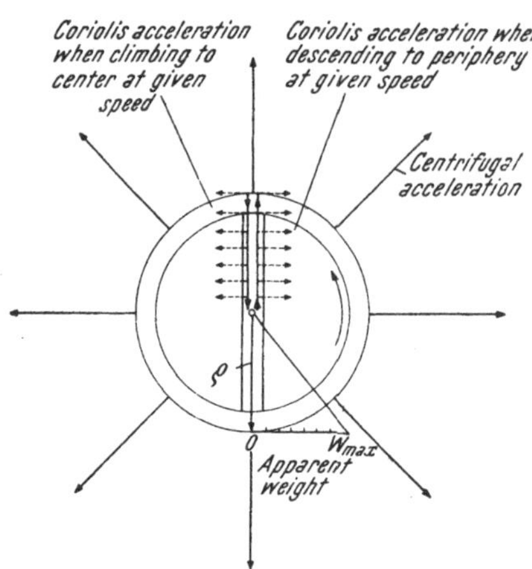

Fig. 10. Inertial conditions in a satellite.

In a wheel-type satellite most of the mass is located in the peripheral tube, that is, at the greatest possible distance from the common center of gravity. Consequently, a very delicate mass balance must be maintained, because every irregularity in the peripheral mass distribution will produce the maximum possible moment. This makes activities on the satellite a rather clumsy affair and much additional weight in the form of liquids for balancing purposes is required.

In order to produce a functional satellite which combines the advantage of apparent gravity with smaller size and a less precarious balancing situation, it is proposed to concentrate most of the mass in a center body from which two extensions, oppositely directed, lead to the crew space. This design permits the use of comparatively long arms, hence of large apparent gravity at small angular velocity. Fig. 11 presents a schematic sketch of a 4-man observational satellite, designed according to this principle. Some characteristic data are presented in Table I.

The radial mass distribution diagram on the right hand side of Fig. 11 indicates that most of the satellite's mass is concentrated in the center which contains all stowage, reserve parts, emergency equipment, radioactive power supply with shielding material, earth scanning equipment, purifiers, attitude control and, of course the entrance tubes on the hub with the double air locks. In the peripheral sections are located the living and working quarters (for 2 persons on each side), control motors and actuators.

As pointed out before, the large concentration of mass in the center permits more freedom of action in the satellite, particularly in the peripheral parts with less danger of upsetting the balance of the system. For this reason only two extensions, the smallest possible number for reasons of symmetry, have been assumed. Another advantage of central mass concentration in this type of design is the minimization of radial stress in the extension tubes and in the peripheral sections.

Table I. *Characteristic Data of a 4-Person Observational Satellite*

Overall weight	500,000 lb
Volume	approx. 20,000 cu. ft (283 cu. m.)
Mean specific weight	approx. 25 lb/cu. ft (0.4 tons/cu. m.)
Angular velocity	0.2295 rad/sec
	13.15 deg/sec
Period of revolution	27.4 sec
Number of revolutions	2.185 rpm
Centrifugal acceleration (190 ft level)	10 ft/sec^2
	0.31 g
Coriolis acceleration (at $d\varrho/dt = 5$ ft/sec)	2.29 ft/sec^2
	0.071 g

The data in Table I show that reasonable conditions with respect to available space, centrifugal acceleration (which should be high) and Coriolis acceleration (which should be low) are obtained in this comparatively small orbital establishment. At a radial speed of 5 ft/sec it takes a man only about 40 seconds to cover the radius in its entire length. During this time he would be subject to a Coriolis force of only 7 per cent of his terrestrial weight (about 12 lb), or to about 21 per cent of his peripheral weight (that is, as if the load were about 36 lb on earth). As he reduces the distance from the center, the Coriolis force is progressively felt more strongly, since the man loses apparent weight. The radial apparent "g" distribution on the left hand side of Fig. 11 indicates that at a distance of about 50 ft from the center, the Coriolis force equals the apparent weight. In satellites with higher angular velocity this point lies at a greater distance from the center; which is less favorable inasmuch as it raises the disturbance level of the Coriolis force.

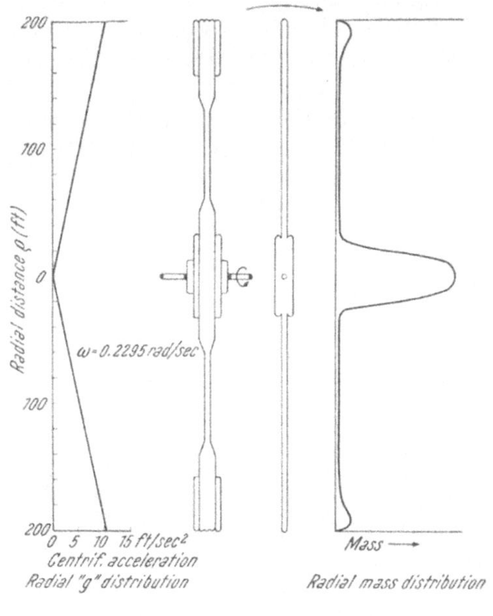

Fig. 11. Small observational satellite.

For a satellite concept as indicated in Fig. 11 the propellant containers of stage 3 can be utilized to a considerable extent. Details of this design are beyond the scope of the present paper.

2. Other Orbital Installations

Except for the observational satellite, all other orbital installations are of temporary nature, permitting (within reason) somewhat less elaborate provisions for living space.

Assembly crews in orbits of departure must operate under conditions of complete weightlessness. At present it is not known whether or not such a crew, in its leisure time, should be subjected to apparent gravity as in the satellite where, however, the crew is practically all the time subject to apparent gravity. The change from weight to weightlessness and vice versa within intervals of few hours possibly is much less attractive then continuous weightlessness for a period of days or weeks in a row. Pending a clarification of this point which is part of the space medical research conducted during phase *B*, the living quarters of assembly crews will or will not rotate.

In any case, however, the necessity can be anticipated of establishing special living quarters as initial construction phase in the orbit of departure. The cabin space in passenger ships is by far too limited to accomodate persons for days or weeks. They may only be used for the first one or two days, until the first living quarters are established. Consequently, it will again be necessary to use parts of stage 3 as construction elements for living quarters.

V. Automatic Supply Ships

The automatic supply ships are characterized by the absence of all provisions required for a human crew. This fact implies a greatly increased freedom of functional design.

1. The Large Automatic Supply Ship

Primary function of this vehicle is to establish rather than maintain orbital installations. The third stage which enters the target orbit does not return to the earth. Therefore, the design of this stage should take possible utilization, at least in part, as construction element for the orbital installation into account; in other words, the design criteria of stage 3 are determined by space conditions rather than by the short period of atmospheric flight.

The vehicle (Fig. 12) consists of
a large booster-type first stage
a second stage of annular cross-section
a third stage, partly contained in the hollow center of stage 2.

Stage 1 is designed for parachute recovery. It supplies a momentum thrust of about 1.74 million pounds (about 800 metric tons) from 5 main motors and 4 tiltable twin-motors.

Stage 2 is considered expendable and, therefore, can be designed for a one-way mission. The reason for making this stage expendable is that its empty weight (structure, power plant and equipment) is less then 20 per cent of the overall empty weight of the vehicle. Moreover, its impact point is considerably more distant from the launching site than that of the first stage. This results in a more time consuming and expensive recovery operation. Finally, the second stage is exposed to considerably greater thermal and mechanical stress during the descent than the first stage, so that it appears doubtful whether a reconditioning would be possible at all; and if so, the job will be correspondingly more difficult and time-consuming and perhaps ultimately lack the required reliability. In the light of these considerations, parachute recovery of stage 2 does not appear practical.

Stage 2 has 4 main motors and 4 tiltable (hinged) control motors. Together they supply a thrust of about 279,600 lb. The operational momentum thrust, however, is 346,000 lb (about 158 t), because the thrust of stage 2 is augmented by the motors of stage 3 which add another 66,400 lb. This joint operation during which the motors of stage 3 are fed by the propellant supply of stage 2, has the advantages of reducing the upper stage power plant weight in general and that of the completely expendable second stage in particular, and of increasing the reliability of the final stage separation, since the motors of stage 3 are already ignited.

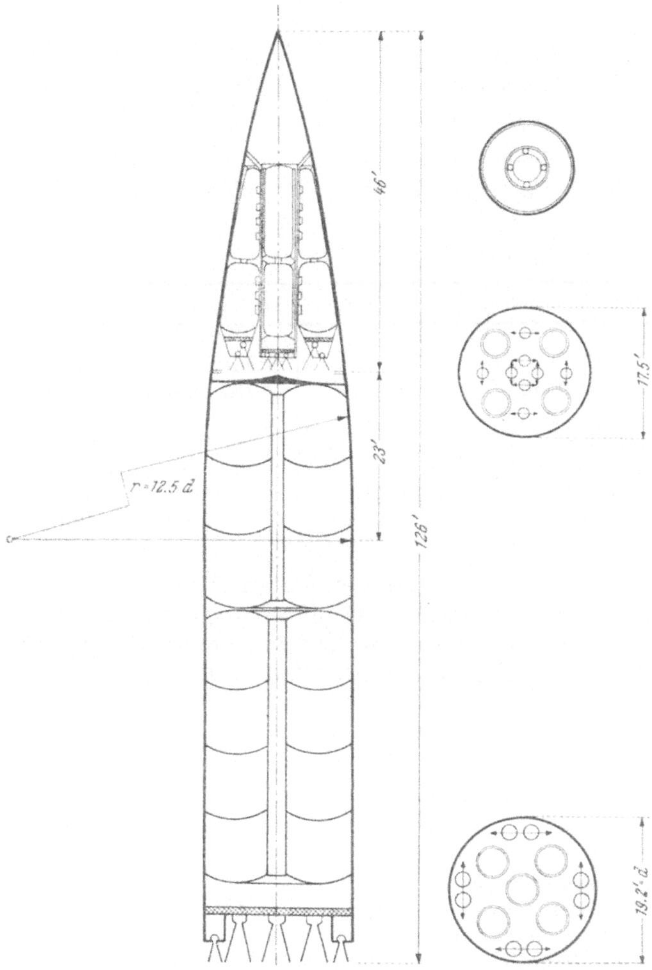

Fig. 12.   Schematic sketch of 11,000-lb supply ship.

Stage 3 consists of 4 engines, a set of tanks and a guidance and payload section, shortly referred to as nose section.   Propulsion system and tanks are inside stage 2.   The propulsion systems of both, stage 2 and 3 are on an equal level, hence are accessible through the same door.   The containers are completely protected throughout the entire atmospheric ascent.   The combined oxidizer-fuel set measures about 5.3 ft in diameter and has a length of 20 ft, yielding a volume of about 450 cu. ft. Table II presents some characteristic data of the vehicle (for a more detailed tabulation cf. [4]).

The nose section contains the guidance and control system and the payload proper.   Different nose sections can be employed to suit the particular mission.

In order to make the supply ship flexible in this respect, the nose section has been kept free from protection by the second stage. Within limits, the shape and volume of this section can be varied.

a) Power Plant

The total number of rocket motors in all stages is 25 [1]. The number of motor types (i. e. different combustion chambers and injection systems) is 3, namely

Type 1	285,000 lb thrust	low-altitude nozzle
Type 2	40,000 lb thrust	low-altitude nozzle
	53,500 lb thrust	high-altitude nozzle
Type 3	16,600 lb thrust	high-altitude nozzle

Table II. *Large Automatic Supply Ship*

Stage	1	2	3
Payload (lb)	232,000	46,000	11,000
Dead weight (lb)	137,000	31,300	6,650
Effective propellant weight[2] (lb)	931,000	148,800	27,300
Auxiliary fluids (lb)	40,000	5,900	1,050
Gross weight (lb)	1,340,000	232,000	46,000
Momentum thrust per stage (lb)	1,741,000	346,000	66,400
Overall mass ratio		28.5	

One propellant is used in all stages, for reasons of efficiency and simplicity: Liquid oxygen and hydrazine (or, as far as weights, volumes, and stage performance are concerned, any propellant of comparable density and specific impulse). Using O_2—N_2H_4, the propellant data are presented in Table III.

Table III. *Propellant Data*

Stage	1	2	3
Propellant	oxygen — hydrazine		
Mixture ratio (O/F)	0.9	→	→
Chamber pressure (psia)	590	→	→
Theoretical specific impulse (shift. equil.) (sec)	305	350	350
Velocity correction factor	0.94	0.93	0.93
Used specific impulse	295	325	325

It is realized that the mixture ratio selected will make conventional (unrestricted) regenerative cooling difficult. The theoretical combustion chamber temperature is approximately 5,590 °F (3,350 °K). Assuming a combustion efficiency of 96 per cent, the actual chamber temperature becomes of the order of 5,300 °F (3,200 °K). At this temperature, and at the high pressure employed, the heat flux density becomes very high, about 10 Btu/in²sec at the throat of the 16,000 lb thrust motor, that is, approximately 2 to 3 times as much as present day values. It cannot safely be predicted whether hydrazine, a metastable compound, is capable of operating under such severe conditions without decom-

---

[1] Not counting a very small motor for final velocity adjustment of stage 3.

[2] Defined as the propellant weight required for accelerating the vehicle.

position. One principal alternative is, of course, to use liquid oxygen, at least for cooling part of the motor. In this case the cooling jacket pressure would have to be increased slightly above the critical pressure of oxygen which is about 51 atmospheres. Aside from this, there are other methods considered, combining the use of highly heat resistant materials with an appropiate design, which gives reason for the assumption that such motors can be operated 10 years from today. Details are beyond the scope of this paper. The importance of developing new types of motor cooling, in order to take advantage of high performance propellants for orbital flight, is obvious.

The propulsion system of the first stage consists of 5 main motors of the type 1 mentioned before, and of 4 sets of twin motors of type 2 with low-altitude nozzle, that is, exit pressure 0.7 atm. The main motors are mounted rigidly, arranged as shown in Fig. 12. The 4 twin motors are tiltable, serving as control motors: 2 for pitch, two for yaw and roll. Twin motors have been taken, in order to utilize the type 2 motors developed for stage 2.

Each main motor and each control twin motor is equipped with a complete feed system, consisting of an O_2—N_2H_4-operated gas generator, gas turbine, and one pump each for oxygen and fuel. The fluid pressure resulting from the pressure due to gravity head and from the gas pressure in the tanks, provides ample pressure on the suction side of the pumps.

The tankage — and, hence, the whole body of stage 1 — is subdivided into two sections, one above the other. This has been done for the following reasons:

1. The large body of stage 1 can be transported and handled, as well as checked, more conveniently if it consists of 2 separate sections.

2. If, during pressurization tests prior to assembly and firing, a tank leakage is discovered, then only the section concerned, not the whole stage has to be exchanged. This means a special simplification if leakage or damage occurs in the upper section.

3. Misalignments can more readily be corrected.

4. The lower section is a straight cylinder which experiences little heating during the ascent. Therefore, it probably can consist of a light metal alloy. For the upper section which already contains the transition to the ogive this may not be the case. If, for reasons of temperature and pressure, this section must have a steel wall, then the separation into two sections has the advantage of making the use of different construction materials possible.

5. For reasons of low weight and better handling and transportation no tail fins are provided. In order to counteract the effect of their absence on the stability conditions during the ascent — that is, to reduce the instability to a level where it can be handled by the control motors as far as control moments and response time to commandos is concerned — the center of gravity (CG) must be kept as far forward as possible, particularly during the first portion of the flight, when the dynamic pressure is still high. One effective way to accomplish this is the method of programmed emptying of the tanks. In this case the lower section is emptied first. This section is slightly larger (containing about 60 per cent of the propellant), in order to place the division line between the two sections as far forward as feasible.

Stage 2 has 4 rigidly mounted main motors of type 2 with high-altitude nozzles ($p_e = 0.1$ atm), and 4 tiltable control motors of type 3 for pitch, yaw, and roll trimming. These motors ignite at the moment of separation from stage 1. One feed system of the same type as used in stage 1 serves one main motor plus one control motor together so that a total of 4 feed systems for about 70 000 lb of thrust each is required.

At the same time stage 3 is ignited. This system consists of 4 tiltable motors which at the same time serve as control motors in pitch, yaw and roll after stage 3 is on its own. There is one feed system for all 4 motors.

From the low pressure (suction) side of one of the stage 2 feed systems with correspondingly dimensioned feed lines one fuel and one oxygen line is branched off, leading into the respective suction lines of the stage 3 pumps, upstream of the point where fuel and oxidizer is tapped for the gas generator. With this arrangement the stage 3 feed system can operate normally with the only difference that the propellants come from another tank system.

Immediately preceding the point where the supply lines leave stage 2 there is a guillotine cutting device and just inside stage 3 is a plug valve. Where the supply lines enter into the suction lines of the stage 3 pumps, a two-way valve is located. During the operation of stage 2, this valve blocks the suction lines coming from the stage 3 tanks. About 2 or three seconds prior to separation, the guillotine device, electromagnetically actuated by a timing device, cuts the supply lines which thereupon are sealed promptly by the plug valves due to the over-pressure from the stage 3 side, since simultaneously the 2-way valve has opened the suction lines to its own tanks. Thus stage 3 already operates independently when the motors of stage 2 are turned off.

b) Structure

Stage 1, subdivided into two sections as explained in the preceding section, consists of integral tanks which are equipped with splash plates, in order to prevent damage to the containers by the impact of residual fluid after cut-off, caused by sudden deceleration due to drag and pull of the parachute. The forward end of the tanks is protected from the gas jets of stage 2 as well as from the air jet after separation by means of a jet deflector.

A yoke above the main motors with outriggers to the control motors collects the thrust force and, through a thrust frame consisting of 16 beams (about 110,000 lb or 50 tons per beam) induces the force into a collector at the base of the main structure below the tanks. This section below the tanks is a re-enforced semi-monocoque construction. From there the thrust force is equally distributed into the integral tank body structure and into the wall of the second stage.

The length of the cylindrical portion is 57 ft at a diameter of 19.2 ft, yielding a total volume of 16,400 cu. ft. The ogive meridian is a circular arc section with a radius equal to 12.5 calibers. Its total length is 69 feet. Of the total volume of 11,200 cu. ft, approximately 0.58 belong to stage 1, 388 cu. ft (11 m^3) or 0.034 are nose section volume, and the rest is stage 2 plus the shielded portion of stage 3. The semi-vertex angle of the ogive is 16.1 degrees. The overall surface area of the ogive section is 2,800 sq. ft (262 m^2), and the surface area of the cylindrical section is 3,450 sq. ft (322 m^2). Hence, the total vehicle surface is 6,250 sq. ft or 584 m^2.

In stage 2 the thrust is evenly distributed to the inner and outer wall of the annulus, in order to prevent shear forces on the propellant tanks. Normally, with gas pressure in the propellant tanks there would be the danger of buckling of the inner cylinder, causing the structure to be fairly heavy in this portion. Actually, stage 2 is never required to operate with a hollow inner cylinder. Stage 3 automatically supports the walls. If, in addition, light re-enforcements are provided on the inside of the tanks, as indicated in Fig. 12, sufficient structural strength is obtained at little weight penalty.

In stage 3 the thrust frame leads straight up from the motors to the nose section. Four tubes are provided which are hollow and which contact the inner cylinder wall of stage 2 where they are guided so that stage 3 cannot rotate either, before or during the expulsion process.

The containers are suspended between the columns of the thrust frame. Therefore they do not have to carry any load, except their own. They can be made of very thin aluminum sheet, double-walled for protection against meteoritic dust. Top and bottom are removable so that both containers can be mounted together in space as one construction element. Details as to its use are beyond the scope of the present paper.

The joint thrust force of both stages 2 and 3 is so distributed that stage 3 always has a certain weight with respect to stage 2. This weight increases during the joint burning, as stage 2 is emptied while stage 3 remains fully loaded. The payload nose of stage 3 rests on a conical bearing on top of stage 2 so that lateral displacements due to inertial forces are also avoided. Because of this relative weight of stage 3, premature separation normally cannot occur. At burn-out of the second stage the thrust of stage 3 produces separation.

c) Guidance and Control

Automatic guidance and control for all three stages originates from the nose section. The first and second stage contain only the control motors and their actuators.

The vehicle is launched vertically and, by a 3-step program device (1 tilting program for each stage) is directed into a circular orbit, and from there into a transfer ellipse which contacts the target orbit. The path deflection for the first stage is of the order of 90 to 15 degrees, for the second stage 15 to 4 degrees, and for the third stage 4 to 0 degrees. Now, it is not so very important at which altitude exactly the third stage reaches zero degrees trajectory angle. More important is that, upon completion of the program of deflection, the vehicle has local circular velocity. Transition into the transfer ellipse requires only a small additional velocity increment which preferably is not produced by the 4 main motors but by a small auxiliary motor of about 1,000 lb thrust. When the powered flight is completed, the vehicle must possess an initial velocity which will carry it along the unpowered elliptic path as shown in Fig. 13.

While the vehicle moves along this transfer ellipse, its axis must be turned by 180 degrees in order to have correct attitude for the third and final propulsion

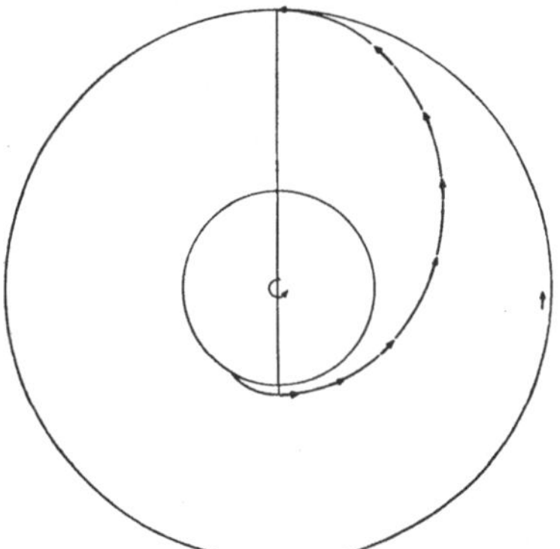

Fig. 13. Ascent into the target orbit.

period at the target orbit. For a target orbit altitude of 600 mi the cruising flight time is about 47 minutes (depending somewhat on the cut-off altitude) or, roughly, 2,800 seconds. In the case of continuous turning, the angular velocity must therefore be of the order of 0.064 deg/sec, a rate which can easily be maintained by a comparatively small attitude device of about 100 lb weight. The weight of stage 3 during the cruising period is approximately 18,500 lb. Aside from the attitude control in pitch which maintains the tangential direction of the vehicle nose with respect to the flight path, attitude control in yaw and in roll is required, in order to ascertain correct position of the vehicle in all three axes at the time of the final propulsion period. This period again is very short, involving velocity increments of the order of a few hundred feet per second only, for the orbital altitudes under consideration.

2. The Small Automatic Supply Ship

The small automatic supply ship serves to maintain an established orbital installation. Therefore, it is distinguished from the large supply ship by a considerably smaller payload capacity and by the fact that it has to operate over a much greater length of time. Consequently, the recovery problem becomes particularly important for small supply ships where every improvement in economy of operation, however slight, is augmented significantly by the length of operation. For these reasons, the question as to which configuration should be selected for small supply ships is of primary interest. In general, the functional operation of the vehicle will be very similar to that described above in connection with the large supply ship so that this does not have to be repeated here.

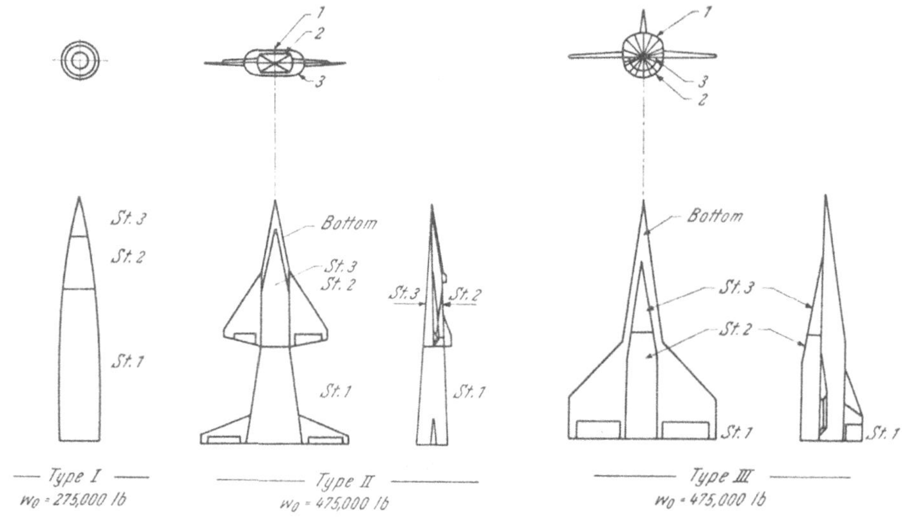

Fig. 14. Three configurations for 2,000-lb supply ship.

Fig. 14 illustrates schematically 3 basic types of design:

Type I conventional concept of multi-stage vehicle with series arrangement of stages.

Type II provides parallel arrangement of second and third stage, mounted on a booster rocket. This is actually a modification of the telescope arrangement used for the large supply ship.

Type III represents an arrangement in series of second and third stage, both being mounted parallel to the first stage.

Type I could be realized more conveniently in the present case due to the smaller size of the maintenance ship. However, like in the case of the large supply ship, the second stage probably will have to be written off as a total loss which, for reasons mentioned above, does not make this solution very attractive. In addition it requires more power plant weight and has one more ignition period than the large supply ship. The main advantage of this type, as compared to the other two types depicted in Fig. 14 is its low weight, because it does not have wings. However, from the viewpoint of reducing weight by omitting wings, it might be more attractive to choose Type III with wingless first stage. One then gets about the same low take-off weight, but avoids the disadvantages of the first type. The wingless versions would weigh about 275,000 lb for a payload capacity of 2,000 lb.

Type III with winged first stage is based on a suggestion made by Dr. DORN-BERGER[1]. The inherent advantage of this type is gained by equipping the first stage with wings. In the form of an airplane the first stage is most easily and conveniently recovered by directing it (either by pilot or by remote control) back to the launching site. Moreover, joint operation of the first and second stage has an even greater engine saving effect that the telescope arrangement or, for that matter, Type II, in spite of the fact that the second stage is equipped with high-altitude motors and therefore operates with flow separation during take-off.

Type II has been studied independently by the author in 1951. This configuration has originally been used for the passenger vehicle (see below) with the only difference that in the latter case the third stage is winged, while in its application to the small supply ship, the second stage has been provided with wings. This stage attains considerably higher speed and altitude than the winged stage in Type III. Its maximum flight velocity is of the order of $M = 20$, while that of the first stage is half as much. Consequently, a winged second stage principally faces more severe flight conditions, particularly with respect to aerodynamic heating.

It must be kept in mind, however, that these flight conditions must be explored and mastered anyhow, in order to make an orbital passenger ship — hence, human space flight — technically feasible; and a returning orbital passenger ship must be subjected to even more severe conditions than a winged second stage.

The justification in the present case for giving preference to a winged second rather than first stage lies, in the opinion of the author, in the fact that recovery of the first stage can be accomplished by means of parachute (at least this is the working assumption throughout the present report), while the second stage cannot be recovered in this manner. For maximum economy of the maintenance operation which requires recovery of both, first and second stage, it appears, therefore, that the second stage must be equipped with wings, while the first stage does not need wings. For this reason, Type II appears, for this particular purpose, most attractive.

With 2,000 lb payload and based on oxygen-hydrazine, Type II weighs about 475,000 lb. If emphasis is on low take-off weight (which, in this case however, does not mean good economy), then Type III with wingless first stage appears to be most promising, its take-off weight being of the order of 275,000 lb. For more data on the low-weight configuration cf. [4].

3. Flight Performance

The total energy of the supply ship's rest mass after completion of the ascent is given by the sum of kinetic energy in the orbit and of the potential energy difference between surface and orbital altitude. The velocity which is equivalent to this energy constitutes the minimum velocity required for transfer into the given orbit. The term minimum velocity implies that no losses occur while the energy is produced, that is, during the various propulsion periods. The minimum velocity is given by the relation

$$v_{min} = \sqrt{\frac{\gamma}{r_s}\left(1 + \frac{2\,y_s}{r_{00}}\right)} = v_c \sqrt{1 + \frac{2\,y_s}{r_{00}}} \tag{10}$$

----

[1] The author is greatly indebted to Dr. W. DORNBERGER, Guided Missile Consultant at the Bell Aircraft Corporation, for many discussions on this subject.

and is plotted in Fig. 15 as function of the altitude y, together with the circular velocity. The three propulsion periods of an ascending orbital vehicle have the purpose of attaining circular velocity at a low altitude, say, of 350,000 ft (Phase I), entering the transfer ellipse (Phase II), and finally of entering the target orbit (Phase III). Fig. 15 shows that at an altitude of 350,000 ft, the minimum velocity is about 26,200 ft/sec. At 700 miles (3.7 million ft) altitude, which we presently assume as limiting altitude for observational satellites and for orbits of departure, the minimum velocity is 27,800 ft/sec. The minimum velocity required for Phase I, therefore, is about 94 per cent of the minimum velocity required for the target orbit.

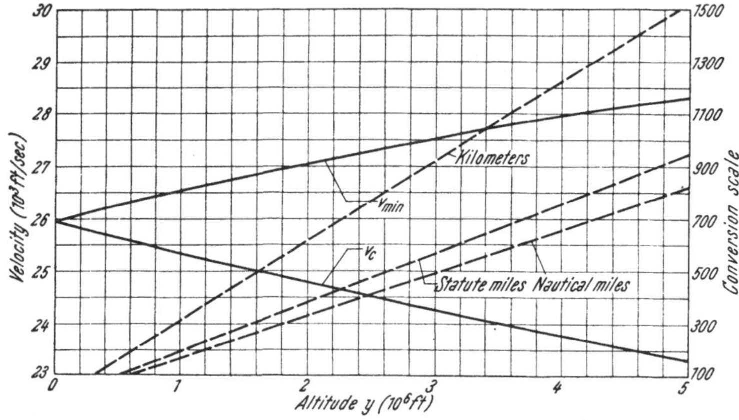

Fig. 15. Minimum velocity and circular velocity.

Losses during the propulsion periods are due to gravitational pull, aerodynamic drag, and steering forces which cause the resulting thrust axis to deviate from the flight direction. By proper selection of the flight program steering losses can be kept very small. Drag losses are overcompensated by additional propulsive force due to increasing pressure thrust as the vehicle gains altitude; this holds true for large, slowly ascending 3-stage orbital vehicles of which two stages are operating practically outside the atmosphere, that is, at technically negligible ambient pressure. By far the largest loss is caused by gravitational pull. In the case of gravity losses there are no countervailing gains, like for the drag losses. From numerous trajectory calculations it follows that the overall loss during the first propulsion phase is about 85 to 93 per cent of the circular velocity at 350,000 ft altitude, with 90 per cent being a fairly good average. Since nearly all of the minimum velocity is produced during the first propulsion phase, as stated above, it is simpler to take the minimum velocity of the target orbit and divide it by 0.9. This then corresponds to a loss during the first propulsion period of about 85 per cent. and is, therefore, on the conservative side. The resulting velocity of 31,000 ft/sec (9.5 km/sec) is the ideal velocity on which the layout must be based. No return propellant is required for automatic supply ships.

Vacuum conditions are reached prior to the burn-out of stage 2. This is important, because the interference effect of aerodynamic forces would make the expulsion of stage 3 extremely difficult, if not impossible. At the given dimensions and with an initial acceleration of 1.44 g (cf. tentative trajectory data presented in [4]), it takes stage 3 less than 2 seconds to emerge from the duct.

The expulsion process is characterized by the requirement that both vehicles must be in a condition of free fall. This is to avoid that stage 2 which then is no longer burning, has "weight" with respect to the third stage. This weight would produce an excentric load on that portion of stage 3 which is still inside the duct. This load would increase as the respective centers of gravity move apart, until separation is completed.

At the time of separation of stage 3, the trajectory angle is still different from zero, although its value is small, of the order of 4 degrees. Fig. 16 a shows that if, during separation, the thrust F_3 of stage 3 points in flight direction ($\alpha = 0^0$), then the apparent weight (which includes the centrifugal effect) $W_2' = \left(1 - \dfrac{v^2 r}{\gamma}\right) W_2$ of the second stage produces a load $F_3 \sin \theta$ on stage 3. At the velocity of about 18,000 ft/sec, existing at that time, $W_2' \simeq 0.5\, W_2$, if W_2 is the instantaneous zero-velocity surface weight of the second stage. Of the weight W_2' the fraction $(F_3/W_2') \sin \theta$ or $(2 F_3/W_2) \sin \theta$ is, under the conditions of Fig. 16 a, supported by stage 3. As the center of gravity $(C.G.)_3$ moves forward and away from $(C.G.)_2$, this weight fraction produces a moment in pitch which tends to tilt the nose of stage 3 in upward direction. The residual weight of stage 2, contributing to the gravity deflection of the trajectory is then $W_2' - F_3 \sin \theta$, or, as far as the interesting weight component normal to the flight direction is concerned, $(W_2' - F_3 \sin \theta) \cos \theta$.

If the thrust is horizontal (Fig. 16 b), this weight component is increased beyond the value resulting from gravity alone, owing to a thrust component $F_3 \sin \theta$ which now is pointing in downward direction. This condition causes an apparent centrifugal force of the same magnitude, acting in the opposite direction, tilting downward the nose of stage 3.

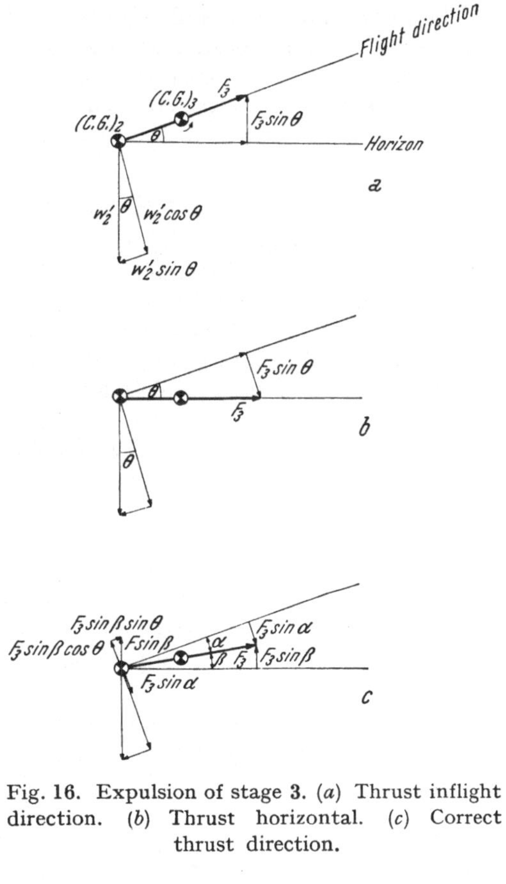

Fig. 16 c shows the correct case where the thrust direction is at a negative angle of attack, somewhere between the two extremes. The correct negative angle of attack α is determined by the condition

$$F_3 \sin \alpha = F_3 \sin \beta \cos \theta, \tag{11}$$

that is, the centrifugal effect and the weight fraction to be supported by stage 3 must balance each other, eliminating any moment with respect to the C.G. of stage 3, thereby creating a condition which is equivalent to that of free fall of both centers of gravity as they glide apart. The free fall in this connection refers

Fig. 16. Expulsion of stage 3. (a) Thrust inflight direction. (b) Thrust horizontal. (c) Correct thrust direction.

to the motion normal to the flight direction. The weight component $W_2' \sin \theta$, which now is no longer supported by thrust, expedites separation. The required angle of attack is given by

$$\sin \alpha = \sin \beta \cos \theta. \qquad (12)$$

where $\beta = \theta - \alpha$. Therefore, the correct angle follows from trial and error. In the present case θ is very small, hence $\cos \theta \sim 1$ and $\sin \alpha \simeq \sin \beta \simeq \sin \theta/2$ or $\alpha = \theta/2$. With a trajectory angle of 4 degrees, it follows that the required angle of attack at the beginning of the separation process must be — 2 degrees. During the short time of separation the trajectory angle changes very little, so that in the first approximation a constant angle of attack can be assumed. Stage 2 preferably is tilted, by a special program, into this angle of attack immediately before stage 3 ceases to obtain propellant from the second stage and switches to its own supply (cf. V, 1, a, p. 38).

The importance of complete absence of perceptible dynamic pressure during the separation is apparent from the preceding discussion. For this reason the vehicle must clear the atmosphere, before a stage separation of this type becomes practical. This is one important reason — aside from several others — why this system cannot be applied to the first and second stage.

VI. Orbital Passenger Ship

Passenger vehicles are characterized by at least one winged stage, the upper stage, which provides accomodations for personnel, but not for a cargo-type payload. This restriction is of fundamental importance, as it eliminates design compromises which inevitably carry a severe penalty in terms of size, weight, aerodynamic quality and safety. It permits the functional design of the winged passenger stage as a hypersonic glider.

1. Description

The ascent of a passenger ship into the target orbit is not different, except in details, from that of an automatic supply ship. The important part is the return into the atmosphere, by far the most difficult and, presently, least understood portion of the flight path of an orbital vehicle. It will be seen that this fact alone — aside from all advantages inherently associated with the use of automatic supply ships — suggests strongly a functional separation of load-carrying and passenger·carrying vehicles.

The return into the atmosphere determines the design criteria of the upper stage. These criteria call for

good aerodynamic (particularly hypersonic) qualities
structural reliability
transport safety.

This shows that for the upper stage of the passenger vehicle, emphasis lies on entirely different features than in the case of stage 3 of the large supply ship where highest transport efficiency and maximum utilization of the upper stage in space are of paramount importance. A compromise between these requirements whose effect on the design reveals strongly divergent and, in part, even opposite tendencies, cannot lead to a satisfactory solution, at least not until the technique of orbital systems is much further advanced than we justifiably may expect it to be within the next 15 or 20 years when the first orbital systems may be born.

A concept which emphasises a number of design features of orbital passenger ships is shown in Fig. 17. This orbital passenger ship consists of 3 stages:

a booster-type first stage
a flat-bottom second stage
a winged third stage.

The two last stages are arranged parallel to each other and are mounted on top of the first stage.

The first stage resembles that of the large supply ship, except for size and weight. It is smaller, because the second stage turned out to be considerably larger than its counterpart in the supply ship, owing to the particular dimensions and shape of the passenger stage, which dominates the design of this vehicle. It was found, however, that the take-off weight of the passenger ship can be kept about equal to that of the large supply ship so that the same first-stage rocket engine assembly could be used. Parachute recovery is assumed which should be simplified, compared to the large supply ship, due to the lower weight and lower cut-off velocity of this stage.

The second stage is tailored for high mass ratio and expendable design, consisting essentially of propellant containers and rocket engine assembly.

The third stage is a hypersonic orbital rocket glider which, in the present concept, accomodates one pilot and 4 passengers, a total of 5 persons, corresponding to a payload weight of 1,200 lb, approximately. Table IV, representing a condensed version of the relevant portion of Table IV in [4], summarizes the basic data pertaining to the passenger ship.

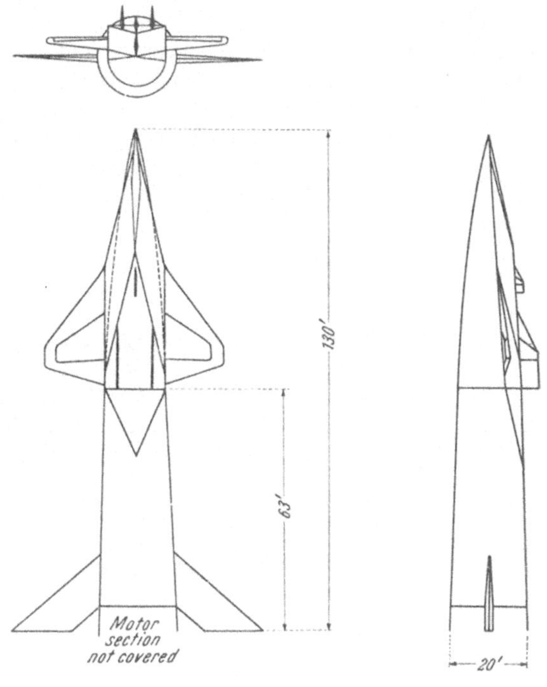

Fig. 17. Orbital vehicle for passenger transport.

Table IV. *Orbital Passenger Ship*

Stage	1	2	3
Payload (lb)	274,000	46,000	1,200
Dead weight (lb)	157,000	33,000	16,100
Effective propellant weight[1] (lb)	875,000	186,130	26,900
Auxiliary fluids (lb)	34,000	8,870	1,800
Gross weight (lb)	1,340,000	274,000	46,000
Momentum thrust per stage (lb)	1,741,000	410,000	49,800
Overall mass ratio[2]		32.4	

[1] Cf. Table II.
[2] Larger than in Table II, because upper stage returns.

2. The Orbital Glider

The most important part of the passenger ship is its final stage which is destined to carry human beings into and out of space. For this reason it must be designed with particular concern for its "payload".

The three principal design criteria for the orbital glider have been mentioned before, namely good hypersonic qualities, structural reliability and transport safety.

The returning glider passes through 3 regimes of flow, known as free-molecule flow, slip flow and continuum flow [14]. The free-molecule flow is characterized by the condition that the mean free path of the molecules is much larger than the body dimensions of the vehicle, meaning that collisions between molecules and body surface are much more frequent than collisions among molecules themselves. In free-molecule flow a boundary layer does not exist. The gas molecules strike the surface, remain in contact with it for an unknown period of time and then are re-emitted in some random direction with respect to their

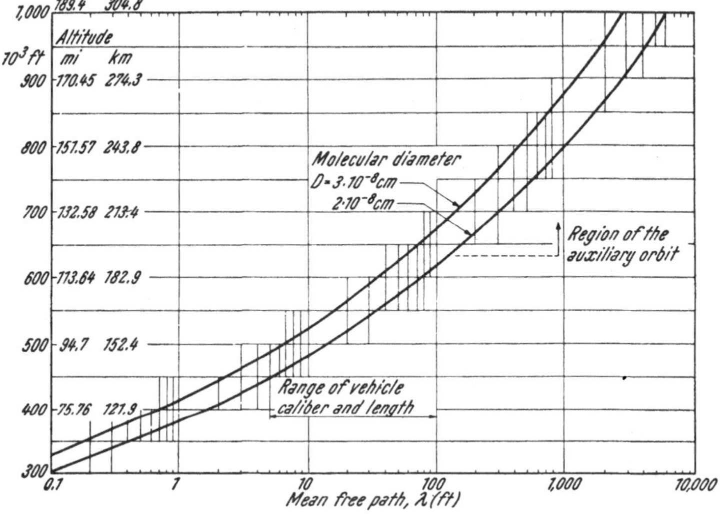

Fig. 18. Mean free path.

original direction of motion. As the air density is increased, a boundary layer begins to form; however this boundary layer is different from the conventional concept inasmuch as the air is not at rest with respect to the surface, as is usually the case at higher densities. This flow regime which is termed slip flow is encountered when $\lambda/\delta \sim 1$, i. e. when the mean free path of the molecules, λ, is of the order of the displacement thickness of the boundary layer δ. TSIEN [14] suggests that the slip flow may occur in the range $1 > \lambda/\delta > 0.01$. Between slip flow and free molecular flow $(1 < \lambda/\delta < 10)$ TSIEN assumes a transition region, which he calls realm of fluid mechanics, and in which intermolecular collisions are of equal importance to molecule-wall collisions. At values $\lambda/\delta < 0.01$ begins the rather well known regime of continuum flow.

Fig. 18 shows the mean free path as function of altitude for two molecular diameters (data taken from [15]). It can be seen that the region of free-molecule flow extends, approximately, from 450,000 ft upward. The slip flow domain lies roughly between 300,000 ft and perhaps 140,000 ft in local regions around the nose or at the leading edge of two-dimensional surfaces.

The regions of free-molecule flow, slip flow, and continuum flow separate two fundamental concepts: aerodynamics (continuum flow) and superaerodynamics (slip flow and free-molecule flow), the density (or mean free path) being the decisive parameter. On the other hand, air velocity breaks down the flow regimes into subsonic, supersonic, and hypersonic flow where hypersonic flow is defined as the velocity range in which the term $1/M^2$ (M = MACH number = ratio of flight velocity to sound velocity of the ambient air) becomes small enough to be neglected. Strictly, the linearized theory as a means for calculating the pressure distribution about a two-dimensional body fails already at very low supersonic MACH numbers ($M > 1.1$). BUSEMANN's third order theory is applicable up to MACH number 3 approximately. At higher MACH numbers the third order theory must be replaced by the hypersonic theory of the perfect gas which in turn, depending on the boundary layer conditions, must be modified at very high MACH numbers to take gas imperfections (e. g. dissociation) into account. In the present discussion it is important to note that as far as the aerodynamic theory in general is concerned, the difference between MACH number 10 and 20 in, say, continuum flow, is less significant than the difference between MACH number 15 in continuum or in slip flow.

In the domain of free-molecule flow, the drag coefficient is very high [16], [17], [18], but the overall drag as well as the heat transfer by forced convection ([18] through [23]) are both negligible small owing to the extremely low density.

In general, it appears that the slip flow region can be broken down into two regions. One region, $0.01 < \lambda/\delta < 0.1$, directly following the continuum flow region, and a second region, $0.1 < \lambda/\delta < 1.0$, preceding the intermediate region. In the first mentioned region, shock-boundary layer interaction is dominant and may lead to a considerable increase in skin friction and heat transfer [24], while in the second region of even more rarified gas, the before-mentioned slip effect becomes dominant, causing a reduction in heat transfer. Thus, as the vehicle passes through the slip flow region, one may visualize the development of successive types of boundary layers. At the present time this makes theoretical analyses difficult and predictions uncertain. Little is known about the drag throughout the slip flow region and even less about the lift. Knowledge of the lift coefficient is important for computation of the sink velocity of the glider through the slip flow region.

Approximately, below a speed of 14,000 ft/sec and below 150,000 ft altitude most of the vehicle's surface is subject to continuum flow conditions. The shock wave drag becomes increasingly important. Surface conditions are now controlled by the conditions behind the shock wave and also by hypersonic shock wave — boundary layer interaction. The latter causes a thickening of the boundary layer at the leading portions, thereby changing significantly the geometrical shape of the leading contours. Qualitatively, the highest heat transfer rate, hence, the most critical region of aerodynamic heating can be expected in the upper region of continuum flow and the lower (denser) region of slip flow. Thereafter conditions gradually improve due to decreasing flight velocity. It is important to point out, that the above description is valid only for a given type of boundary layer, that is, laminar or turbulent. The necessity for maintaining laminar boundary layer conditions in continuum flow, whenever possible, is of great importance, because transition to turbulent boundary layer immediately increases the heat transfer coefficient considerably, especially when the flight speed in this region is still high.

These aerothermodynamic conditions, roughly outlined above for a better understanding of the problems, determine the design of the orbital glider.

The path of the glider is defined by the well-known condition of equality of aerodynamic lift and vehicle weight, W. At sufficiently high flight speeds the weight is reduced by an amount equal to the apparent centrifugal force F_c.

$$L = W - F_c = W - \frac{W\,v^2}{g\,r} = W - \frac{W\,v^2\,r}{\gamma} \qquad (13)$$

where $\gamma = g\,r^2$, g and r the gravitational acceleration and distance from the center of the earth, respectively, at flight altitude y, and the lift $L = C_L S \frac{\rho_{00}}{2} \sigma\, v^2$ with S being the lifting surface area and σ the density ratio ρ/ρ_{00}. Solving for σ which is a measure for the instantaneous flight altitude, we obtain

$$\sigma = \frac{\rho}{\rho_{00}} = \frac{W}{S}\frac{2}{\gamma\,\rho_{00}\,C_L}\left(\frac{\gamma}{v^2} - r\right) = \frac{W}{S}\frac{2}{v_c^2\,\rho_{00}\,C_L}\left[\left(\frac{v_c}{v}\right)^2 - 1\right] \qquad (14)$$

where v_c is the local circular velocity and v the instantaneous flight velocity. This equation can be written in a more general form, thereby introducing an important glide parameter

$$\frac{\sigma\,C_L}{W/S} = \frac{2}{\gamma\,\rho_{00}}\left(\frac{\gamma}{v^2} - r\right) \approx \frac{2}{\gamma\,\rho_{00}}\left(\frac{\gamma}{v^2} - r_{00}\right). \qquad (15)$$

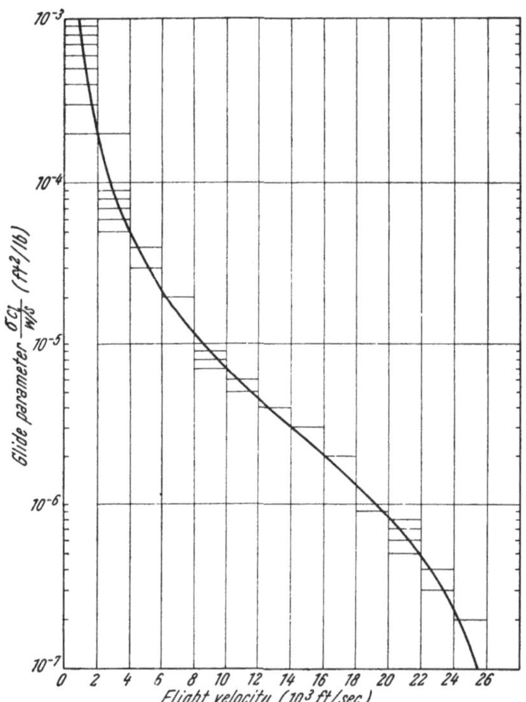

Fig. 19. Glide parameter as function of flight velocity.

The approximation $r = y \neq \neq r_{00} \approx r_{00}$ is justified, because, $y/r_{00} \ll 1$ in the altitude range where the aerodynamic lift becomes significant [say, at $(W - F_c)/W > 0.2$, i. e. $v < 23{,}000$ ft/sec, corresponding to a glide altitude of roughly $y < 250{,}000$ ft].

The generally valid glide parameter is plotted in Fig. 19 versus the flight speed (using $r \approx r_{00}$). Thus, at a given flight speed the glide altitude is proportional to the lift parameter $C_L (W/S)$.

At the high flight Mach numbers in question, the stability of the boundary layer (i. e. not the transition, but the possibility of the development of a transition from laminar to turbulent flow) is no longer determined by the Reynolds number exclusively but, more important, by the Mach number just outside the boundary layer and by the ratio of wall temperature to free stream temperature (i. e. the direction and intensity of heat flow). A high ratio of temperature just outside the boundary layer to wall temperature has a stabilizing effect on the boundary layer. However, the Reynolds number appears to remain the decisive parameter for the magnitude of friction and heat transfer. A general discussion of this situation is brought forward in a separate paper. With decreasing Reynolds number the heat transfer decreases in laminar as well as in turbulent boundary layer flow. Therefore, turbulence at very great altitude (low REYNOLDS number) is not necessarily more harmful than laminar heat transfer, if turbulence should occur at all. The laminarity requirement is most significant in the continuum flow regime.

The drag principally should be high, in order to limit the duration of descent, hence, of thermal stress on the structure. It is necessary, however, that the drag be produced in such a manner as to minimize the heat flux density into the vehicle in the course of the slow-down process. For instance, increasing the skin friction drag by producing a turbulent boundary layer would definitely constitute a step in the wrong direction. By the same token, an increase in wave drag as form drag (not drag due to lift) is not necessarily beneficial. In continuum flow, the limit for the desirable wave drag is given by the maximum permissible rate of deceleration and by the fact that the higher pressure behind the shock wave produces a denser boundary layer, thereby increasing the heat transfer coefficient. On the other hand the flow velocity behind the shock wave is lower and the temperature of the air is higher (by a considerable amount at hypersonic speeds), than before the shock wave. Higher temperature tends to increase the boundary stability, provided the wall temperature can be kept at the same value in spite of higher heat influx due to higher pressure. If, in continuum flow, this increased stability is capable of preventing turbulence, the higher laminar heat transfer is the lesser evil. A more detailed discussion of all these counteracting effects is beyond the frame of this report and will be presented in a forthcoming paper.

As a result of the many considerations it follows that the orbital passenger glider preferably is small. It is characterized by very low lifting area load (the propellant containers are empty upon return into the atmosphere). Most of the large lifting area should be flat bottom body area. The advantages of flat-bottom bodies, namely reduced wing area and reduced heat influx into the wind-side (or lifting) body surface have been pointed out earlier by E. SAENGER [25]. Reduced wing area is possible, because at the high flight speeds, a flat plate has excellent lifting characteristics, even if it has a very low aspect ratio[1]. Thus the body is capable of carrying a major portion of its own weight, thereby reducing the bending moment on the wings and permitting a lower structural weight. With the body acting as an important lifting device, a comparatively smaller angle of attack becomes feasible for the same lifting force, the strength of the shock wave preceding the lifting surface is reduced, and consequently the heat flux density per unit surface area becomes lower for a given boundary layer condition (laminar or turbulent).

In the tentative concept of the orbital glider, shown in Fig. 20, a two-dimensional body is used which, in effect, represents a very low aspect ratio wing and which produces about 60 per cent of the hypersonic lift. The wing planform is of secondary importance in hypersonic flight and has no influence in free-molecule aerodynamics. A higher aspect ratio than the one offered by the body alone is desirable solely for reasons of low-speed flight and of landing (reduction of the angle of attack at touch-down). A high taper ratio[2] provides for high structural strength at the wing root and reduces the wing tip load. The comparatively large root chord at the same time reduces the sensitivity with respect to the excitation of wing oscillations by resisting wing twist, thereby cutting down angles of attack and wing load variations due to wing flutter. No attempts have been made to

---

[1] Aspect ratio is defined as the square of the wing span, divided by the wing area which is taken to include the part covered by the body.

[2] Taper ratio is defined as ratio of tip chord to root chord.

optimize the thickness ratio[1] of the wings of the prototype configuration shown in Fig. 20. The form drag (or wave drag at zero lift) increases strongly with increasing thickness ratio, however, the drag due to lift increases with decreasing thickness ratio. Restriction of form drag, therefore, limits the thickness ratio.

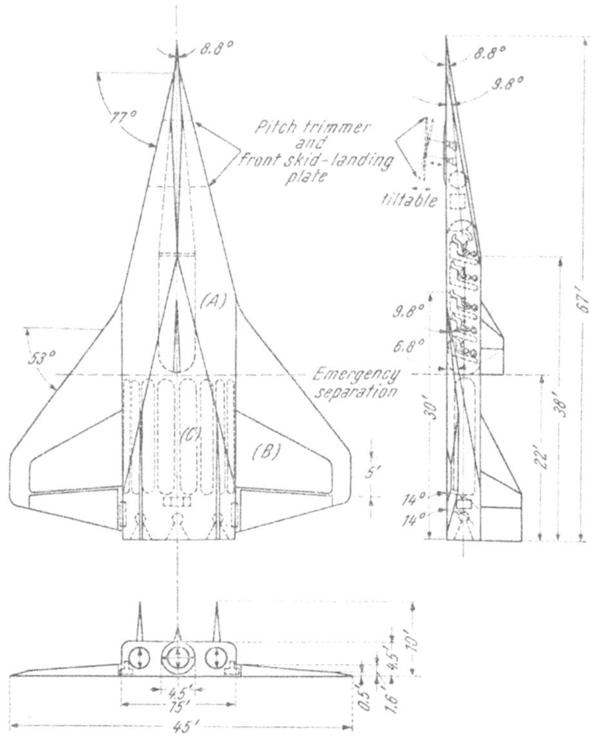

Fig. 20. Schematic sketch of 5-person orbital rocket glider.

Flat bottom area: Section (A)   445 ft²
                          (B)   540 ft²
                          (C)   330 ft²
                     Total   1,315 ft²

Wing load: Full 35 lb/ft² (hypersonic)
            Empty 11,1 lb/ft²

It is assumed that only 50% of the above area is effective as lifting surface at subsonic speed. Hence the wing load is doubled.

Moreover, since high lift force is required, and since high drag, as far as compatible with heat transfer considerations, is desirable also, the drag due to lift should be very high (i. e. the operational point on the polar of the orbital glider should be far beyond the point at which lift over drag is a maximum[2]). Thus a comparatively small thickness ratio can be anticipated offhand.

[1] Thickness ratio is defined as ratio of maximum thickness to length of chord of a given wing section in flight direction.

[2] Maximum lift over drag, a requirement for long range, is of no significance here. The angle of attack for maximum lift over drag is considerably smaller than the angle of attack for maximum lift. Given a certain minimum dynamic pressure (say, about 0,7 atm) and a suitable vehicle planform, aerodynamic controllability and stability can be maintained even at high angles of attack.

The three fundamental characteristic features of an orbital passenger ship are therefore:

low lifting area load

high ratio of body lift to wing lift

operation at angles of attack which exceed those required for maximum lift over drag.

Smallest possible vehicle size is called for by heat transfer considerations (reduction of surface area) and also by the second of the characteristic features enumerated above, since, as pointed out already by SÄNGER and BREDT [25], the ratio of body lift to wing lift decreases with increasing vehicle size.

In view of the flat bottom body configuration of the passenger stage, a parallel mounting of the two upper stages becomes an engineering necessity, because, otherwise, the lift of the flat bottom area which is large in comparison to the base area, would, during powered ascent and trajectory deflection, produce an intolerably high bending load on the joints between second and third stage. Another very important advantage of parallel mounting is, in this case, the rearward shifting of the center of pressure of the overall vehicle. This contributes greatly to improve the stability conditions and results in a saving of structural weight by requiring smaller fins on the first stage.

The resulting tentative glider configuration depicted in Fig. 20 is fairly slender, although, presumably, not slender enough for maximum range operation which, however, is of no concern in connection with the orbital passenger vehicle. Even so, it is not suitable for the stowage of bulky payload. The vehicle consists of a flat bottom body (A), (C) and a pair of wings of trapezoidal planform which is suggested by the desirability of high taper ratio and which also yields a comparatively high aspect ratio for a given wing area and taper ratio thus improving somewhat the low-speed flight characteristics of the glider.

The front portion (A) of the body contains the cone-cylinder unit for passenger accomodation. It includes all furnishings, power source, guidance and stability equipment, and is imbedded in the front portion of the body (forming so-to-say an obliquely oriented roof) for maximum heat protection of the passenger compartment. Most of the descent flight is a pure instrument operation with little need for visibility. As the vehicle approaches the surface of the earth, steel lids can be removed from windows and periscope lenses. The rear portion (C) of the body contains the power plant assembly with parallel arrangement of the units.

Safety can be taken into account by providing an emergency separation of the passenger-carrying section (A) from the rest of the vehicle. This appears to be the only method which permits a saving of the passengers under hypersonic, very-high-altitude flight conditions, and which, at the same time does not require an excessive increase in structural weight of this section. This separation which makes the front portion an independent airplane, provides protection primarily against failures in the power plant section (B). However, in this section the probability of failure is inherently largest, because it involves the greatest number of parts in operation during powered ascent. A serious structural failure in the front portion — during powered ascent or during the descent — would almost certainly result in death of the pilot and passengers. Complete safety is impossible in such a mission and utterly incompatible with the low-weight requirements dictated by our present energy sources. But then, it must again be emphasized that the smaller the vehicle, the less likely is a failure in the front sectional structure or surface construction. Thus safety considerations furnish another important argument in favor of small size of the orbital passenger vehicle. This condition can principally not be satisfied if the passenger carrying vehicle must, at the same time carry a substantial payload of cargo into the satellite orbit. Separation of cargo and passenger transport, therefore, is not only required from the viewpoint of cargo transport efficiency and economy, but also from the viewpoint of passenger transpost safety and reliability.

Another important design consideration is the pressure distribution over the upper surface of the glider. Strong, and above all, sudden, changes in static pressure are liable to produce violent crossflow, contaminating the boundary layer and producing premature transition from laminar to turbulent flow. The configuration Fig. 20 yields higher pressure over the wings than over the body. Inspection of the side view indicates that contamination of the body boundary layer is most likely to originate from the region where the leading edge of the wing is close to the body. In order to minimize the suddenness of the transition this portion has been smoothed out by a curved contour.

More details will be presented in a subsequent paper. For the present discussion a qualitative analysis may suffice.

3. Flight Path

Fundamentally, the powered ascent of the passenger vehicle is the same as that of the automatic supply ship. A certain increase in trajectory deflection is permissible within limits, because more lifting area is available to prevent excessive gravity deflection. The limits are given by the condition that the angle of attack thus required during powered ascent must not exceed a certain critical value, defined by the maximum permissible wing load of the passenger stage. In order to increase this angle as far as the complete vehicle is concerned, the third stage is assumed to be mounted at a negative angle with respect to the vehicle axis (Fig. 17).

Aside from this, no aerodynamic requirements exist for the winged stage during the powered ascent. For all practical purposes, in this period stage 3 is a rocket rather than a glider plane. This is emphasized by the fact that the vehicle has cleared the atmosphere before separation from stage 2 occurs. Although absence of a technically perceptible dynamic pressure is not as necessary a condition for separation as in the case of the large supply ship, it nevertheless simplifies the separation process of two parallel stages.

The passenger stage provides guidance and control for all stages during the ascent. These operations, as well as guidance and control of stage 3 proper (including attitude control in space) must be fully automatic. Therefore, only one pilot is needed who manages the supervision and monitoring of the servo system and maintains connection with surface station and space station. As to the return flight, the pilot will take over in the final portion of the descent when low supersonic speeds are reached. It then will require all the skill of a good pilot to bring the airplane safely to the ground, because he must accomplish a dead-stick landing with an airplane of poor low-speed qualities due to unavoidable compromises with hypersonic superaerodynamics.

Fig. 21 shows the velocity-altitude and velocity-temperature relation for a typical range of lift parameters $0.003 \leq C_L/(W/S) \leq 0.05$ ft^2/lb.

The velocity altitude correlation is obtained easily from the generally valid glide parameter — defined in Eq. (15) and plotted in Fig. 19 — and from a density-altitude table, in the present case [15].

The correlation between velocity and skin equilibrium temperature follows directly from the equality of heat influx and radiation.

$$h_c(T_i - T_w) = \sigma\, \varepsilon \left[\left(\frac{T_w}{100}\right)^4 - \left(\frac{T_0}{100}\right)^4 \right] \tag{16}$$

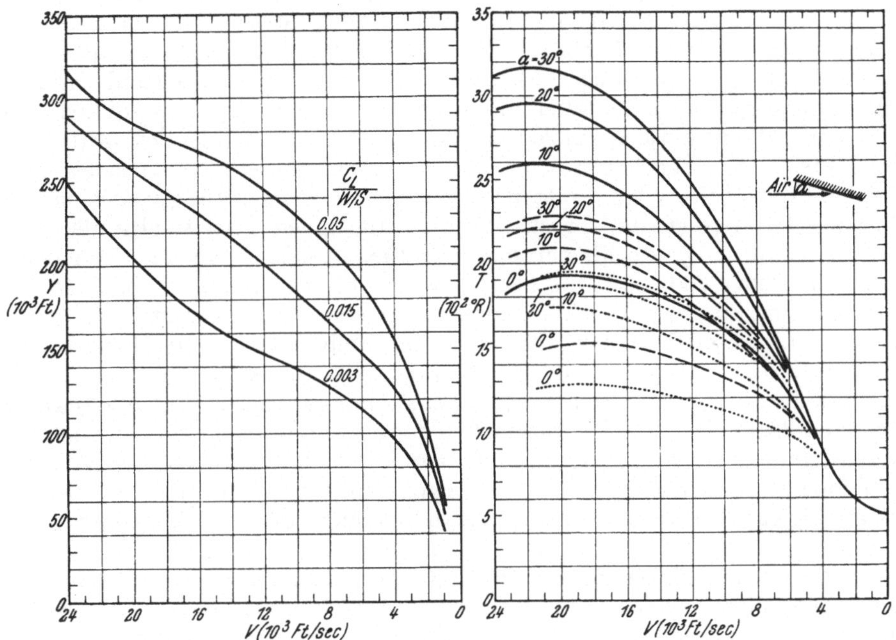

Fig. 21. Range in variation of altitude and equilibrium temperature of descending glider. Lift parameter: ———— 0,003. ·········· 0,015, — — — — 0,05.

where h_c is the convective heat transfer coefficient (Btu/ft²sec °R), T_i is the insulated wall (or boundary layer) temperature (°R), T_w is the actual wall temperature (°R), σ is the STEPHAN-BOLTZMANN constant (0.173 Btu/ft²hr (°R/100)⁴), ε is the emissivity of the wall (here taken as 0.9), and T_0 is the ambient temperature. Of these quantities, h_c is computed from

$$N_u = \frac{h_c\, x}{k} = 0.332\,(\text{Re})^{1/2}\,(\text{Pr})^{1/3} \tag{17}$$

where N_u is the NUSSELT number, k is the heat conductivity of air (Btu/ft²sec °R/ft), $\text{Re} = \varrho\, x\, v/\mu$ is the REYNOLDS number with ϱ = density, x = distance from leading edge, v = velocity outside the boundary layer, μ = coefficient of viscosity, and $\text{Pr} = \mu c_p/k$ is the PRANDTL number, c_p being the specific heat of the air at constant pressure. Eq. (17) is strictly correct only for incompressible flow, but it can be applied to compressible flow provided the air properties contained in N_u, Re, and Pr are calculated at a reference temperature which lies between T_i and T_w and is given in [26] as

$$T' = T_0 \left(0.70 + 0.023\,M^2 + 0.58\,\frac{T_w}{T_0} \right). \tag{18}$$

The insulated wall temperature has been computed as isentropic stagnation temperature with variable specific heat and a recovery factor of 0.9, but without considering dissociation,

$$T_i = \eta \frac{v^2}{2 g J \left[\overline{c}_p\right]_{T_0}^{T_i}} \tag{19}$$

where $J = 778.3$ ft-lb/Btu, η is the recovery factor and $\overline{c}_p$ is the mean specific heat between T_0 and T_i. The equilibrium temperatures are shown in Fig. 21 for $\alpha = 0$ degrees angle of attack and for $\alpha = 10^0$, 20^0 and 30^0. In calculating the latter values, a two-dimensional shock wave has been assumed and variation of the ratio of specific heats taken into account. In assuming a two-dimensional shock wave, the conditions outside the boundary layer are identical with those behind the shock. The temperature data represent those of an uncooled wall, 1 ft behind the leading edge, being in radiation equilibrium at the given inclination with respect to free stream direction, and at the given velocity-altitude correlation as specified by the lift parameter on the left side of Fig. 21. Particularly at altitudes above 200,000 ft the heating values become inaccurate because they fail to account for the slip effect. Moreover, it is not known whether the reference temperature method is reliable at MACH numbers above 10. However, the temperature curves show a trend which is probably correct.

It can be seen that a temperature maximum is reached roughly between 16,000 and 22,000 ft at the lift parameters considered, but that this maximum is lowered significantly with increasing lift parameter. It can also be seen that the skin temperature increases, in all cases, significantly with the angle of attitude. Now if a high angle of attitude is due not to high angle of attack but to bluntness of the wedge (high form drag), Fig. 21 shows that high temperature is obtained without the relief of higher glide altitude. On the other hand, if the high attitude angle is due to large angle of attack then the same drag may be obtained, not as form drag, but as drag due to lift. In this case, due to the higher lift coefficient inherently connected with a larger angle of attack in these flow regions, one obtains the benefit of higher glide altitude, hence, reduced heat influx in spite of higher attitude angle. It, therefore, is not irrelevant how the drag is produced (if the vehicle is the drag producer), and it should be understood that form drag is less desirable than drag due to lift.

Actually, a descending glider would not follow a given lift parameter curve because the lift coefficient C_L varies with altitude, velocity and angle of attack. It is reasonable to assume, however, that the actual lift parameter curve of the descending glider will lie between 0.003 and 0.015. Thus, in a small atmospheric layer, roughly between 250,000 and 150,000 ft, the flight velocity is cut down from about 20,000 ft/sec to 7,000 ft/sec, that is, about 13,000 ft/sec within 100,000 ft. Above and below this region, the deceleration is much less. For this range of lift parameters, therefore, the "critical region of descent" can be expected to coincide with, or lie inside of, the atmospheric layer between 220,000 and 150,000 ft (roughly 70 and 45 km) altitude.

VII. Concluding Remarks

The concept of orbital systems has been introduced in order to describe the integrated complex of orbital establishment and orbital supply. The orbital establishment is defined by the position and distance of its orbit as well as by its design and its function. Orbital supply — which may be regarded as a system in itself — is described by the supply vehicles and their functions.

In this paper an overall appraisal of orbital systems has been given, regarding the aspects of their development, the criteria governing the selection of their respective orbits, the orbital establishments, and the technique of supply.

Terrestrial and, partly, also orbital vehicle development is, in all countries concerned, directly or indirectly governed by military considerations on which the present accomplishments in aerodynamics and rocket flight are based. In view of this fact it is important to recognize that progress beyond the level of military intesest into the realm of astronautical endeavors depends decisively upon continuity of vehicle development and of level of effort in the field of orbital and inter-orbital projects.

This report indicates that, by a systematic analysis and by translation of the resulting conclusions into concepts of functional orbital systems, this required continuity can be preserved without sacrificing any of the bold aspirations of lunar and interplanetary research.

References

1. KRAFFT A. EHRICKE, The Foundations of Interplanetary Flight, Part 1 (in German). Research Series of the Nordwest-Deutsche Gesellschaft für Weltraumforschung e. V., No. 1 (1950).
2. A. V. CLEAVER, A Programme for Achieving Interplanetary Flight. J. Brit. Interplan. Soc. **13**, 1 (1954).
3. KRAFFT A. EHRICKE, A Method of Using Small Orbital Carriers for the Establishment of Large Satellites. Amer. Rocket Soc., Paper 69/52.
4. KRAFFT A. EHRICKE, A New Supply System for Satellite Orbits. Part 1. Jet Propulsion **24**, 302 (1954); Part 2. Jet Propulsion **24**, 369 (1954).
5. KRAFFT A. EHRICKE, A Comparison of Propellants and Working Fluids for Rocket Propulsion. J. Amer. Rocket Soc. **23**, 287 (1953).
6. IRENE SÄNGER-BREDT, On the Thermodynamics of Working Fluids for Atomic Rockets (in German). Z. Naturforsch. 8 a, 796 (1953).
7. K. R. STEHLING, Earth Scanning Techniques for a Small Orbital Rocket Vehicle. Amer. Rocket Soc., Paper 97/53.
8. L. SPITZER, Jr., Perturbations of a Satellite Orbit. J. Brit. Interplan. Soc. **9**, 131 (1950).
9. D. BROUWER, The Motion of a Particle with Negligible Mass under the Gravitational Attraction of a Spheroid. Astronom. J. **51**, 223 (1946).
10. KRAFFT A. EHRICKE, The Establishment of Large Satellites by Means of Small Orbital Carriers. Paper presented at the Third International Astronautical Congress at Stuttgart, Germany, Sept. 1952, Probleme aus der Astronautischen Grundlagenforschung. Stuttgart: Gesellschaft für Weltraumforschung, 1952.
11. K. W. GATLAND, A. M. KUNESCH, and A. E. DIXON, Fabrication of the Orbital Vehicle. J. Brit. Interplan. Soc. **12**, 274 (1953).
12. W. VON BRAUN, The Mars Project. Urbana, Illinois: The University of Illinois Press, 1953.
13. H. NOORDUNG, The Problem of Space Flight (in German), First Ed. Berlin: R. C. Schmidt & Co., 1929.
14. H. S. TSIEN, Superaerodynamics, Mechanics of Rarified Gases. J. Aeronaut. Sci. **13**, 653 (1946).
15. G. GRIMMINGER, Analysis of Temperature, Pressure and Density of the Atmosphere Extending to Extreme Altitudes. Santa Monica, Calif.: The RAND Corporation, Nov. 1948.
16. E. SÄNGER, The Gaskinetics of Very High Flight Speed. N.A.C.A. Techn. Mem. 1270, May 1950.
17. J. R. STALDER and V. J. ZURICK, Theoretical Aerodynamic Characteristics of Bodies in a Free Molecule Flow Field. N.A.C.A. Techn. Note 2423, July 1951.

18. J. R. Stalder, G. Goodwin, and M. O. Creager, A Comparison of Theory and Experiment for High Speed Free Molecule Flow. N.A.C.A. Techn. Note 2244, Dec. 1950.
19. R. M. Drake, Jr., and G. J. Maslach, Heat Transfer from Right Circular Cones to a Rarified Gas in Supersonic Flow. University of California, Berkeley, Report HE—150—91, 1952.
20. J. R. Stalder and D. Jukoff, Heat Transfer to Bodies Traveling at High Speed in the Upper Atmosphere. N.A.C.A. Techn. Note 1682, August 1948
21. J. R. Stalder, G. Goodwin, and M. O. Creager, Heat Transfer to Bodies in High Speed Rarified Gas Stream. N.A.C.A. Techn. Note 2438, August 1951.
22. F. M. Sauer, Convective Heat Transfer from Spheres in a Free Molecule Flow. J. Aeronaut. Sci. 18, 353 (1951).
23. A. K. Oppenheim, Generalized Theory of Convective Heat Transfer in Free-Molecule Flow. J. Aeronaut. Sci. 20, 49 (1953).
24. L. Lees, On the Boundary Layer Equations in Hypersonic Flow and their Approximate Solutions. J. Aeronaut. Sci. 20, No 2 (1953).
25. E. Sänger and Irene Bredt, A Rocket Drive for Long Range Bombers. Dtsch. Luftfahrt-Forschung UM 3538, August 1944, Transl. by M. Hamermesh, Radio Research Laboratory, Reproduced by R. Cornog, 990 Cheltenham Road, Santa Barbara, California.
26. G. B. W. Young and E. Janssen, The Compressible Boundary Layer. J. Aeronaut. Sci. 19, 229 (1952).

Der Einfluß der Auslegung der Turbopumpe auf die Flugleistungen einer Großrakete

Von

H. H. Kölle, Stuttgart[1], GfW

(Mit 10 Abbildungen)

Zusammenfassung. Im Zuge der gegenwärtigen Entwicklung zu immer größeren und stärkeren Raketentriebwerken gewinnt die Turbopumpe in der Raketentechnik ständig an Bedeutung. Turbopumpen werden oft als Herz der Raketentriebwerke bezeichnet, da sie nicht nur den Schub regeln, sondern auch entscheidend zur Betriebssicherheit des ganzen Aggregates beitragen. Die Antriebsseite der Turbopumpe ist meist eine Dampf- oder Gasturbine mit einem besonderen Gasgenerator. Es werden die Verwendungsbereiche einzelner Turbinenbauarten (Gleichdruckrad, 2-C-Rad, mehrstufige Überdruckturbine und Getriebeturbine) und insbesondere der Einfluß ihrer Auslegung auf die Flugleistungen untersucht. Es wird gezeigt, daß das 2-C-Rad eine günstige Lösung für kurze und die mehrstufige Überdruck-Getriebeturbine eine gute Lösung für sehr lange Brennzeiten ist. Das Leistungsgewicht beträgt etwa 0,35 kg/PS bei 100 PS Wellenleistung und etwa 0,10 kg/PS und weniger bei 5000 PS und größeren Wellenleistungen.

Symbolverzeichnis

c	(m/sec)	Ausströmungsgeschwindigkeit.
$\bar{c}$	(m/sec)	mittlere Ausströmungsgeschwindigkeit.
g_0	(m/sec²)	Erdschwerebeschleunigung (Normwert = 9,80665).
$\bar{g}$	(m/sec²)	Mittelwert der Erdschwerebeschleunigung.
G	(kg)	Gewicht.
$\dot{G}$	(kg/sec)	sekundlicher Treibstoff-, bzw. Dampfdurchsatz.
G', $\dot{G}'$	(kg, bzw. kg/sec)	Gewicht und Durchsatz der Turbine.
G^*	(kg)	Vergleichsgeschwindigkeit.
h	(m)	Flughöhe.
H_t	(kcal/kg)	Wärmegefälle.
k		Konstante.
$K_{1,2}$	(DM/kg)	Kostenfaktoren.
N	(PS)	Wellenleistung.
P	(kg)	Schub.
r	(—)	Massenverhältnis = Startgewicht/Leergewicht.
r_0	(m)	Erdradius, Normwert = 6 371 221 m.
t	(sec)	Brennzeit.
u	(m/sec)	Antriebsvermögen einer Rakete.
v	(m/sec)	Fluggeschwindigkeit.
v^*	(m/sec)	Vergleichsgeschwindigkeit.
γ	(kg/m³)	spezifisches Gewicht.
η	(—)	Wirkungsgrad.
ζ	(—)	Treibstoffverhältnis $= \dfrac{\text{Treibstoffgewicht}}{\text{Startgewicht}}$.

---

[1] Astronautisches Forschungsinstitut, Stuttgart N, Löwentorstraße 10, Bundesrepublik Deutschland.

Indizes

eff	wirksame (Ausströmungsgeschwindigkeit).
N	mit Nachverbrennung im Abdampfstutzen.
p	Brennschluß.
s	Start.
T	Triebwerk.
Tb	Turbine.
Tbp	Turbopumpe.
vac	Vacuum.
0	in Meereshöhe.
1	Schubwerk.
2	Förderwerk.
3	Tankwerk.
4	Zelle und Ausrüstung.
5	Nutzlast.
6	Treibstoffe.

Die heutige Raketenentwicklung ist gekennzeichnet durch die Entwicklung neuer Raketentriebwerke mit größeren Schubkräften und größeren Brennkammerdrücken. Derartige Großtriebwerke sind die Voraussetzung für den Entwurf und die Herstellung mehrstufiger Großraketen, die heute noch als Ausgangspunkt für die Weltraumfahrt betrachtet werden müssen.

Im Rahmen dieser Triebwerksentwicklung, die heute im Vordergrund des Interesses steht, nimmt die Entwicklung von Turbopumpen sowie der dazugehörigen Regelanlage einen nicht unerheblichen Teil der vorhandenen Forschungs- und Industriekapazität in Anspruch. Das Förderwerk in seiner Gesamtheit hat einen erheblichen Einfluß auf die Betriebssicherheit der Anlage, so daß seiner Entwicklung und Herstellung besondere Aufmerksamkeit geschenkt werden muß.

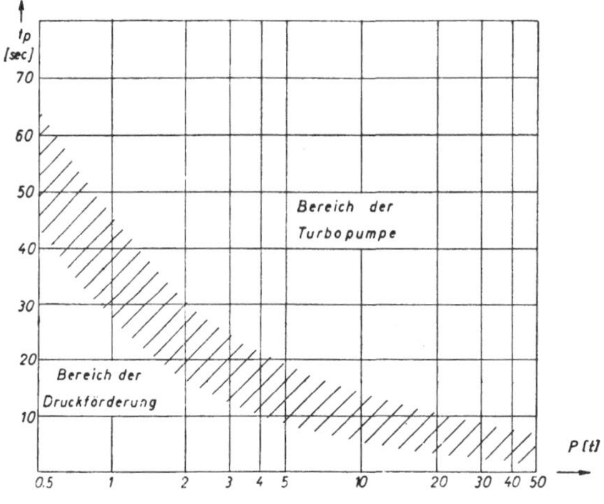

Abb. 1. Bereich der Druckförderung und der Turbopumpe in Abhängigkeit von Brennzeit und Schubkraft nach SUTTON [1].

Bei kleinen Raketentriebwerken und insbesondere bei kleinen Brennzeiten werden hauptsächlich Druckförderungsanlagen verwendet, da diese gewichtlich vorteilhafter sind. Turbopumpen hingegen stellen für große Schubleistungen und lange Brennzeiten die technisch und wirtschaftlich günstigste Lösung dar. Die Grenzen des wirtschaftlichen Einsatzes von Druckförderanlagen und Turbopumpen können einem Diagramm von SUTTON [1] entnommen werden (siehe Abb. 1).

Die vorliegende Arbeit beschäftigt sich insbesondere mit der Verwendung einzelner Turbinenbauarten (Gleichdruck-Rad, CURTIS-Rad, mehrstufige Überdruckturbine, Getriebeturbine) als Antriebsteil der Turbopumpe, sowie deren optimalen Durchmessern. Die Abmessungen und Leistungen der Turbopumpe beeinflussen die Flugleistungen einer Rakete insofern, als das Gewicht der Turbopumpe einen nicht unerheblichen Anteil am Triebwerkgewicht ausmacht, ferner dadurch, daß der Turbinendurchsatz und der Abdampfschub die wirksame Ausströmungsgeschwindigkeit eines Triebwerkes beeinflussen.

Ein erstes Kriterium für eine günstige konstruktive Lösung besteht in der Forderung, daß eine Turbopumpe so ausgelegt werden soll, daß die Rakete bei Brennschluß die höchstmögliche Energie besitzt. Im schwerefreien Raum wäre diese Forderung mit der nach einem maximalen Antriebsvermögen gleichbedeutend.

Das Antriebsvermögen einer Rakete ist gekennzeichnet durch das Treibstoffverhältnis ζ und durch die wirksame Ausströmungsgeschwindigkeit $\overline{c}_{eff}$ und gegeben durch die Beziehung

$$u = \overline{c}_{eff} \cdot \ln\left(\frac{1}{1-\zeta}\right). \tag{1}$$

Für eine im Schwerefeld aufsteigende Rakete ist die Bedingung des maximalen Antriebsvermögens nicht mehr ausreichend, da die Auslegung der Turbopumpe deren Flugzeit und damit auch deren Verluste im Erdschwerefeld beeinflußt. Für diesen Fall ist die sogenannte „Vergleichsgeschwindigkeit" v^* ein geeigneter Maßstab für den Leistungsvergleich zweier Raketen. Sie ist ein Maß für die Gesamtenergie im Brennschlußpunkt und ist nach Engel [2] definiert als

$$v^* = \sqrt{v_p{}^2 + 2\,g_0\,h_p \cdot \frac{r_0}{r_0 + h_p}}. \tag{2}$$

Es genügt in fast allen Fällen, den senkrechten Start ohne Berücksichtigung des Luftwiderstandes der Rechnung zugrunde zu legen. In diesem Falle berechnet sich die Brennschlußgeschwindigkeit zu

$$v_p = c_{eff} \cdot \ln\left(\frac{1}{1-\zeta}\right) - \overline{g} \cdot t_p \tag{3}$$

und die Brennschlußhöhe zu

$$h_p = c_{eff} \cdot t_p \left[1 - \left(\frac{1-\zeta}{\zeta}\right) \ln\left(\frac{1}{1-\zeta}\right)\right] - \frac{\overline{g}}{2} t_p{}^2. \tag{4}$$

Darin ist das Treibstoffverhältnis ζ definiert als

$$\zeta = \frac{G_6 + G_6{}'}{G_s} = \frac{G_6 + G_6{}'}{G_1 + G_2 + G_3 + G_4 + G_5 + G_6 + G_6{}'} \tag{5}$$

und die wirksame Ausströmungsgeschwindigkeit als

$$c_{eff\,(0)} = \frac{P_0 + P_0{}'}{(\dot{G}_6 + \dot{G}_6{}')/g_0} \quad (\text{m/sec}) = \text{Bodenwert in 0 m Höhe}, \tag{6}$$

$$c_{eff\,(vac)} = \frac{P_{vac} + P_{vac}{}'}{(\dot{G}_6 + \dot{G}_6{}')/g_0} \quad (\text{m/sec}) = \text{Vakuumwert bei } p_a = 0,$$

$$\overline{c}_{eff} = \frac{1}{(\dot{G}_6 + \dot{G}_6{}')/g_0} \left[(P_0 + P_0{}') + k\,(P_{vac} + P_{vac}{}' - P_0 - P_0{}')\right]$$

als Mittelwert über die gesamte Flugbahn.

Die Konstante k ist für Brennzeiten von 80 bis 120 sec etwa zwei Drittel [3]. Für Vergleichsbetrachtungen ist es ausreichend, für den zeitlichen Mittelwert der Schwerebeschleunigung den Bodenwert mit $g_0 = 9{,}80665$ (m/sec²) zu setzen.

Die Brennzeit t_p beträgt bei vollständiger Verbrennung der mitgeführten Treibstoffe

$$t_p = \frac{G_6 + G_6{}'}{\dot{G}_6 + \dot{G}_6{}'} \quad \text{(sec)}. \tag{7}$$

Nun ist es nicht immer notwendig, für Vergleichszwecke die Vergleichsgeschwindigkeit v^* für die Gesamtrakete zu berechnen, denn diese Rechnung ist doch etwas zeitraubend, wenn man eine größere Zahl von Lösungen vergleichen will. Als gute Näherung für Leistungsvergleiche kann folgende Beziehung verwendet werden:

$$G^* = G_2 + \dot{G}_6{}' \cdot \frac{t_p}{2} - \frac{\overline{P'}}{4} \quad \text{(kg)}. \tag{8}$$

Der Faktor 4 in Gl. (8) ist gültig für normal beschleunigte Raketen mit einer Schubbeschleunigung von 20 bis 30 m/sec². Eine noch schärfere Formulierung der optimalen Auslegung einer Turbopumpe führt auf die Forderung des *wirtschaftlichen* Optimums, das heißt auf die billigste Lösung. Die Forderungen nach dem leistungsmäßigen und wirtschaftlichen Optimum haben allerdings nur dann einen Sinn, wenn die Forderung größter Betriebssicherheit erfüllt ist. Ein Vergleich zweier Turbopumpen erscheint demnach nur dann sinnvoll, wenn diese eine gleich große Betriebssicherheit aufweisen, bzw. erwarten lassen. Im Zweifelsfalle wird immer diejenige konstruktive Lösung vorzuziehen sein, die die wenigsten Fehlerquellen aufweist, selbst dann, wenn sie nicht die billigste ist. Für die folgende Untersuchung sei angenommen, daß Turbopumpen mit gleich großer Betriebssicherheit verglichen werden sollen.

Um einen Überblick über die Gewichtsverhältnisse von Raketen zu erhalten, sind in Abb. 2 die prozentualen Gewichtsanteile für die Me 163 B, die A–4 und das GfW-Kreisbahnraketenprojekt 1i/IV (Grundstufe) aufgetragen. In der ersten Spalte ist jeweils das Startgewicht, in der zweiten das Nettogewicht und in der dritten das Triebwerkgewicht gleich 100 % gesetzt. Aus der Abb. 2 ist beispielsweise ersichtlich, daß das Nettogewicht und das Gewicht des Förderwerkes mit dem Startgewicht zunehmen. Das hier interessierende Förderwerk nimmt etwa 5 bis 9 % des Nettogewichtes der jeweiligen Rakete in Anspruch, also einen

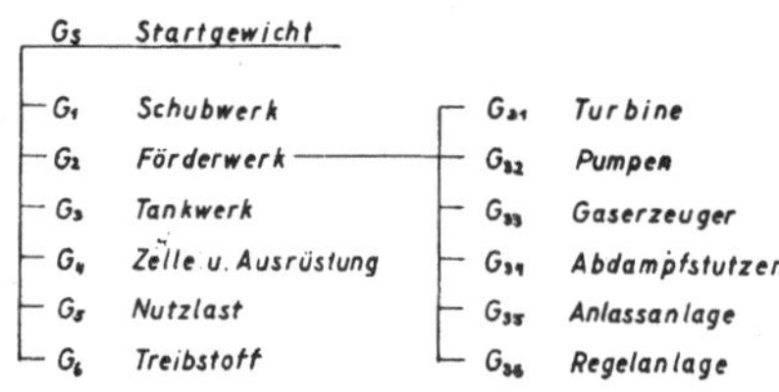

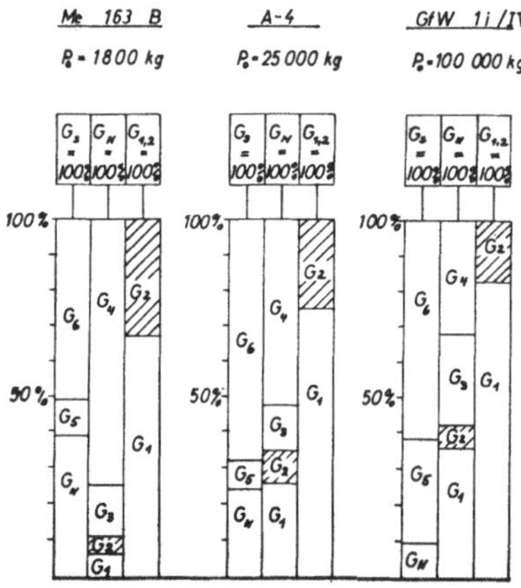

Abb. 2. Prozentuale Verteilung der Gewichtsanteile bei verschiedenen Raketen (Me 163 B, A–4, GfW 1i/IV). Das Gewicht des Förderwerkes ist jeweils gestrichelt.

durchaus merkbaren Anteil, der sich noch dadurch erhöht, daß auch der für die Turbopumpe erforderliche Treibstoff mitgeführt werden muß und bei längeren Brennzeiten durchaus ins Gewicht fällt. Die Frage nach einer günstigen Lösung des Förderwerks erscheint also durchaus berechtigt.

Bei Triebwerken mit kleinen Schüben und bei Triebwerken mit großen Schüben mit kleiner Brenndauer scheinen das einfache Gleichdruckrad und das zweistufige CURTIS-Rad eine günstige Lösung zu sein. Diese sollen hier zunächst etwas näher untersucht werden. In Ref. [3] wurde eine für Gleichdruck- und CURTIS-Räder gültige Näherungsbeziehung für das Gewicht in Abhängigkeit des Durchmessers wie folgt angegeben:

$$G_{Tb} = \pi \gamma \left\{ s_1 \, (D + 0{,}2) \, [(D + 0{,}2) + b] + \frac{D^2}{4} \, s_2 \right\} \ (\text{kg}), \qquad (9)$$

mit $s_1 = 0{,}018$ m, $s_2 = 0{,}028$ m, $b = 0{,}08$ m und $\gamma = 7800$ kg/m³, die etwa für ein übliches Stahlgehäuse und Laufrad zutreffen; so ergibt sich das in Abb. 3 dargestellte Turbinengewicht in Abhängigkeit vom Durchmesser. Bei der Berechnung von Dampf- und Gasturbinen wird im allgemeinen so vorgegangen, daß die Abmessungen, Wirkungsgrad und Durchsatz für eine geforderte Leistung in Abhängigkeit des als maßgeblich zu betrachtenden Parameters Umfangsgeschwindigkeit/Düsenmündungsgeschwindigkeit u/c durchgerechnet und aufgetragen werden, um den günstigsten Wirkungsgrad und somit auch den günstigsten Durchmesser zu ermitteln, s. Ref. [4]. Für das hier durchgerechnete Beispiel wurde die Düsenmündungsgeschwindigkeit zu $c = 1053$ m/sec angenommen und die Drehzahl zu 6000 U/min festgelegt. Die für ein Gleichdruck- und für ein 2—C-Rad erhaltenen Wirkungsgrade wurden in Abb. 3 über u/c aufgetragen. Für Durchmesser unter etwa 0,85 m hat das 2—C-Rad und darüber das einstufige Gleichdruck-Rad den besseren Wirkungsgrad. Die Frage, welches der günstigste Raddurchmesser für die zu entwerfende Turbine ist, kann nicht ganz so einfach entschieden werden wie bei üblichen Turbinen mit sehr langer Lebensdauer. Bei langen Betriebszeiten ist der Wirkungsgrad der entscheidende Leistungsfaktor. Bei Turbopumpen liegen die Verhältnisse

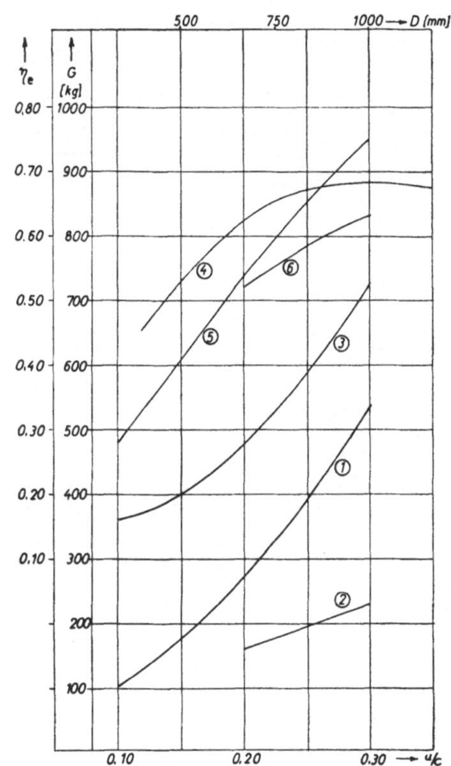

Abb. 3. Wirkungsgrade und Gewichte verschiedener Turbinen: *1* Gewicht des 1-stufigen Gleichdruck- und des 2—C-Rades; *2* Gewicht einer 2—C-Getriebeturbine; *3* Gesamtgewicht der Turbopumpe mit 2—C-Turbine; *4* Wirkungsgrad des 2—C-Rades; *5* Wirkungsgrad der 1-stufigen Gleichdruckturbine; *6* Wirkungsgrad der 2—C-Getriebeturbine, in Abhängigkeit von dem Verhältnis Umfangsgeschwindigkeit/Düsenmündungsgeschwindigkeit u/c.

etwas anders, da die Betriebszeiten nur wenige Minuten betragen und die Geräte selbst oft auch als Verlustgeräte zu betrachten sind. Werden nun für das Gleichdruck- und das 2—C-Rad die Vergleichsgeschwindigkeiten und Vergleichsgewichte nach Gl. (2) und (8) berechnet, wobei für die Vergleichsgeschwindigkeit die letzte Entwicklungsstufe des GfW-Kreisbahnraketenprojektes

(Grundstufe, s. Ref. [5]) als Zahlenbeispiel verwendet wurde, so ergibt sich die in Abb. 4 gezeigte Abhängigkeit von dem Verhältnis u/c. Für das Curtis-Rad ergibt sich ein Optimalwert für $u/c = 0,14$ und für das Gleichdruckrad für etwa $u/c = 0,19$. Die Abb. 4 zeigt ferner, daß das in Gl. (8) definierte Vergleichsgewicht in der Tat ein guter Vergleichsmaßstab ist, da seine Optima sehr gut mit denen der Vergleichsgeschwindigkeit übereinstimmen. Abb. 4 zeigt ferner, daß das 2—C-Rad einen — wenn auch bescheidenen — leistungsmäßigen Vorteil gegenüber dem Gleichdruckrad verspricht. Die hier dargestellten Verhältnisse gelten für eine Brenndauer von annähernd 100 sec.

Um übersehen zu können, wie sich das Vergleichsgewicht G^* aufbaut, wurden in Abb. 5 für das 2—C-Rad das Turbinengewicht, das halbe Treibstoffgewicht und ein Viertel des mittleren Abdampfschubes sowie das gesamte Vergleichsgewicht über dem Verhältnis aufgetragen. Bei kleinen Brennzeiten bestimmt das Turbinengewicht die Charakteristik von G^*, bei großen Brennzeiten dagegen nimmt der Treibstoffanteil schnell zu und das Maximum muß sich zwangsläufig nach größeren Werten von u/c hin verschieben.

Noch deutlicher zeigt dies Abb. 6, in der das dimensionslos gemachte Vergleichsgewicht über u/c mit der Brennzeit als Parameter aufgetragen ist. Mit wachsenden Brennzeiten werden die Minima flacher und wandern nach rechts zu größeren Werten von u/c.

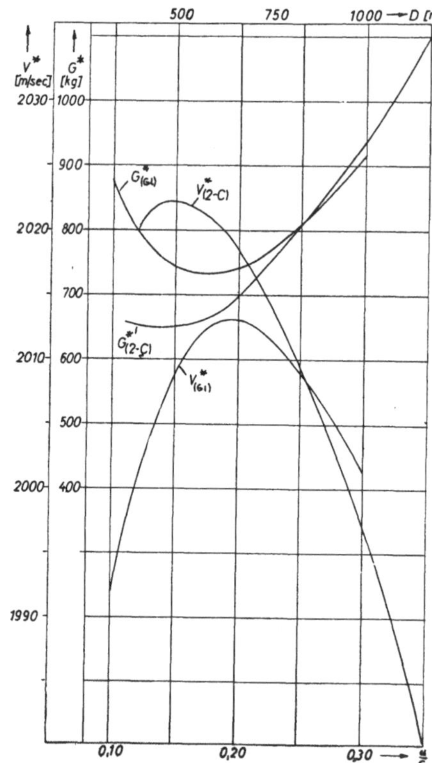

Abb. 4. Vergleichsgewichte und Vergleichsgeschwindigkeiten für Gleichdruckrad und 2—C-Rad in Abhängigkeit vom Geschwindigkeitsverhältnis u/c.

Werden die Brennzeiten größer als eine Stunde (bei reinen Raumfahrzeugen erscheint dies erforderlich, s. Ref. [6]), so entscheidet — wie auch im üblichen Turbinenbau — der günstigste Wirkungsgrad über die Wahl des günstigsten u/c und damit des günstigsten Raddurchmessers.

Begnügt sich der Konstrukteur indessen nicht mit der Ermittlung des Leistungsoptimums, und will er einen noch schärferen Maßstab anlegen, so versucht er das Kostenminimum für das betreffende Projekt zu ermitteln. Diese Aufgabe ist ungleich schwerer als die Ermittlung des Leistungsminimums, da weitere Veränderliche in die Rechnung eingehen.

Es sei nochmals daran erinnert, daß der Konstrukteur grundsätzlich zwei Lösungsmöglichkeiten hat: 1. Eine Turbine mit hohem Wirkungsgrad, das heißt mit kleinem Durchsatz und relativ großem Trockengewicht, und 2. eine Turbine mit relativ schlechtem Wirkungsgrad, das heißt großem Durchsatz und kleinem Einbaugewicht. Die Frage nach einer wirtschaftlichen Lösung kann nun auch wie folgt formuliert werden: Stehen zwei Turbinen mit verschiedenen Wirkungsgraden und verschiedenen Einbaugewichten zur Auswahl bereit, so soll diejenige Betriebsdauer ermittelt werden, bei der der Übergang zu einer Turbine besseren Wirkungsgrades einen kostenmäßigen Vorteil verspricht. Diese Brennzeit soll im folgenden „Grenzbrennzeit" genannt werden.

In erster Näherung wird also dann eine Ersparnis zu erwarten sein, wenn die Ersparnis der Treibstoffkosten die Mehrkosten für die größere Turbine überwiegt; es würde dann die Beziehung gelten

$$\Delta \dot{G}_6' \cdot t_p \cdot K_1 \geqq \Delta G_{Tp} \cdot K_2; \quad (10)$$

daraus ergibt sich die Grenzbrennzeit

$$t_{p\,(min)} \geqq \frac{K_2}{K_1} \frac{\Delta G_{Tb}}{\Delta G_6'} \quad (\text{sec}). \quad (11)$$

Diese Forderung ist aber für die recht verwickelten Verhältnisse in der Raketentechnik noch nicht ausreichend. Es muß noch berücksichtigt werden, daß bei einer Verminderung der Gesamtmenge des Turbinentreibstoffes sich ebenfalls das Startgewicht der Rakete und damit — bei gleicher Anfangsbeschleunigung — auch das erforderliche Gewicht für die Raketentriebwerke vermindert. Desgleichen vermindert sich im gleichen Verhältnis die erforderliche Gesamttreibstoffmenge. Die Rakete wird also leichter und somit auch billiger. Auf der anderen Seite muß natürlich für ein entsprechendes Mehrgewicht der Turbine wiederum der notwendige Treibstoff und der zusätzliche Triebwerkschub bereitgestellt werden. In die sich daraus ergebende Bedingungsgleichung geht die ersparte Gesamtmenge des Turbinentreibstoffes nur

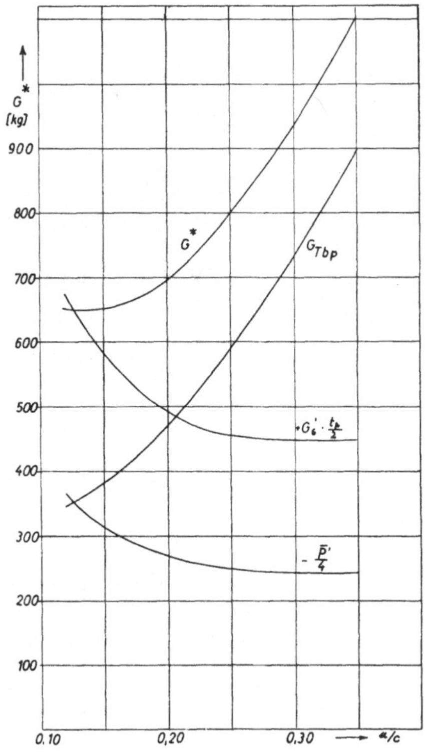

Abb. 5. Die Anteile des Vergleichsgewichtes für das 2—C-Rad: Gewicht der Turbopumpe (G_{Tbp}); effektives Kraftstoffgewicht $(G_6' \cdot t_p/2)$; mittlerer effektiver Abdampfschub $(P/4)$ in Abhängigkeit vom Geschwindigkeitsverhältnis u/c $(t_p = 100$ sec$)$.

zur Hälfte ein, sofern die Gesamtrakete betrachtet wird, da dieser ja im Verlaufe der Antriebszeit in Form von Abdampf aus der Rakete ausgestoßen wird. Es wird bei dieser Vergleichsrechnung also der zeitliche Mittelwert der gesamten (für die Turbine erforderlichen) Treibstoffmenge eingesetzt. Wenn das Zellengewicht der Rakete als konstant angenommen wird, was in diesem Falle vertretbar erscheint, und ferner die Änderung des Abdampfschubes vernachlässigt wird, ergibt sich folgende Bedingungsgleichung

$$K_1 \cdot \Delta \dot{G}_6' \left(\frac{t_p}{2} r + t_p\right) + \Delta \dot{G}_6' \left(\frac{t_p}{2} r + t_p\right) \frac{P_0}{G_s} G_{T\,(sp)} \cdot K_2 \geqq \Delta G_{Tb} K_2 + \Delta G_{Tb} \cdot r \cdot K_1$$

$$+ (\Delta G_{Tb} + \Delta G_{Tb} \cdot r) \frac{P_0}{G_s} G_{T\,(sp)} \cdot K_2 \quad (12)$$

und daraus die Grenzbrennzeit für den Übergang auf eine Turbine besseren Wirkungsgrades zu

$$t_p \geqq \frac{\Delta G_{Tb}}{\Delta \dot{G}_6{}'} \cdot \frac{\dfrac{K_2}{K_1} + r + \dfrac{P_0}{G_s} G_{T(sp)} \dfrac{K_2}{K_1}(1 + r)}{\left(\dfrac{1}{2} r + 1\right)\left(1 + \dfrac{P_0}{G_s} \cdot G_{T(sp)} \cdot \dfrac{K_2}{K_1}\right)}.$$
(13)

Für das hier behandelte Beispiel sollen folgende — vertretbar scheinende — Zahlenwerte angenommen werden:

$$\frac{K_2}{K_1} = 1000 = \frac{\text{Herstellungskosten pro Gewichtseinheit Triebwerk}}{\text{Herstellungskosten pro Gewichtseinheit Treibstoff}}$$

$$G_{T(sp)} = 0,04 \quad \frac{\text{spez. Triebwerkgewicht}}{\text{oder Leistungsgewicht}} \left(\frac{\text{kg Triebwerkgewicht}}{\text{kg Schub}}\right)$$

$$r = 2,5 \quad \text{Massenverhältnis} = \frac{\text{Startgewicht}}{\text{Leergewicht}}$$

$$\frac{P_0}{G_s} = b_0 = 2 \quad \text{totale Startbeschleunigung in (g)} = \frac{\text{Startschub}}{\text{Startgewicht}}.$$

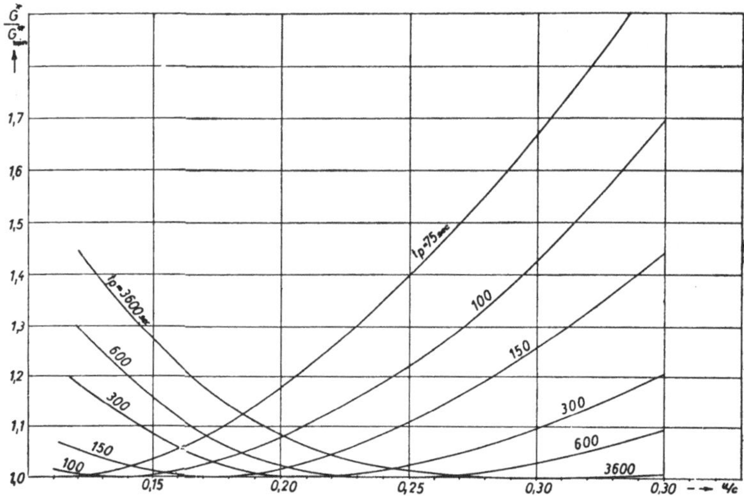

Abb. 6. Abhängigkeit des Vergleichsgewichtes einer 2—C-Turbine von der Brennzeit und dem Geschwindigkeitsverhältnis u/c.

Mit diesen Werten wird Gl. (13) zahlenmäßig

$$t_{p\,(min)} \geqq 7,05 \cdot \frac{\Delta G_{Tb}}{\Delta \dot{G}_6{}'}.$$
(13 a)

Diese Beziehung ist in Abb. 7 numerisch ausgewertet und erlaubt die Bestimmung des optimalen u/c und somit des Durchmessers für den Fall, daß der Wirtschaftlichkeit bei der Auswahl der Turbine der Vorrang eingeräumt wird. Die Anwendung der Abb. 7 sei an einem Beispiel erläutert:

Die Gewichtsbilanz ohne Abdampfschub ergab beim Curtis-Rad für eine Brennzeit von 100 sec ein Minimum bei $u/c = 0,179$ mit einem Turbopumpengewicht von 431 kg und einem Durchsatz von 10,48 kg/sec. Es soll nun die Frage entschieden werden, ob ein Curtis-Rad mit einem $u/c = 0,134$, einem Gewicht von 363 kg und einem Durchsatz von 12,50 kg/sec (es wurden verschiedene

Turbinen mit veränderlichem u/c durchgerechnet) der ersten Turbine überlegen ist. Die Differenz des Turbinengewichtes beträgt 68 kg und die des Durchsatzes 2,02 kg/sec. Mit diesen Werten in Abb. 7 eingehend, ergibt sich eine Grenzbrennzeit von 240 sec. Also erst ab dieser Betriebszeit ist die hochwertige, aber schwerere erste Turbine der leichteren zweiten Turbine für diesen Verwendungszweck wirtschaftlich überlegen. Es empfiehlt sich also die Wahl der letzteren Turbine mit einem Durchmesser von 450 mm.

Auf die gleiche Weise läßt sich zeigen, daß bei den angenommenen bzw. berechneten Verhältnissen für die vorgegebene Brennzeit von 100 sec das 2—C-Rad dem einstufigen Gleichdruckrad überlegen ist.

Als dritte Turbinenbauart erscheint die mehrstufige Überdruckturbine in Verbindung mit einem 2—C-Rad als Regelstufe für den Antrieb von Turbopumpen geeignet. Überdruckturbinen sind dem 2—C- und Gleichdruckrad in Beziehung auf den Wirkungsgrad überlegen, weisen aber dafür größere Gewichte auf. Diese Verhältnisse lassen daher in Übereinstimmung mit der vorangegangenen Betrachtung erwarten, daß Überdruckturbinen insbesondere für lange Brennzeiten geeignet sind.

Es tritt also dieselbe Fragestellung auf: Ab welcher Grenzbrennzeit kann der größere Gewichtsaufwand für eine Überdruckturbine gerechtfertigt werden? Die Antwort gibt wieder Abb. 7, sobald die Gewichtsdifferenz und Durchsatzdifferenz

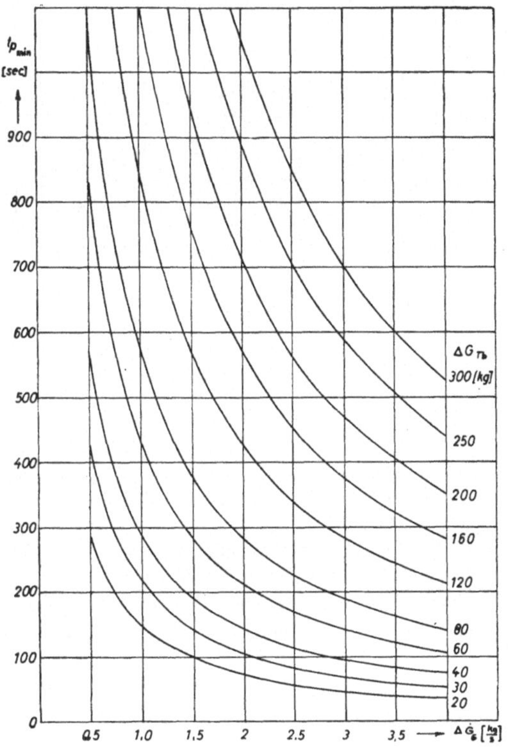

Abb. 7. Die wirtschaftliche Grenzbrennzeit einer Turbine in Abhängigkeit von der Gewichtsdifferenz ΔG_{Tb} und der Durchsatzdifferenz $\Delta \dot{G}_6$.

der zu vergleichenden Turbinen bekannt ist.

Wird der Untersuchung eine Turbine mit Nachverbrennung im Abdampfstutzen zugrunde gelegt, so beträgt deren Durchsatz in Abhängigkeit vom Wirkungsgrad, Nutzgefälle und Leistung

$$\dot{G}_{6N}' = \frac{\dot{G}_{6N}'}{\dot{G}_6'} \frac{N}{5,7 \cdot H_t} \frac{1}{\eta_e} \quad \text{(kg/sec)}. \tag{14}$$

Wird $N = 4800$ PS, $\dot{G}_{6N}'/\dot{G}_6' = 1,096$ und $H_t = 149,5$ kcal/kg angenommen, so beträgt für diese Turbine der Dampfverbrauch in Abhängigkeit vom Wirkungsgrad

$$\dot{G}_{6N}' = \frac{6,17}{\eta_e} \quad \text{(kg/sec)}. \tag{14 a}$$

Gute Überdruckturbinen haben Wirkungsgrade zwischen 0,70 und 0,82, so daß der Dampfverbrauch dann zwischen 7,53 und 8,82 kg/sec betragen würde.

Eine überschlägige Gewichtsermittlung des Überdruckteiles einer Turbine für eine Leistung von 4800 PS und eine Drehzahl von 15 000 U/min, sowie einen mittleren Raddurchmesser von 350 mm ergab ein Gewicht von 190 kg. Zu diesem Gewicht muß noch das Gewicht der Regelstufe, des Getriebes, sowie des Zubehörs hinzugezählt werden, wenn das Gesamtgewicht von Interesse ist. Es ist also für die mehrstufige Überdruckturbine ein Mehrgewicht von etwa 200 kg gegenüber einem einfachen 2—C-Rad zu erwarten. Somit sind nun für einen bestimmten Wirkungsgrad Gewichtsdifferenz und Durchsatzdifferenz bekannt und ein Vergleich mit anderen Turbinenbauarten wieder mit Hilfe der Gl. (13) bzw. Abb. 7 möglich. Dieses soll wieder an einem Beispiel gezeigt werden. Der Durchsatz der Überdruckturbine betrage bei $\eta_e = 0{,}80$ 7,72 kg/sec, der des 2—C-Rades 12,5 kg/sec, dann ist die Ersparnis beim Dampfverbrauch 12,5 — 7,72 = = 4,78 kg. Das Mehrgewicht der Überdruckturbine im Vergleich zum CURTIS-Rad soll 200 kg betragen. Mit diesen Werten in Gl. (13 a) eingehend ergibt sich eine Grenzbrennzeit von etwa 295 sec. (Der in Abb. 7 angegebene Bereich reicht für dieses Beispiel nicht ganz aus.) Bei der vorgegebenen Brennzeit von 100 sec scheint also auch die mehrstufige Überdruckturbine dem 2—C-Rad, aber auch dem Gleichdruckrad in wirtschaftlicher Hinsicht unterlegen zu sein.

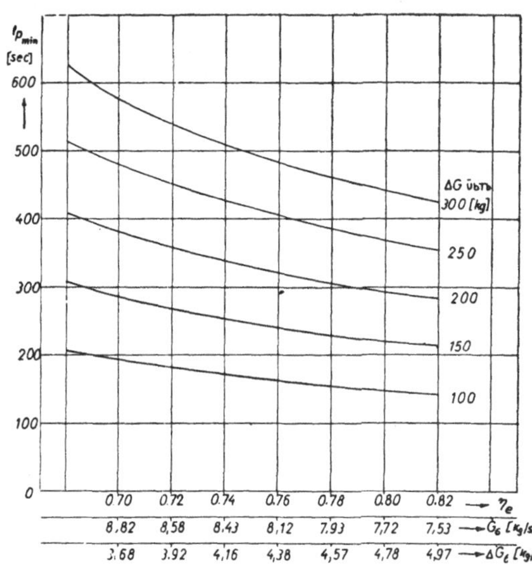

Abb. 8. Wirtschaftliche Grenzbrennzeit einer mehrstufigen Gleichdruckturbine im Vergleich zu einer 2—C-Turbine in Abhängigkeit des Wirkungsgrades η_e und des Differenzgewichtes $\Delta G_{ÜbTb}$.

Auf die eben beschriebene Art kann die Grenzbrennzeit einer Überdruckturbine in Abhängigkeit vom Wirkungsgrad und Gewicht des Überdruckteiles berechnet und graphisch dargestellt werden, wie es für das hier betrachtete Beispiel in Abb. 8 durchgeführt wurde. Als Vergleichsturbine wurde ein 2—C-Rad mit einem Dampfverbrauch von 12,5 kg/sec bei $N = 4800$ PS gewählt. Demnach ist zu erwarten, daß Turbinen mit mehrstufigem Überdruckteil erst etwa bei Brennzeiten von über 5 Minuten dem einfachen 2—C-Rad überlegen sind.

Die derzeit bevorzugte Bauweise für Turbopumpen sieht eine Anordnung der Turbine und der Pumpenräder zusammen auf einer Welle vor. Es ist aber bekannt, daß für größere Leistungen sich das Gewicht der Turbine durch Erhöhung der Drehzahl wesentlich erniedrigen läßt. Es ist also zu erwarten, daß ab einer bestimmten Leistung die dadurch erzielte Gewichtsverminderung die durch das Getriebe bedingte Gewichtserhöhung überwiegen wird. Zu berücksichtigen ist bei derartigen Vergleichen noch die Verschlechterung des Gesamtwirkungsgrades infolge des Getriebewirkungsgrades. Ein Getriebe zwischen Turbine und Pumpen ist aber wegen der bei den Pumpen auftretenden Kavitationserscheinungen, die unter anderem Regelschwierigkeiten mit sich bringen, unbedingt erforderlich.

Die Durchrechnung einer 4800 PS-Getriebeturbine mit 15 000 U/min ergab die in Abb. 3 angegebenen Wirkungsgrade, wobei der Getriebewirkungsgrad zu 0,98 angenommen wurde. Demnach wäre der Gesamtwirkungsgrad der Getriebeturbine in dem gerechneten Bereich schlechter als diejenigen für das 2—C-Rad und für das einstufige Gleichdruckrad. Das Vergleichsgewicht läßt sich wegen des schlecht abzuschätzenden Getriebegewichtes nur ungenau bestimmen. Wird für das Mehrgewicht für Getriebe und Lager ein Wert von 100 kg angenommen, so entsprechen die Vergleichsgewichte etwa dem des 2—C-Rades, so daß das einfache 2—C-Rad und die Getriebeturbine (2—C-Rad) in dieser Leistungsklasse etwa gleichwertig sein dürften. Wegen des einfacheren Aufbaues und der im allgemeinen kleineren Baulänge wird man in der Praxis dem einfachen 2—C-Rad ohne Getriebe den Vorzug geben. Für größere Brennzeiten und Leistungen jedoch verspricht die Getriebeturbine die wirtschaftlich günstigste Lösung zu sein. Eine endgültige Entscheidung über die Wahl der Turbinenbauart für Turbopumpen wird man jedoch erst dann treffen können, wenn durch parallel durchgeführte konstruktive Entwürfe genauere Gewichtsvergleiche möglich werden.

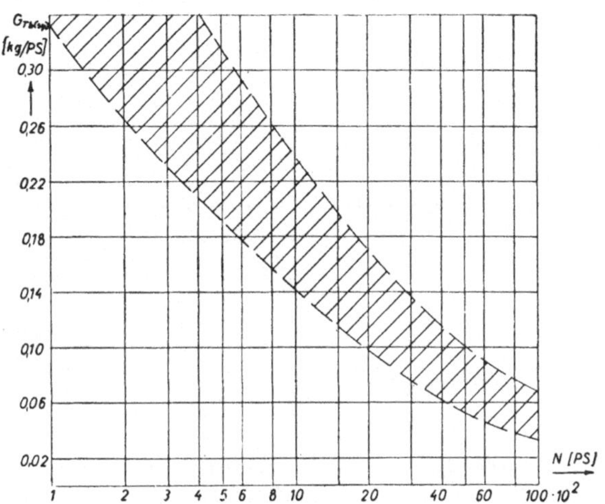

Abb. 9. Leistungsgewicht von Turbopumpen in Abhängigkeit von der Wellenleistung.

Schließlich interessiert noch das zu erwartende Leistungsgewicht von Turbopumpen in Abhängigkeit der Wellenleistung für die Durchführung von konstruktiven Entwürfen von Raketen und Projektstudien. Während im Bereich unter 600 PS mehrere Leistungsgewichte aus bisher durchgeführten Konstruktionen bekannt wurden, liegen für den Bereich hoher Leistungen nur zwei Angaben vor, die eines russischen Entwurfes [7] mit 7200 PS und das Leistungsgewicht einer vom Verfasser entworfenen Turbopumpe mit einer Leistung von 4800 PS [3]. Diese wenigen Zahlenangaben gewähren zwar keinen vollständigen, aber doch einen ersten Überblick über die zu erwartenden Leistungsgewichte von größeren Turbopumpen (vgl. Abb. 9). Der Bereich ist verhältnismäßig breit, da die konstruktive Geschicklichkeit eine nicht unwesentliche Rolle spielt. Erst wenn weitere Entwürfe in dem angegebenen Leistungsbereich bekannt geworden sind, wird sich dieser breite Bereich einengen lassen. In diesem Zusammenhang ist ein von ZIMMERMAN [8] angegebenes Diagramm von Interesse (siehe Abb. 10), welches das Turbopumpengewicht und das gesamte Triebwerkgewicht in Abhängigkeit des Schubes angibt. Ein Vergleich der Abb. 9 und 10 ist nicht unmittelbar möglich, da erstens die Definitionen von Turbopumpen- und Triebwerkgewicht noch nicht eindeutig festliegen und weil zweitens aus dem Diagramm und dem Text nicht hervorgeht, für welchen Bereich von Brennkammerdrücken das Diagramm gültig ist, (vermutlich für den Bereich von 20 bis 30 ata). Trotz dieser unsicheren Vergleichsbasis ergibt sich doch eine befriedigende Übereinstimmung der aus Abb. 9 folgenden Turbopumpengewichte mit denen der Abb. 10.

Über die zahlreichen anderen Probleme, die mit dem Entwurf und dem Betrieb von Raketen-Turbopumpen verbunden sind, können Einzelheiten aus der Fachliteratur [1, 8, 9, 10] entnommen werden; im Rahmen dieser Arbeit kann darauf nicht eingegangen werden.

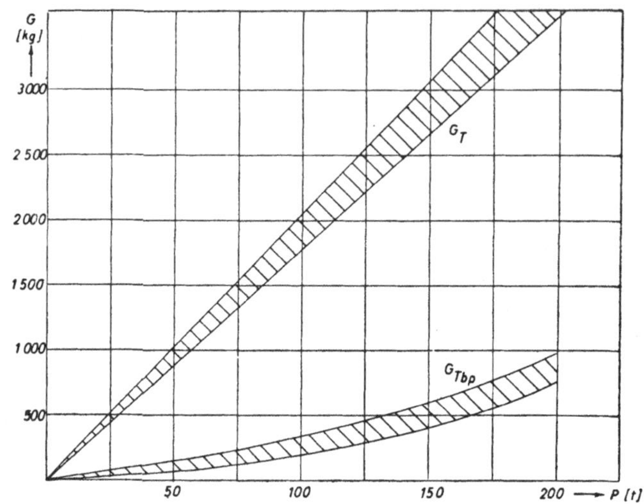

Abb. 10. Abhängigkeit des Gewichtes von Triebwerken und Turbopumpen von der Schubkraft nach J. E. Zimmerman [8].

Ergebnisse

Die Untersuchung über den Verwendungsbereich einzelner Turbinenbauarten und der Einfluß ihrer Auslegung auf die Flugleistungen läßt folgende Schlußfolgerungen gerechtfertigt erscheinen:

1. Die Auslegung der Turbopumpe beeinflußt das Treibstoffverhältnis und die wirksame Ausströmungsgeschwindigkeit, und damit auch die Brennschlußgeschwindigkeit und -höhe einer Rakete.

2. Im Gegensatz zu den üblichen Turbinen ist bei den kurzen Betriebszeiten von Raketen-Turbopumpen der Einfluß des Turbinengewichtes und des Abdampfschubes auf die Leistungsbilanz erheblich. Erst bei Betriebszeiten von etwa einer Stunde, wie sie bei reinen Raumflügen vorkommen können, wird der Wirkungsgrad — wie beim normalen Turbinenbau — zum entscheidenden Leistungsfaktor.

3. Es wird eine wirtschaftliche „Grenzbrennzeit" definiert, die einen Vergleich verschiedener Turbinenbauarten für einen bestimmten Verwendungszweck und die Bestimmung der wirtschaftlichsten Lösung ermöglicht.

4. Für Turbinen kleiner Leistung und kleinerer und mittlerer Betriebsdauer sind einfache Gleichdruckräder und zweistufige Curtis-Räder die wirtschaftlichste Lösung. Das 2—C-Rad verspricht einen kleinen leistungsmäßigen Vorteil gegenüber dem einfachen Gleichdruckrad.

5. Für Turbinen mit großen Leistungen und kleineren Brennzeiten scheint das 2—C-Rad ohne Getriebe die günstigste Lösung zu sein, jedoch scheint bei noch größeren Leistungen eine hochtourige 2—C-Turbine mit Getriebe Vorteile zu bringen.

6. Bei Betriebszeiten in der Größenordnung von einer Stunde und mehr wird die mehrstufige Überdruckturbine als Getriebeturbine allen anderen Turbinenbauarten überlegen sein.

7. Das Leistungsgewicht von Turbopumpen kleiner Leistung (bis etwa 500 PS) liegt bei 0,30 bis 0,35 kg/PS und bei großen Leistungen (etwa 4000 bis 7000 PS) im Bereich von 0,05 bis 0,15 kg/PS.

Literaturverzeichnis

1. G. P. Sutton, Rocket Propulsion Elements. New York: J. Wiley, 1949.
2. R. Engel, T. Bödewadt und K. Hanisch, Die Außenstation, in: Raumfahrt-Forschung, Hrsg. H. Gartmann, S. 116—154. München: R. Oldenbourg, 1952.
3. H. H. Kölle, Entwurf einer Turbopumpe für ein Raketentriebwerk von 100 Tonnen Nennschub. T.H. Stuttgart, Dipl.-Arbeit. Okt. 1953.
4. F. Dietzel, Dampfturbinen. Braunschweig: Westermann, 1950.
5. H. H. Kölle, Zur Frage des Optimalen Brennkammerdruckes bei Raketentriebwerken, in: Probleme aus der Astronautischen Grundlagenforschung (Vorträge des III. Internationalen Astronautischen Kongresses), S. 47—59. Stuttgart: Gesellschaft für Weltraumforschung, 1952.
6. W. v. Braun, Das Marsprojekt. Frankfurt a. M.: Umschau-Verlag, 1952.
7. Private Mitteilung.
8. J. E. Zimmerman, Effects of Pump Performance on Liquid Propellant Rocket Design. Amer. Rocket Soc., Preprint 79/52.
9. A. G. Thatcher, The Turborocket-Propellant Feed System. J. Amer. Rocket Soc. **20**, 126 (1950).
10. C. C. Ross, Principles of Rocket-Turbopump Design. J. Amer. Rocket Soc. **21**, 21 (1951).

The Thermal Dissipation of Meteorites by Bumper Screens

By

N. H. Langton, London[1], BIS

(With 3 Figures)

Abstract. The method, proposed by Whipple, of protecting an interplanetary vehicle or artificial satellite from the effects of colliding meteorites by using a bumper screen, is investigated theoretically. It is assumed that when a meteorite hits a bumper screen, the whole of its kinetic energy is transformed into heat. This heat, which is generated at the point of collision, is considered to spread through a hemispherical volume of the screen, and if the resultant temperature rise is sufficient to melt the metal of the screen, it is said to have been thermally penetrated. The thicknesses of screens which will just be penetrated by various sizes of meteorites with a range of collision velocities are calculated. Results are given for both iron and stone meteorites, and general penetration equations derived which can be applied to screens of various metals. It is concluded that a bumper screen which would be practicable from the weight point of view would give reasonable protection, in fact a dural screen of thickness 0.1 cm would provide protection for meteorites up to about the 10th magnitude.

I. Introduction

One of the many hazards of space flight is the possibility of the penetration of the wall of the vessel by meteorites. This topic has formed the basis of several investigations, the most important of which appears to be that of Grimminger [1], whose work was examined critically by Ovenden [2]. Grimminger's results are obtained partially from ballistic data dealing with relatively large masses moving slowly in comparison with the type of meteorite liable to be dangerous to a space vessel. His formulae show (see Ovenden, ibid, Fig. 1.) that even for a hull thickness of 1 cm penetration would take place by meteors of diameter less than 0.5 cms. This diameter is about that of a stony meteorite of visual magnitude zero. Thus in the case of meteorites of this size and over, there will be no way of preventing puncturing of the hull. Fortunately it appears that the chance of a collision occurring with these large meteorites is too small to worry about. If we consider the smaller meteorites of magnitudes greater than zero, their number increases enormously as their size diminishes, so that the number of collisions between a space vessel and these meteorites would be large. Since the velocity of impact could be very large, the damage caused by even the smallest particle could be serious. For this reason it was suggested by Whipple [3], that a 'bumper screen' could be employed to dissipate the energy of the impinging particle before it hit the main hull of the space vessel. The vessel would be enclosed by a thin sheet of metal and when a meteorite collided with this bumper

---

[1] The National College of Rubber Technology, The Northern Polytechnic, Holloway Road, London, N. 7, England.

the resulting high temperature would vapourise the particle and a portion of the screen, thus saving the main hull of the space ship from damage. It was suggested that a one mm thick skin of metal surrounding the main hull at a distance of about one inch would dissipate meteors up to about the sixth magnitude. The object of this paper is to investigate such a screen theoretically, and an attempt is made to work out the thickness of such a bumper screen that would be required to dissipate meteors of a given size for various impact velocities.

II. The Nature of the Problem

Because of the complexity of the problem and the lack of adequate meteor and thermal data, it would be both difficult and pointless to attempt a rigorous investigation. In spite of the approximations and assumptions made, it is hoped that the results will give some idea of the order of magnitude of the quantities involved. The system investigated is shown in the diagram of fig. 1. A spherical particle of mass m_1, radius r cms, density ϱ_1 and specific heat s_1 is assumed to collide with the screen. The relative velocity of the particle with respect to the screen is v cms/sec., and the direction of v is normal to the screen at the point of impact. The whole of the kinetic energy of the colliding particle is assumed to be converted into heat. Any energy that might be used otherwise, such as in mechanical deformation, is considered negligible.

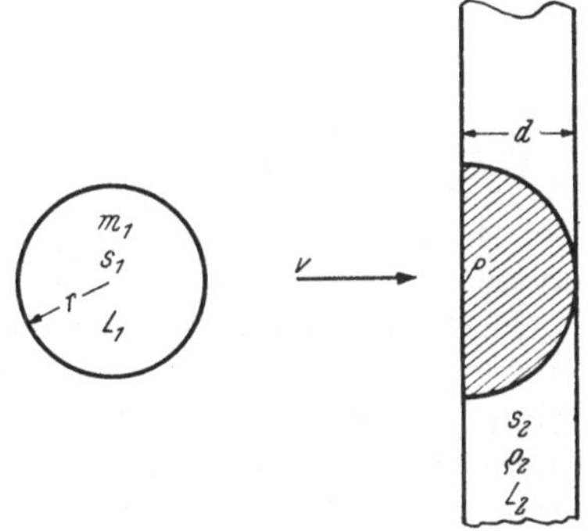
Fig. 1. Spherical meteorite and bumper screen sections.

In practice some energy would be used this way, but there is no data which gives the fraction of energy which would be converted into heat for a collision involving a very small particle moving at such a high speed, as we require. Also most of the collisions would probably be oblique rather than normal to the screen. The error here however is on the safe side, because for an oblique collision, the area of the screen over which the heat is dissipated would be larger than for a normal collision. Thus the temperature reached for an oblique collision would be lower than for the same particle colliding normally, and hence there would be less penetration, assuming that the normal collision evolved just enough heat to cause penetration.

If then, a collision occurs at the point P as shown in the diagram, and there is no mechanical deformation or penetration, the whole of the kinetic energy of the colliding particle is converted into heat. The particle is raised to a high temperature, and P becomes a point source of heat on the screen. Heat will travel in all directions from P, but we are mainly interested in whether or not the screen will be melted through, and this will take place when the heat energy has travelled through the thickness d cms. of the screen. Since the screen will be thin and the particle very small, this thermal penetration will take a very short period of time. In this period of time, the heat energy will also travel in other directions from P, and will be spread through a semi-sphere of radius d, shown shaded in the diagram. Since the screen will now be penetrated if the resulting temperature is high enough, we can ignore the further conduction of the heat through the screen, the excess heat either melting more of the screen *or increasing* the temperature of the vapour, if any is produced. Thus this simplification introduces an error which is on the safe side. We take it then, that the heat energy produced is shared between the colliding meteorite and the semi-spherical volume of the screen as indicated in the diagram. Before investigating these ideas mathematically, it is interesting to note that there are four possibilities.

1. The value of v is such that neither the particle nor the screen melts.
2. The particle is melted but the screen is not.
3. The screen melts but the particle does not.
4. Both particle and screen melt.

Case 1. is interesting in giving the limiting values before the heat evolved becomes large enough to cause damage to the screen, and is considered below.

Case 2. is unimportant because it is very unlikely to happen. The bumper screen is most likely to be made of dural, aluminium or stainless steel, and most meteorites are of a stony or iron nature, so that the melting point of the screen will be below that of the meteorite. Thus the chance of the particle melting before the screen is negligible.

Cases 3 and 4 are important and investigated below.

III. The General Theory

Let the thickness of the bumper screen be d cms., its density be ϱ_2 and its specific heat be s_2. The kinetic energy of the particle on impact is $m_1 v^2/2$ ergs. Hence the heat produced on impact is $m_1 v^2/2\,J$ calories, where J is the mechanical equivalent of heat $= 4.184 \cdot 10^7$ ergs/cal. This heat is shared between the particle and the volume of the screen $2\pi d^3/3$ ccs.

Hence, heat absorbed by particle $= m_1 \cdot s_1 \cdot \theta_1$ cals.

Here we assume that the particle does not melt, and that the maximum temperature it reaches is θ_1 °K, the initial temperature being taken to be 0 °K.

If the particle does melt, we must then take into account the latent heat L_1 cals.

If θ_1 is now the melting point of the meteorite, the amount of heat required to change the particle into a liquid at its melting point $= m_1 \cdot s_1 \cdot \theta_1 + m_1 \cdot L_1$ cals.

Any excess heat would then be used to raise the temperature of this liquid and vapourise it. Since the possibility of damage to the main hull is removed once the meteorite liquifies, there is no need to take the vapourisation process into account, and in any case, there is insufficient thermal data to make any calculations.

Similar formulae can be obtained for the shaded portion of the screen, but this is best done for each separate case. Since the screen is thin, we shall ignore the temperature gradient across it. This will introduce an error on the safe side.

Case 1. Velocity of collision so low that neither the screen nor the meteor melts.

Heat evolved on collision $= m_1 v^2/2\,J$ calories.

Heat absorbed by semi-sphere of bumper screen $= (2\pi d^3/3) \cdot \varrho_2 \cdot s_2 \cdot \theta_1$ cals.

Heat absorbed by meteorite $= m_1 \cdot s_1 \cdot \theta_1$ cals.

Hence, if no melting occurs, so that θ_1 °K is below the melting point of the material of the screen, we have

$$m_1 v^2/2\,J = (2\pi d^3/3) \cdot \varrho_2 \cdot s_2 \cdot \theta_1 + m_1 \cdot s_1 \cdot \theta_1. \qquad (1)$$

Equation 1 assumes that the initial temperature of the screen is the same as that of the meteorite, that is, 0 °K. If the screen is highly polished, its temperature would probably be about that "of space", that is, absolute zero, whether we consider the sun-lit side of the vessel or the other side. If the screen is not highly polished so that the surface is not a good reflector of heat, it is possible for the side in the direct light of the sun to be heated to a high temperature. To be general therefore, we must take the temperature of the screen to be above 0 °K. If the screen temperature at the point of collision is θ_0 °K, then its temperature rise becomes $(\theta_1 - \theta_0)$ °K and equation 1 is modified to become,

$$m_1 v^2/2 J = (2 \pi d^3/3) \cdot \varrho_2 \cdot s_2 \cdot (\theta_1 - \theta_0) + m_1 \cdot s_1 \cdot \theta_1. \tag{2}$$

Rearrangement of equation 2 gives,

$$\theta_1 = (3 m_1 v^2 + 4 J \pi d^3 \varrho_2 s_2 \theta_0)/(6 J m_1 s_1 + 4 J \pi d^3 \varrho_2 s_2). \tag{3}$$

This equation gives values of θ_1 up to and including the melting point of the material as long as no melting takes place, for different speeds of impact v for a meteorite of mass m_1. Owing to the lack of thermal data about stony particles we can only work out values for iron meteorites taking $s_1 = 0.153$ and $\varrho_1 = 8$ grm/cc. In practice, a bumper screen would probably be made from dural or stainless steel, but since the thermal data for these substances at high temperatures is not available, the screen in our case will be assumed to be constructed of aluminium. This assumption will give results of the right order, and the discrepancies between the results for aluminium and dural will probably be less than the uncertainties in the meteoric data. The melting point of aluminium is 660 °C whilst that for dural is 650 °C so there is little difference here. We shall not consider meteorites of visual magnitude below zero, since the chance of a collision with such a particle is too small to be bothered about, and in any case, such a collision would undoubtedly cause penetration through any screen or hull thickness which would be practicable. The diameter of an iron meteorite of magnitude zero is 0.4 cms. so that its mass is 0.268 grms. Since we are mainly interested in the maximum velocity of impact that will not cause melting, we shall take $\theta_1 = 660$ °C $= 933$ °K.

Equation 3 gives, in general, when v is in km/sec.,

$$v^2 = 0.0134 \, d^3 \, (\theta_1 - \theta_0)/m_1 + 0.0128 \, \theta_1 \tag{4}$$

or, with $\theta_1 = 933$,

$$v^2 = (12.46 - 0.0134 \, \theta_0)/m_1 + 1.195. \tag{5}$$

This equation gives the impact velocity which will raise the temperature of a screen d cms. thick to a value of 660 °C for a meteorite of mass m_1 grms., without melting taking place. The screen is aluminium and the meteorite iron.

For a screen thickness of $d = 0.25$ cms. and a meteorite of magnitude zero we obtain,

$$v^2 = 1.92 - 0.000778 \, \theta_0. \tag{6}$$

Table I shows the results obtained by taking different values of θ_0.

Table I (see also fig. 2)

θ_0	0	100	200	300	400	500	600
v	1.39	1.36	1.33	1.30	1.27	1.24	1.20
θ_0	700	800	900				
v	1.17	1.14	1.11				

This table shows that the effect of the initial screen temperature θ_0 °K is negligible, the impact velocity v altering from 1.39 km/sec to only 1.11 km/sec over the extreme range of temperature. Fig. 2 shows the graph of these results. *Since the calculations are easy no other values will be given here.*

Case 3. Velocity of collision such that the screen but not the meteorite is melted at the point of impact.

In this case we must modify equation 2 by adding to the right hand side the quantity of heat required to melt the semi-sphere of screen. If L_2 is the latent heat of the screen material, then the extra amount of heat is $(2\pi d^3/3) \cdot \varrho_2 L_2$ calories.

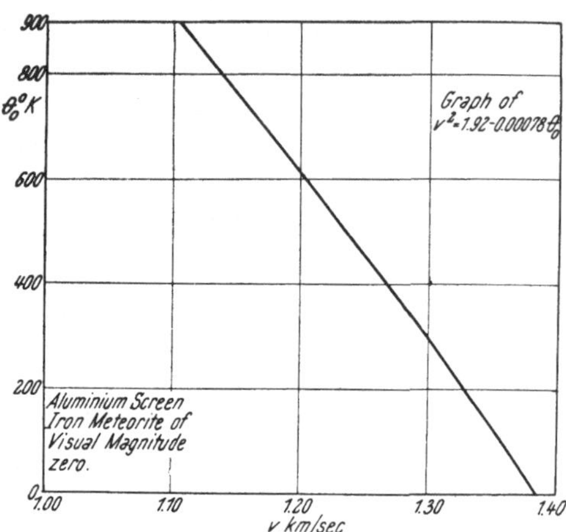

Fig. 2. Effect of initial screen temperature (case 1).

The equation therefore becomes,

$$m_1 v^2/2 J = (2\pi d^3/3) \cdot \varrho_2 \{s_2 (\theta_m - \theta_0) + L_2\} + m_1 s_1 \theta_m$$

where $\theta_m = 933$ °K, which is the melting point of aluminium. Since $L_2 = 92.2$ the above equation gives, on substituting the numerical values,

$$v^2 = (104.6 - 0.0134 \theta_0) d^3/m_1 + 2.31. \tag{7}$$

If $\theta_0 = 100$ °K the term $0.0134 \theta_0$ is only just above 1 per cent of 104.6, hence in what follows we shall take $\theta_0 = 0$ °K. Values have been calculated for meteorites of visual magnitudes 0, 6, 15 and 30. The equations used are given below, each one being obtained from equation 7 by substituting the correct value of m_1.

Vis. Mag. = 0,	$m_1 = 0.268,$	$v^2 = 390.3\,d^3 + 2.31$
Vis. Mag. = 6,	$m_1 = 9.986 \cdot 10^{-4},$	$v^2 = 104700\,d^3 + 2.31$
Vis. Mag. = 15,	$m_1 = 2.68 \cdot 10^{-7},$	$v^2 = 390.3 \cdot 10^6 \cdot d^3 + 2.31$
Vis. Mag. = 30,	$m_1 = 3.054 \cdot 10^{-15},$	$v^2 = 34.25 \cdot 10^{15} \cdot d^3 + 2.31$

It must be emphasized that these equations refer only to an iron meteorite hitting an aluminium bumper screen, the initial temperature of both being 0 °K, and heating the screen to its melting temperature and then melting the portion at the point of contact so that the screen is just penetrated. The meteorite is not melted, so that the equations hold only up to a temperature of 1800 °K, the melting point of iron. This last condition is not very important, as shown

Table II. *Meteorites of magnitude 0*

d cms.	0.01	0.10	0.20	0.30	0.40	0.50
v km/sec.	1.52	1.64	2.33	3.58	5.22	7.15
d cms.	0.70	1.0				
v km/sec.	10.41	19.81				

Table III. *Meteorites of magnitude 6*

d cms.	0.01	0.05	0.10	0.15	0.20	0.30
v km/sec.	1.55	3.82	10.34	18.86	28.99	53.22
d cms.	0.40	0.50	1.00			
v km/sec.	81.92	114.4	323.6			

by the results in the next section. The tables below give the calculated values of the velocities of a given particle which will just penetrate a screen of a certain thickness. The results are plotted in fig. 3.

Table IV. *Meteorites of magnitude 15*

d cms.	0.01	0.02	0.03	0.05	0.10
v km/sec.	19.76	55.86	102.9	220.9	624.7

Table V. *Meteorites of magnitude 30*

d cms.	0.001	0.01
v km/sec.	1850	185000

If we take the velocity of impact to be 76 km/sec (the maximum possible at Earth's orbit for a meteor belonging to the Solar System) then a bumper screen of thickness 1 mm, which is reasonable, would stop any meteorite of magnitude 15 or over. We shall not work out the limiting size however until we come to the next section.

Case 4. Velocity of collision so high that both screen and meteorite are melted.

To obtain the equation in this case we must add to the term $m_1 \cdot s_1 \cdot \theta_1$ of equation 2 the amount of heat required to melt the meteorite. This is $m_1 \cdot L_1$ where L_1 is the latent heat of the meteorite material, and is 70 for iron. The value of θ_1 in the above expression is now the melting temperature of iron. Substituting the numerical values gives, as the basic equation,

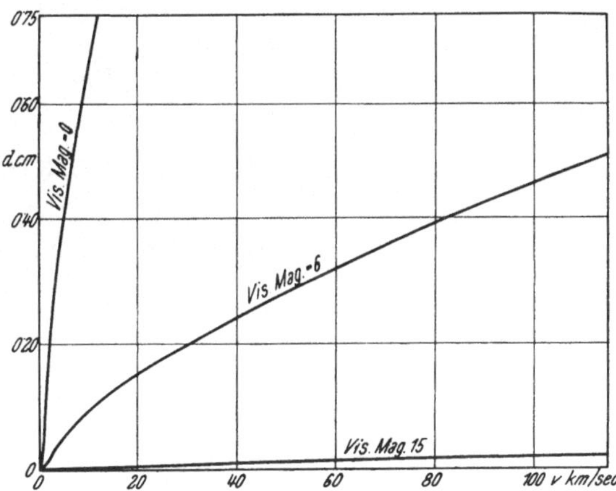

Fig. 3. Impact velocity v which will just penetrate a screen of thickness d (cases 3 and 4).

$$v^2 = (104.6 - 0.0134\,\theta_0)\,d^3/m_1 + 2.892. \tag{8}$$

This equation differs from equation 7 only in the last term. The equation for a meteorite of magnitude 0, for example, is given below.

$$\text{Vis. Mag.} = 0, \qquad v^2 = 390.3\,d^3 + 2.892. \tag{9}$$

Since the difference in the last term is small, we shall give only the results for a zero magnitude impacting particle.

Table VI. *Meteorite of magnitude zero*

d cms.	0.01	0.10	0.20	0.25	0.30	0.40
v km/sec.	1.70	1.81	2.45	3.00	3.66	5.28
d cms.	0.50	1.00				
v km/sec.	7.19	19.83				

The differences between this case and the previous one lies mainly in the values of v for small values of d. The difference between the two cases is too small to make necessary further calculations, and no graphs are given for this case, as the curves of fig. 3 will suffice. The above equation however is the most accurate one and we shall use it for drawing the conclusions of this investigation.

IV. Conclusions

The results of case 1 show that only meteorites of very low collision velocities will cause no permanent damage to the screen. The important result obtained from case 1 is that the initial temperature of the bumper screen has little effect, and this conclusion is verified by inspecting the role played by θ_0 in the other equations. In deriving the equations, it has been assumed that the meteorite is stopped on collision with the screen, even if its velocity is greater than that needed to just penetrate thermally. The excess energy over that required to burn through the screen will further heat up the molten screen and meteorite and if this is liberated rapidly enough, a small explosion could be the result, as suggested by Whipple.

If we decide upon some value for v, we can calculate the value of d which will just stop a meteorite of given magnitude. This is done below.

The basic equation of case 3 is

$$v^2 = 104.6 \cdot d^3/m_1 + 2.896.$$

If we take $v = 76$ km/sec, we obtain

$$104.6 \cdot d^3 = 5773 \cdot m_1. \tag{10}$$

By giving d a series of values, we will find the value of m_1 which will just penetrate the screen, and these results are given in table VII.

Table VII

d	0.05	0.1	0.2	0.3
m_1	$2.27 \cdot 10^{-9}$	$1.81 \cdot 10^{-5}$	$14.49 \cdot 10^{-5}$	$4.89 \cdot 10^{-4}$
Approx. Vis. Mag.	20	10	8	7

The result for $d = 0.64$ cms. agrees with Whipple, who states that a skin 0.25″ will thermally stop meteorites several times larger than the 8th magnitude. When $d = 0.64$ cms $= 0.25$ ins and $v = 76$ km/sec equation 10 gives $m_1 = 0.75 \cdot 10^{-3}$ grms. This value of m_1 corresponds to a meteorite of visual magnitude of about 7.

The maximum velocity observed for a meteorite entering the atmosphere is about 20 km/sec. If the escape velocity of a space ship is taken as 11 km/sec then the maximum velocity of collision would be about 31 km/sec. Now Grimminger's results show that a collision with a meteorite of magnitude 0 would occur on the average once in about 250,000 years, on an area of 1000 ft², and with one of magnitude 6 about once in 20 years. We can therefore ignore these possibilities. In the case of a meteorite of magnitude 15, a collision would occur about once every 20 days. Table IV shows that a bumper screen of thickness 0.1 cm would thermally stop such a particle whose collision velocity was about 625 km/sec and such a collision would probably be very rare. In fact table VII shows that a 0.1 cm thick screen would stop meteorites up to about the 10th magnitude. A collision with such a particle would occur once in about 2.5 years.

Hence we may conclude that an aluminium (or better, dural) bumper screen of thickness 0.1 cm will form effective protection to a space ship or artificial satellite if thermal penetration takes place as assumed in the theory above.

As already mentioned, the above theory is the extreme case where all the kinetic energy at impact is converted into heat. GRIMMINGER takes the other extreme where all the initial energy is used in mechanical penetration. It is interesting to see how much mechanical penetration will take place for a meteorite of the 10th magnitude with an impact velocity of 76 km/sec. GRIMMINGER'S equation has been modified by OVENDEN, and later by Langton [4], for such a case, and for a dural screen we have,

$$T = 17.49\,d$$

where d is now the diameter of the meteorite. With $d = 1.83 \cdot 10^{-2}$, we obtain a total penetration T of about 0.32 cms. Now such a particle will just thermally penetrate a screen of 0.1 cms thickness at the above collision velocity. Thus in the light of the assumptions made in this paper, it appears that if a bumper screen is designed to thermally dissipate impacting meteorites according to WHIPPLE's suggestion, it would not prevent mechanical penetration taking place according to GRIMMINGER's equations. In practice neither set of assumptions are correct, because part of the initial kinetic energy when collision takes place will be used in mechanical penetration, and part in thermal penetration. It is probable however, as GRIMMINGER remarks, that the mechanical penetration will take place first. If such is the case, there will be less thickness of screen to be melted through by the time the impacting particle has come to a stop, but there will be less energy left to be dissipated as heat, so that the screen might still stop the particle. Also, by the time the mechanical penetration has ceased, a considerable portion of the heat energy will be conducted sideways, owing to the larger area of meteorite in thermal contact with the screen material. A correct bumper screen theory would be difficult to derive, but accurate calculation could probably be made if the way in which the initial energy is shared between the mechanical and thermal effects was known. It is probable that most of the energy is used in initial mechanical deformation at the point of contact and hence eventually liberated as heat and that the amount of energy available for mechanical penetration is much less than that assumed by GRIMMINGER. There is not, however, enough information available to decide the correct assumptions to take. But in any case it is probable that the resulting penetration will be less than that obtained in GRIMMINGER's theory of mechanical penetration. We can therefore conclude, that, whether most of the penetration is thermal or mechanical, the idea of using a bumper screen as a meteoric protection is feasible.

To conclude, it is interesting to make an approximation to find the order of the highest temperature which would be reached in a collision if all the energy is converted into heat. The basic equation of case 3 is

$$v^2 = 0.015\,\pi\,d^3\,\{s_2\,(\theta - \theta_0) + L_2\}/m_1 + 0.00837\,(s_1\,\theta + L_1)$$

where v is in kms/sec.

This equation holds true only up to the formation of the liquid metal. Values of the specific heats of liquid iron and aluminium, and of their latent heats of vapourisation, are not available. As a rough approximation therefore the specific heats are taken to remain constant through the whole temperature range. The latent heats of vapourisation are ignored.

When however we put in the numerical values and solve for the maximum temperature θ, taking $\theta_0 = 0\ °K$ as usual, we find that the latent heat terms are negligible with respect to v^2 so that no error is caused by not knowing the latent heats of vapourisation. We find, that for an iron particle of zero magnitude and an aluminium screen of thickness 0.1 cms., when $v = 76$ km/sec, $\theta = 4,340,000\ °$K.

Even if this figure is incorrect by a factor of 100 it is obvious that the result of such a collision would be the explosive vapourisation of the particle and a portion of the screen.

References

1. G. GRIMMINGER, J. Appl. Physics **19**, 947 (1948).
2. M. OVENDEN, J. Brit. Interplan. Soc. **10**, 275 (1951).
3. F. L. WHIPPLE, Astronom. J. **52**, 131 (1947).
4. N. H. LANGTON, J. Brit. Interplan. Soc. **13**, 283 (1954).

Basic Design Principles Applicable to Reaction-Propelled Space Vehicles

By

D. C. Romick, North Canton/O.[1], ARS

(With 9 Figures)

Abstract. This paper developes the fundamental relationships governing the kinetic behavior of ships in free space, along with a method for using them. A sample preliminary design utilizing this method is presented for a 1000 ton, high performance space ship incorporating a linear electronic accelerator drive, which is also described. A characteristic velocity of 26 mi/sec (or 2.27 million miles/day) is given for this design.

I. Fundamental Relationships for Design Parameters

Introduction

During the past few years, much has been published regarding the fundamentals of orbital mechanics and kinetics involved in determining performance requirements and techniques for reaching satellite orbits, utilization of HOHMANN orbits, attainment of escape, and so on. Another area, which complements this in the overall realm of space flight engineering, seems to have escaped fundamental treatment; namely: that of the basic performance and design principles for space vehicles which are reaction-propelled. It is the purpose of this paper to give this area fundamental treatment.

Some might say that the principles of mass-ratio, exhaust velocities, etc., have already been well defined. This is true, in a limited sense (especially for chemical rockets), but a fundamental treatment can go much further than this, and give us reliable tools for covering the entire spectrum of reaction propulsion, from chemically propelled devices to ion rockets. It is true that our concern today should be mainly chemical rocket performance characteristics; but, nevertheless, the fundamental principles, which can cover by uniform standard methods the entire range (from devices utilizing the relatively low exhaust particle velocities of chemical rockets, to those employing velocities which are a very high fraction of the speed of light) should provide useful criteria for simple, reliable comparison of performance potentialities. This will fit all such devices (chemical rockets, atomic rockets, ion rockets, and any others that might come along for consideration) to a single measuring-stick; and should thus permit a much better understanding of the fundamentals of this science of Space Flight.

One of the reasons that this fundamental treatment is important is that, as we move up the spectrum of exhaust particle velocities beyond those we are accustomed to thinking of for chemical rockets, the consideration of power expenditure involved takes on an importance rivalling that of exhaust velocity,

---

[1] *2619 Maplecrest Road*, N. W., North Canton/Ohio, U.S.A.

as well as that of mass ratio, which have had primary consideration thus far, almost to the exclusion of that of the power requirements. In fact, considerations of power requirements surprisingly serve to limit optimum designs to exhaust velocities below that which the equipment is capable of achieving; and untempered and exclusive endeavor to utilize higher and higher exhaust velocities does not pay beyond certain optimum values. The methods presented here make full recognition of this, and provide the engineer with the tools of design which equally treat all the important parameters, and permit him to easily recognize and interpret the virtues and shortcomings of particular design features, and determine on a common basis the overall performance of a complete design. And he is permitted to rove freely through the spectrum of propulsion devices and regions, without changing tools when he changes his type of propulsion device. This freedom should give those who study space vehicle design a new prowess in study and evaluation, which will lead to demonstration of improved theoretical performance characteristics.

The Method

In the operation of a vehicle in free space, we are fundamentally interested in the following parameters:
1. thrust, F
2. acceleration in. g's, A
3. propellant exhaust velocity, c
4. propellant flow rate, w
5. propellant capacity, W_p
6. power required, HP
7. fuel consumption rate, w_f
8. fuel capacity, W_f
9. gross weight, W
10. propulsion equipment weight
11. other equipment weight
12. basic structural weight
13. payload (including provisions and supplies)
14. operating duration (or endurance), t
15. speed (or characteristic velocity), v
16. distance capabilities, d.

Therefore, we must mathematically relate all these parameters with each other, and then present them in graphical or other form such that they can be readily used in a versatile and practical analytical method which we must devise. This we will proceed to do.

First, we can relate parameters, 1, 3, and 4.

From Newton's Second Law of Motion, Δ momentum $\alpha\,[1]\,F\,t$, or, when standard units are used, then, by definition of these units

$$\frac{d(m\,v)}{dt} = F = m\frac{dv}{dt} + v\frac{dm}{dt},$$

where F is force, m is mass, v is velocity, and t is time.

If a constant mass is involved, this becomes:

$$F = m\frac{dv}{dt} = m\,a, \tag{1}$$

---

[1] α means "is proportional to...".

where a is acceleration, or rate of change in velocity. However, in the case of a rocket, where a steady stream of mass is accelerated to a constant exhaust velocity, it becomes

$$F = v \frac{dm}{dt},$$

where F is the thrust force, m is the mass involved and v again is the velocity given to the mass.

Since dm/dt is the propellant flow rate, equal to w/g per second (where w is the weight of propellant flowing per second, and g is the acceleration of gravity) then if the exhaust velocity is represented by c, we have

$$F = \frac{w\,c}{g} \qquad (2)$$

or, Thrust $= \dfrac{\text{Propellant flow rate} \times \text{propellant velocity}}{g}.$

Next, let us see what is the power involved in accomplishing this, by relating parameters 3, 4, and 6. By definition, Power = work per unit time, and since 1 horsepower is 550 foot-pounds per second, then required horsepower,

$$HP = \frac{\text{work per second}}{550}.$$

Also, since, by definition, energy is the ability to do work, the change in kinetic energy of the particles by acceleration is equivalent to the work done on them. Therefore, since $E_k = 1/2\,m\,v^2$,[1]

$$HP = \frac{\Delta E_k \text{ per second}}{550}$$

$$= \frac{1/2\,m\,v_f^2 - 1/2\,m\,v_0^2}{550},$$

where m is the amount of mass that is accelerated in 1 second from v_0 to v_f, the final (or exhaust) velocity of the propellant particle. Then, since $v_0 = 0$, and $v_f = c$,

$$HP = \frac{1/2\,m\,c^2}{550} = \frac{w/g \times c^2}{2 \times 550} = \frac{w\,c^2}{g \times 1100}. \qquad (3)$$

Or, required Horsepower $= \dfrac{\text{propellant flow rate} \times \text{propellant velocity}^2}{g \times 1100}.$ By substituting equation (2) in equation (3), we also get

$$HP = \frac{F\,c}{1100}, \qquad (4)$$

or

$$\text{Required horsepower} = \frac{\text{Thrust} \times \text{propellant velocity}}{1100}.$$

To further demonstrate the validity of these relationships for chemical rockets as well as other types, we can similarly determine the power requirements by means of thermodynamic equations. The expression for the reaction force of gas particles undergoing complete adiabatic expansion (without losses) through a nozzle is:

$$F = \frac{w\,c}{g}.$$

---

[1] $E_k =$ kinetic energy.

The standard expression for a complete adiabatic thermal expansion through a nozzle gives as the resulting velocity for the gas particles:

$$c = [2\,g\,J\,(H_1 - H_2)]^{1/2}$$

or

$$H_1 - H_2 = \frac{c^2}{2\,g\,J}. \tag{5}$$

Now, the power involved is given by the expression:

$$P = w\,J\,(H_1 - H_2).$$

And, therefore, the horsepower expenditure will be

$$HP = \frac{w\,J\,(H_1 - H_2)}{550}. \tag{6}$$

Substituting from equation (5), we have

$$HP = \frac{w\,J}{550} \cdot \frac{c^2}{2\,g\,J}$$

or

$$HP = \frac{w\,c^2}{2\,g\,550}$$

where, in the above expressions,

F thrust, lb
c exhaust velocity, ft/sec
g gravitational constant, 32.2 ft/sec^2
w propellant flow rate, lb/sec
J mechanical equivalent of heat, 778 ft lb/Btu
H_1 initial enthalpy, Btu/lb
H_2 final enthalpy, Btu/lb
P power, ft lb/sec
HP horsepower

Note that these are the same expressions as were obtained previously for thrust and horsepower required. [See equations (2) and (3).] (Also, from these relationships, $HP = F\,c/1000$.)

A most important design parameter is the ratio of parameter 9 to parameter 6, or the ratio of vehicle gross weight to power developed, W/HP. We can relate this ratio to parameters 2 and 3, giving us the allowable pounds of gross weight per horsepower for a given acceleration and propellant velocity. To do this, we first obtain, from equation (1) the relationship

$$F = \frac{W}{g}\,a = W \times A,$$

where A = acceleration in g's = a/g.
Then

$$W = F/A.$$

From this and equation (3), we have

$$\frac{W}{HP} = \frac{F/A}{w\,c^2/1100\,g} = \frac{F \times 1100\,g}{A\,w\,c^2}.$$

Now, by substituting from equation (2) we have

$$\frac{W}{HP} = \frac{(w\,c/g) \times 1100\,g}{A\,w\,c^2} = \frac{1100}{A\,c}. \tag{7}$$

Or,

$$\frac{\text{Pounds gross weight}}{\text{horsepower}} = \frac{1100}{\text{Acceleration (in g's)} \times \text{propellant velocity}}.$$

It should be noted that here the power developed is a very real value, for it is in terms of the rocket vehicle itself as a frame of reference, and is valid whether the vehicle is moving at 10 mph or 10 million mph with respect to any other arbitrary frame of reference, such as the earth. It avoids the conventional

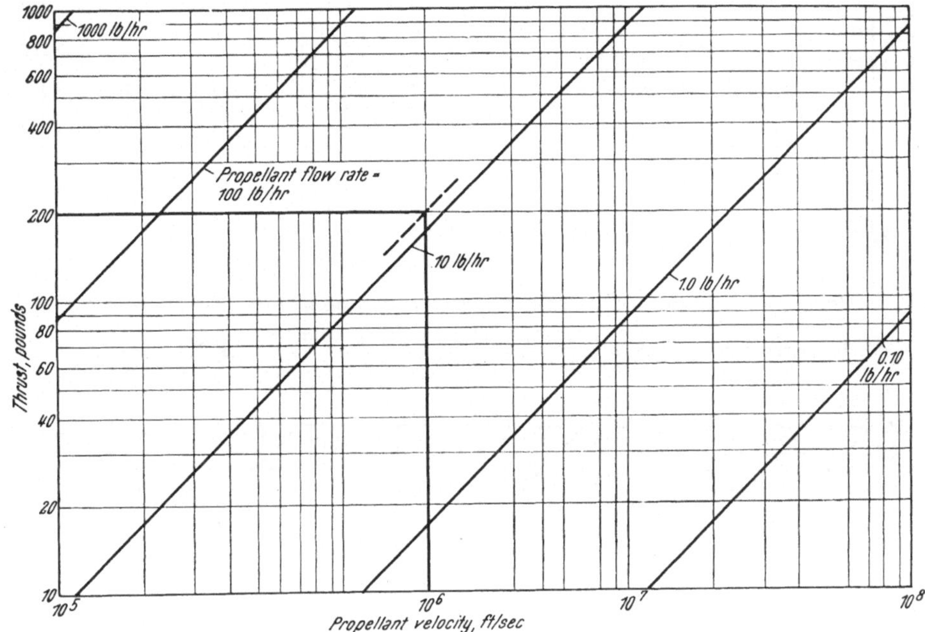

Fig. 1. Thrust vs. propellant velocity for various propellant flow rate.

$$\text{Thrust} = \frac{\text{Flow rate} \times \text{propellant velocity}}{g} \quad \text{(FPS-system)}.$$

concept for vehicles propelled through a medium, where the power developed is proportional to vehicle speed, because for a rocket, this is without practical significance. Instead, it gives the power which the engines aboard the rocket vehicle will actually have to generate.

Note also that these expressions are equally valid in the metric system if, for those involving horsepower, we substitute 10^{10} for 550 to give kilowatts, where cgs units are used, and divide by .746 to convert to horsepower.

The relationship of parameters given by equation (2) is expressed graphically by fig. 1. The relationships of equation (3) are graphically presented by fig. 2, and those of equation (7) by fig. 3.

Now, going on to the relationship between the remaining parameters, we note that parameter 9, the gross weight, is equal to the sum of parameters 5, 8, 10, 11, 12, and 13. Also, for chemically fueled rocket engines, the propellant, 5,

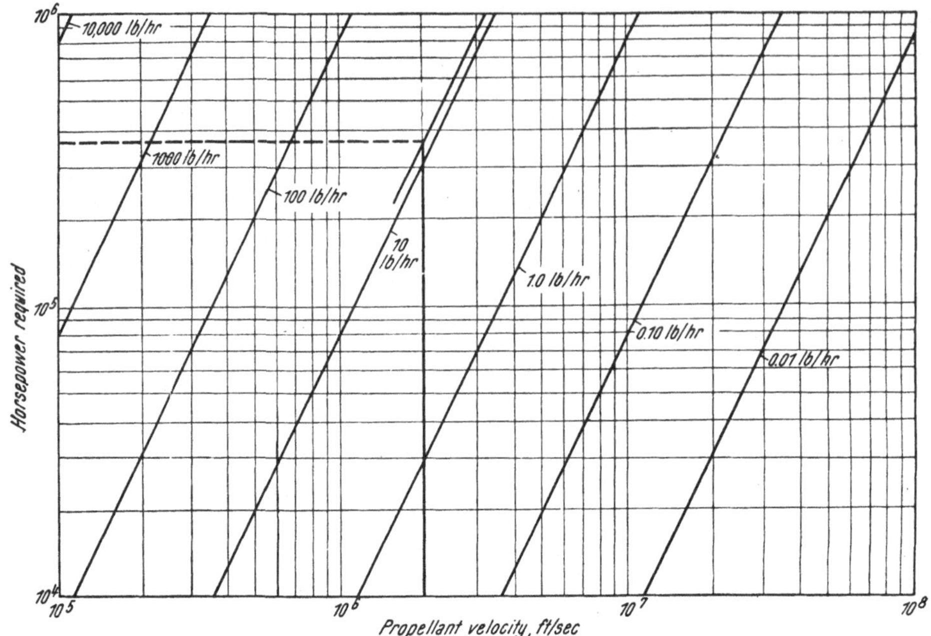

Fig. 2. Horsepower required vs. propellant velocity for various propellant flow rates.

$$\text{Required horsepower} = \frac{\text{Flow rate} \times \text{propellant velocity}^2}{g \times 2 \times 550} \quad \text{(FPS-system)}.$$

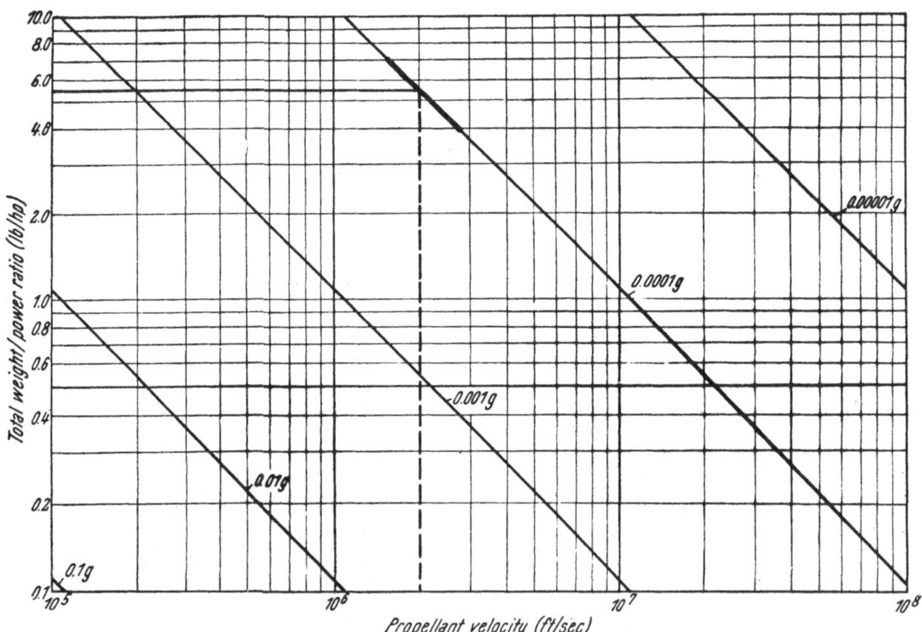

Fig. 3. Total weight per horsepower allowable vs. propellant velocity for various accelerations.

$$\frac{\text{Pounds gross weight}}{\text{Horsepower}} = \frac{1100}{\text{Acceleration (in } g\text{'s)} \times \text{propellant velocity}}.$$

and fuel, 8, are comprised of fuel and oxidizer (both of which act as the 'propellant'), to the ratio known as the "mixture ratio" for efficient combustion. For nuclear fueled vehicle engines, such as the atomic rocket, or, presumably, the ion rocket, the fuel, 8, should be a negligible portion of the overall weight, and the required propellant capacity, 5, is equal to the propellant flow rate, 4, multiplied by the operating duration, 14; or

$$W_p = w\,t. \tag{8}$$

Of course, for very large total power expenditures over a long time, where it might be necessary for the designer to account for expenditure of even nuclear fuels, the value of w_f will then have to be established by the designer. The method is to divide the mass/energy conversion factor for the fuel used by the percentage of fuel the engine is capable of converting. This quantity (after being divided by the conversion efficiency) is multiplied by the total energy required, or Power $\times$ time. Of course, the speed, 15 (characteristic velocity), of which the ship is capable, is simply the acceleration multiplied by total operating time, or

$$v = a\,t = A\,g\,t, \tag{9}$$

since A is acceleration in g's.

Likewise, the distance capabilities are obtained by multiplying the average speed by the operating time. For example, if a ship goes from A to B, starting with zero velocity at A and ending with zero velocity at B, and uses no coasting time, then the total distance capability is

$$d = \frac{v}{4}\,t,$$

since it accelerates for half the trip and decelerates the other half. If coasting time, t_c, is inserted in the middle, then

$$d = \frac{v}{4}\,t + \frac{v}{2}\,t_c, \tag{10}$$

where

$$\text{Total trip time} = t + t_c.$$

Figs. 4 and 5 present some of these relationships in a useful form, where the units used for distance and time are miles and days, respectively.

Of course, figs. 1 to 5 could be reduced to nomograph or sliderule presentation format, if desired.

The designer must, as always is the case, let his judgment and skill supply the proportions of total weight which each of the individual component parameters, 5, 8, 10, 11, 12, and 13, contribute. This is the same as in aircraft or missile design. In doing this, he must determine the weight of the propulsion equipment in accordance with the thrust and power requirements by consideration of the type of equipment to be used and the efficiency of its design.

The designer will also have to determine operating efficiencies to determine his actual power required and total energy to be generated. For example, the horsepower requirement will be the theoretical value given by equation (3), or fig. 2, divided by the efficiency of the drive equipment. In turn, to determine total power required, the value thus obtained must be divided by the efficiency of the power generating and transforming equipment, and to this must be added the transmission losses between generating equipment and drive equipment. Another interesting fact is that all losses due to operating efficiencies and transmission will probably appear primarily as heat, and if this can be recovered and fed back into the system with reasonable efficiency and equipment weight, total generated power requirements may be reduced. But if all efficiencies are relatively high, and losses low, this will probably not be worthwhile. This region is wide open to the designer, as is the case with any complete system of this sort.

The most important point is that, regardless of efficiencies, losses, invention, etc., the basic relationships given by the equations and graphs presented here are always valid. They will always remain valid, for they are fundamental theoretical relationships, the solid cornerstones to which the designer can add his empirical

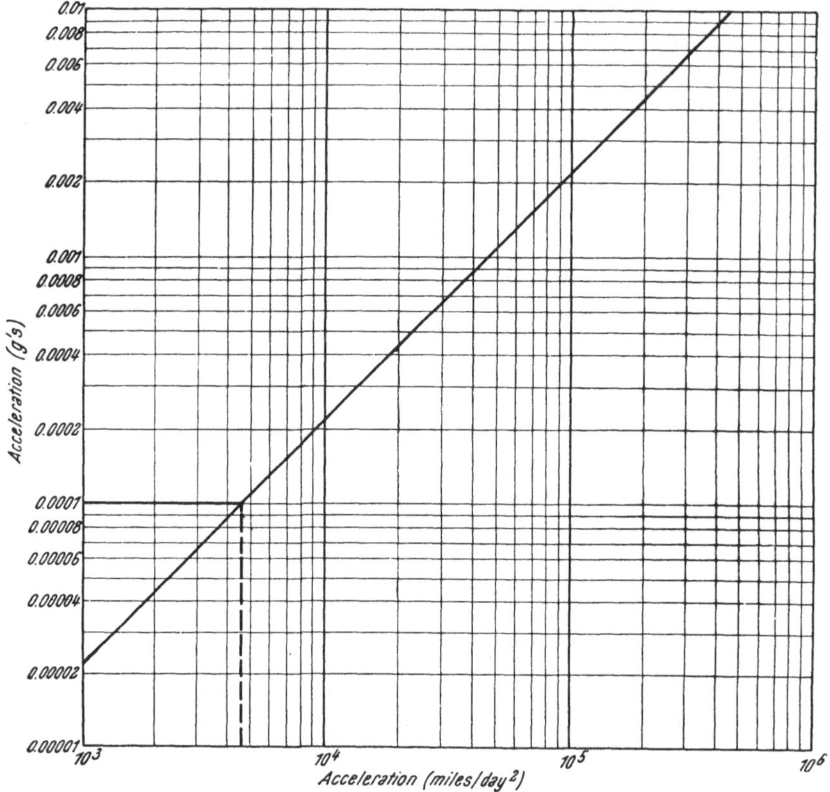

Fig. 4. Acceleration in miles/day² vs. acceleration in g's.

relationships of operating efficiencies for the equipment utilized to develop any complete design. He will be limited only by his own skill and ingenuity, and by the state of development and inherent characteristics of the equipment he selects. His prime objective should always be to do a skillful job of matching the design to the task for which it is intended.

The most important points to notice about the foregoing fundamental relationships are the ways in which propellant consumption and power required vary with propellant velocity for a given thrust. First, as is to be expected, the propellant consumption varies inversely as the propellant velocity. The significance of this can best be demonstrated by the fact that for a propellant velocity one-tenth the speed of light (which could be obtained with an electronic accelerator, or ion rocket) a thrust of 1000 pounds could be obtained with a propellant consumption rate of only 1 pound per hour. Such a device could run for almost 6 weeks delivering a steady thrust of 1000 pounds using only 1000 pounds of propellant.

But, unfortunately, this is not without cost; for the second important point is that, while the propellant consumed goes down with propellant velocity, the power requirement goes up as the *square* of the propellant velocity. This would mean that there would be no point in going to the higher propellant velocities

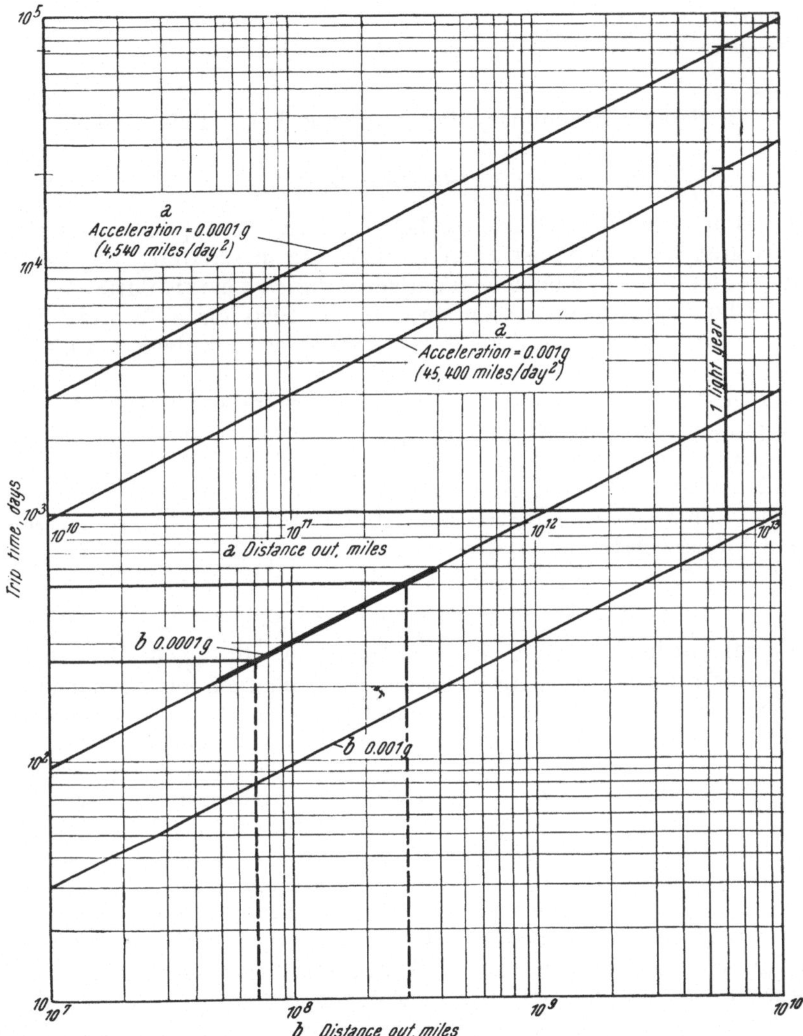

Fig. 5. Time for trip vs. distance for various accelerations. Note: 1. Trip time is one way (must double times for roundtrip). 2. Based on power-on all the way. First half of trip is under acceleration; second half under deceleration. 3. On actual trips between planets, these times can be reduced due to orbital velocity.

(because the propellant saving would be vigorously counteracted by the accompanying exorbitant increase in fuel requirement) if it were not for the possibility of using nuclear fuel for generating the power required. This would reduce the fuel required to a negligible amount. However, we cannot escape the non-expendable weight of the power generating equipment required for generating power of the required magnitude.

Finally, the question of weight, which for a high performance ship will be largely that of the power generating equipment, and the drive units, can be effectively dealt with in design with the aid of equation (7) and fig. 3. By the use of the curves of figures 1, 2, and 3, and the other relationships we have established, a judicious balance among the various parameters can be found for optimizing a design for any particular set of performance objectives, or for any particular job.

II. Sample Preliminary Design Using These Relationships

Introduction

The way in which these basic fundamentals can be applied can probably be best illustrated by a demonstration of their use in handling a typical design problem. Therefore the following example is offered for this purpose.

The author worked out a configuration in 1950 for a "Linear Electronic Accelerator" drive for spaceships (or Ion Rocket, as such devices are commonly referred to today). For this exercise we will determine, to a first approximation, the characteristic velocity, and the time to cover 886 million miles[1], of a spaceship having a gross weight of 1000 tons, a payload of 40 tons, and equipped with this type of drive.

To better visualize and check the validity of assumptions taken for conversion efficiencies, equipment weight, etc., a brief description will be given here of this drive and the associated equipment.

Drive and Associated Machinery

The configuration details of the drive are shown by fig. 6. As can be seen, this is a linear electronic accelerator for positively charged ions, designed for very high particle velocity. The idea of an electronic accelerator was not new (even in 1950) since it antedates the cyclotron, but the one as shown here is designed specifically for application as a spaceship drive. This accelerator works fundamentally like a cyclotron, except that the particles travel in a straight line, and they receive successive kicks as they pass alternately connected accelerating rings, H, fed with a. c. voltage, in a manner similar to those kicks successively experienced by the particles in a spiral orbit as they pass under the alternate Dee's of the cyclotron, to which an a. c. voltage is also fed. But since the path is straight instead of circular, the large magnet (which is the major physical part of a cyclotron) is eliminated. An axial magnetic field is provided by the coil, J, to prevent excessive mutual divergence of the ion stream.

The operation is as follows. Atomized particles (gas or vapor) are introduced through line A (controlled by valve L), where they are bombarded by electrons from the electron gun, B. (If necessary to get sufficient ion current, a whole ring of these guns could be mounted around the base of the accelerator tube.) The un-ionized particles are drawn out through line E, while the ions are drawn by the accelerating grid and ring, G, and F, guided by deflecting plates D and converging coils C, toward the entrance to the battery of accelerating rings, H.

---

[1] The mean distance to Saturn is arbitrarily selected for this example, with this distance assumed to be covered from a stationary start to a complete stop at the end. Of course, a real trip to Saturn would involve orbital velocities at start and finish, and the ship's basic performance would be combined with a modified Hohmann orbit technique. (This opens up a new realm of navigation techniques.)

Here, these powerful accelerating electrodes, fed by high voltage lines T, sweep the ionized particles toward the exit with ever-increasing speed as they pass each electrode, emerging as a very high velocity stream, V. These particles must bunch as they move along in phase with the alternating voltage fed to the accelerating electrodes, just as in a cyclotron or similar device, but the control circuits, M, provide for and supervise the proper phasing of the beam. The accelerating electrodes are properly spaced, and electrical lengths of the transmission lines arranged, to provide for proper phasing at the operating speed.

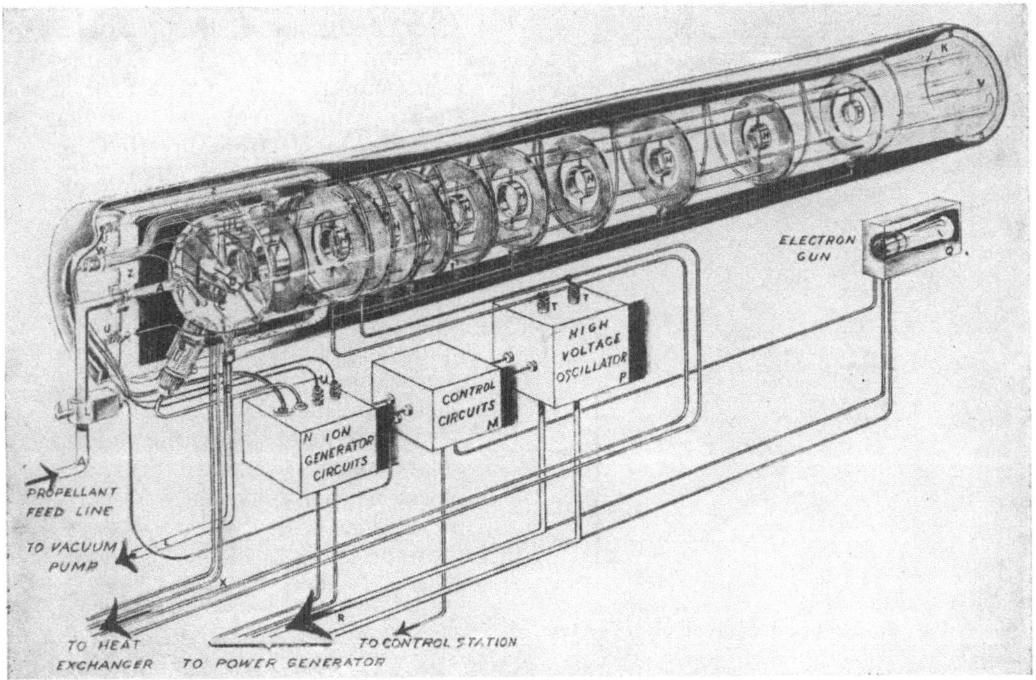

Fig. 6. Space drive high velocity linear accelerator.

Then, before and during operation, final fine adjustments to the electrode voltages (individually and collectively), electrical lag, and ion gun voltage, can be made in order to tune, or synchronize the accelerator for maximum efficiency at the desired particle exit velocity.

The exit joins the vacuum of outer space, and a seal may be provided at S. A small auxiliary electron gun, Q (like a cathode ray tube) is located alongside to counteract build-up of space charge due to the departing ions (which would eventually neutralize the thrust). The physical equivalent of this system is shown by fig. 7 for a single stage accelerator, which is completely valid for the analogy. This shows that the voltages existing between the accelerating plates would quickly disappear if the electrons displaced from the ions were not pumped out against this voltage by the generator; and, in the multistage accelerator, if the charging current were not alternately pumped into the accelerating electrode rings against the impedance represented by the inertial resistance to acceleration of the ionized particles. Thus the work done in accelerating the ion stream is represented by the ion, or electron current (which is the same), being pumped by the generator against the accelerating voltage being maintained. This electrical equivalent to the physical system of fig. 7 is shown by fig. 8. From this we can see that the power $P = e\,I$, where e is the average electron-volts per particle, and I is the average current.

Note in fig. 7, that the electrons displaced from the ions are drawn off by the generator to be ejected by the electron ejector gun to the rear to join the ions in free space, completing the circuit. If the equipment manages to eject both ions and electrons at the same high speed, this is completely valid. (But if the electron speed is different, the difference is negligible, because of its small mass.) In fig. 8 the equivalent circuit and current flow is shown (with current flow direction opposite to electron direction, because of convention adopted for current direction). In this device then, the circuit is completed in free space, far behind the vehicle, where the ions and their electrons rejoin, thus eliminating the development of any retarding space charge, and thereby preserving full operating efficiency.

Now to demonstrate the validity of previously developed thrust and power relationships, as represented in the ion beam, we see that, in the expression $P = \text{Volts} \times \text{amperes}$, or $V \times I$ since

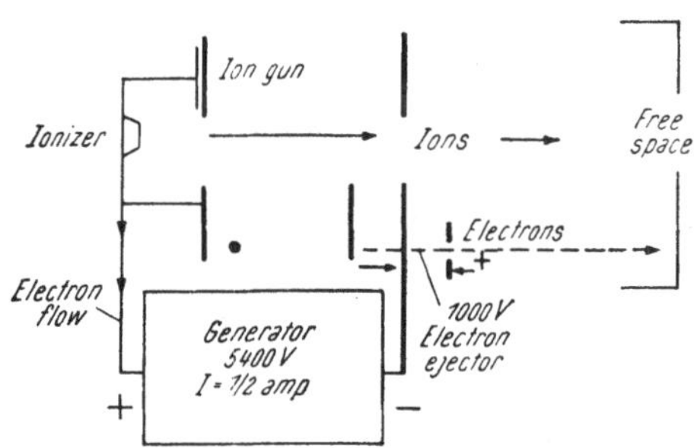

Fig. 7. Physical equivalent to system.

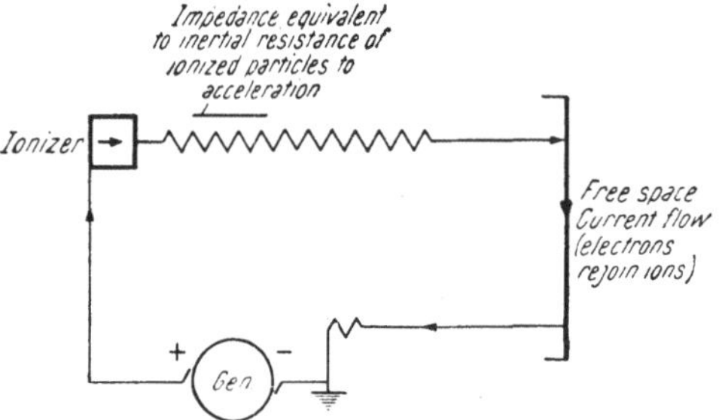

Fig. 8. Electrical equivalent to system.

$$V\,q_e = \frac{1}{2}\,m\,c^2$$

then

$$V = \frac{m\,c^2}{2\,q_e},$$

where m is the average mass per ion particle and $c = $ average particle exit velocity.

Also

$$I = K\,\frac{N\,q_e}{t},$$

where N is the number of particles in a given interval or unit of time, t is the length of the time interval, and q_e is the charge per particle ($=$ charge of an electron, for univalent ions). K is the constant of proportionality, depending upon units used.

Thus

$$P = V\,I = \frac{I}{2\,q_e}\,m\,c^2 \tag{11}$$

or

$$P = \frac{m\,c^2}{2\,q_e} \times K\,\frac{N}{t}\,q_e. \tag{12}$$

Now $N\,m/t =$ mass flow rate of ion beam $= w/g$, if w is the flow rate in pounds weight.

Therefore

$$P = K\,\frac{w\,c^2}{2\,g}.$$

If the units taken for power, P, is horsepower, and those for flow rate, velocity, and acceleration are in feet, pounds, and seconds, then $K = 1/550$, and we have

$$HP = \frac{w\,c^2}{2\,g \times 550}.$$

This is the same fundamental relationship as previously obtained in equation (3) and gives the power represented for an ion beam of current I, mass per particle m, and particle velocity c, as expressed in equation (11). The power expenditure is in terms of a back - e. m. f. counter to the electrode charging voltage caused by the presence of the large number of ions composing the beam current. This is the impedance, and this also causes a power factor in the charging current.

For thrust, we use the expression

$$F_p = \frac{d(m\,c)}{dt},$$

(rate of change of momentum), for thrust per particle, — or, for total thrust

$$F = \frac{N\,m\,c}{t},$$

since c is a constant velocity.

Therefore

$$F = \frac{I}{K\,q_e}\,m\,c \qquad (13)$$

and also

$$F = \frac{w}{g}\,c,$$

which is the same relationship previously obtained in equation (2). This thrust force is mechanically passed to the ship through the accelerating electrodes, which must be rigidly constructed.

As a brief exploration of required beam currents, resulting thrust, etc., we can find the thrust for a beam current of 1 ampere, using nitrogen, N_2^{14} (atomic wt., 14) as propellant, with an exit velocity of 10^7 ft./sec., by use of equation (13): $F = I/q_e\,(M_0 \times 14 \times 2)\,v$, where $M_0 =$ mass of atom of unit atomic weight,

$$= \frac{1 \times (1.66 \times 10^{-24} \times 28)}{1.60 \times 10^{-19}} \times 10^7 \times 30.5 = 85{,}400 \text{ dynes}.$$

This is for a particle velocity of 1 percent of that of light. We also note that the flow rate is

$$28 \times 10^{-5} \text{ grams per second, or, in lb/hr,}$$

$$\frac{28 \times 10^{-5}}{453.6} \times 3600 = \underline{.0023} \text{ lb/hr}.$$

The thrust force in pounds will be

$$\frac{85{,}400}{4.45 \times 10^5} = .19 \text{ lb}.$$

These drive units would normally be expected to be installed in clusters (although single larger units might be developed). Symmetrical units conveniently cluster in groups of 7 or 19. For the latter, if the units (such as that shown in fig. 6) are about 6 inches (15 cm.) in diameter, and reasonable clearance were allowed between units, then the cluster diameter would be about 1 meter (or about the same as a large rocket engine). Now, if 51 of this size cluster were used (the number of units selected for one proposed chemical rocket vehicle) then the total propellant flow rate would be about 2 lb/hr, and the thrust would be about 200 lbs.

It might be reasonable to expect that we could develop such units to operate at a 1 ampere beam current, but a 400 to 500 ma beam current might be more practical, with perhaps operation for short periods at 1 ampere, at reduced efficiency. (450 ma would use 1 lb/hr of propellant in the installation as described above.) Thus we might operate on a continuous basis at about 100 pounds of thrust with a propellant consumption of 1 pound per hour, and go to 200 pounds thrust at 2 pounds per hour for short time, or overload, operation. (This short time overload operating concept, with a lower steady rating, would probably be compatible with the characteristics of the power generating equipment, also.)

Note that these values for propellant velocity, flow rate, and thrust (10^7 ft/sec., 1 lb/hr, and 100 lb, respectively) are approximately those obtained by use of the curves of fig. 1. Also, from fig. 2, we see that the horsepower required of the generating equipment would be 800,000 h. p., or about that generated by the powerplants of 10 of our large bombing aircraft. Assuming an operating efficiency of 50%, the required power would be twice this (or the equivalent of the power generating capacity of about 20 bombing aircraft).

The major problems in development of such a drive unit would be the high ion-current sources, and beam divergence. Much work has been done on both.

If a propellant velocity of one-tenth the speed of light were used with the same equipment installation arrangement, we would have 1000 pounds of thrust at about 1 pound per hour of propellant flow for continuous operation, and 2000 pounds, or 1 ton, of thrust when running on overload. This would give a 500 ton ship continuous acceleration of 1 milligee, day after day, for years at a time, if desired.

Sample Preliminary Design

Now, with the assumption that this is the kind of drive equipment that will be used, we will proceed with the preliminary design problem to meet the conditions stipulated at the beginning of this part of the paper. It is assumed that the power generating equipment is an atomic power plant of the current popular concept for such equipment; that is, a reactor generating steam or vapor for a turbine, which in turn drives either a high frequency alternator, or a high voltage d.c. generator feeding either a klystron or magnetron type high frequency power oscillator. It is assumed that, where profitable, points of appreciable heat loss in the system are fluid-cooled, and the heat so picked up is fed back into the system (by heat-pump, where necessary). It is assumed that effective light-weight design has been successfully applied to all equipment, of the same order as that effected in transforming turbines from industrial use to aircraft use.

On this basis the following weight/horsepower ratios and operating efficiencies are assumed. First we will consider the propulsion equipment only.

The method of arriving at the values of Table I was to first list all the items of propulsion equipment for this type of drive. Then the values for column I are obtained by application of a combination of design experience, applicable data, appropriate calculations, skill, and *judgment*. The same applies for the values of column II.

Table I.

Item	I wt/hp (lb.)	II Operating efficiency[1] %	III Required increase due to operating losses %	IV Unit weight, tons
1. Reactor	1/4	75	50	67
2. Shield	3/4	—	—	136
3. Heat exchanger, working fluid, radiators	1/2	70	40	127
4. Turbine	1/4	75	20	55
5. Generator	3/4	80[2]	16	159
6. (Power oscillator)[2]	3/4	85[2]		136
7. Accelerators	1/2	90		91
8. Cooling fluid, heat pump, etc.	1/8	50		24
9. Miscellaneous equipment	1/8	—		23
Total	4			818

The overall efficiency of the electrical equipment (items 5 to 8) is approximated as:

$1.00 - [(1.00 - .80 \times .90) \times .50] = .86$, or 86%, exclusive the reactor-turbine thermodynamic cycle efficiency. (Note that if this equipment were perfectly insulated, and the cooling system heat recovery efficiency were 100% instead of 50%, then, theoretically, the efficiency of the electrical equipment would be 100%, instead of 86%.) Using the 86%, and the other (thermodynamic) unit efficiencies, we can approximate the total propulsion equipment wt/hp ratio as:

$$\left[4 + \frac{2\,(1/4)}{2}\left(\frac{1}{.86} - 1\right) + \frac{1}{4}\left(\frac{1}{.86} - 1\right)\right](1 + .06) = 4.5 \text{ lb/hp},$$

where the second term, third term, and factor are for efficiency corrections to the weight of electrical equipment, turbine, and heat generating and transfer equipment, respectively.

Then as a final approach to the effect of efficiencies, the values are filled in for column III, as shown. — representing the correction factor to the individual values of column I to give the total increase from 4 lb/hp to 4.5 lb/hp, as obtained above. Now, to obtain the total wt/hp ratio, so that column IV can be filled in, the weights of the other items (besides the propulsion equipment) must be estimated.

They are estimated as follows:

Payload   40 tons (given).

Structure   50 tons (5% of gross wt.: we know acceleration forces will be low).

Equipment 20 tons (a reasonable figure — 2% of gross wt.).

Propellant and fuel — Unknown, at present, but should be less than 100 tons.

This suggests that the total weight, other than propulsion equipment, will be around 200 tons. This is one-fifth of the gross weight, which means that the

---

[1] Assuming heat loss feed-back (by means of cooling fluids-item 8), which accounts for some of the high efficiency.

[2] The power oscillators might not be necessary, if a high frequency alternator is used, in which case an efficiency of 85% can be used in place of the combination.

propulsion equipment can be 4/5 of the gross weight (or around 800 tons). Then if 4/5 of the weight constitutes $4\frac{1}{2}$ lb/hp, the remaining fifth of the weight should constitute about 1 lb/hp, for a total of about $5\frac{1}{2}$ lb/hp. Armed with this idea, we can go to fig. 3.

Since we have previously observed that we should probably utilize as high a propellant velocity as possible, and we also want as high an acceleration as possible, we will try to fit our estimated $5\frac{1}{2}$ lb/hp to these objectives. So, on fig. 3, following the $5\frac{1}{2}$ lb/hp line to the right, we see acceleration decreasing, so, going to the left, we then see propellant velocity decreasing (which means a high propellant flow rate). It looks like the crossing of the .0001 g-line is about the best, for this is at a propellant velocity of 2×10^6 ft/sec, and we would like to go higher than this if possible, and would certainly like to avoid going lower. Yet, to go higher would give less than .0001 g (or 0.1 milligee) acceleration, which seems undesirable. So 2×10^6 ft/sec. looks like a good propellant velocity to try.

The next curve to examine is fig. 1. For the 0.1 milligee found on fig. 3, thrust required for a 1000 ton ship is 200 pounds. We see that for these values of thrust and propellant velocity, the propellant flow rate is just over 10 lb/hr., and by means of a log scale [or equation (2)] this is found to be 11.6 lb/hr.

Now, going to fig. 2 [and possibly, checking by equation (3)] we see that the required horsepower for these values of propellant velocity and propellant flow rate is 363,600 horsepower. (This is approximately that of ten B-36 bombers, or of four B-52's.)

These seem to confirm our original estimate of $5\frac{1}{2}$ for the total weight-to-horsepower ratio, so using the value for required horsepower just found from fig. 2, and the previously obtained values of column I and III for the individual items of propulsion equipment, we can fill in the values for column IV. This shows the total weight of this equipment to be 818 tons, which checks with that obtained by

$$\frac{4.5 \times 363,600}{2000} = 818 \; tons.$$

So now we have:

Structure   50 T
Propulsion equipment   818 T
Other equipment   20 T
Payload   40 T   (crew, facilities, provisions).

This leaves a balance of 72 tons for propellant, fuel and miscellaneous. It appears reasonable to try:

Propellant   70 T
Fuel and miscellaneous   2 T   (fuel is uranium, U^{238}).

Since we found the propellant flow rate to be 11.6 lb/hr, the running time for 70 tons of propellant will be

$$\frac{70 \times 2000}{11.6 \times 24} = 503 \; \text{days, or } 500 \, days, \text{ with reserve.}$$

For the fuel, assuming that fission of U^{238} releases only 0.1% of the total energy, we find the energy released to be approximately 10^7 kw-hr/lb. Fuel required will be:

$$\frac{\text{required energy}}{10^7} = \frac{3.64 \times 10^5 \times .745 \times 24 \times 500}{10^7} \times 1.5 = 488 \, lbs.$$

Since more uranium must be carried than is required (so that it does not become too "poor" for satisfactory operation), both values selected for propellant weight and for fuel and miscellaneous seem satisfactory, and give some margin over a running time of 500 days.

Since we have the duration for continuous running, we can now find the performance capabilities of the design. For this we can use equation (9) and (10), and figs. 4 and 5. First, from fig. 4, we see that an acceleration of 0.0001 g is equivalent to 4,540 mi/day^2.

The *characteristic velocity* will then be

$$4{,}540 \times 500 = 2{,}270{,}000 \text{ mi/day,}$$

or

$$\frac{2{,}270{,}000}{24 \times 3600} = 26.3 \cong 26 \text{ mi/sec.}$$

Now to find the time to go 886 million miles, we first read from fig. 5 that for an acceleration of 0.1 milligee, in 500 days the ship can cover approximately 280 million miles, with stationary start and finish. The highest speed reached will be half the characteristic velocity, above, or 1,135,000 miles/day. A coasting time may be inserted at this velocity, giving

$$\frac{886 - 280}{1.135} =: 553 \text{ days.}$$

Total time for 886 million miles will be 500 + 553 = 1053 days, or *2 years, 10 months, and 19 days.*

These were the two performance figures we set out to determine for the design. Other interesting performance figures for this design which might be worth noting are:

It can make a *round trip*, stopping at mid-point, and return, without re-fueling, of *70 million miles*, each way.

It can go *1 billion miles* (10^9 miles) and stop, in *3 yrs, 35 days*.

The general design characteristics may be summarized as follows:

Weights

Gross weight	1000 tons
Payload	40 tons
Structure	50 tons
Propulsion equipment	818 tons
Other equipment	20 tons
Propellant capacity	70 tons
Fuel and miscellaneous	2 tons

Powerplant characteristics

Rated horsepower	363,600
Thrust (rated)	200 lb
Thrust (emergency overload)	400 lb
Beam currents (rated)	500 ma
Propellant flow rate	11.6 lb/hr
Propellant velocity	2×10^6 ft/sec

Performance characteristics

Acceleration	0.1 milligee (or 4,540 mi/day^2).
Endurance (steady acceleration)	500 days.
Characteristic (top) velocity	26 mi/sec. (or 2,270,000 mi/day).

This can be checked by the mass ratio formula $M_0/M_f = e^{v/c}$, which gives $v = 26.6$ mi/sec.

Note that the performance is an order of magnitude better than we expect of single stage chemical rocket ships.

It might also be interesting to look at the accelerator installation details. Each unit would handle 36 horsepower, and would weigh 18 pounds, installed. The thrust of each is 0.02 pound. The operating voltage would be 5,400 volts, and the frequency would be 500 kilocycles. (Nitrogen was assumed to be the propellant.) It would be about 6 inches in diameter and about 12 feet long, and would probably be in clusters of 19, each about $3\frac{1}{4}$ feet (1 meter) in diameter. These clusters would be arranged in groups of 51, each about 30 feet in diameter. And there would be 10 such groups. These could be interspersed with 9 similar-sized combination (or dual operation) atomic-chemical rocket clusters, in a total diameter, without crowding, of about 150 feet (45 meters). Since the ship would be about the size of a destroyer, this diameter would be of about the right proportion.

With its 40-ton payload capacity, the ship could accommodate a crew (or crew and passenger complement) of about 40 to 50, with full provisions for the long trips. Or, it could similarly carry a crew of 12, and about 30 tons of cargo, or of special equipment. A fleet of these ships could be quite versatile.

This design would not be expected to be the optimum, since we have gone only one time around, as a first approximation. However, we have noted, among other things, that if considerably higher exhaust velocities were selected, performance would be reduced. Several successive runs through the design should be made, appropriately varying the parameters, to pin-point the optimum and reach suitable refinement.

Nor would this, even, be the optimum for a shorter trip, — or for a longer trip, or for an otherwise different application. A different design is optimum for each different requirement.

Fig. 9 shows a general concept of a future space ship utilizing some of these principles and ideas. It is largely self-explanatory. It envisions the possibility of a ship utilizing 3 different modes of operation. The rocket units, interspersed among the banks of linear accelerators are presumed to operate by expanding a propellant gas in the chamber by means of heat carried by a very high temperature transfer fluid from the reactors. However, these same expansion chambers, when fuel and oxidizers are introduced through separate lines, serve as combustion chambers. Thus they could operate as atomic rockets, or, where maximum thrust is desired even at the expense of a higher propellant consumption rate per pound of thrust, as chemical rockets. A ship with this arrangement might operate as a chemical rocket for a few seconds when departing from an inhabited area, then switch to atomic rocket operation (presumably at much higher exhaust velocities, and, therefore, much lower propellant consumption rates) for a few minutes, gradually cutting out units to reduce thrust while retaining efficiency, and then switch to the linear accelerator drive, perhaps first on overload power, and then reducing to rated power as true satellite operating conditions (i. e., orbital velocity at sufficient height) are approached.

This arrangement might be expected to do the maximum job for the least propellant consumption.

One most important observation from this brief study is that as we are able, through continued development, to reduce the weight-to-horsepower ratio, optimum designs can utilize increasingly higher exhaust velocities, and performance capabilities will continue to increase.

Incidentally, it is also worth noting that, theoretically, this utilization of ever higher exhaust velocities will not be limited by relativistic considerations, for the fundamental principles and relationships presented herein will continue to hold at powers and thrust values that would correspond to propellant velocities many times the velocity of light, if there were no relativistic effect. This is because, as

can be demonstrated with the LORENTZ Transformation, $m = \dfrac{m_0}{\sqrt{1 - v^2/c^2}}$, when

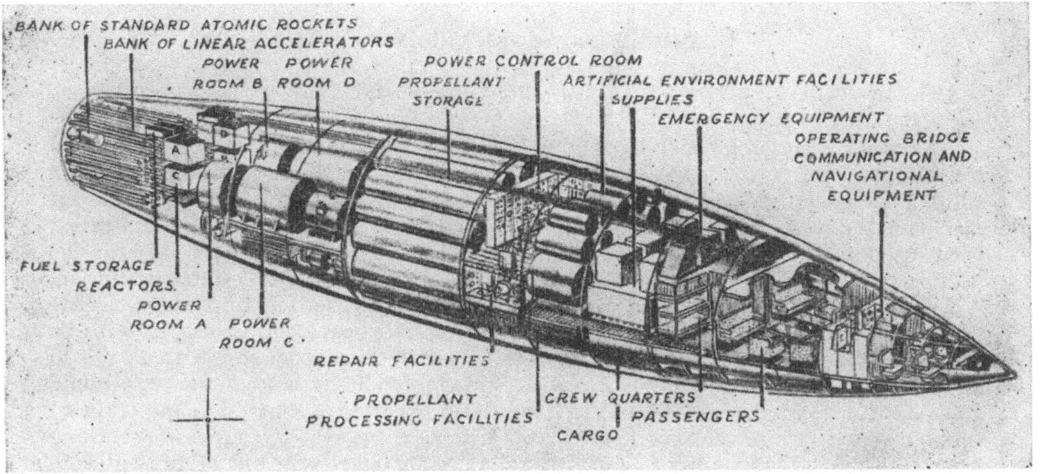

Fig. 9. Future space ship.

operating at propellant velocities very near to the speed of light, doubling the accelerating voltage will increase the velocity by a small amount toward the velocity of light, but this will result in almost doubling the effective mass, m. And, since the resulting thrust, from equation (2), is increased equally by either mass or exhaust velocity, this further growth of the effective mass of the particles over their starting mass, m_0, is equally effective in providing thrust reaction and absorbing corresponding power.

Finally, there are, in the more ordinary realms of propellant velocities, such as the one used in this sample design problem, countless untouched avenues of opportunity for application of ingenuity and skill. The surface has hardly been scratched in the investigations that have been thus far made in the application of these new fundamental principles. Unlimited opportunities for exploration and exploitation remain open to all of us.

Let us meet the challenge.

Possibilities of Electrical Space Ship Propulsion[1]

By

E. Stuhlinger, Huntsville/Ala.[2], ARS

(With 9 Figures)

Abstract. A study on feasibility and performance of an electrical propulsion system for interplanetary space ships is presented. A propulsion system is proposed in which a suitable propellant (cesium or rubidium) is vaporized and ionized at incandescent platinum surfaces. Ions and electrons are accelerated and expelled at equal rates; they recombine immediately after leaving the thrust chambers. The power for the accelerating fields is obtained from turbo-electric generators. Heat source is the sun. A thermo-electric pile would be about ten times less efficient than a turbo-electric plant with the same total mass. The acceleration of a space ship equipped with an electrical propulsion system is of the order of 4×10^{-5} G. A space ship with a payload of 50 tons, a total initial mass of 270 tons, and a total flight time of one year would cover a distance of about $183 \cdot 10^6$ km if it started with the velocity zero and traveled through space without gravity fields. Application of the results to a ship travelling from an earth satellite orbit to a mars satellite orbit and back will be presented in a later paper.

List of Symbols

Note: CGS – units are to be used in all formulae of this paper with the following exceptions:

$$
\begin{array}{ll}
\text{Voltages } (U, E, e): & \text{volts} \\
\text{Currents } (I, j): & \text{amperes} \\
\text{Resistances } (R): & \text{ohms} \\
\text{Resistivities } (\varrho): & \text{ohm cm} \\
\text{Temperatures } (T): & \text{degrees Kelvin}
\end{array}
$$

A_{mir} = area of mirror, cm²

A_{con} = area of condenser, cm²

a_i = initial acceleration of ship, cm sec⁻²

a = specific power of powerplant, erg sec⁻¹ g⁻¹

D_τ = distance covered by ship after the time τ, cm

δ_a = density of thermocouple component a, g cm⁻³

δ_b = density of thermocouple component b, g cm⁻³

E = total emf of thermocouple, volts

e_{12} = differential thermo-electric force of thermocouple, volts degr⁻¹

ε = electric charge of ion, amp sec

η = efficiency of ideal steam engine

η_c = efficiency of thermocouple

F_a = cross-section of thermocouple component a, cm²

F_b = cross-section of thermocouple component b, cm²

F_1 = input area of thermocouple, cm²

F_2 = output area of thermocouple, cm²

---

[1] *Editor's note:* Statements and opinions advanced in this paper are to be understood as individual expressions of the author and do not necessarily reflect the views and opinions of Redstone Arsenal or the Ordnance Corps.

[2] Guided Missile Development Division, Redstone Arsenal, Huntsville/Alabama, U.S.A.

G = earth's acceleration, cm sec^{-2}

γ = efficiency reduction factor for steam engine

γ_c = efficiency reduction factor for thermocouple

i = current density, amp cm^{-2}

I = total ion current, amp

j = current through thermocouple, amp

$\varkappa_a$ = heat conduction coefficient for thermocouple component a, erg sec^{-1} cm^{-1} degr^{-1}

$\varkappa_b$ = heat conduction coefficient for thermocouple component b, erg sec^{-1} cm^{-1} degr^{-1}

L = total power for acceleration of ions, erg sec^{-1}

l = length of thermocouple, cm

M_F = propellant mass, g

M_i = total mass of ions, g

M_e = total mass of electrons, g

M_D = dry mass of ship, g

M_0 = total initial mass of ship, g

m_p = mass of power plant without condenser and working fluid, g

m_c = mass of condenser and working fluid, g

m_{mir} = mass of mirror, g

m_s = mass of ion source, g

m_0 = mass of payload, g

m_{th} = mass of thermocouple pile, g

$\dot{M}_F$ = rate of propellant consumption, g sec^{-1}

μ = mass of one ion, g

ν = efficiency of ideal thermodynamic cycle

p_r = specific radiation loss, erg sec^{-1} amp^{-1}

P_{rad} = radiation loss, erg sec^{-1}

P_{12} = Peltier coefficient at hot junction, erg sec^{-1} amp^{-1}

P_{21} = Peltier coefficient at cold junction, erg sec^{-1} amp^{-1}

Q_1 = input power, erg sec^{-1}

Q_2 = heat power leaving cold junction of thermocouple, erg sec^{-1}

Q_c = heat power conducted through thermocouple, erg sec^{-1}

Q_{p1} = Peltier heat at hot junction, erg sec^{-1}

Q_{p2} = Peltier heat at cold junction, erg sec^{-1}

q_c = specific mass of condenser and working fluid, g cm^{-2}

q_m = specific mass of mirror, g sec erg^{-1}

q_p = specific mass of power plant, g sec erg^{-1}

q_s = specific mass of ion source, g amp^{-1}

R_a = Resistance of component a of thermocouple, ohm

R_b = Resistance of component b of thermocouple, ohm

R_L = Resistance of load, ohm

r = reflectivity of mirror

ϱ_a = resistivity of component a of thermocouple, ohm cm

ϱ_b = resistivity of component b of thermocouple, ohm cm

S = solar constant, erg sec^{-1} cm^{-2}

σ = Stefan-Boltzmann constant, erg sec^{-1} cm^{-2} degr^{-4}

T_1 = boiler temperature or hot junction temperature, degr K

T_2 = condenser temperature or cold junction temperature, degr K

Th = total thrust developed by thrust chamber, g cm sec^{-2}

Th_i = thrust developed by ions, g cm sec^{-2}

Th_e = thrust developed b electrons, g cm sec^{-2}

τ = total time of propulsion, sec

$U = U_i$ = voltage to accelerate ions, volts

U_e = voltage to accelerate electrons, volts

v_0 = end velocity of ship, cm sec^{-1}

$v_{ex} = v_i$ = exhaust velocity of ions, cm sec^{-1}

x = distance, cm

I. Introduction

Before an interplanetary space ship can begin its voyage, all components of the ship as well as its propellant must be carried up to a satellite in a large number of commuter rocket flights. Chemically powered space ships start with an amount of fuel that has many times the mass of the rest of the ship. It would be very desirable to equip a space ship with a propulsion system that consumes a smaller amount of propellant than a chemical power plant. The exhaust velocity of such a propulsion system would necessarily be greater than in a chemically powered system. With a suitable method to accelerate the propellant sufficiently, the total initial mass of such a space sh'p could be kept considerably below that of a chemically powered ship.

Since on a satellite the earth's gravitational force is exactly balanced by the centrifugal force, a ship leaving the satellite for space travel does not have to support its own weight by its thrust. Even small thrust forces enable the ship to leave the satellite orbit on a spiral so that its distance from the earth increases steadily. If this small thrust is maintained over a sufficiently long period, the ship can reach an end velocity which is high enough to be of practical interest.

Moderate thrust forces at low propellant consumption and high exhaust velocities can be obtained if the propellant particles are not accelerated by heat energy, but by an electrical field.

The idea of an electrical propulsion system for an interplanetary space ship has been expressed by various authors [1]. Most of them mention the fact that an appreciable thrust cannot be produced by the expulsion of electrons, but only by the expulsion of ions. The ions must be produced onboard the ship by ionization of a suitable element. The power for the acceleration of the ions must be provided by a power source which also provides the comparatively small power needed for the ionization of the particles. This power source may be either the sun or a power-producing device onboard the ship. The ship will further contain a power plant with working fluid and condenser[1] to convert the heat energy from the primary source into electrical energy; an ion source; an electrical thrust chamber; propellant; payload; supporting structures; and auxiliary equipment.

The present study was undertaken to find out whether an electrical propulsion system can be built so that it is competitive to a chemical propulsion system in interplanetary space ships. The calculations of the obtainable velocities and distances are based on the simplifying assumption that the ship travels through empty space in a straight line without the interference of any gravity field. The application of the results to the voyage of a space ship from an earth satellite to a mars satellite and back will be the subject of another paper.

II. The Electrical Thrust Chamber

The thrust chamber of an electrically propelled ship must expel positively and negatively charged particles at the same rate, because otherwise the ship would accumulate one charge which would gradually build up a counter field and thus prevent the expulsion of particles of the other charge. The production of positive and negative particles at equal rates is achieved by splitting the originally neutral propellant atoms into positive ions and negative electrons. The positive ions are ejected from a positively charged ion source, the negative electrons from a negatively charged electron source. The electrical fields between the sources and the rear electrode accelerate the particles to the desired velocities. Fig. 1 shows schematically how ion sources and electron sources are arranged. Their potentials against the neutral rear electrode E are maintained by means of the generator Ge, which pumps electrons out of the ion-emitting chamber and into the electron-emitting chamber. The electron current $I-$ is forced by this generator against the potential difference $U = +U_i - (-U_e)$ or $U = U_i + U_e$. The total power to be delivered by the generator is

$$L = I(U_i + U_e) \cdot 10^{+7}. \tag{1}$$

---

[1] Even if a thermo-electric pile were chosen for the conversion of heat energy into electrical energy, a cooling system with condenser would be necessary; see par. V, 2.

This power is equal to the power contained in the ion current, $L_i = I U_i \cdot 10^7$, plus the power contained in the electron current, $L_e = I U_e \cdot 10^7$. The current I is, of course, the same in both cases.

The total available power L should be divided into L_i and L_e so that a maximum total thrust Th is obtained. The thrust exercised by the ions, Th_i, is given by the equation

$$Th_i = \frac{M_i}{\tau} v_i.$$

Since

$$\frac{M_i v_i^2}{2\tau} = L_i$$

we obtain

$$Th_i = \sqrt{\frac{2 M_i L_i}{\tau}}. \qquad (2)$$

Correspondingly, the thrust exercised by the electrons is

$$Th_e = \sqrt{\frac{2 M_e L_e}{\tau}}. \qquad (3)$$

A comparison of Th_i with Th_e shows that, with the same power, the ion current provides a thrust that is larger than the electron thrust by a factor $\sqrt{M_i/M_e}$ or

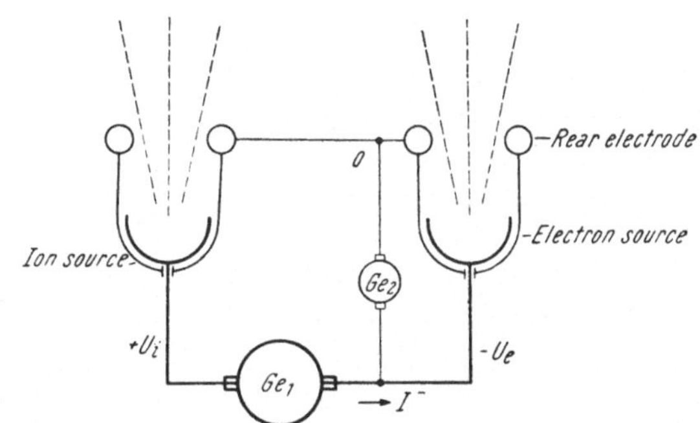

Fig. 1. Arrangement of ion source, electron source, and electric generator. The main generator Ge_1 generates the voltage $U = U_i + U_e$ and the current I. The auxiliary generator Ge_2 generates the voltage U_e to maintain the potential 0 on the rear electrode. It supplies only a small current corresponding to the difference between the number of ions per sec. and the number of electrons per sec. which hit the rear electrode.

approximately 450. This means that as much as possible of the available power should be used to accelerate the ions. The electrons should be accelerated by a potential only high enough to make the electron current equal to the ion current. It will be shown in the next paragraph that, because of space charge effects, the maximum current that is available from a source of charged particles depends decisively on the accelerating voltage. In the present design, the potential required to accelerate the ions will be about fifty times higher than the potential required to accelerate the electrons. It is therefore assumed that the total available power L is used only to accelerate the ions, i. e.

$$U_i = U.$$

The influence of the atomic weight of the propellant on the performance of the propulsion system can be obtained if the end velocity v_0 of the ship, as given by the rocket equation

$$v_0 = v_{ex} \ln\left(1 + \frac{M_F}{M_D}\right) \qquad (4)$$

is expressed in suitable units. Since in an electrically propelled ship the propellant mass M_F will be only a small fraction of the dry mass M_D, this equation can be simplified[1] to read

$$v_0 = v_{ex} \frac{M_F}{M_D}. \qquad (5)$$

---

[1] This simplification may be used as long as the propulsion time τ is not larger than about 2 years.

If the power L available for the acceleration of the exhaust particles is constant during the total time τ of propulsion, the exhaust velocity v_{ex} can be expressed as a function of this power:

$$L = \frac{M_F}{2\,\tau}\, v_{ex}{}^2$$

or

$$v_{ex} = \sqrt{\frac{2\,L\,\tau}{M_F}}\,. \tag{6}$$

Equ. (5), after introduction of Equ. (6), becomes:

$$v_0 = \frac{1}{M_D}\,\sqrt{2\,L\,\tau\,M_F}\,. \tag{7}$$

The propellant mass M_F, which will be consumed during the time τ, can be expressed in terms of the ion current I:

$$I = \frac{M_F\,\varepsilon}{\tau\,\mu} = \frac{L}{U}\cdot 10^7. \tag{8}$$

Hence:

$$M_F = \frac{L\,\tau\,\mu}{U\,\varepsilon}\cdot 10^7. \tag{9}$$

Equ. (7), after substitution of M_F according to Equ. (9), reads:

$$v_0 = \frac{L\,\tau}{M_D}\,\sqrt{\frac{2\,\mu}{U\,\varepsilon\cdot 10^7}}\,. \tag{10}$$

This equation implies that from the viewpoint of propulsion mechanics, the atomic weight of the propellant should be as high and the voltage U as low as possible. In the next paragraph, it will be shown that the space charge effects within and behind the electron and ion chambers influence the choice of the propellant material in the opposite sense.

III. The Ion Source

The primary requirement to be met by the ion source is a high efficiency. A large percentage of the propellant atoms should be ionized before they leave the ion chamber. Non-ionized atoms will not contribute to the thrust, they represent a dead mass for the ship. Furthermore, the mechanism which is applied to ionize the atoms should be so that it requires as simple an apparatus and as little mass as possible.

The most promising method to produce ions for a thrust chamber is the ionization of alkaline atoms at incandescent surfaces. Alkaline atoms have the lowest ionization potentials of all elements. The ionization potentials of all alkaline atoms are lower than the work function of platinum (6.2 eV). Potassium, rubidium, and cesium have ionization potentials which are even lower than the work function of tungsten (4.5 eV). If an alkaline atom comes into contact with a platinum surface, its outermost electron leaves the atom and "falls" into the metal. If the metal surface has a temperature of several hundred degrees C, the ions leave the surface after a "sitting time" of a few microseconds. When the ions are subjected to an accelerating field, they attain a velocity given by the equation

$$v_i = v_{ex} = \sqrt{2\,U\,\frac{\varepsilon}{\mu}\cdot 10^7}\,. \tag{11}$$

The probability that a rubidium or cesium atom is ionized when it hits a hot tungsten or platinum surface is practically equal to unity[1].

The magnitude and shape of the surface must be so that each alkaline atom has the chance to hit the surface at least once on its way through the ion chamber. Furthermore, a collecting field must be present within the chamber which forces the ions towards the chamber exit. The accelerating field proper is applied between the chamber exit and the rear end of the thrust chamber.

The entire ion source is subdivided into many independent units. Their number depends on the overall size of the ship. Each unit of the ion source is made up of a number of individual ion chambers. Each ion chamber contains five disc-like grids made out of thin platinum foil (see Fig. 2). The depth of each grid is about 0.5 cm. The grids are stacked so that the distance between two grids is of the order of 0.1 cm. They are insulated from each other and connected to d—c sources such that small fields between the grids exist which accelerate the ions towards the output orifice. The potential between the last grid and the rear electrode of the thrust chamber, which is of the order of 10,000 volts, accelerates the ions to their final exhaust velocity.

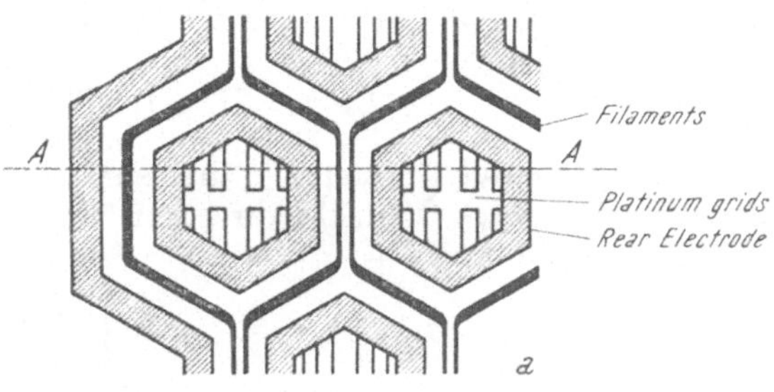

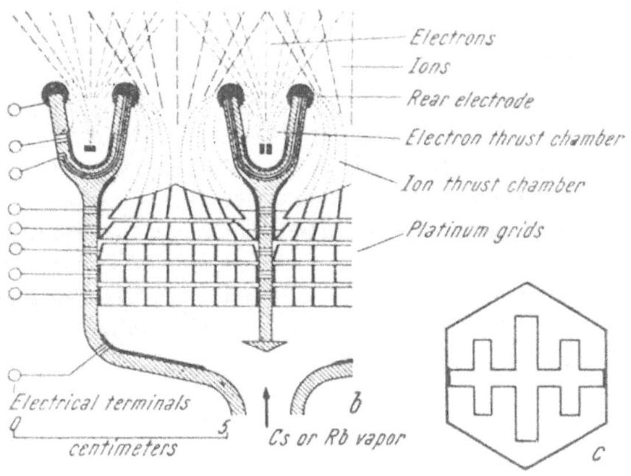

Fig. 2. Schematic of ion source and electron source. a) Rear view of ion and electron sources. b) Cross-section through sources along A — — — A. c) Individual platinum grid.

The platinum foils of the grids are heated electrically to about 500° C. The power necessary to maintain this temperature of the grids and also the temperature of the filaments in the electron chambers is approximately equal to the radiation losses of the hot surfaces[2]. These losses should be kept small by proper design of the chambers and by heat insulation of the rear chamber walls. The filaments of the electron chambers will be of the coated, low-temperature type.

In the present study, it is convenient to take the power for grid and filament heating into account by adding a proper amount of mass m_r to the dry mass M_D of the ship (see par. VI).

---

[1] I am indebted to Dr. Henry Levinstein of Syracuse University for this private communication.

[2] This approximation neglects the power gained in the ionization process, the power spent for the removal of the ions from the hot surface, and the power spent for electron emission from the filaments.

As shown in the previous paragraph, the accelerating potential U across the thrust chamber should be as small as possible for a high end velocity of the ship. A lower limit is set to the accelerating potential by the space charge effects within ion chambers and thrust chambers. If charged particles of the charge ε and the mass μ are generated at one surface and driven by a potential difference U_1 to another surface located at a distance x from the first one, the maximum possible current density i_{sat} in amperes per cm^2 is given by the space charge law

$$i_{sat} = 1.77 \times 10^{-10} \sqrt{\frac{\varepsilon}{\mu}} \frac{U_1^{3/2}}{x^2}. \tag{12}$$

If the particles enter through the first surface with a velocity corresponding to a potential difference U_0 in the direction of the accelerating field, the maximum possible current density is

$$i_{sat} = 1.77 \times 10^{-10} \sqrt{\frac{\varepsilon}{\mu}} \frac{(U_0 + U_1)^{3/2}}{x^2}. \tag{13}$$

Eqs. (12) and (13) allow to calculate, for a given current density, the minimum necessary potential differences between the grids of the ion chambers and across the thrust chambers, provided that the geometrical dimensions are known.

The space charge of the electrons and ions affects the current flow also behind the rear electrode of the thrust chamber. Since the rear electrode has the potential zero, the charged particles are in a field-free space after leaving the ship. They will not move on with their exhaust velocity v_{ex}, but will slow down in the field of their own space charge. If the ions have a velocity corresponding to the potential difference U when they leave the ship, and when their current density is i, Equ. (13) yields the maximum distance x after which the ions must be made to disappear if the current density within the chamber is to be maintained. With $U_0 = U$ and $U_1 = 0$, Equ. (13) becomes:

$$i = 1.77 \times 10^{-10} \sqrt{\frac{\varepsilon}{\mu}} \frac{U^{3/2}}{x^2}$$

or

$$x = 1.33 \times 10^{-5} \sqrt{\frac{U^{3/2}}{i}} \sqrt{\frac{\varepsilon}{\mu}}. \tag{14}$$

Fortunately, there is a simple way to make the ions disappear shortly behind the rear electrode, or at least to transform them into a "neutral plasma". If the electron-emitting chambers are properly interlaced with the ion chambers, and if the accelerating potential for the electrons is chosen so that their slow-down length x_e is of the same order as that of the ions, electrons and ions will mix in a region immediately behind the rear electrode and thereby mutually neutralize their space charge effects. Assuming that this neutralization takes place at an average distance of about 3 cm behind the rear electrode, and that the density of the ion current has an average amount of 0.6 mA/cm^2, Equ. (14) yields a minimum accelerating potential of 9,400 volts for rubidium ions and 200 volts for electrons, provided that the effective cross-section of ion chambers and electron chambers are approximately equal. Cesium ions would require a minimum accelerating voltage of 11,400 volts. The collecting fields between the five grids require potential differences of about 350 volts; 140 volts; 70 volts; and 40 volts for rubidium ions, and 420 volts; 170 volts; 85 volts; and 50 volts for cesium ions. Since the power to be provided for these collecting fields is less than 5% of the power needed for the main accelerating stage, it is neglected in the following.

A lower accelerating potential U could be obtained by choosing a smaller density i within the ion and electron chambers [see Equ. (14)]. However, a smaller current density i means a larger total number of ion chambers. Since the mass of the thrust-producing unit and the radiation losses from the platinum grids are proportional to the number of ion chambers, this number should be kept small. As a compromise between the opposing requirements of low accelerating voltage and low current density, a value of 0.6 mA/cm² has been chosen, which yields the above accelerating voltages.

A schematic diagram of electron chambers and ion chambers is shown in Fig. 2. Rubidium or cesium vapor enters through the manifold from the rear. The atoms, on their way towards the exit of the thrust chamber, hit the hot platinum surface and are ionized. At an average current density of 0.6 mA/cm², the number of ions leaving one chamber per second is about 1.2×10^{16}. It is estimated from geometrical considerations that about 90% of the atoms entering the chamber hit the platinum surface at least once before leaving the chamber. If rubidium is chosen, the gas pressure at the entrance to the ion source is of the order of 1 microbar; for cesium, it is about 20% higher. The mean free path of the atoms at the entrance to the source is about 5 cm. The temperature necessary to produce this vapor pressure is between 150 °C and 200 °C.

The collecting fields between the grids are maintained by individual voltage supplies. The main field within the thrust chamber has such a shape that the trajectories of the ions concentrate around the central axis of the chamber (see Fig. 2). In order to keep the radiation losses of the platinum grids low, the distance between the last grid and the rear electrode is made as large as the space charge limitations allow, i.e. about 3 cm. In order to introduce the radiation losses P_{rad} conveniently into the performance calculations, a "specific radiation loss" p_r is defined according to the equation

$$p_r = \frac{P_{rad}}{I}. \tag{15}$$

It is estimated that for an ion source of the above configuration, the specific radiation loss will be of the order of 1.5 kilowatts per ampere of ion current, or 1.5×10^{10} erg sec⁻¹ amp⁻¹.

The rear electrode will heat up by the impact of some of the ions and also by radiation from the grids. This heating is desirable, since it prevents the build-up of a deposit of rubidium or cesium on the rear electrode which eventually would be detrimental to the proper operation of the thrust chamber.

The electron chambers are located between the ion chambers as shown in Fig. 2. The temperature of the filaments is controlled so that they emit the number of electrons per second necessary to keep the ship electrically neutral. The shielding electrode behind the filaments helps to produce the desired form of the field. In addition to that, it reflects the radiation from the filaments back to the filaments, thereby preventing unnecessary radiation losses.

The walls of the ion chambers are made out of ceramics. About 120 chambers constitute one integral square-shaped unit of about 50 cm edge length. Each unit has its own terminal board for electric connections, vapor inlet, mounting fixtures, etc. It is estimated that one such unit will have a mass of about 6 kg. With a current density of 0.6 mA/cm², the total ion current of one unit will be of the order of 0.3 amperes. The "specific mass" q_s of the ion source, which is related to the total mass of the ion source, m_s, and the total ion current, I, by the equation

$$q_s = \frac{m_s}{I} = \frac{m_s\,U}{L} \cdot 10^7 \tag{16}$$

will therefore be 20 kg per ampere or 2×10^4 g amp^{-1}. The total number of units within the ion source depends on the size of the ship. A ship size as suggested in this study requires about 2,000 thrust units.

IV. The Primary Power Source

There are several ways to provide power onboard an interplanetary space ship. First, the sun's radiation may be received by a mirror system and concentrated at the place where it is needed. Second, a fuel and an oxidizer, such as liquid hydrogen and liquid oxygen, may be stored onboard the ship and burnt at the desired rate. Third, an atomic pile may be operated onboard the ship — or onboard a trailer — with the moderator, for instance heavy water, serving as a working fluid.

The use of a fuel and an oxidizer to generate heat power for an electrical propulsion system rules itself out because of the prohibitively large amounts of these chemicals to be carried by the ship. If fuel and oxidizer were used at all, it would be far more economical to use them immediately as propellants by burning them in a thrust chamber.

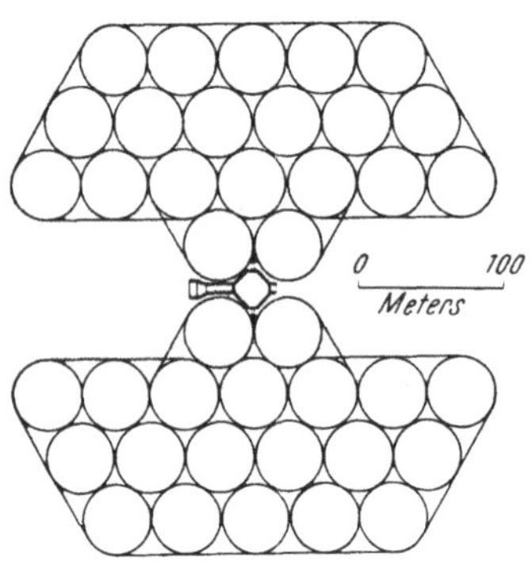

Fig. 3. Overall view of electrically propelled space ship with forty mirrors.

An atomic pile as heat generator would be too heavy to be practical. For 10,000 kilowatts of electrical power, the pile would have to generate about 100,000 kilowatts of heat power. A pile of this capacity, with moderator, high pressure pipe system, pumps, heat exchangers, regulators, supporting frames, and radiation shields would presumably weigh hundreds of tons. Any maintenance or repair work on the pile, other than by heavy remote control equipment, would be impossible because of the strong radioactivity of all parts. On the other hand, an atomic pile will be a very promising power source for an electrically propelled space ship as soon as the mass problem, the shielding problem, and the maintenance problem have been solved satisfactorily.

It appears that at the present time the only practical way to obtain heat power onboard an interplanetary ship for the operation of an electrical propulsion system is to tap the energy flow from the sun. At an average location between the earth and mars, an area of one square meter perpendicular to the sun's radiation receives approximately one kilowatt of heat power. This power may be used either to heat a boiler or to energize a thermo-electric pile. In the case of a thermo-electric pile, heat energy would be converted immediately into electrical energy. In case a boiler with a suitable working fluid is chosen, the steam from the boiler would drive a turbo-electric generator.

It is advisable to generate the total electrical power in numerous smaller sub-generators. If a failure should occur in one sub-unit, that particular subunit could be shut down for repair without materially affecting the operation of the rest of the power plant. In case the ship should be hit by a larger meteor, the total loss of one or two sub-units would mean only a minor reduction of the capacity of the power plant.

The components of the sub-units and also the sub-units themselves will be closely packed in order to keep framework, struts, pipes, leads, bus lines, etc.

small. The sub-units will be arranged in a flat disc consisting of two half circles (see Fig. 3). This disc will always be oriented so that it faces the sun. The thrust chamber with the gondola for crew and equipment, which form one unit, will be located in the center of the disc. This unit can turn relative to the disc, but within the plane of the trajectory (which is also the plane containing the sun and, in a first approximation, all the planets), so that any direction between the sun's radiation and the direction of propulsion is possible.

V. Production of Electric Power for Ion Acceleration

The ion current I and the accelerating voltage U represent an electric power

$$L = U I \cdot 10^7. \tag{17}$$

This electric power must be provided by an electric power plant onboard the ship. Two different methods to generate electrical power from heat power onboard a space ship appear to be principally possible: first, a steam-or gas-driven turbo-electric generator; and second, a pile of thermo-electric couples. It will be shown that the efficiency of the second method is too small to be practical.

1. Turbo-Electric Generator

The powerplant will be subdivided into so many independent subplants that each subplant produces about 200 kilowatts of electric power. One subplant consists of mirror, boiler, working fluid, turbine, steam condenser, generator with radiation cooler and cooling liquid, feedpump, regulators, and auxiliaries. Each subplant is connected to a number of sub-units of the electrical thrust chamber. The independent operation of a number of integral subplants, which renders the propulsion system insensitive against failures, will not increase the total mass of the system appreciably above the mass of a system which produces the same amount of electric power, but consists of one big mirror, one turbine, one generator with cooling system, and one condenser.

The excellent vacuum that surrounds the space ship is very helpful regarding high voltage on collectors, switches, and bus lines, so that a d—c voltage of several thousand volts can be generated in one stage. On the other hand, there is no air cooling for the generators. Therefore, the rotors and stators must be liquid cooled; the coolant disposes of its heat in a radiation cooler. The working fluid for the steam turbine is chosen so that its boiling temperature is only slightly higher than the temperature of the condenser (also, it must be non-corrosive towards the metals of boiler, pipes, turbine, and condenser).

The thermodynamic efficiency of the turbine is given by the second law of thermodynamics:

$$\eta = \frac{T_1 - T_2}{T_1}. \tag{18}$$

Equ. (18) shows that the condenser temperature T_2 should be as low as possible. The steam temperature T_1 will be chosen so that the pressure of the steam at this temperature is not too high for boiler and pipes. The condenser temperature T_2 is determined by the heat energy to be dissipated per second, Q_2, and the radiating area of the condenser, A_{con}. A large condenser area means a low temperature T_2, but it also means a large mass of the power plant since the mass of condenser plus working fluid, m_c, is approximately proportional to the condenser area. The decisive figure for the merit of a power-generating plant onboard a space ship is not the efficiency of the turbine, but the specific power of the plant, a, which is defined by the equation

$$\alpha = \frac{L}{m_p + m_c}. \tag{19}$$

There exists, for any given boiler temperature T_1, an optimum condenser temperature T_2 which makes the specific power α a maximum. To find the optimum condenser temperature T_2 as a function of T_1, it is reasonable to assume that the mass of the power plant without condenser and working fluid, m_p, is proportional to the power output of the plant:

$$m_p = q_p L \tag{20}$$

where q_p is the specific mass of the powerplant. The mass of condenser plus working fluid, m_c, is approximately proportional to the area of the condenser:

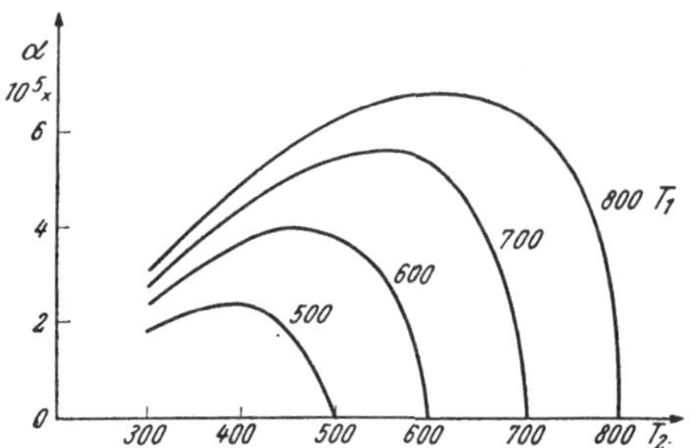

Fig. 4. Specific power α of turbo-electric powerplant as a function of condenser temperature T_2 (abs.) for various boiler temperatures T_1 (abs.).

$$m_c = q_c A_{con} \tag{21}$$

where q_c is the specific mass of condenser plus working fluid. The relationship between the radiating area of the condenser, A_{con}, and its temperature T_2 is given by STEFAN-BOLTZMANN's law:

$$A_{con} = \frac{Q_1 - L}{\sigma T_2{}^4}. \tag{22}$$

The power output, L, is a function of the power input, Q_1, and the efficiency of the power-converting system:

$$L = Q_1 \eta \gamma \tag{23}$$

where γ is a factor of the order of 0.5; this factor must be applied because the thermodynamic cycle in a steam engine of the present type is not "ideal". With Eqs. (18) and (23), Equ. (22) becomes

$$A_{con} = \frac{L}{\sigma T_2{}^4}\left(\frac{T_1 + T_2}{T_1 - T_2}\right). \tag{24}$$

The specific power α is found from Equ. (19):

$$\alpha = \frac{1}{q_p + \dfrac{q_c}{\sigma T_2{}^4}\left(\dfrac{T_1 + T_2}{T_1 - T_2}\right)}. \tag{25}$$

This function is plotted in Fig. 4 for various boiler temperatures T_1. An optimum condenser temperature T_2 exists for each boiler temperature T_1. After a boiler temperature T_1 and a desired output power L are chosen, Fig. 4 and Equ. (24) yield the condenser area A_{con}. The input power Q_1 is found from Eqs. (22) and (24):

$$Q_1 = 2 L \frac{T_1}{T_1 - T_2}. \tag{26}$$

The mirror area is given by the ratio of input power to the solar constant, S, divided by the reflectivity of the mirror, r:

$$A_{mir} = \frac{Q_1}{S r}. \tag{27}$$

The ratio of mirror area to condenser area follows from Eqs. (24) and (27):

$$\frac{A_{mir}}{A_{con}} = \frac{2 \sigma T_1 T_2{}^4}{S r (T_1 + T_2)}. \tag{28}$$

The total mass of the power plant, $m_p + m_c$, is found from Equ. (19) and Fig. 4. The diagram was drawn under the assumption that the specific mass of condenser plus working fluid, q_c, is 0.6 g cm^{-2} or 6 kg per square meter. The specific mass of the power plant without condenser and working fluid, q_p, was supposed to be 10^{-6} g erg^{-1} sec, or 10 kg per kw output power.

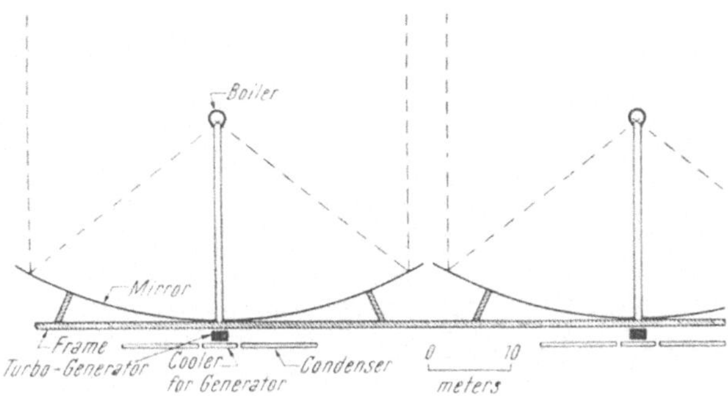

Fig. 5 a. Cross-section through mirrors, boilers, generators, coolers, condensers, and frame.

The condenser consists of a ring-shaped disk of thin aluminum with black radiating surface, and with hollow radial ribs to conduct the steam and condensate. These ribs serve also as supports for the condenser. A tube along the rim of the disk collects the condensate.

The boiler is made of a system of many parallel, narrow, thin-walled tubes through which the working fluid is pumped. They are arranged in such a manner that they form the wall of a spherical cavity with blackened inside. The concentrated radiation from the mirror enters the cavity through a hole. In this way, a maximum absorption of the radiation by the boiler is secured; back radiation from the boiler is a minimum.

Boiler, turbine, generator, pump, condenser, and radiation cooler are mounted coaxially as illustrated in Figs. 5

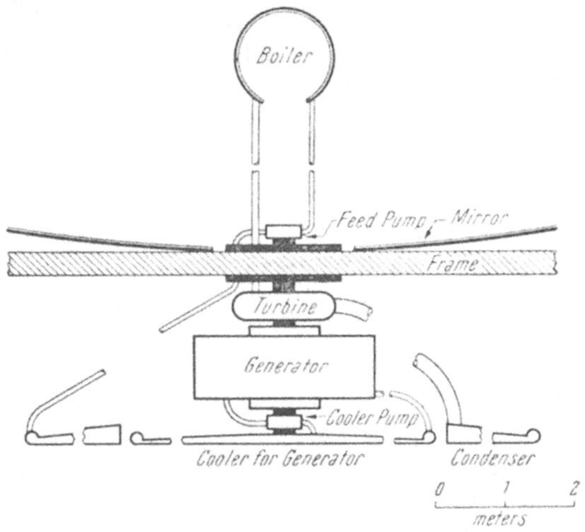

Fig. 5 b. Cross-section through turbo-electric power plant.

and 6. The entire system rotates around its axis of symmetry with about one revolution in 10 seconds. The centrifugal force produced by this rotation causes the condensate to flow to the perimeter of the condenser from where it is pumped back to the boiler.

The gyroscopic effect of the rotating system produces lateral bearing pressures when the axis of the system changes its direction. With a rotational speed of one revolution in 10 seconds and a moment of inertia of the system of about 2×10^{12} cm^2 g, and with a change in the direction of the mirror system of 360°

per hour, the torque exercised by the axis on the bearings is not larger than about 20 mkg.

The parabolic mirror of one subplant will have an area of about 2000 m². Since accelerations on the space ship are smaller than 10^{-4} G, the mirror can be built out of thin aluminum foil with a very light supporting frame. The diameter of the mirror is about 50 meters, the focal length about 25 meters. If the mirror were optically perfect, it would produce in its focal plane an image of the sun of about 25 cm diameter. A more realistic figure for the necessary opening in the spherical boiler is a diameter of 45 cm. The diameter of the boiler will be of the order of one or two meters, depending on the molecular weight of the working fluid.

The working fluid must be chosen so that, under the operational pressure of the condenser, it condenses at about 260° C. Furthermore, its molecular weight should be small, because the free energy that can be transported per unit mass of a gas is inversely proportional to its molecular weight. Silicones normally have too large molecular weights to be practical. Diphenyl ($C_{12}H_{10}$) has a boiling temperature of 255° C at one atmosphere; at 400° C, its pressure is about 10 atmospheres. It is estimated that about 40 kg of diphenyl would have to be vaporized per second in the boiler for an electrical power output of the generator of 200 kw. If a working fluid can be found with a boiling temperature of the above order of magnitude, but smaller molecular weight, the size of boiler, feedpump, and pipes, and the necessary amount of working fluid will decrease. The specific power of the power plant, a, will increase.

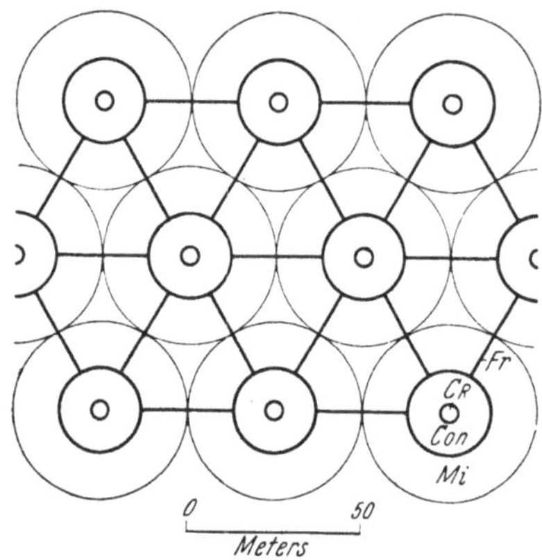

Fig. 6. Mirrors, condensers, coolers, and frame seen from the rear. *Fr* Frame; C_R Radiation cooler; *Con* Condenser; *Mi* Mirror.

The generator will be cooled by a separate cooling circuit with pump and radiator. Assuming a generator efficiency of 92%, 16 kw of heat power must be dissipated by the cooling circuit. A radiator area of 20 m² dissipating this amount of heat power will produce an end temperature of the coolant of about 340° abs. or 70° C. The average temperature of the generator will be of the order of 90° C.

The characteristic data of one subplant are listed in Tables I and II.

Table I. *Characteristic data of one sub-unit of turbo-electric power plant*

Power output	200 kilowatts
Boiler temperature	670° abs. or 400° C
Condenser temperature	530° abs. or 260° C
Ideal efficiency	21%
Real efficiency (approx.)	10%
Mirror area	2000 m²
Condenser area	400 m²
Cooler area	20 m²
Total mass	4400 kg
Specific power	0.045 kw per kg

The total mass will be split among the components as shown in Table II.

Table II. *Components of one sub-unit of power plant*

Mirror	450 kg
Boiler	250 kg
Turbine	150 kg
Condenser with fluid	2400 kg
Generator	600 kg
Cooler with coolant	150 kg
Feedpump, Regulators, Pipes	200 kg
Supporting frame	200 kg
Total mass	4400 kg

2. Thermo-electric Pile

The generation of electric power with thermocouples has the advantage of a direct transformation of heat energy into electric energy without boiler and turbo-electric generator. Unfortunately, the efficiency of all thermocouples is very small. The output of electric power of a thermocouple pile will be a maximum if the individual couples are built and arranged so that no lateral heat flow in the junctions occurs, and when the load resistance is equal to the total internal resistance of the couples. The number of thermocouples into which a given area with a given heat influx is subdivided is of no primary influence on the power output; secondary influences are given by such factors as number and cross-sections of bus lines; supporting structures; stacking factor of couples; etc. These influences are neglected in the present study.

The cold junctions of the couples are cooled by a vaporizing liquid which condenses in a condenser. The liquid is circulated by means of a pump. As described in the previous paragraph, the condenser rotates so that the condensate accumulates in a tube along the perimeter of the disk-shaped condenser.

The following calculations give an account of the specific power, a, which can be expected from a thermo-electric pile onboard a spaceship.

Fig. 7 represents part of a thermo-electric pile. One thermocouple has the two components a and b, the area F_1 at the hot junction, and the same area $F_2 = F_1$ at the cold junction. F_1 receives the heat Q_1 per second; F_2 looses the heat Q_2 per second. The hot and cold junctions have the temperatures T_1 and T_2. The thermo-electric forces at the two junctions are $T_1 e_{12}$ and $T_2 e_{21} = - T_2 e_{12}$ (the figures e_{12} and e_{21} are the differential thermo-electric forces at the two junctions). The total thermo-electric force of the couple, E, is

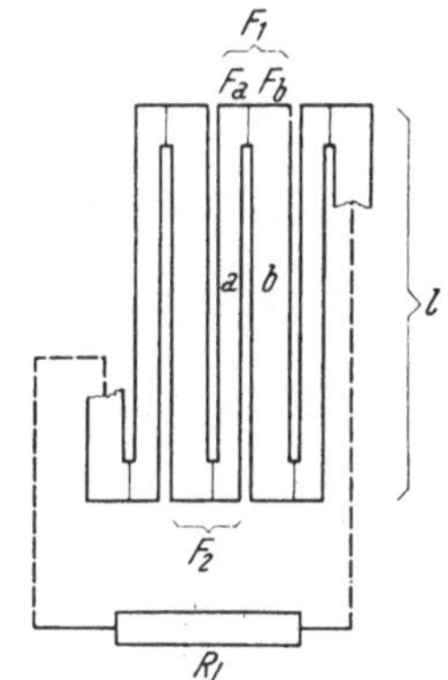

Fig. 7. Portion of thermo-electric pile. (Cooling system is not shown.) a, b Components of one thermocouple; F_a, F_b Cross-sectional areas of components of one thermocouple; F_1 Input area of one thermocouple; F_2 Output area of one thermocouple; l Length of thermocouples; R_L Load resistance.

$$E = e_{12} (T_1 - T_2). \qquad (29)$$

The current j flowing through the couple and the load is

$$j = \frac{E}{R} = \frac{e_{12}}{2} \frac{(T_1 - T_2)}{(R_a + R_b)} \qquad (30)$$

provided that

$$R_L = R_a + R_b.$$

This current, in accordance with the Peltier Effect, removes from the hot junction per second the heat

$$Q_{P1} = P_{12}\, j \cdot 10^7$$

and generates at the cold junction per second the heat

$$Q_{P2} = P_{21}\, j \cdot 10^7$$

where P_{12} and P_{21} are the Peltier coefficients for the two junctions.

Furthermore, the heat Q_c is conducted per second from the hot junction to the cold junction because of the temperature difference between the two junctions. In a state of equilibrium, the heat flowing per second into a junction must be equal to the heat flowing per second out of that junction; hence:

$$Q_1 - Q_c - Q_{P1} = 0 \quad \text{at the hot junction;} \tag{31}$$

$$-Q_2 + Q_c + Q_{P2} = 0 \quad \text{at the cold junction.} \tag{32}$$

The difference $\Delta Q = (Q_1 - Q_2)$ is the amount of heat transformed into electric power. One half of this amount is available in the load. Since $P_{12} = T_1 e_{12}$ and $P_{21} = T_2 e_{21}$, we obtain with Equ. (30):

$$\Delta Q = \frac{e_{12}{}^2 \Delta T^2}{2 (R_a + R_b)} \cdot 10^7$$

and hence the power in the load:

$$L = \frac{1}{2} \Delta Q = \frac{1}{2} j\, e_{12}\, \Delta T \cdot 10^7. \tag{33}$$

The efficiency of the thermocouple, η_c, is defined as

$$\eta_c = \frac{L}{Q_1}\, \gamma_c .$$

The factor $\gamma_c \approx 0.5$ takes into account that the individual couples of the pile do not fill the entire area through which the heat Q_1 enters, and that there is always a lateral gradient of temperature within each junction, causing local currents that do not contribute to the main current j. The factor γ_c depends somewhat on the length l of the couples.

The efficiency η_c is obtained from Eqs. (31) and (33):

$$\eta_c = \frac{\gamma_c}{\dfrac{Q_c}{L} + 2\dfrac{T_1}{\Delta T}}. \tag{34}$$

The same result may be obtained from a thermodynamic treatment of the thermocouple circuit. The maximum efficiency of a reversible cyclic process working between the temperatures T_1 and T_2 is

$$v = \frac{T_1 - T_2}{T_1} = \frac{\Delta T}{T_1}.$$

If the desired power output in the load is L, the power input, Q_{in}, must be

$$Q_{in} = 2\,L\,\frac{T_1}{\Delta T}.$$

To this power input Q_{in} an amount Q_c must be added which flows through the thermocouple because of heat conduction. Also, the factor γ_c must be applied as explained above. The overall efficiency is therefore

$$\eta_c = \frac{L\,\gamma_c}{Q_c + Q_{in}} = \frac{\gamma_c}{\dfrac{Q_c}{L} + \dfrac{2\,T_1}{\varDelta\,T}}$$

in accordance with Equ. (34).

The heat Q_c that flows through the thermocouple by heat conduction is a function of the temperature difference $\varDelta\,T$, the cross-sections of the components of the couple, F_a and F_b, their length l, and the coefficients of heat conduction, $\varkappa_a$ and $\varkappa_b$:

$$Q_c = \varDelta\,T\left(\frac{\varkappa_a F_a}{l} + \frac{\varkappa_b F_b}{l}\right).$$

For maximum efficiency of the couple, the amounts of heat conducted through the two components a and b must be the same. Therefore, the following relationship must be fulfilled:

$$\varkappa_a F_a = \varkappa_b F_b. \tag{35}$$

Thus:

$$Q_c = 2\,\varDelta\,T\,\frac{\varkappa_a F_a}{l}. \tag{36}$$

Introducing this value for Q_c into Equ. (34), and expressing the load resistance R_L in Equ. (33) by the resistivities ϱ_a and ϱ_b, the efficiency of the thermocouple is obtained:

$$\eta_c = \frac{\gamma_c}{\dfrac{8\,(\varkappa_a\,\varrho_a + \varkappa_b\,\varrho_b)}{e_{12}^{\,2}\,\varDelta\,T\cdot 10^7} + 2\,\dfrac{T_1}{\varDelta\,T}}. \tag{37}$$

The available power output of the thermocouple is:

$$L = Q_1\,\eta_c$$

or, since Q_1 is only a few percent larger than Q_c,

$$L \approx Q_c\,\eta_c. \tag{38}$$

The power output of the thermocouple is therefore:

$$L = \frac{2\,\varDelta\,T^2\,\gamma_c\,\varkappa_a F_a}{l\left[\dfrac{8\,(\varkappa_a\,\varrho_a + \varkappa_b\,\varrho_b)}{e_{12}^{\,2}\cdot 10^7} + 2\,T_1\right]}. \tag{39}$$

The term $2\,T_1$ in the denominator of Equ. (39) is small compared to the first term, so that it may be omitted in a first approximation. A further simplification of Equ. (39) is possible if the components of the thermocouples consist of metals, for which the WIEDEMANN-FRANZ law holds:

$$(\varkappa_a\,\varrho_a)_T = (\varkappa_b\,\varrho_b)_T.$$

In this case, the power output of the thermocouple simplifies to the familiar formula

$$L_{METAL} = \frac{\varDelta\,T^2\,\gamma_c\,e_{12}^{\,2}\,F_a\cdot 10^7}{8\,l\,\varrho_a} = \gamma_c\,\frac{E^2\cdot 10^7}{4\,R_L}.$$

Efficiencies of thermocouples as calculated from Equ. (37) are in good agreement with measured values[2]. Metal thermocouples have a maximum efficiency of about 1%. Some semiconductor couples are more efficient. The highest efficiency obtained with a thermocouple of constantan and zinc-antimony is of the order of 5%.

An arrangement of zinc-antimony and constantan thermocouples of an area of 1 m², a length of 2 cm, a hot junction temperature of 400° C, and a cold junction temperature of 0° C, would have a useful power output of about one kilowatt. The weight of this thermopile, not counting the mirror, the cooling equipment, and the auxiliaries, would be about 140 kg.

The specific power of the power plant, a, has been defined in Equ. (19):

$$a = \frac{L}{m_p + m_c}.$$

The mass m_p consists of the mass of the mirror, m_{mir}:

$$m_{mir} = Q_1 q_m \approx Q_c q_m \tag{40}$$

where q_m is the specific mass of the mirror; and the mass of the thermopile, m_{th}:

$$m_{th} = l (F_a \delta_a + F_b \delta_b). \tag{41}$$

The mass of the condenser plus working fluid, m_c, has been given in Eqs. (21) and (22):

$$m_c = \frac{Q_1 - L}{\sigma T_2{}^4} q_c = \frac{Q_c}{\sigma T_2{}^4} q_c. \tag{42}$$

Equ. (41), upon introduction of Equ. (35), becomes:

$$m_{th} = F_a \varkappa_a l \left(\frac{\delta_a}{\varkappa_a} + \frac{\delta_b}{\varkappa_b} \right). \tag{43}$$

The product $F_a \varkappa_a$ can be expressed in terms of Q_c by applying the equation of heat conduction

$$Q_c = 2 F_a \varkappa_a \frac{\Delta T}{l}.$$

This equation, introduced in Equ. (43), yields:

$$m_{th} = \frac{Q_c l^2}{2 \Delta T} \left(\frac{\delta_a}{\varkappa_a} + \frac{\delta_b}{\varkappa_b} \right). \tag{44}$$

Substituting the partial masses given by Eqs. (40), (42), and (44) in Equ. (19), and introducing Equ. (38), we obtain:

$$a = \frac{\eta_c}{q_m + \dfrac{q_c}{\sigma T_2{}^4} + \dfrac{l^2}{2 \Delta T} \left(\dfrac{\delta_a}{\varkappa_a} + \dfrac{\delta_b}{\varkappa_b} \right)}. \tag{45}$$

Combining Eqs. (45) and (37), and neglecting the small term $2 T_1/\Delta T$ in Equ. (37), the specific power finally becomes

$$a = \frac{\Delta T\, e_{12}{}^2 \gamma_c \cdot 10^7}{8 (\varrho_a \varkappa_a + \varrho_b \varkappa_b) \left[q_m + \dfrac{q_c}{\sigma T_2{}^4} + \dfrac{l^2}{2 \Delta T} \left(\dfrac{\delta_a}{\varkappa_a} + \dfrac{\delta_b}{\varkappa_b} \right) \right]}. \tag{46}$$

This equation shows that the specific power of the thermo-electric powerplant will be large if the thermocouple has a large thermo-electric force, and if its components have a low heat conductivity, a low electrical resistance, and a low density. For a constant temperature difference ΔT, a increases with increasing cold junction temperature T_2. If the hot junction temperature T_1 is constant, a has a maximum at a definite cold junction temperature. Fig. 8 shows a family of curves representing the specific power a as a function of the temperature T_2; the hot temperature T_1 is the parameter of the curves. These curves were calculated for the thermocouple components constantan and zinc-antimony which yield the highest efficiency so far obtained. These components can be operated at temperatures up to 400° C. The length of the couples was supposed to be 2 cm. Fig. 8 shows a maximum a of $0.5 \cdot 10^5$ erg sec^{-1} g^{-1} or 0.005 kw per kg.

Thermocouples out of metals, for instance chromel and constantan, can be operated at higher temperatures. However, the thermoelectric forces of metal thermocouples are lower than those of couples containing non-metals. These two effects compensate approximately, so that the maximum specific power obtainable from metal thermocouples such as chromel — constantan couples is about the same as from constantan — zinc-antimony couples.

A comparison of Fig. 8 with Fig. 4 shows that the specific power that is practically available from a thermo-electric powerplant is almost ten times smaller than the specific power of a plant working with a steam-driven turboelectric generator.

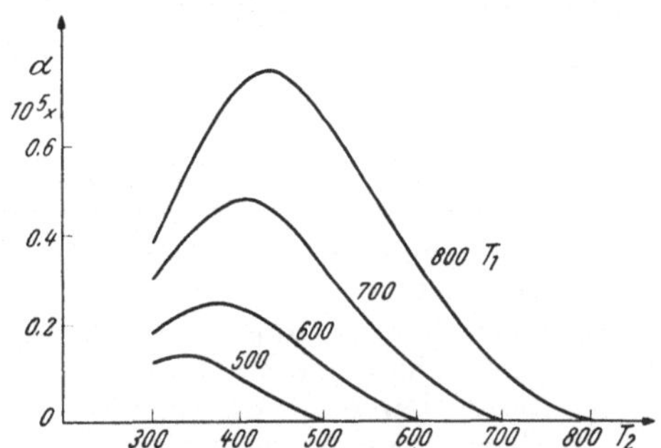

Fig. 8. Specific power a of thermo-electric powerplant as a function of condenser temperature T_2 (abs.) for various input temperatures T_1 (abs.).

VI. Design and Performance Data of an Electrically Propelled Space Ship

The two most important figures of a space ship are its total initial mass M_0 and its end velocity v_0. This end velocity is obtained after total consumption of the propellant. It is given by Equ. (10), which may be written in the form

$$v_0 = \frac{\tau}{1/L\,(m_p + m_c + m_s + m_0 + m_r)} \sqrt{\frac{2\,\mu}{U\,\varepsilon \cdot 10^7}} \tag{47}$$

where m_0 represents the payload and m_r an addition to the total mass of the power plant which is necessary to cover the radiation losses of the ion and electron chambers [see page 105 and Equ. (15)]. These losses, P_{rad}, amount to

$$P_{rad} = p_r\,I. \tag{48}$$

Since the power output of the power plant, L, is related to its mass, $m_p + m_c$, by the equation

$$L = a\,(m_p + m_c)$$

we may write in analogy to this equation:

$$P_{rad} = a\,m_r$$

or, upon substitution of P_{rad} by Equ. (48):

$$m_r = \frac{p_r\,I}{a} = \frac{p_r\,L}{a\,U \cdot 10^7}. \tag{49}$$

Introducing Eqs. (16), (19), and (49) into Equ. (47), we obtain

$$v_0 = \frac{\tau}{\dfrac{1}{a}\left(1 + \dfrac{p_r}{U \cdot 10^7}\right) + \dfrac{q_s}{U \cdot 10^7} + \dfrac{m_0}{L}} \sqrt{\frac{2\,\mu}{U \cdot \varepsilon \cdot 10^7}}. \tag{50}$$

The total initial mass of the ship, M_0, is given by the sum of all partial masses:

$$M_0 = m_p + m_c + m_s + m_0 + m_r + M_F$$

or, after introduction of Eqs. (16), (19), (49), and (9):

$$M_0 = m_0 + L\left[\frac{1}{a}\left(1 + \frac{p_r}{U \cdot 10^7}\right) + \frac{1}{U \cdot 10^7}\left(q_s + \tau\,\frac{\mu}{\varepsilon}\right)\right]. \tag{51}$$

Both the initial mass M_0 and the end velocity v_0 depend on the design parameters a, q_s, p_r, and U, which may be considered constant. They furthermore depend on the specific charge ε/μ of the propellant ions, the total flight time τ, and the payload m_0. For further evaluation it is convenient to introduce definite values for these three variables and to express the total initial mass M_0 and the end velocity v_0 as functions of the total available power L. The diagram in Fig. 9 was drawn on the basis of numerical values as listed in Table III.

Table III. *Design parameters for electrically propelled space ship*

Total flight time	τ	$= 1$ year
Payload	m_0	$= 50$ tons
Spec. charge (Rb)	ε/μ	$= 1.13 \cdot 10^3$ amp sec g^{-1}
Spec. charge (Cs)	ε/μ	$= 0.73 \cdot 10^3$ amp sec g^{-1}
Spec. power of powerplant	a	$= 0.045$ kw kg^{-1}
Spec. mass of ion source	q_s	$= 20$ kg amp^{-1}
Acceler. voltage (Rb)	U	$= 10,000$ volts
Acceler. voltage (Cs)	U	$= 12,000$ volts
Spec. radiation loss	p_r	$= 1.5$ kw amp^{-1}

The total initial mass M_0 depends very little on the nature of the propellant, since the influences of the higher atomic weight and the higher accelerating voltage almost compensate each other. The difference between the initial mass of a rubidium ship and that of a cesium ship working with the same total power L is not greater than 2%. In Fig. 9, it was therefore assumed that the masses of both ship types are the same, if they work with the same power L.

The diagram shows that with increasing initial mass M_0, the end velocity v_0 increases at first rapidly and then more slowly. Even for an infinitely high power L, it reaches only a finite saturation value.

Cesium would be a better propellant than rubidium. Unfortunately, cesium is a rare element which might not be available in quantities as required for space ships. Rubidium is much easier to obtain in quantity.

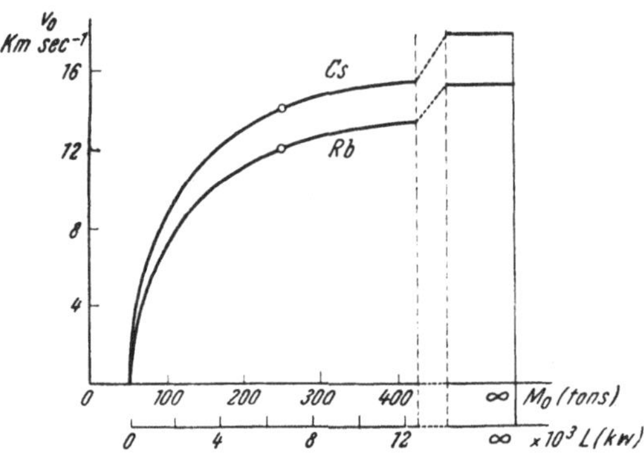

Fig. 9. Endvelocity v_0 and total initial mass M_0 as functions of the total power L.

An attempt to improve the performance of an electrically driven space ship should concentrate around the improvement of the specific power a of the power-generating plant. This is demonstrated by Eqs. (50) and (51), in which the term $1/a$ is considerably greater than the other terms.

In a practical design, a total initial mass of 250 tons may be chosen as a compromise between high end velocity and low initial mass. The corresponding end velocities are 12 km sec^{-1} for rubidium and 14 km sec^{-1} for cesium. In Table IV, design and performance data are listed for a 250 ton ship, driven either by rubidium or by cesium.

The data in Table IV indicate that an electrically driven spaceship with a payload of 50 tons and a total initial mass of only 250 tons can cover a distance of 183 Million km within one year. If the flight time were two years, the total initial mass would be 269 tons; the ship would cover a distance of about 660 Million km. These data may be compared with the data of a ship carrying

Table IV. *Design and performance data of space ship using rubidium or cesium as propellant*

Figure	Unit		Rubidium	Cesium
Total initial mass	M_0	tons	250.4	248.5
Dry mass	M_D	tons	231.8	225.8
Propellant mass	M_F	tons	18.6	22.7
Mass of power plant	$m_p + m_c$	tons	146.4	146.4
Additional mass for radiation losses	m_r	tons	22.0	18.1
Mass of ion source	m_s	tons	13.4	11.1
Ion current	I	amp	660	550
Number of ion source sub-units	—	—	2200	1833
Rate of propellant consumption	$\dot{M}_F$	g sec^{-1}	0.59	0.72
End velocity	v_0	km sec^{-1}	12.0	14.0
Exhaust velocity	v_{ex}	km sec^{-1}	150	136
Thrust	Th	kg*	9.0	10.2
Initial acceleration	a_i	G	3.5×10^{-5}	4.0×10^{-5}
Number of power plant sub-units	—	—	38	37
Total distance	D_τ	km	183×10^6	210×10^6

the same payload of 50 tons and covering the same distance of $183 \cdot 10^6$ km within one year (or $660 \cdot 10^6$ km within two years), but equipped with a conventional propulsion system using nitric acid and hydrazine as propellants. The mass ratio of payload to total dry mass may be assumed to 1 : 2, so that

$$M_D = 100 \text{ tons.}$$

The end velocity results from the relation

$$D_\tau = \tau\, v_0.$$

It will be in the one-year ship:

$$v_{O_1} = 5.9 \text{ km sec}^{-1}.$$

And in the two-year ship:

$$v_{O_2} = 10.5 \text{ km sec}^{-1}.$$

The exhaust velocity obtainable with a hydrazine-nitric acid propulsion system is about

$$v_{ex} = 2.80 \cdot 10^5 \text{ cm sec}^{-1}.$$

The total initial mass M_0 follows from Equ. (4):

$$M_0 = M_D \exp (v_0/v_{ex}).$$

It will be 820 tons for the one-year ship and 4000 tons for the two-year ship.

This comparison shows that the starting mass of an electrically propelled ship is considerably smaller than that of a chemically propelled ship. The difference becomes even greater when longer flight times are considered. It is estimated that the total propulsion time for an electrically driven ship travelling from an earth satellite to a mars satellite and back would be of the order of two to three years. It would start with an initial mass of about 280 tons.

References

1. See e. g. H. OBERTH, Wege zur Raumschiffahrt. München and Berlin: R. Oldenbourg, 1929. — L. SPITZER, JR., J. Brit. Interplan. Soc. **10**, 249 (1951). — H. PRESTON-THOMAS, Bristol (England), Private communication; also: J. Brit. Interplan. Soc. **11**, 173 (1952).
2. MARIA TELKES, J. Appl. Physics **18**, 1116 (1947).

Die Rückkehr von geflügelten Geräten von Außenstationsbahnen

Von

H. J. Kaeppeler, Stuttgart[1], GfW, ARS, BIS,
und **M. E. Kübler,** Stuttgart[2], GfW

(Mit 6 Abbildungen)

Zusammenfassung. Die vorliegenden Untersuchungen befassen sich mit einer analytischen Lösung der Bewegungsgleichungen für geflügelte Geräte bei der Rückkehr von Außenstationsbahnen. Die gesamte Rückkehrbahn ist aufgeteilt in eine Bremsbahn, Einlandeellipse und Gleitbahn. Für die Gleitbahn wird Auftrieb und Luftwiderstand berücksichtigt. Analytische Beziehungen für Luftwiderstands- und Auftriebsbeiwerte werden eingeführt. Aus der Lösung der Bewegungsgleichung werden analytische Beziehungen für Staudruck- und Verzögerungsmaximum, sowie eine Näherungsbeziehung zur Ermittlung der maximalen Hauttemperatur in der Gleitbahn abgeleitet. Diese Untersuchungen sollen als Grundlage zur Untersuchung möglicher Rückkehrbahnen sowie für die Konstruktion von geflügelten Raketen und Satellitenraketen dienen.

I. Einleitung

Beim Entwurf von Kreisbahn- und Lastraketen, bemannt oder unbemannt, ist die Kenntnis der Beanspruchung des Fahrzeugs durch die auftretende Luftwiderstandsverzögerung und Erwärmung durch Reibung in der Gleitbahn von großer Wichtigkeit. Im besonderen interessiert den Konstrukteur das zu erwartende Maximum dieser Beanspruchungen für ein bestimmtes Gerät sowie Hinweise, wie diese maximalen Werte herabgesetzt werden können. Die maximale Beanspruchung des Geräts hängt direkt von den Maxima der Verzögerung und Hauttemperatur ab.

Verwendet man die numerische Integration zur Lösung der Bewegungsgleichungen der Rückkehrbahn, so erhält man Auskunft über das Staudruck- und Verzögerungsmaximum dieser speziellen Bahn. Um nun Beziehungen zwischen den einzelnen Konstruktionsparametern und Bahndaten sowie deren Einflüsse auf diese Maximalwerte zu erkennen, ist eine sehr große Zahl von numerischen Integrationen erforderlich. Dies stellt einen außerordentlich großen Zeitaufwand dar und erlaubt meistens auch nur eine Abschätzung der Zusammenhänge. Hieraus entsteht der Vorzug von analytischen Methoden zur Lösung der Bahngleichungen.

Die vorliegenden Untersuchungen befassen sich nun mit einer analytischen Lösung der Bewegungsgleichungen für die Rückkehr von Satellitenraketen. Natürlich sind eine Reihe von Annahmen erforderlich, um die analytische Lösung

---

[1] Forschungsinstitut für Physik der Strahlantriebe, Stuttgart-Flughafen, Bundesrepublik Deutschland.
[2] Stuttgart.

zu ermöglichen. Eine der ersten und wichtigsten Annahmen ist die Festlegung der Art und Weise der Rückkehr. Es werden hier nur geflügelte Geräte in Betracht gezogen. Für die vorliegenden Untersuchungen wurde die von W. von Braun [1] vorgeschlagene Art der Rückkehrbahn verwendet. In diesem Fall ist die gesamte Rückkehrbahn aufgeteilt in eine Bremsbahn, in welcher sich das Rückkehrgerät durch „negativen" Schub aus der Satellitenbahn ablöst, die Einlandeellipse und die Gleitbahn, in der die Geschwindigkeit des Fahrzeugs laufend durch den Luftwiderstand aufgezehrt wird. Der letzte Teil dieser Rückkehrbahn, die Gleitbahn, ist von größtem Interesse für den Konstrukteur geflügelter Geräte. Weitere Annahmen befassen sich mit der Art der Satellitenbahn, in der die Rakete sich vor der Rückkehr aufhält. Für die vorliegenden Untersuchungen werden nur Kreisbahnen oder Satellitenbahnen mit sehr kleinen Exzentrizitäten betrachtet.

Zuerst werden die Bewegungsgleichungen für die Bremsbahn gelöst, um eine Bestimmung der erforderlichen Verzögerung für den Übergang in die neue Ellipsenbahn, die Einlandeellipse, sowie die Bestimmung der Höhe des Einlandeperigäums zu ermöglichen. Zu diesem Zweck werden die Beziehungen für die Korrekturen der Bahnparameter angegeben. Ferner wird der mögliche Einfluß des Luftwiderstandes in der Einlandeellipse untersucht. Der Übergang von der Einlandeellipse in die Gleitbahn, sowie die Möglichkeit des Durchfliegens einer gesteuerten Kreisbahn (Teilbogen) an dieser Stelle, wird diskutiert. Für den letzten Teil der Rückkehrbahn, die Gleitbahn, werden analytische Beziehungen für Luftwiderstand und Auftrieb angegeben. Das exponentielle Gesetz für die Luftdichteabnahme wird zugrunde gelegt. Mit Hilfe der analytischen Lösung für die Bewegungsgleichungen werden Beziehungen für das Staudruck- und Verzögerungsmaximum angegeben.

Die Flugbewegung des Geräts wird über einer gekrümmten Erdoberfläche betrachtet, jedoch wird der Einfluß der Erdrotation vernachlässigt. Alle Einflüsse, die mehr bei der Untersuchung navigatorischer Probleme zu berücksichtigen wären, sind in den vorliegenden Untersuchungen nicht behandelt. Dies sind z. B. Neigung der Bahn gegen die Äquatorebene, orthogonale Bewegungen in der Bahn, Erdrotation und Windeinflüsse.

In einem weiteren Abschnitt wird das Auftreten der maximalen Hauttemperatur infolge aerodynamischer Erwärmung des Geräts behandelt. Eine analytische Beziehung zur Ermittlung der maximalen Gleichgewichtstemperatur in der Gleitbahn des geflügelten Geräts wird abgeleitet. Eine eingehendere Behandlung des Problems der aerodynamischen Erwärmung würde über den Rahmen dieser Untersuchungen hinausgehen.

Zur Darstellung der Anwendung der entwickelten Methode zur Berechnung charakteristischer Daten der Überschall-Gleitbahn geflügelter Geräte werden zwei Beispiele berechnet. Diagramme zur Auflösung der transzendenten Gleichungen werden angegeben. Ein Vergleich mit einer Bahn konstanten Anstellwinkels, die durch eine vereinfachte numerische Integration erhalten wurden, wird durchgeführt.

Es wäre wünschenswert, wenn diese analytische Methode zur Untersuchung von Rückkehrbahnen und Überschall-Gleitbahnen von geflügelten Raketen dem Konstrukteur eine geeignete Unterlage für eine leichte und zeitsparende Ermittlung charakteristischer Daten zur Konstruktion von Rückkehrgeräten und anderen geflügelten Raketen gäbe.

II. Symbolverzeichnis

a	Beschleunigung	m/sec		β	Konstante, Abkürzung	
a	große Halbachse der Ellipsenbahn	m		γ	spezifisches Gewicht von Luft	kg/m³
a_R	Stefan-Boltzmann-Konstante	kcal/m²sec · °C⁴		δ	Konstante, Abkürzung	
A	Querschnitt, Fläche	m²		ε	Exzentrizität der elliptischen Bahn	
b	Konstante, Abkürzung			ζ	Treibstoffverhältnis	
c	Ausströmgeschwindigkeit	m/sec		ϑ	Bahnneigungswinkel	
c_D	Luftwiderstandsbeiwert			θ	Hauttemperatur	°C, °K
c_L	Auftriebsbeiwert			λ	Konstante, Abkürzung	
C	Integrationskonstante			μ	Massendurchsatz	kg sec/m
D	Luftwiderstand	kg		μ	dynamische Viscosität	kg sec/m²
$E(x)$	Integral-Exponentialfunktion			ν	kinematische Viscosität	m²/sec
g	Erdbeschleunigung	m/sec²		ϱ	Luftdichte	kg sec²/m⁴
G	Gewicht	kg		σ	dimensionslose Variable	
h	Wärmeübergangszahl	kcal/m²sec°C		Φ	wahre Anomalie	
H	Skalenhöhe	m		φ	Zentriwinkel der Bahn (im Erdmittelpunkt gemessen)	
k	Konstante, Abkürzung					

$K = (v/v_c)^2$ Quadrat des Verhältnisses von Bahngeschwindigkeit zu örtlicher Kreisbahngeschwindigkeit

L	Auftrieb	
m	Masse	kg sec²/m
P	Triebwerksschub	kg
Q	Kühlleistung	kcal/m²sec
q	Staudruck $= \varrho/2 \cdot v^2$	kg/m²
r	Radiusvektor	m
R	Ruderkraft	kg
t	Zeit	sec
T	Temperatur	°C, °K
u	Variable	
v	Geschwindigkeit	m/sec
x	charakteristische Länge	m
y	Höhe	m

$z = t/_p$ reduzierte Zeit

a Anstellwinkel

Indizes:

Index	bezieht sich auf:
a	maximale Verzögerung
A	Apogäum der Einlandeellipse
c	Kreisbahn
e	leeres Gerät
i	Anfangspunkt der Gleitbahn
p	Brennschluß
P	Perigäum der Einlandeellipse
q	maximaler Staudruck
T	Terminus der Überschallgleitbahn
o	Werte am Erdboden
∞	freie aerodynamische Strömung
1	äußerer Rand der Grenzschicht
adw	innerer Rand der Grenzschicht an einer adiabatisch isolierten Wand
w	Hautoberfläche des Geräts
θ	maximale Hauttemperatur

III. Die Bremsbahn

Der Ausgangspunkt für die Rückkehr eines geflügelten Geräts zur Erdoberfläche sei die Bahn eines künstlichen Satelliten oder auch die selbständige Bahn dieses Geräts um die Erde (z. B. Kreisbahnversuchsrakete). Die Bewegung eines solchen Satelliten oder Versuchskörpers wurde eingehend von H. G. L. Krause [2] behandelt. Die Überlegungen seien auf Bahnen kleiner Exzentrizität oder auf Kreisbahnen beschränkt. Von einer solchen Bahn nun löse sich das Rückkehrgerät durch einen Bremsstoß ab. Durch diesen Vorgang wird die Bahngeschwindigkeit des Geräts verringert und es gerät in eine neue Bahn mit kleinerer Halbachse a und größerer Exzentrizität ε. Diese neue Bahn sei als Einlandeellipse bezeichnet. Hiervon wird jedoch nur der Bogen vom Ablösepunkt bis zum Perigäum in der Nähe der Erdoberfläche interessieren. Das kurze Stück der Bahn, der Übergang in die Einlandeellipse, in welchem die Geschwindigkeit des Geräts auf einen geeigneten Wert reduziert wird, sei Bremsbahn genannt. Die äußeren Kräfte, die in dieser Bremsbahn auf das Gerät einwirken, sind nun: Negativer Schub (Bremskraft) und Schwerebeschleunigung. Die Längsachse des Geräts sei in diesem Bahnstück dauernd in derselben Richtung wie die Bahntangente. Dies sei durch irgendeine nicht näher ausgeführte, innere Einrichtung (z. B. einen Kreiselmechanismus) erreicht. Zur Ableitung der Bewegungsgleichungen in bahnfesten Koordinaten geht man zunächst von den Gleichungen der Bewegung in einem Zentralkraftfeld aus. Es ist

$$\ddot{r} - r\,\dot{\Phi}^2 = -g = -\frac{g_0\,r_0^2}{r^2}, \qquad \dot{r} = \frac{dr}{dt}, \tag{1}$$

$$\frac{1}{r}\frac{d}{dt}(r^2\dot{\Phi}) = r\ddot{\Phi} + 2\,\dot{r}\,\dot{\Phi} = 0. \tag{2}$$

Zur Ableitung dieser Gleichungen siehe die Arbeit von H. G. L. KRAUSE [2]. Diese Bewegungsgleichungen werden nun auf ein bahnfestes Koordinatensystem transformiert. Gl. (2) ergibt sofort

$$\frac{1}{r}\frac{d}{dt}(r^2\dot{\Phi}) = \frac{1}{r}\frac{d}{dt}(v\,r\sin\vartheta) = \dot{v}\sin\vartheta + \frac{v}{r}\,\dot{r}\sin\vartheta + v\cos\vartheta\,\dot{\vartheta} = 0.$$

Wegen $\dot{r} = v \cdot \cos\vartheta$ folgt

$$\frac{v\,\dot{\vartheta}}{\sin\vartheta} = -\frac{\dot{v}}{\cos\vartheta} - \frac{v^2}{r}. \tag{3}$$

Mit $v^2 = \dot{r}^2 + r^2\dot{\Phi}^2$, $v\,\dot{v} = \dot{r}\,(\ddot{r} - r\,\dot{\Phi}^2) + r\dot{\Phi}\,(r\ddot{\Phi} + 2\,\dot{r}\,\dot{\Phi})$ und $\dot{r} = v\cos\vartheta$, $r\dot{\Phi} = v\sin\vartheta$, erhält man, zusammen mit Gln. (1) und (2),

$$\dot{v} = -g \cdot \cos\vartheta, \qquad \text{oder} \qquad -\frac{\dot{v}}{\cos\vartheta} = g. \tag{4}$$

Aus (3) und (4) folgen somit die Bewegungsgleichungen in einem Zentralkraftfeld in bahnfesten Koordinaten

$$\dot{v} = -g \cdot \cos\vartheta \qquad \text{und} \qquad v\,\dot{\vartheta} = g \cdot \sin\vartheta \left[1 - \frac{v^2 r}{g_0\,r_0^2}\right] = g \cdot \sin\vartheta\,[1 - K]. \tag{5}$$

Dabei ist v die Bahngeschwindigkeit, g die Schwerebeschleunigung, ϑ der Bahnneigungswinkel, r der Radiusvektor, r_0 der Erdradius und $K = (v/v_c)^2$ das Quadrat des Verhältnisses von jeweiliger Bahngeschwindigkeit zur lokalen Kreisbahngeschwindigkeit. Das Glied $(1 - K)$, welches in der Gleichung für die Normalbeschleunigung multiplikativ auftritt, ist die sogenannte „scheinbare Fliehkraftentlastung". Man sieht sofort, daß für relativ kleine Geschwindigkeiten (etwa 2 km/sec) K gegenüber 1 vernachlässigt werden kann, wie dies in der üblichen Raketenballistik geschieht.

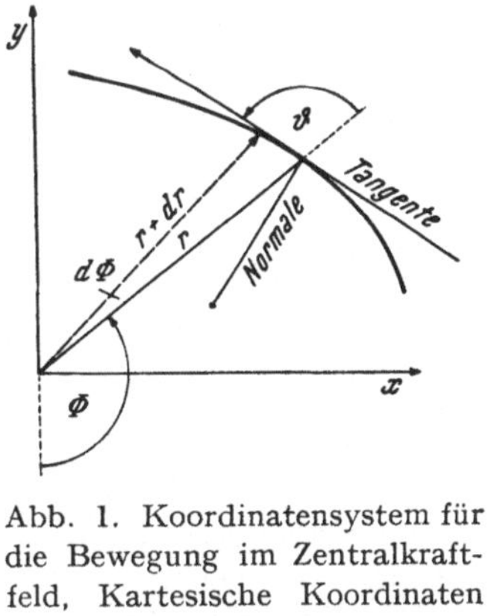

Für die Bremsbahn ist nun noch der negative Schub anzubringen. Da dieser nur in entgegengesetzter Richtung der Bahntangente wirken soll, folgt sofort

$$\dot{v} = -\frac{P}{m} - g \cdot \cos\vartheta, \tag{6}$$

$$\dot{v}\,\vartheta = g \cdot \sin\vartheta\,[1 - K], \tag{7}$$

Abb. 1. Koordinatensystem für die Bewegung im Zentralkraftfeld, Kartesische Koordinaten — Polarkoordinaten — Bahnfeste Koordinaten.

als Bewegungsgleichungen für die Bremsbahn. Zur Illustration über die Richtungen in den zugrunde gelegten Koordinatensystemen s. Abb. 1. Die zweite Bewegungsgleichung (7) — Normalbeschleunigung — gibt gleichzeitig das

Neigungsgesetz an. Man erhält daraus den Verlauf $\vartheta(t)$, den man zur Lösung von (6) darin zu substituieren hat. Bereits eine oberflächliche Überlegung zeigt, daß während der Bremsbahn sich der Winkel ϑ nur sehr wenig ändert, wenn die Geschwindigkeitsänderung und vor allem die Änderung der Exzentrizität klein bleiben. Es soll deshalb eine näherungsweise Lösung der Bewegungsgleichungen versucht werden. Zunächst soll dabei festgestellt werden, ob die Änderung des Bahnneigungswinkels gering genug ist, um in der Integration der Geschwindigkeit vernachlässigt zu werden. In diesem Falle könnte man dann Gl. (6) sofort integrieren. Aus der Gleichung für die Normalbeschleunigung folgt

$$\int \frac{d\vartheta}{\sin\vartheta} = \ln\sqrt{\frac{1-\cos\vartheta}{1+\cos\vartheta}} = \int \frac{g_0\,r_0{}^2}{v\,r^2}\,dt - \int \frac{v}{r}\,dt + \text{const.}$$

Für den Radiusvektor und die Beschleunigung werden Mittelwerte eingeführt durch

$$\overline{r} = r_i = \text{const.} \quad \text{und} \quad -\overline{a} = \frac{v_p - v_i}{t_p} = \frac{1}{t_p}\int_0^{t_p} \frac{P}{m}\,dt - \overline{g\cdot\cos\vartheta}.$$

Mit $P = \mu\cdot c$, $\mu\cdot t_p/m_0 = \zeta$ und $z = t/t_p$ folgt

$$\int \frac{\mu\cdot c}{m_0 - \mu\cdot t}\,dt = c\cdot\int \frac{dz}{1 - \zeta\cdot z} = c\cdot\ln\left(\frac{1}{1-\zeta\cdot z}\right) = c\cdot\ln\left(\frac{1}{1-\zeta\cdot t/t_p}\right),$$

somit,

$$-\overline{a} = \frac{v_p - v_i}{t_p} = -\frac{c}{t_p}\cdot\ln\left(\frac{1}{1-\zeta}\right) - \overline{g\cdot\cos\vartheta}.$$

Der Index „i" bezieht sich auf den Anfangspunkt der Bremsbahn. Wegen $v = -\overline{a}\cdot t + v_i$ ist $v = v_i\,(1 - \lambda z)$ mit der Abkürzung $\lambda = 1 - (v_p/v_i)$. Die Integration des Neigungsgesetzes kann nun durchgeführt werden und ergibt

$$\ln\sqrt{\frac{1-\cos\vartheta}{1+\cos\vartheta}} = \int \frac{g_0\,r_0{}^2}{v_i{}^2\,r_i}\frac{v_i\,t_p}{r_i\,(1-\lambda\cdot z)}\,dz - \int t_p\frac{v_i}{r_i}(1-\lambda z)\,dz + \text{const.} =$$

$$= -\frac{g_0\,r_0{}^2}{v_i{}^2\,r_i}\cdot\frac{v_i\cdot t_p}{r_i}\frac{1}{\lambda}\ln(1-\lambda\cdot z) - \frac{v_i\,t_p}{r_i}z + \frac{v_i\,t_p}{r_i}\frac{\lambda}{2}z^2 + \text{const.}$$

Mit den Abkürzungen

$$\frac{b}{2} = \frac{v_i\,t_p}{r_i}; \quad K_i = \frac{v_i{}^2\,r_i}{g_0\,r_0{}^2}; \quad C = \frac{1-\cos\vartheta_i}{1+\cos\vartheta_i}; \quad \lambda = 1 - \frac{v_p}{v_i}, \tag{8}$$

folgt schließlich

$$\cos\vartheta = \frac{1 - C\,(1-\lambda z)^{-\frac{b}{K_i\cdot\lambda}}\cdot e^{-b\cdot z\left(1-\frac{\lambda}{2}z\right)}}{1 + C\,(1-\lambda z)^{-\frac{b}{K_i\cdot\lambda}}\cdot e^{-b\cdot z\left(1-\frac{\lambda}{2}z\right)}}. \tag{9}$$

Die Integrationskonstante C ist durch die Grenzen $0 \leqslant C \leqslant 1$ eingeschlossen. Sie hat den Wert 1 an jedem beliebigen Abgangspunkt einer Kreisbahn sowie im Perigäum und Apogäum von elliptischen Bahnen. Sie ist annähernd 1 für beliebige Punkte einer Ellipsenbahn sehr kleiner Exzentrizität. λ und z variieren zwischen den Grenzen $0 \leqslant \lambda \leqslant 1$ und $0 \leqslant z \leqslant 1$. λ nähert sich dem Wert Null, wenn sich die Brennschlußgeschwindigkeit der Anfangsgeschwindigkeit in der Bremsbahn nähert. $b = 2\,v_i\,t_p/r_i$ ist sehr klein. Aus Gl. (9) ist somit ersichtlich, daß für Kreisbahnen und elliptische Bahnen kleiner Exzentrizität sowie für

relativ kleine Geschwindigkeitsänderungen die Änderung des Bahnneigungswinkels bei der Bestimmung der Geschwindigkeitsänderung in der Bremsbahn
vernachlässigt werden darf. Einen Näherungswert für den Bahnneigungswinkel
bei Brennschluß, der durch Iteration gegebenenfalls verbessert werden kann, erhält man aus Gl. (9). Dieser Wert ist erforderlich zur Bestimmung der Änderung
des Bahnneigungswinkels, die man wiederum zur Bestimmung der Korrektur
der Bahnparameter benötigt. Die Verminderung der Geschwindigkeit in der
Bremsbahn erhält man nun sofort zu

$$\Delta v = -\int_0^{t_p} \frac{P}{m}\, dt = -c \cdot \ln\left(\frac{1}{1-\zeta\, t/t_p}\right)\Bigg|_0^{t_p} = -c \cdot \ln\left(\frac{1}{1-\zeta}\right). \tag{10}$$

Meistens wird die Perigäumshöhe der Einlandeellipse vorgeschrieben. Damit ermittelt man dann die Änderung der großen Halbachse und der Exzentrizität,
aus ersterer wiederum die Änderung der Geschwindigkeit, die erforderlich ist, um
tatsächlich dieses vorgegebene Perigäum zu durchfliegen. Den Konstrukteur
interessiert nun vor allem die Kraftstoffmenge, welche zur Ausführung des
Bremsvorgangs erforderlich ist. Aus (10) erhält man sofort

$$\frac{G_0}{G_e} = e^{\frac{|\Delta v|}{c}}; \qquad G_{Treibstoff} = G_e \left[e^{\frac{|\Delta v|}{c}} - 1 \right], \tag{11}$$

wobei Δv die vorgeschriebene Geschwindigkeitsänderung ist.

IV. Der Einfluß des Luftwiderstandes in der Einlandeellipse

Nach Beendigung des oben beschriebenen Bremsvorgangs wird das Rückkehrgerät eine Halbellipse durchfliegen, die es in die Nähe der Erdoberfläche bringt.
Die Einlandehöhe (Perigäum) hängt von den aerodynamischen Eigenschaften des
Gerätes ab. W. VON BRAUN wählte für sein Beispiel [1] ein Einlandeperigäum
in einer Höhe von 80 km über der Erdoberfläche. Es interessiert nun, ob man den
Einfluß des Luftwiderstandes auf den letzten Teil der Einlandeellipse berücksichtigen muß. Eigentlich müßte man hier gaskinetische Vorgänge den Betrachtungen zugrunde legen (s. z. B. eine Arbeit von E. SÄNGER [3]). Jedoch
würde dies über den Rahmen der vorliegenden Untersuchungen hinausgehen.
Es soll hier nur eine Abschätzung des Einflusses des Luftwiderstandes für relativ
niedere Einlandehöhen angegeben werden, soweit dies für den Konstrukteur von
Rückkehrgeräten von Interesse ist. Man wird jedoch versuchen (wie später noch
näher erläutert wird), die Perigäumshöhe unter Umständen möglichst hoch zu
wählen, so daß der Luftwiderstand im letzten Teil der Einlandeellipse gut vernachlässigt werden kann.
Eine einfache Überlegung zeigt, daß der Luftwiderstand vernachlässigt
werden kann, solange die Verzögerung infolge Luftwiderstandes kleiner als
0,005 m/sec² bleibt. Dies gilt natürlich nur für nicht allzu große Wirkungszeiten.
Für die vorliegenden Fälle jedoch scheint der Wert 0,005 m/sec² gut geeignet und
dürfte eher etwas zu klein als zu groß sein, so daß man hier noch auf der sicheren
Seite bleibt. Nimmt man einen Luftwiderstandsbeiwert für hohe Überschallgeschwindigkeiten von $c_D = 0,1$ an, dann erhält man die Luftdichte, und daraus
die Höhe, in der die Luftwiderstandsverzögerung gerade 0,005 m/sec² ist,
aus der Beziehung

$$\varrho = 0,01\, \frac{G_e/A}{v^2}, \tag{12}$$

wobei v die Geschwindigkeit und G_e/A die Querschnittsbelastung des Gerätes ist. Ein Beispiel mit einer Geschwindigkeit von 8000 m/sec und einer Querschnittsbelastung $G_e/A = 200$ kg/m² ergibt hierfür eine Höhe von rund 100 km.

Ist es jedoch erwünscht, den Einfluß des Luftwiderstandes abzuschätzen, so kann man dies mit der folgenden Näherungsmethode durchführen. Es wird ein Mittelwert $\overline{g}$ für die Schwerebeschleunigung und ein Mittelwert für den Kosinus des Bahnneigungswinkels, $\overline{\cos\vartheta}$, für den letzten Abschnitt der elliptischen Bahn, in dem der Einfluß des Luftwiderstandes untersucht werden soll, eingeführt. Dann folgt die Änderung der Geschwindigkeit in diesem Bogen zu

$$\frac{dv}{dt} = -\frac{D}{m} - \overline{g}\,\overline{\cos\vartheta} = -k\cdot v^2\cdot\varrho - \overline{g}\,\overline{\cos\vartheta},$$

wobei D der Luftwiderstand und m die Masse des Gerätes ist. Wie in Abschn. VII näher gezeigt wird, hat diese Differentialgleichung die Lösung

$$v^2 = v_i{}^2\,e^{\sigma-\sigma_i} - \beta\,e^\sigma\,\{E(\sigma) - E(\sigma_i)\},\qquad(13)$$

wobei

$$\sigma = \varrho\cdot\frac{A}{G}\,k_3\,\frac{\beta}{2\,\overline{\cos\vartheta}};\quad k_3 = c_D;\quad \beta = 2\,\overline{g}\,H;\quad E(\sigma) = \int\limits_\sigma^\infty \frac{e^{-x}}{x}\,dx,\qquad(14)$$

die Abkürzungen sind, die in Gl. (13) eingeführt sind. Die Anfangsgeschwindigkeit v_i und Luftdichte ϱ_i werden für den Bahnpunkt gewählt, von dem ab der Luftwiderstand berücksichtigt werden soll. v_i und r_i können mit den bekannten Beziehungen für elliptische Bahnen [2] ermittelt werden.

V. Korrektur der Bahnparameter

Eine Verminderung der Geschwindigkeit in einer elliptischen (oder Kreis-) Bahn infolge einer wirkenden Verzögerung (Bremsung durch negativen Schub oder Bewegung durch ein resistentes Medium) bewirkt eine Änderung der großen Halbachse der Bahn sowie der Exzentrizität. Dieses Problem wird eingehend von TISSERAND [4] und auch von KRAUSE [5] behandelt. Ist $K = (v/v_c)^2$ das Quadrat des Verhältnisses von Bahngeschwindigkeit zu lokaler Kreisbahngeschwindigkeit, so hat man für die große Halbachse und die Exzentrizität

$$a = \frac{r}{2-K},\qquad(15)$$

$$\varepsilon = \sqrt{1 - K\,[2-K]\sin^2\vartheta}.\qquad(16)$$

An Stelle einer Änderung der Geschwindigkeit v kann man ebenso eine Änderung der Größe K betrachten. Einer Änderung von v entspricht eine Änderung von K gemäß

$$dv = \frac{v_c}{2}\,\frac{dK}{\sqrt{K}}.\qquad(17)$$

Die Änderung der Bahnparameter erhält man nun durch deren Differentiation nach dieser Größe K. Dieses Vorgehen ist in der Himmelsmechanik sehr bekannt als „Variation der Konstanten". KRAUSE gibt in seiner Arbeit [5] damit die Änderungen von a und ε in Abhängigkeit einer Änderung von K an zu

$$da = \frac{\partial a}{\partial K}\,dK + \frac{\partial a}{\partial\vartheta}\,d\vartheta = \frac{a^2}{r}\,dK;\qquad \frac{\partial a}{\partial\vartheta} = 0.\qquad(18)$$

$$d\varepsilon = \frac{\partial\varepsilon}{\partial K}\,dK + \frac{\partial\varepsilon}{\partial\vartheta}\,d\vartheta = -\frac{1-\varepsilon^2}{\varepsilon}\left[\frac{1-K}{K\,(2-K)}\,dK + \operatorname{ctg}\vartheta\,d\vartheta\right].\qquad(19)$$

Damit kann man nun die Änderung der Bahnparameter bestimmen, wenn die Änderungen von v und ϑ bekannt sind. Eigentlich müßte der Vollständigkeit halber auch noch die Änderung der Perigäumslänge angegeben werden. Da dieser Einfluß jedoch von geringem Interesse für den Konstrukteur von Rückkehrgeräten ist, und diese auch nicht zur Berechnung irgendwelcher hier angegebener Bahndaten erforderlich ist, wird dies nicht weiter berücksichtigt.

Die Änderung der Perigäumshöhe durch die Änderung von a und ε bestimmt man folgendermaßen: Aus der Polargleichung der Bahnellipse

$$r = \frac{a\,(1 - \varepsilon^2)}{1 + \varepsilon \cos \Phi}$$

folgt für den Radiusvektor im Perigäum und im Apogäum

$$r_P = a\,(1 - \varepsilon). \tag{20}$$

Die Änderung des Radiusvektors im Perigäum ist dann

$$\Delta r_P = \frac{\partial r_P}{\partial a}\Delta a + \frac{\partial r_P}{\partial \varepsilon}\Delta \varepsilon = (1 - \varepsilon)\Delta a - a\Delta \varepsilon. \tag{21}$$

Hat man die Änderungen Δa und $\Delta \varepsilon$, so kann sofort die Änderung von r_P ermittelt werden.

Man kann nun Optimaluntersuchungen für diesen Fall anstellen, das heißt man kann untersuchen, bei welcher Koordination von a und ε für ein vorgegebenes r_P ein Minimum an Kraftstoffverbrauch erforderlich ist. Es ist jedoch zu vermuten, insbesondere, da es sich meist um nur sehr kleine Geschwindigkeitsreduktionen handelt, daß die technisch praktischen Fälle relativ wenig vom Minimum des Kraftstoffverbrauchs abweichen werden. Anders wäre die Situation, wenn es sich um größere Geschwindigkeitsänderungen handelte. Es soll hier deshalb keine Optimaluntersuchung angestellt werden, sondern es wird ein Fall diskutiert, der wegen seiner Einfachheit besonders interessant sein dürfte. Es wird nun angenommen, daß sich a und ε so ändern sollen, daß die Apogäumshöhe der Ausgangsbahn gleich der Apogäumshöhe der Einlandeellipse sein soll. Die Indizes 1 und 2 bezeichnen bzw. die Ausgangsbahn und die Einlandeellipse. Man hat daher die Bedingungen

$$r_{A_1} = r_{A_2} = r_A; \qquad r_{P_1} \neq r_{P_2} = r_{P_1} + \Delta r_P. \tag{22}$$

Aus Gl. (20) folgt nun

$$r_A + r_{P_1} = a_1\,(1 + \varepsilon_1) + a_1\,(1 - \varepsilon_1) = 2\,a_1, \tag{23}$$

$$r_A + r_{P_2} = a_2\,(1 + \varepsilon_2) + a_2\,(1 - \varepsilon_2) = 2\,a_2,$$

und damit sofort für die Änderung des Radiusvektors im Perigäum

$$\Delta r_P = 2\,\Delta a. \tag{24}$$

Die Änderung der Exzentrizität der Bahn folgt aus

$$\Delta \varepsilon = \frac{2\,r_A\,\Delta r_P}{(r_A + r_{P_1})\,(r_A + r_{P_2})} = \frac{2\,r_A \cdot 2\,\Delta a}{4\,a_1\,a_2} = \frac{a_1\,(1 + \varepsilon_1)}{a_1\,a_2}\Delta a \tag{25}$$

zu

$$\Delta \varepsilon = \varepsilon_2 - \varepsilon_1 = -(1 + \varepsilon_1)\frac{\Delta a}{a_2}. \tag{26}$$

Ist nun eine erforderliche Perigäumshöhe vorgegeben, so kann sofort mit Hilfe von Gl. (24) oben die erforderliche Änderung von a und damit unter Zuhilfenahme von Gl. (10) und (11) aus Abschn. III der erforderliche Kraftstoffverbrauch ermittelt werden.

Die Änderung der Bahnparameter bei einer Bewegung eines Körpers durch resistente Medien wurde bereits von Tisserand [4] untersucht. Er nimmt dabei folgendes Widerstandsgesetz an:

$$\frac{D}{m} = k\,\frac{v^p}{r^q} = k\,f(v) \cdot g(\varrho); \qquad f(v) = v^p; \qquad g(\varrho) = \frac{1}{r^q}. \qquad (27)$$

Dieses Gesetz dürfte ausreichend gut verwendbar sein für die Erfassung eines etwaigen Luftwiderstandseinflusses auf den letzten Bahnteil der Einlandeellipse. Die Änderungen von a und ε sind für den Fall kleiner Bahnexzentrizitäten

$$\frac{\Delta a}{a} = -2\,k' \cdot n \cdot t; \qquad \Delta \varepsilon = -k' \cdot n \cdot t\,(p + q - 1)\,\varepsilon, \qquad (28)$$

wobei

$$k' = k\,\frac{(g_0\,r_0{}^2)^{p-2}}{[a\,(1 - \varepsilon^2)]^{p/2 + q - 2}}; \qquad k = \frac{A}{2\,m}\,\varrho_0\,c_D: \qquad n = \frac{C}{a^2\,\sqrt{1 - \varepsilon^2}} = \frac{r_i\,v_i\,\sin\vartheta_i}{a^2\,\sqrt{1 - \varepsilon_i{}^2}}, \qquad (29)$$

als Abkürzungen in (28) eingeführt sind. Für hohe Überschallgeschwindigkeiten kann man $f(v)$ proportional v^2 setzen. Das Potenzgesetz für die Luftdichte wäre jedem Einzelfall anzupassen.

Damit ist nun die Bewegung des Rückkehrgerätes vom Abflug von der Außenstationsbahn bis zum Eintauchen in die dichtere Erdatmosphäre beschrieben. Im folgenden wird nun die Bewegung des Gerätes in der dichteren Atmosphäre behandelt. Dies bezieht sich nun nicht auschließlich auf die Bahn von Rückkehrgeräten, sondern ist allgemein als Behandlung der Überschallgleitbahn geflügelter, freifliegender Raketen gedacht.

VI. Die Bewegungsgleichungen für die Gleitbahn und die analytischen Ausdrücke für Luftwiderstand und Auftrieb

In der vorgeschlagenen Art und Weise der Rückkehr von Außenstationsbahnen bewegt sich das Rückkehrgerät nach Verminderung seiner Geschwindigkeit beim Ablösen von der Außenstationsbahn durch eine Halbellipse bis zum Perigäum in der Nähe der Erdoberfläche. In diesem Einlandeperigäum muß der Auftrieb des Gerätes gerade groß genug sein, um es in eine Kreisbahn zu zwingen. Unter Umständen kann dann die Rakete eine gewisse Zeitlang in dieser erzwungenen Kreisbahn (Flug in konstanter Höhe) verbleiben. Diese Form der Flugbewegung wird auf jeden Fall dann beendet sein, wenn der Auftrieb des Gerätes nicht mehr groß genug ist, um es in dieser Höhe zu halten. Anschließend geht das Rückkehrgerät in einen Gleitflug über, wobei die Geschwindigkeit bis zum Schalldurchgang vermindert wird. Nach Durchfliegen der Schallgrenze kann dann die Flugbewegung wie bei einem gewöhnlichen Unterschallflugzeug fortgesetzt werden. Auf letztere wird hier nicht näher eingegangen. Ein festgesetzter Punkt vor der Schallgrenze wird als Terminus der Überschallgleitbahn bezeichnet. Man wird versuchen, Ausgangs- und Terminushöhe der Überschallgleitbahn möglichst groß zu erhalten, um damit die Hauttemperaturen des Aggregats nicht zu hoch werden zu lassen. Ausgangs- und Terminushöhe für die Überschallgleitbahn sind durch die aerodynamischen Daten des Gerätes selbst bestimmt. Für die Wahl der Perigäumshöhe, für die der Auftrieb zur Erzwingung einer Kreisbahn in dieser Höhe ausreichen muß, sollte man sich nicht auf einen großen Anstellwinkel verlassen. Dieser sollte möglichst 5° nicht übersteigen. Ebenso besteht in der Ermittlung der Terminushöhe die Forderung, daß der Auftrieb groß genug sein muß, um eine stabile Gleitflugbewegung zu gewährleisten, wobei der Anstellwinkel wiederum nicht größer als 4 bis 5° sein sollte. Für den Zweck der vorliegenden Betrachtungen kann man die Überschallgleitbahn kurz vor dem Erreichen des Maximums des Luftwiderstandsbeiwerts, also bei etwa $M = 1{,}5$ abbrechen. Es ist gut möglich, daß in der Praxis die Überschallgleitbahn durch ein automatisches Kreiselgerät gesteuert wird, während der Pilot des Rückkehrgerätes die Steuerung kurz vor Schalldurchgang übernimmt. Die Schallgrenze selbst wird sehr wahrscheinlich mit sehr geringem Anstellwinkel durchflogen werden.

Die hieraus resultierende Aufgabe ist somit die Bestimmung der Ausgangs- und der Terminushöhe für die Überschallgleitbahn, die Integration der Bewegungsgleichungen für die erzwungene Kreisbahn und die Integration der Bewegungsgleichungen für die Überschallgleitbahn. Neben diesen sich hieraus ergebenden Bahnelementen interessieren zunächst dann die Bahnelemente für das Eintreten der Maxima von Staudruck und Luftwiderstandsverzögerung. Im folgenden werden die allgemeinen Bewegungsgleichungen aufgestellt sowie die analytischen Gesetze für

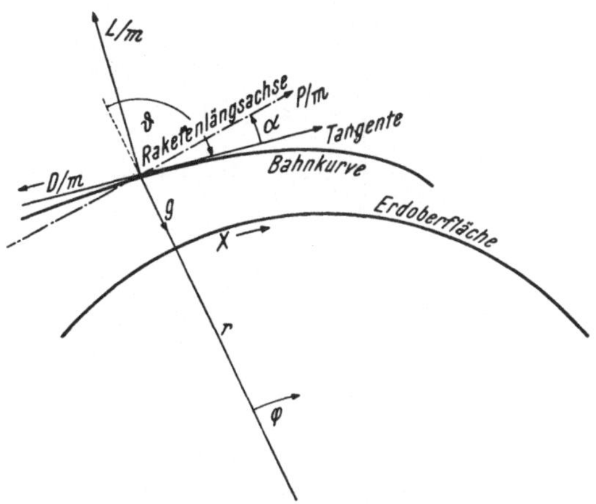

Abb. 2. Koordinatenmäßige Darstellung der wirkenden Kräfte in einer Gleitbahn (über einer gekrümmten Erdoberfläche). Darstellung der Richtungssinne von Bahnneigungswinkel, Anstellwinkel und Zentriwinkel.

Auftrieb und Luftwiderstand eingeführt. Die Integration der Gleichungen erfolgt dann im nächsten Abschnitt der Arbeit.

Zur Erläuterung der in der Bahn des Rückkehrgeräts wirkenden Kräfte s. Abb. 2. Unter Berücksichtigung von Gl. (5) sind dann die Bewegungsgleichungen in bahnfesten Koordinaten in ihrer allgemeinsten Form

$$\dot{v} = \frac{dv}{dt} = \frac{P}{m}\cos\alpha - \frac{D}{m} - \frac{R}{m}\sin\alpha - g\cos\vartheta, \tag{30}$$

$$-v\,\dot{\vartheta} = \frac{P}{m}\sin\alpha + \frac{R}{m}\cos\alpha + \frac{L}{m} - g\sin\vartheta\left[1 - \frac{v^2}{g\cdot r}\right]. \tag{31}$$

Hier bedeuten P einen eventuellen Schub, R die Ruderkraft, D den Luftwiderstand, L den Auftrieb und m die Masse der Rakete. Für den vorliegenden Fall soll keine Bremskraft durch einen negativen Schub, ebenfalls kein Vortrieb durch Schub auftreten, also $P = 0$. Die Ruderkraft ist im allgemeinen sehr klein und kann deshalb vernachlässigt werden, also $R = 0$. Damit erübrigt sich das Aufstellen der Momentengleichungen. In dieser Untersuchung sollen nur Überschallgleitbahnen mit konstantem Bahnneigungswinkel, $\vartheta = \text{const.}$, $d\vartheta/dt = 0$, betrachtet werden. Damit erhält man aus Gl. (24) sofort das Gesetz für die Variation des Anstellwinkels,

$$\frac{L}{m} = \frac{A}{2m}\varrho\,v^2 c_L = \frac{A}{G}c_1\cdot\frac{\gamma_0}{2}\left(\frac{\varrho}{\varrho_0}\right)\cdot v^2\cdot\alpha = g\sin\vartheta\left[1 - \frac{v^2 r}{g_0\,r_0^2}\right], \tag{32}$$

wobei der Auftrieb L gegeben ist durch die Beziehung

$$\frac{L}{m} = \frac{A}{m}\frac{\varrho}{2}v^2\cdot c_L = \frac{A}{m}\frac{\varrho}{2}v^2\cdot c_1\,a = \left(\frac{A}{G}c_1\right)\frac{\gamma_0}{2}\left(\frac{\varrho}{\varrho_0}\right)v^2\cdot\alpha. \tag{33}$$

Dementsprechend ist der Auftriebsbeiwert

$$c_L = c_1 \cdot a. \tag{34}$$

Der Koeffizient c_1 wird allgemein durch Windkanalmessungen ermittelt. Für die vorliegenden Untersuchungen jedoch soll dieser gemessene Verlauf durch einen analytischen Ausdruck dargestellt werden, und zwar durch $c_1 = k_1$ für den Unterschallbereich und $c_1 = k_2/v$ für den Überschallbereich. Damit sind nun die analytischen Ausdrücke für den Auftriebsbeiwert eingeführt zu

$$c_L = \begin{cases} k_1 \cdot a, & \text{Unterschall,} \\ \dfrac{k_2}{v} \cdot a, & \text{Überschall,} \quad k_2' = f_1(M); \quad k_2 = k_2' \cdot v_s. \end{cases} \tag{35}$$

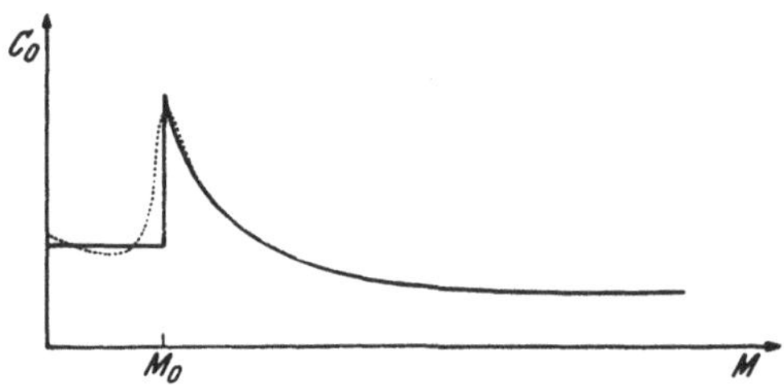

Abb. 3. Analytische Annäherung des Widerstandsbeiwertes. Konstanter Verlauf im Unterschallbereich, Sprungstelle bei der kritischen Mach-Zahl M_0, rasch abnehmender Verlauf im Überschallbereich und Annäherung an einen konstanten Wert im Hyperschallbereich. Ein charakteristischer Verlauf des gemessenen Beiwerts ist gestrichelt eingezeichnet.

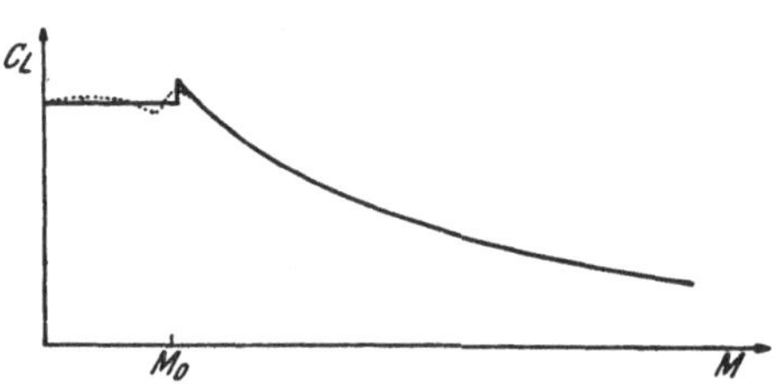

Abb. 4. Analytische Annäherung des Auftriebsbeiwerts. Konstanter Verlauf im Unterschallbereich, hyperbolische Abnahme im Überschallbereich. Die Sprungstelle ist wieder bei der kritischen Mach-Zahl M_0; desgleichen ist ein typischer, gemessener Verlauf gestrichelt eingezeichnet.

Der Ausdruck für den Luftwiderstand ist

$$D = c_D \frac{\varrho}{2} v^2 \cdot A = c_D \frac{\varkappa}{2} p \cdot A \cdot M^2, \tag{36}$$

wobei $M = v/v_s$ die Mach-Zahl (v_s = Schallgeschwindigkeit) ist. Der Luftwiderstandsbeiwert ist gegeben durch den Ausdruck

$$c_D = c_0 + c_2 \cdot a^2. \tag{37}$$

c_0 ist nur eine Funktion der Mach-Zahl und wird durch den analytischen Ausdruck $c_0 = k_3 + k_4/v^2$ für den Überschallbereich angenähert. Für den Unterschallbereich wird ein konstanter Widerstandsbeiwert $c_0 = k_5$ verwendet. c_2 ist eine Funktion der Mach-Zahl, multipliziert mit dem Quadrat des Anstellwinkels, und wird als konstant mit Ausnahme des Bereichs $0,8 < M < 1,5$ angesehen. Für die vorliegenden Untersuchungen wird angenommen, daß aus Stabilitätsgründen einem Anstellwinkel Null beim Schalldurchgang der Vorzug gegeben wird. Eine analytische Näherung für die Variation von c_2 in diesem Bereich ist damit nicht notwendig. Diese Näherung entfällt auch dann, wenn man annimmt, daß der Anstellwinkel beim Schalldurchgang sehr klein ist und konstant bleibt. Damit wird der Widerstandsbeiwert durch folgende analytische Ausdrücke angenähert:

$$c_0 = \begin{cases} k_5 & \text{(Unterschall),} \quad k_5' = f_2(M) = \text{const.;} \\ k_3 + \dfrac{k_4}{v^2} & \text{(Überschall),} \quad k_3' + \dfrac{k_4'}{M^2} = f_3(M); \quad k_4 = k_4' \cdot v_s^2; \end{cases} \tag{38}$$

$$c_2 = \text{const.}$$

Für eine schematische Darstellung der Widerstands- und Auftriebsbeiwerte
s. Abb. 3 und 4. Für die Substitution dieser analytischen Ausdrücke in die Bewegungsgleichungen müssen erstere als Funktionen der Geschwindigkeit gegeben
sein, während die Windkanal-Meßwerte als Funktionen der MACH-Zahl gegeben
sind. Um nun die Konstanten k_1 bis k_5 bestimmen zu können, muß neben den
Werten k_1' bis k_5' als Funktionen der MACH-Zahl noch ein Mittelwert für das
Quadrat der Schallgeschwindigkeit bekannt sein. Dieser Mittelwert wird am
besten für den Höhenbereich des Verzögerungsmaximums bestimmt, da in diesem
Bereich der stärkste Luftwiderstandseinfluß auftritt und damit auch Fehler sich
hier am stärksten bemerkbar machen.

Für die Änderung der Luftdichte mit der Höhe wird das Exponentialgesetz

$$\frac{\varrho}{\varrho_0} = e^{-\frac{y}{H}} = e^{-\frac{r-r_0}{H}} \tag{39}$$

eingeführt. Die Skalenhöhe H wird ebenfalls für den Höhenbereich des Luft-
widerstandsmaximums gewählt. Zur Wahl des Mittelwerts für die Schallgeschwindigkeit und der Skalenhöhe wird bei der Berechnung der numerischen
Beispiele noch einiges gesagt werden.

Unter Berücksichtigung des oben Gesagten ergeben sich nun die folgenden
Gleichungen, die zu integrieren sind,

$$\dot{v} = -\frac{D}{m} - g \cos \vartheta = -k\,(c_0 + c_2\,a^2) \cdot \varrho\,v^2 - g \cos \vartheta =$$

$$= -k\left(k_3 + \frac{k_4}{v^2}\right)\varrho\,v^2 - g \cos \vartheta - (\varDelta\,v)_a\,\dot{} \tag{40}$$

für die Geschwindigkeit, wobei der Einfluß des variierenden Anstellwinkels

$$\frac{D_a}{m} = (\varDelta\,v)_a\,\dot{} = \frac{d}{dt}\,(\varDelta v)_a = \frac{g \sin^2 \vartheta \cdot c_2}{(A/G)\,k_1{}^2 \cdot \varrho/2}\left[1 - \frac{v^2\,r}{g_0\,r_0{}^2}\right]^2 \tag{41}$$

als Störungsglied behandelt wird, und eine Differentialgleichung zur Ermittlung
der Zeitabhängigkeit der Bewegung

$$dt = \frac{dr}{v \cos \vartheta}. \tag{42}$$

Ein Ausdruck für die Flugweite über der gekrümmten Erde wird empirisch ermittelt.

VII. Integration der Bewegungsgleichungen. Beziehungen für Staudruck- und Verzögerungsmaximum

Zunächst werden die Gln. (33) bis (35) behandelt sowie eine Beziehung für
die Flugweite über der gekrümmten Erdoberfläche angegeben. Dann wird die
Flugbewegung in der erzwungenen Kreisbahn behandelt. Anschließend erfolgt
die Ableitung der Beziehungen für das Staudruck- und das Verzögerungsmaximum. Die Anwendung der analytischen Theorie wird in Abschn. IX aufgezeigt.

Die Gleichung für die Tangentialbeschleunigung (40) in Verbindung mit den
Ausdrücken für Luftwiderstand (36) und Widerstandsbeiwert (38) ergibt

$$\dot{v} = -\frac{D}{m} - g \cos \vartheta = -\frac{A}{2\,m}\,k_3\,\varrho\,v^2 - \frac{A}{2\,m}\,k_3\,\frac{k_4}{k_3}\,\varrho - g \cos \vartheta =$$

$$= -k\,\varrho\,v^2 - k\,\delta\,\varrho - g \cos \vartheta, \tag{43}$$

mit den Abkürzungen

$$k = \frac{A}{2\,m}\,k_3\,; \qquad \delta = \frac{k_4}{k_3}. \tag{44}$$

Wegen $\dot{r} = v \cdot \cos \vartheta$ folgt

$$\frac{dv}{dt} = \frac{dv}{dr}\frac{dr}{dt} = \frac{1}{2v}\frac{d(v^2)}{dr}\frac{dr}{dt} = \frac{1}{2}\cos\vartheta\,\frac{du}{dr} \quad \text{mit} \quad v^2 = u.$$

Ferner mit dem Exponentialgesetz für die Luftdichteänderung (39) $\varrho = \varrho_0\,e^{-(r-r_0)/H}$ und dessen Ableitung nach dem Radiusvektor $d\varrho/dr = -\varrho/H$ erhält man

$$\frac{1}{2}\cos\vartheta\,\frac{du}{dr} = \frac{1}{2}\cos\vartheta\,\frac{du}{d\varrho}\frac{d\varrho}{dr} = -\frac{\varrho\cos\vartheta}{2H}\frac{du}{d\varrho}.$$

Mit den Abkürzungen

$$\sigma = \varrho \cdot \frac{2kH}{\cos\vartheta} = \varrho \cdot \left(\frac{A}{G}k_3\right)\frac{\beta}{2\cos\vartheta}; \qquad \beta = 2gH \tag{45}$$

folgt die Differentialgleichung

$$\frac{du}{d\sigma} - u = \frac{\beta}{\sigma} + \delta = \beta\left(\frac{1}{\sigma} + \frac{\delta}{\beta}\right). \tag{46}$$

Für den Unterschallbereich ist $k_4 = 0$ und damit $\delta = 0$. Für diesen Fall ändert sich die Differentialgleichung (46) zu

$$\frac{du}{d\sigma} = u + \frac{\beta}{\sigma}. \tag{47}$$

Für diese Differentialgleichung (47) hat bereits BEHRBOHM [6] in der analytischen Behandlung des Unterschall-Sturzfluges eine Lösung angegeben. Die Lösung der Differentialgleichung (46) ist

$$u = \beta\,e^{\sigma}\left[\text{const.} - \frac{\delta}{\beta}e^{-\sigma} - E\,(\sigma)\right], \tag{48}$$

wobei

$$E\,(x) = \int_x^{\infty}\frac{e^{-z}}{z}\,dz = \text{li}\,(e^{-x}) = -\ln|x| + \sum_{n=1}^{\infty}(-1)^n\frac{x^n}{n\,(n!)} \tag{49}$$

die Integral-Exponentialfunktion ist. Werte dieser Funktion findet man in den entsprechenden Tabellen [7] [8]. Die Integrationskonstante wird für die Anfangsbedingung $u = u_i$ bei $\sigma = \sigma_i$ bestimmt. Dies ergibt den folgenden Ausdruck für die Geschwindigkeit des Gerätes in der Gleitbahn als Funktion der dimensionslosen Variablen σ, welche durch die jeweilige Luftdichte, den Bahnneigungswinkel und die aerodynamischen Daten des Gerätes bestimmt ist,

$$u = v^2 = v_i^2\,e^{\sigma-\sigma_i} - \beta\,e^{\sigma}\{E\,(\sigma) - E\,(\sigma_i)\} - \delta\,[1 - e^{\sigma-\sigma_i}]. \tag{50}$$

Die Lösung von (47) ist sofort aus (50) ersichtlich und ergibt sich zu

$$v^2 = v_i^2\,e^{\sigma-\sigma_i} - \beta\,e^{\sigma}\,[E\,(\sigma) - E\,(\sigma_i)]. \tag{51}$$

Sind die Anfangs- und Endgeschwindigkeit u_i und u_T sowie die Luftdichten der Ausgangs- und Terminushöhe bekannt, ist also ϱ_T/ϱ_i das Verhältnis dieser beiden Luftdichten, so kann der zugehörige Bahnneigungswinkel (Gleitwinkel) mit Hilfe der transzendenten Gleichung

$$\frac{v_T^2}{\beta}e^{-\sigma_i\varrho_T/\varrho_i} + E\,(\sigma_i \cdot \varrho_T/\varrho_i) + \frac{\delta}{\beta}e^{-\sigma_i\varrho_T/\varrho_i} = \frac{v_i^2}{\beta}e^{-\sigma_i} + E\,(\sigma_i) + \frac{\delta}{\beta}e^{-\sigma_i} \tag{52}$$

unter Zuhilfenahme der Gl. (45) ermittelt werden. Ein graphisches Verfahren zur Bestimmung von σ_i aus Gl. (52) ist in Abschn. IX angegeben.

Als nächstes wird der Zeitverlauf ermittelt. Dieser wird jedoch weiter bei der Bestimmung anderer Bahnelemente nicht mehr verwendet werden. Alle Bahnelemente werden hier als Funktionen der Luftdichte, und damit der Höhe, angegeben. Wegen der starken Dichteabhängigkeit des Luftwiderstandes erscheint dieser Umstand besonders günstig im Hinblick auf eine möglichst gute Zuordnung von Flughöhe und Geschwindigkeitsverlauf sowie das Auftreten von Staudruck-, Verzögerungs- und Hauttemperaturmaximis in bestimmten Höhen. Diese Zuordnung dürfte von besonderem Interesse für den Konstrukteur von geflügelten Geräten sein. Damit dürfte der Zeitverlauf der Bewegung erst in zweiter Linie interessieren. Wie später noch gezeigt wird, liegt die Geschwindigkeit in der Gleitbahn zum allergrößten Teil im hohen Überschallbereich. Erst ganz kurz vor Beendigung der Überschallgleitbahn sinkt die Geschwindigkeit unter die MACH-Zahl $M = 3$. In erster Näherung dürfte es deshalb erlaubt sein, einen konstanten Mittelwert für c_D in der Ermittlung des Zeitverlaufs zu verwenden. Mit Gl. (42) erhält man

$$dt = \frac{dr}{v \cos \vartheta} = - \frac{H \, d\varrho}{\sqrt{u} \cdot \varrho \cdot \cos \vartheta} = - \frac{H \, d\sigma}{\sigma \sqrt{u} \cos \vartheta}.$$

Damit folgt für die Zeit t

$$t = - \frac{H}{\cos \vartheta} \int\limits_{\sigma_i}^{\sigma} \frac{1}{\sqrt{u}} \frac{d\sigma}{\sigma} = - \frac{H}{\beta \cos \vartheta} \int\limits_{\sigma_i}^{\sigma} \frac{(du/d\sigma) - u}{\sqrt{u}} \, d\sigma = - \frac{H}{\beta \cos \vartheta} \int\limits_{u_i}^{u} \frac{du}{\sqrt{u}} +$$

$$+ \frac{H}{\beta \cos \vartheta} \int\limits_{\sigma_i}^{\sigma} \sqrt{u(\sigma)} \, d\sigma. \tag{53}$$

Ausführung des ersten Integrals auf der rechten Seite der obigen Gleichung ergibt

$$- \frac{H}{\beta \cos \vartheta} \int\limits_{u_i}^{u} \frac{1}{\sqrt{u}} \, du = - \frac{2 H}{\beta \cos \vartheta} \sqrt{u} \, \bigg|_{u_i}^{u} = - \frac{\sqrt{u}}{g \cos \vartheta} \bigg|_{u_i}^{u} = - \frac{v}{g \cos \vartheta} \bigg|_{v_i}^{v}. \tag{54}$$

Das zweite Integral ist

$$\int \sqrt{u} \, d\sigma = \int \sqrt{u_i \, e^{\sigma - \sigma_i} - \beta \, e^{\sigma} \{E(\sigma) - E(\sigma_i)\}} \, d\sigma =$$

$$= \sqrt{\beta \cdot C} \int e^{\sigma/2} \sqrt{1 - \frac{E(\sigma)}{C}} \, d\sigma = \sqrt{\beta \cdot C} \int e^{\sigma/2} \sum_{\nu=0}^{\infty} (-1)^{\nu} \binom{1/2}{\nu} \frac{E^{\nu}(\sigma)}{C^{\nu}} \, d\sigma. \tag{55}$$

Es läßt sich zeigen, daß wegen $C \gg E(\sigma)$ die Reihe sehr rasch konvergiert. Es genügt, die ersten beiden Glieder dieser Reihe mitzunehmen. Durch partielle Integration erhält man

$$\int e^{\sigma/2} \frac{E^0(\sigma)}{C^0} \, d\sigma = \int e^{\sigma/2} \, d\sigma = 2 \, e^{\sigma/2},$$

$$\int e^{\sigma/2} \frac{E(\sigma)}{C} \, ds = \frac{1}{C} \left[2 \, e^{\sigma/2} E(\sigma) + 2 \int e^{\sigma/2} \frac{e^{-\sigma}}{\sigma} \, d\sigma \right] = \frac{2}{C} \left[e^{\sigma/2} E(\sigma) + E(\sigma/2) \right]. \tag{56}$$

Die Integrationskonstante in Gl. (53) wird bestimmt für $t = 0$ für den Anfangspunkt der Gleitbahn. Mit der Abkürzung

$$C = \frac{u_i}{\beta} e^{-\sigma_i} + E(\sigma_i) \tag{57}$$

folgt dann aus Gl. (54) und (56) für die Zeitabhängigkeit der Bewegung in der Gleitbahn

$$t = \frac{v_i}{g \cos \vartheta}\left[1 + \sqrt{e^{-\sigma_i} + \frac{\beta}{u_i} E(\sigma_i)}\left\{e^{\sigma/2}\left[1 - \frac{1}{2}E(\sigma)\right] - e^{\sigma_i/2}\left[1 - \frac{1}{2}E(\sigma_i)\right] + \left[E\left(\frac{\sigma}{2}\right) - E\left(\frac{\sigma_i}{2}\right)\right]\right\}\right] - \frac{v}{g \cos \vartheta}. \tag{58}$$

Diese Beziehung ist ebenfalls für Gleitbahnen im Unterschallbereich verwendbar.

Die Beziehung für die Ermittlung der Flugweite über der gekrümmten Erdoberfläche wird empirisch ermittelt. Die Gleitbahn, welche dieser Untersuchung zugrunde gelegt wird, ist charakterisiert durch einen konstanten Winkel zwischen Radiusvektor und Tangente an die Bahnkurve in jedem Punkt der Bahn. Ferner wächst die Flugweite mit abnehmender Flughöhe. Die Bahn ist daher ein Teilbogen einer logarithmischen Spirale, welche durch die Gleichung

$$r = a \cdot e^{b\varphi} \tag{59}$$

beschrieben wird. φ ist der Zentriwinkel im Erdmittelpunkt, a und b sind Konstanten. Die erste Konstante wird bestimmt für $\varphi = 0$, wenn $r = r_i$ ist. Eine einfache geometrische Überlegung zeigt, daß die zweite Konstante der Cotangens des Neigungswinkels ist. Damit ergibt sich sofort die Beziehung für die Reichweite über der gekrümmten Erdoberfläche zu

$$X = r_0 \varphi = r_0 \operatorname{tg} \vartheta \ln \frac{r}{r_i}. \tag{60}$$

Man findet diese Überlegung bestätigt, wenn man den Ausdruck für die Azimuthalgeschwindigkeit $v_\Phi = r\dot{\Phi} = v \sin \vartheta$ zusammen mit $v = dr/dt \cdot \cos \vartheta$ nach $d\Phi/dr$ auflöst und integriert. Die obige Überlegung wird jedoch als anschaulicher erachtet.

In der Behandlung der Bewegung in der Überschallgleitbahn fehlt nun noch die Berücksichtigung des Auftriebseinflusses. Diese besteht in der Ermittlung der Anfangs- und Endhöhen der Bahn für die zugehörigen Geschwindigkeiten sowie in der Ermittlung des zusätzlichen Widerstandes durch die Änderung des Anstellwinkels. Letzteres soll nun aufgezeigt werden. Aus Gl. (41) unter Zuhilfenahme von Gl. (45) folgt

$$\frac{D_a}{m} = g \sin^2 \vartheta \, \frac{\beta}{\cos \vartheta} \cdot \frac{c_2 k_3}{k_1^2} \cdot \frac{1}{\sigma}\left[1 - \frac{v^2 r}{g_0 r_0^2}\right]^2. \tag{61}$$

Führt man die Abkürzung

$$B = g \cdot \operatorname{tg} \vartheta \sin \vartheta \cdot \beta \cdot \frac{c_2 k_3}{k_1^2} \tag{62}$$

ein, so erhält man

$$\frac{D_a}{m} = \frac{d}{dt}(\Delta v)_a = B\left[\frac{1}{\sigma} - \frac{2}{\sigma}\frac{v^2 r}{g_0 r_0^2} + \frac{1}{\sigma}\left(\frac{v^2 r}{g_0 r_0^2}\right)^2\right].$$

Daraus resultiert für den Geschwindigkeitsverlust wegen $a \neq 0$

$$(\Delta v)_a = -B\left\{-\int \frac{dt}{\sigma} + 2\int \frac{v^2 r}{g_0 r_0^2}\frac{dt}{\sigma} - \int \left(\frac{v^2 r}{g_0 r_0^2}\right)^2 \frac{dt}{\sigma}\right\} + \text{const.} \tag{63}$$

Unter Berücksichtigung von Gl. (35), nämlich

$$dt = \frac{dr}{v \cos \vartheta} = -\frac{H \, d\sigma}{\sigma \sqrt{u} \cos \vartheta}$$

wird nun Gl. (63):

$$(\Delta v)_a = - B \left\{ \frac{1}{H \cos \vartheta} \int \frac{d\sigma}{\sigma^2 \sqrt{u}} + \frac{2}{g_0 r_0^2 \cos \vartheta} \int \frac{\ln(\sigma/\omega) \cdot \sqrt{u}\, d\sigma}{\sigma^2} + \right.$$

$$\left. + \frac{H}{(g_0 r_0^2)^2 \cos \vartheta} \int \frac{(\ln \sigma/\omega)^2 u^{3/2} \cdot d\sigma}{\sigma^2} \right\} + \text{const.},$$

$$\left[\omega = e^{r_0/H} \cdot \left(\frac{A}{G} k_3 \right) \frac{\beta}{2 \cos \vartheta} \right]. \tag{64}$$

Für den vorliegenden Zweck erscheint die Lösung dieser drei Integrale etwas zu viel Aufwand in der Bestimmung eines Korrekturgliedes zweiter Ordnung. Der obige Weg wurde der Vollständigkeit halber angegeben, soll hier aber nicht weiter verfolgt werden. Man wird nämlich keinen maßgeblichen Fehler begehen, wenn man für die Ermittlung des zusätzlichen Luftwiderstandes wegen $\alpha \neq 0$ einen geeigneten Mittelwert für den Anstellwinkel in der Gleitbahn einführt. Mit Hilfe dieses Mittelwertes kann man dann die Größe des Gliedes $c_2 \cdot \alpha^2$ sofort ermitteln und diesen Wert zu der Größe von k_3 addieren. Man hat also in erster Näherung für die c_D-Variation

$$c_D = c_0 + c_2 \overline{\alpha^2} = (k_3 + c_2 \overline{\alpha^2}) + \frac{k_4}{v^2}, \tag{65}$$

die für die Ermittlung des zusätzlichen Luftwiderstandes bei $\alpha \neq 0$ als ausreichend genau erachtet wird.

Nun sollen die Beziehungen für die Ermittlung der Anfangs- und der Terminushöhe bzw. ϱ_i und ϱ_T abgeleitet werden. Aus Gl. (32) folgt

$$\frac{L}{m} = c_L \frac{A}{m} \frac{\varrho}{2} v^2 = \frac{g_0 r_0^2}{r^2} \sin \vartheta \left[1 - \frac{v^2 r}{g_0 r_0^2} \right]$$

oder

$$c_L \frac{A}{G} = \left(\frac{r_0}{r} \right)^2 \sin \vartheta \frac{2}{\varrho v^2} \left[1 - \frac{v^2 r}{g_0 r_0^2} \right]. \tag{66}$$

Hieraus kann man also sofort die erforderliche Größe des Parameters $c_L A/G$, der übrigens eine sehr wichtige Rolle spielt, für beliebige Koordinationen von Höhe und Geschwindigkeit ermitteln. Im Perigäum der Einlandeellipse gelten die Beziehungen

$$\sin \vartheta_P = 1; \qquad r_P = a(1 - \varepsilon);$$

$$v_P^2 = \frac{g_0 r_0^2}{r_P}(1 + \varepsilon) = \frac{g_0 r_0^2}{a} \frac{1 + \varepsilon}{1 - \varepsilon}; \qquad \frac{v_P^2 r_P}{g_0 r_0^2} = 1 + \varepsilon \tag{67}$$

Durch Substitution von (67) in (66) folgt

$$\left(c_L \frac{A}{G} \right)_P = \left(\frac{r_0}{r} \right)^2 \frac{2}{\varrho_P \frac{g_0 r_0^2}{r_P}(1 + \varepsilon)} [1 - (1 + \varepsilon)] = - \frac{\varepsilon}{1 + \varepsilon} \frac{2}{r_P \varrho_P g_0} \tag{68}$$

oder, mit $\gamma_0 = g_0 \varrho_0$,

$$\left(c_L \frac{A}{G} \right)_P = - \frac{\varepsilon}{1 + \varepsilon} \frac{2}{r_P \gamma_0 (\varrho_P/\varrho_0)} = - \frac{\varepsilon}{1 + \varepsilon} \frac{2 \, e^{(r_P - r_0)/H}}{r_P \cdot \gamma_0}. \tag{69}$$

Dies ist eine transzendente Gleichung zur Bestimmung von r_P, die sich graphisch sehr leicht auswerten läßt. Interessant in diesem Zusammenhang ist jedoch vielmehr die Darstellung von Gl. (69) in Verbindung mit den Daten der Ausgangs-Satellitenbahn. Für den in Abschn. V diskutierten Fall $r_{A_1} = r_{A_2}$, $r_{P_1} \neq r_{P_2}$ folgt

$$\varepsilon = \frac{r_A - r_{P_2}}{r_A + r_{P_2}}; \quad 1 + \varepsilon = \frac{2\,r_A}{r_A + r_{P_2}}; \quad \frac{\varepsilon}{1 + \varepsilon} = \frac{r_A - r_{P_2}}{2\,r_A},$$

und damit, wenn nun der Index 2 weggelassen wird,

$$\left(c_L \frac{A}{G}\right)_P = -\frac{(1/r_P) - (1/r_A)}{\gamma_0\,(\varrho_P/\varrho_0)} = -\frac{1}{\gamma_0}\left(\frac{1}{r_P} - \frac{1}{r_A}\right)e^{(r_P - r_0)/H}. \tag{70}$$

Für den Fall der Kreisbahn wird einfach $r_A = r_K$, wobei r_K der Radius der Kreisbahn ist. Trägt man die Beziehung (70) graphisch auf, wobei man am besten r_A als Parameter wählt, so kann man sofort r_P für einen gegebenen Parameter $c_L\,A/G$ ablesen. Die zugehörige Geschwindigkeit ist dann

$$v_P = \sqrt{\frac{g_0\,r_0{}^2}{r_P} \cdot \frac{2\,r_A}{r_A + r_P}}. \tag{71}$$

Soll nun das Gerät nach Durchfliegen des Einlandeperigäums nicht sofort in die Gleitbahn übergehen, sondern solange in einer erzwungenen Kreisbahn (in der Perigäumshöhe) verweilen, bis die Geschwindigkeit soweit reduziert ist, daß diese gerade noch ausreicht, um das Gerät in dieser Höhe zu halten, dann ist diese minimale Geschwindigkeit (oder gleichzeitig nun die Anfangsgeschwindigkeit für die Gleitbahn) gegeben durch die aus Gl. (32) folgende Beziehung

$$v_{min}{}^2 = \frac{2\,g\,r}{2 + \left(\dfrac{A}{G}\,c_L\right)\gamma_0 \cdot r \cdot (\varrho/\varrho_0)}. \tag{72}$$

Man kann nun ohne weiteres aus den Gln. (70) und (71), bzw. (72) sogleich die Ausgangsdaten für die Überschallgleitbahn ohne weitere Zwischenrechnung ermitteln. Die Terminushöhe für die Überschallgleitbahn erhält man aus der Beziehung

$$\frac{L_T}{G} = \left(c_L \frac{A}{G}\right)_T v_T{}^2 \frac{\varrho_T}{2} = \left(c_L \frac{A}{G}\right)v_T{}^2 \varrho_{0/2}\left(\frac{\varrho_T}{\varrho_0}\right) = \left(c_L \frac{A}{G}\right)_T \frac{k}{2}M^2 p_T = \frac{g}{g_0}\sin\vartheta \approx \frac{g}{g_0}$$

oder

$$\left(c_L \frac{A}{G}\right)_T = \frac{g}{(v_T{}^2/2)\,\gamma_0\,(\varrho/\varrho_0)}. \tag{73}$$

Hier ist die „scheinbare Fliehkraftentlastung" vernachlässigt, da die in Frage kommenden Geschwindigkeiten bereits sehr klein sind. Legt man die Terminushöhe für $M = 1,5$ fest, so erhält man

$$p_T = \left[\left(c_L \frac{A}{G}\right)_T \cdot 1{,}575\right]^{-1} \tag{74}$$

zur Ermittlung von p_T bzw. der Terminushöhe, wenn $c_L\,A/G$ gegeben ist.

Im folgenden soll nun der Fall der erzwungenen Kreisbahn behandelt werden. Da sich dieser Vorgang im Bereich sehr großer Mach-Zahlen abspielt, können die Anteile des Widerstandsbeiwerts c_0 und c_2 als konstant angesetzt werden. Ebenso wird der Mach-Zahl-abhängige Koeffizient des Auftriebsbeiwerts c_1 als konstant angesetzt. Wegen $\vartheta = \pi/2$, $\cos\vartheta = 0$, $\varrho = $ const., $d\varrho/dt = 0$, $dr/dt = 0$, folgt aus den Gln. (30) und (31) für die Bewegungsgleichungen in der erzwungenen Kreisbahn

$$\dot{v} = -\frac{0}{m} = -k\,v^2\,[c_0 + c_2\,a^2], \tag{75}$$

$$-v\,\dot{\vartheta} = 0 = \frac{L}{m} - g\left[1 - \frac{v^2\,r}{g_0\,r_0{}^2}\right]. \tag{76}$$

Setzt man die Abkürzungen

$$a = \frac{2\,g_P/g_0}{(A/G)\,k_1 \cdot \varrho_P} = \frac{2\,g_P}{(A/G)\,k_1 \cdot \gamma_0\,(\varrho_P/\varrho_0)}\,; \qquad k_1 = c_L\,; \qquad b = \frac{r_P}{g_0\,r_0{}^2}\,, \qquad (77)$$

so erhält man für die Änderung des Anstellwinkels als Funktion der Geschwindigkeit v aus der zweiten Bewegungsgleichung (76),

$$a = \frac{a}{v^2}\,[1 - b\,v^2]\,; \qquad a^2 = \frac{a^2}{v^2}\,[1 - 2\,b\,v^2 + b^2\,v^4] > 0. \qquad (78)$$

Durch Substitution dieser Beziehung in Gl. (75) folgt

$$\frac{dv}{dt} = -\frac{k\,c_2\,a^2}{v^2} + 2\,b\,k\,c_2\,a^2 - v^2\,(k\,c_0 + k\,c_2\,a^2\,b^2),$$

oder, nach Ausführung der Integration über dem Zeitelement,

$$-\left[\frac{k\,c_2\,a^2}{c}\right] \cdot \int \frac{v^2\,dv}{v^4 - (2\,b/c)\,v^2 + (1/c)} = t + \text{const.}, \qquad (79)$$

wobei

$$c = \frac{k\,c_0 + k\,c_2\,a^2\,b^2}{k\,c_2\,a^2} = \frac{c_0}{c_2\,a^2} + b^2 \qquad (80)$$

als Abkürzung eingeführt ist. Partialbruchzerlegung für das restliche Integral liefert

$$\frac{v^2}{v^4 - \dfrac{2\,b}{c}\,v^2 + \dfrac{1}{c}} = \frac{1}{2\,\sqrt{2\,\sqrt{\dfrac{1}{c}} + \dfrac{2\,b}{c}}}\left\{\frac{v}{v^2 - \sqrt{2\,\sqrt{\dfrac{1}{c}} + \dfrac{2\,b}{c}}\cdot v + \dfrac{1}{c}} - \right.$$

$$\left. - \frac{v}{v^2 + \sqrt{2\,\sqrt{\dfrac{1}{c}} + \dfrac{2\,b}{c}}\cdot v + \dfrac{1}{c}}\right\} = \frac{1}{2\,a_0}\left\{\frac{v}{v^2 - a_0\,v + a_1} - \frac{v}{v^2 + a_0\,v + a_1}\right\}.$$

Damit erhält man durch Integration über dem ersten Glied

$$\int \frac{v^2\,dv}{v^4 - \dfrac{2\,b}{c}\,v^2 + \dfrac{1}{c}} = \frac{1}{2\,a_0}\left\{\frac{1}{2}\ln|v^2 - a_0\,v + a_1| + \frac{a_0}{2}\int \frac{dv}{v^2 - a_0\,v + a_1}\right\} -$$

$$- \frac{1}{2\,a_0}\left\{\frac{1}{2}\ln|v^2 + a_0\,v + a_1| - \frac{a_0}{2}\int \frac{dv}{v^2 + a_0\,v + a_1}\right\}. \qquad (81)$$

Für die beiden Restintegrale gilt

$$\left.\begin{array}{l}\displaystyle\int \frac{dv}{v^2 - a_0\,v + a_1} \\[3mm] \displaystyle\int \frac{dv}{v^2 + a_0\,v + a_1}\end{array}\right\} \quad a_0{}^2 - 4\,a_1 = 2\,\sqrt{\frac{1}{c}} + \frac{2\,b}{c} - \frac{4}{c} = \frac{2}{c}\,(\sqrt{c} + b - 2) < 0. \qquad (82)$$

Durch Ausführung der Integration erhält man schließlich die Beziehung für den zeitabhängigen Geschwindigkeitsverlauf in der erzwungenen Kreisbahn,

$$-\frac{k\,c_2\,a^2}{4\,a_0 \cdot c}\,\ln\left|\frac{v^2 - a_0\,v + a_1}{v^2 + a_0\,v + a_1}\right| - \frac{k\,c_2\,a^2}{2\,c\,\sqrt{4\,a_1 - a_0{}^2}}\left\{\text{arc tg}\,\frac{2\,v - a_0}{\sqrt{4\,a_1 - a_0{}^2}} - \right.$$

$$\left. - \text{arc tg}\,\frac{2\,v + a_0}{\sqrt{4\,a_1 - a_0{}^2}}\right\} = t + \text{const.}, \qquad (83)$$

wobei

$$a_0 = \sqrt{2\sqrt{\frac{1}{c}} + \frac{2b}{c}}; \qquad a_1 = \sqrt{\frac{1}{c}} \tag{84}$$

als Abkürzungen eingeführt sind. Der Wert der Integrationskonstanten ist für $t = 0$ bei $v = v_i$ (v_i = Anfangsgeschwindigkeit in der Kreisbahn = Perigäumsgeschwindigkeit) zu bestimmen.

Für die Bestimmung der Flugweite über der gekrümmten Erdoberfläche für die erzwungene Kreisbahn soll eine Näherungslösung angegeben werden. Führt man einen Mittelwert für α ein, so ergibt sich aus (75) die Differentialgleichung für die Geschwindigkeitsänderung

$$\dot{v} = -\frac{D}{m} = -k' \cdot v^2; \qquad k' = \frac{A}{2\,m}\, \varrho \cdot c_D. \tag{85}$$

Durch Integration erhält man sofort für die Zeitabhängigkeit der Bewegung

$$-\frac{1}{k' \cdot v} = -t + \text{const.}; \qquad v = \frac{v_i}{1 + v_i\, k' \cdot t} \text{ und die Konstante const.} = -\frac{1}{k'\, v_i}$$

$$(t = 0,\; v = v_i) \tag{86}$$

ist nach den Anfangsbedingungen bestimmt. Eine zweite Integration

$$s = \int \frac{v_i\, dt}{1 + v_i\, k' \cdot t} = \frac{v_i}{v_i\, k'} \ln\left(1 + v_i\, k'\, t\right)$$

ergibt die Beziehung für die Bogenlänge

$$s = \frac{1}{k'} \ln\left(1 + v_i\, k' \cdot t\right) \tag{87}$$

mit $s_i = 0$. Damit folgt schließlich für die Reichweite über der gekrümmten Erdoberfläche

$$X = \frac{r_0 \cdot s}{r} = \frac{r_0}{k'\, r} \ln\left(1 + k'\, v_i \cdot t\right). \tag{88}$$

Der Wert von k' soll nun nicht ermittelt werden, sondern dieser Faktor wird mit Hilfe der genäherten Zeitabhängigkeit der Bewegung eliminiert. Substitution von Gl. (86) in (88) ergibt

$$X = \frac{(r_0/r) \cdot t \cdot v_i \ln\left(v_i/v\right)}{(v_i/v - 1)}. \tag{89}$$

Für die Zeit t wird nun nicht der genäherte Wert, sondern der genaue Wert aus Gl. (83) eingesetzt. Die Anfangsgeschwindigkeit v_i ist gegeben durch die Perigäumsgeschwindigkeit, die Endgeschwindigkeit v durch die minimale erlaubte Geschwindigkeit in der Bahnhöhe r ($= r_P =$ const.) nach Gl. (72). In der Ermittlung der minimalen Geschwindigkeit in der Höhe für die erzwungene Kreisbahn sollte ein Anstellwinkel von 3 bis 5° nicht überschritten werden, damit der Übergang in die anschließende Gleitbahn noch stabil erfolgt.

Zum Schlusse dieses Abschnitts soll nun noch eine Beziehung für das Maximum der Tangentialverzögerung und eine Beziehung für das Staudruckmaximum in der Überschallgleitbahn angegeben werden. Aus Gl. (43) ergibt sich für die tangentielle Beschleunigung

$$a_t = -\frac{D}{m} - g\cos\vartheta = -k\,\varrho\, v^2 - k\,\delta\,\varrho - g\cos\vartheta = -g\cos\vartheta\left[\frac{\sigma}{\beta}(u + \delta) + 1\right]. \tag{90}$$

Differentiation nach der Zeit und Nullsetzen liefert

$$u \frac{d\sigma}{dt} + \sigma \frac{du}{dt} + \delta \frac{d\sigma}{dt} = 0; \quad u + \sigma \frac{du}{d\sigma} + \delta = 0. \tag{91}$$

Eine zweite Differentiation nach der Zeit ergibt

$$- \ddot{a}_t = g \cos \vartheta \left[\frac{u}{\beta} \frac{d^2\sigma}{dt^2} + \frac{\delta}{\beta} \frac{d^2\sigma}{dt^2} + \frac{2}{\beta} \frac{du}{dt} \frac{d\sigma}{dt} + \frac{\sigma}{\beta} \frac{d^2u}{dt^2} \right] < 0.$$

Aus den Gl. (91), (46) und (48) folgt nun sofort die transzendente Gleichung

$$- \frac{e^{-\sigma_a}}{1 + \sigma_a} + E\,(\sigma_a) = \frac{v_i{}^2}{\beta}\, e^{-\sigma_i} + E\,(\sigma_i) + \frac{\delta}{\beta}\, e^{-\sigma_i} \tag{92}$$

zur Bestimmung des Wertes von σ_a, für welchen das Verzögerungsmaximum eintritt. Nach Gl. (45) kann man hieraus sofort die zugehörige Höhe ermitteln. Ein Vergleich von Gl. (92) und (48) liefert für die zugehörige Geschwindigkeit

$$u_a = - \frac{\beta}{1 + \sigma_a} - \delta \tag{93}$$

und damit erhält man für die Größe der maximalen Verzögerung

$$(- a_t)_{max} = g \cos \vartheta \left[1 - \frac{\sigma_a}{1 + \sigma_a} \right]. \tag{94}$$

Eine graphische Methode zur Bestimmung des Verzögerungsmaximums wird in Abschn. IX angegeben.

Der Staudruck in der Überschallgleitbahn eines geflügelten Gerätes drückt sich mit Hilfe von Gln. (36) und (45) aus zu

$$q = \frac{\varrho\, v^2}{2} = \text{const.}\ \sigma \left\{ v_i{}^2\, e^{\sigma - \sigma_i} - \beta\, e^\sigma\, [E\,(\sigma) - E\,(\sigma_i)] - \delta\, [1 - e^{\sigma - \sigma_i}] \right\}. \tag{95}$$

Differentiation nach der Zeit und Nullsetzen ergibt

$$(1 + \sigma_q)\, \{(v_i{}^2 + \delta)\, e^{\sigma_q - \sigma_i} - \beta\, e^{\sigma_q}\, [E\,(\sigma_q) - E\,(\sigma_i)]\} + \beta - \delta = 0. \tag{96}$$

Eine zweite Differentiation liefert

$$\frac{d^2q}{d\sigma^2} = \text{const.}\ (2 + \sigma)\, e^\sigma \left\{ \beta\, \frac{\sigma + 1}{\sigma\,(2 + \sigma)}\, e^{-\sigma} - \beta\, E\,(\sigma) + (v_i{}^2 + \delta)\, e^{-\sigma_i} - \beta\, E\,(\sigma_i) \right\} < 0.$$

Aus den Gln. (96), (46) und (48) folgt nun sofort die Gleichung

$$- \frac{(1 - \delta/\beta)}{1 + \sigma_q}\, e^{-\sigma_q} + E\,(\sigma_q) = \frac{u_i}{\beta}\, e^{-\sigma_i} + E\,(\sigma_i) + \frac{\delta}{\beta}\, e^{-\sigma_i} \tag{97}$$

für die Bestimmung des Wertes von σ_q, für welchen das Staudruckmaximum eintritt. Diese Gleichung kann sehr einfach auf graphischem Wege aufgelöst werden. Die zugehörige Höhe ermittelt man mit Hilfe von (45), die zugehörige Geschwindigkeit

$$u_q = (v_q)^2 = - \frac{\beta - \delta}{1 + \sigma_q} - \delta \tag{98}$$

folgt aus einem Vergleich von (97) und (48). Damit erhält man

$$q_{max} = \frac{\varrho_q}{2} \left\{ - \frac{\beta + \delta}{1 + \sigma_q} - \delta \right\} \tag{99}$$

als Beziehung zur Ermittlung der Größe des Staudruckmaximums in der Überschallgleitbahn.

VIII. Näherungsbeziehung zur Ermittlung der maximalen Hauttemperatur in der Gleitbahn

Dieser Abschnitt ist angefügt, nicht als eine Untersuchung über das Problem der aerodynamischen Erwärmung von Flugkörpern im hohen Überschallbereich, sondern zum Zweck der Ableitung einer analytischen Beziehung zur Abschätzung der in der Überschallgleitbahn auftretenden max'malen Hauttemperatur. Dieses Verfahren soll dem Konstrukteur geflügelter Geräte die Möglichkeit geben, ohne die Durchführung einer zeitraubenden numerischen Integration die maximale Hauttemperatur für den Fall ohne Kühlung, oder die maximal erforderliche Kühlleistung für eine vorgegebene maximale Hauttemperatur abzuschätzen. Von besonderem Interesse erscheinen die maximale Hauttemperatur in Verbindung mit der momentan wirkenden Verzögerung sowie die maximale Verzögerung mit der gleichzeitig herrschenden Hauttemperatur. Die Beziehung zur Ermittlung des Verzögerungsmaximums wurde bereits angegeben. Mit den zugehörigen aerodynamischen Daten und Bahnelementen lassen sich dann sofort die zugehörigen Werte für die adiabatische Wandtemperatur T_{adw}, die Wärmeübergangszahl h und die Hauttemperatur mit den untenstehenden Beziehungen Gln. (100), (101) und (102) angeben. Im folgenden soll nun eine Beziehung zur Ermittlung der Bahndaten für das Auftreten der maximalen Hauttemperatur abgeleitet werden. Sind für diesen Fall dann Höhe und Geschwindigkeit bekannt, so kann auch die zugehörige Verzögerung ermittelt werden. Damit hat dann der Konstrukteur die wichtigsten Daten für die Beanspruchung des Gerätes, die er der Festigkeitsrechnung bei dem Entwurf der geflügelten Rakete zugrunde legen muß.

Wie bekannt ist die Ermittlung der Hauttemperatur durch aerodynamische Erwärmung ein ziemlich kompliziertes Problem und die erforderlichen Gleichungen werden zumeist numerisch integriert. Für eine analytische Lösung in der Ermittlung der maximalen Hauttemperatur sind natürlich eine Reihe von Annahmen erforderlich, die hier näher begründet werden sollen. Zunächst wird nicht die zeitabhängige Differentialgleichung für die Hauterwärmung zugrunde gelegt, sondern dieser Vorgang wird als stationär betrachtet. Man erhält also eine Gleichgewichtstemperatur. Dies erscheint insofern als gerechtfertigt, als die Flugzeiten bei Gleitbahnen im hohen Überschallbereich relativ groß sind und dabei die Höhe und Geschwindigkeit sich relativ langsam ändern. In dieser Beziehung wird die Strahlung der Grenzschicht nicht berücksichtigt. Ebenso wird die Dissoziation der Luft in der Grenzschicht nicht berücksichtigt. Es ist nicht gerade wahrscheinlich, daß man diese beiden Effekte vernachlässigen darf, jedoch sind noch zu wenig Untersuchungen über diese Probleme für die turbulente, kompressible Grenzschicht bekannt. Für die kompressible, laminare Grenzschicht wurde der Einfluß der Dissoziation von Moore [9] behandelt, während der Strahlungseinfluß in der Grenzschicht von Smith [10] untersucht wurde. Dabei zeigt sich, daß die Strahlung in der Grenzschicht gewissermassen eine stabilisierende Wirkung haben soll. Ferner soll nach [11] eine Kühlung der Haut (an der Innenseite) ebenfalls eine stabilisierende Wirkung erzielen, so daß unter Umständen noch relativ weit hinter der Spitze oder Vorderkante eine laminare Grenzschicht vorherrscht. Es scheint also noch nicht gesichert, ob überhaupt der Fall der turbulenten Grenzschicht bei Rückkehrgeräten eine besondere Rolle spielen wird und ob nicht vielmehr — insbesondere bei sehr glatten Oberflächen und langauslaufenden, spitzen Formen — der laminare Fall zu berücksichtigen wäre. Dies würde bedeuten, daß die Hauttemperaturen kleiner wären, als man allgemein erwartet. Jedoch sollen diese Fragen hier nicht diskutiert werden.

In der Annahme des turbulenten Falles dürfte man auf jeden Fall sich auf der sicheren Seite bewegen. Sollte sich später eine andere Beziehung für die Wärmeübergangszahl h als besser erweisen als die hier verwendete, so kann man ohne Schwierigkeiten auch für diese eine analytische Lösung angeben, wenn man auch dann die hier gemachten Annahmen als zutreffend ansehen kann. Weiterhin wurden der Einfluß der Temperaturvariation der Luft mit der Höhe und die Temperaturabhängigkeit der Stoffwerte vernachlässigt. Für diese werden Mittelwerte eingeführt, die sich auf die Verhältnisse beim Eintreten der maximalen Hauttemperatur beziehen. Dies erscheint erlaubt, da der Einfluß der Variation dieser Daten gering gegenüber dem Einfluß der Variation der Dichte und der Geschwindigkeit ist. Ferner wurde die Variation der Dichte und Geschwindigkeit auf die der freien Strömung bezogen. Sollte es einmal erforderlich sein, die Variation von Dichte und Geschwindigkeit auf die lokale Strömung am Körper zu beziehen, so erreicht man dies ohne weiteres durch Einführung eines konstanten Proportionalitätsfaktors (bzw. -faktoren) für die Verhältnisse v_1/v_∞ und ϱ_1/ϱ_∞. Das Konstanthalten dieser Faktoren scheint insofern erlaubt, als sich diese Verhältnisse im Bereich hoher MACH-Zahlen einem Grenzwert nähern und sich nur noch sehr wenig ändern. Dies trifft insbesondere für das Geschwindigkeitsverhältnis zu.

Unter Zugrundelegung der diskutierten Vereinfachungen und Annahmen soll nun eine Beziehung für das Auftreten der maximalen Hauttemperatur θ_{max} abgeleitet werden. Die Beziehung für die Gleichgewichtstemperatur ist

$$h\,[T_{adw} - \theta] = \varepsilon_w\,a_R\,\theta^4; \qquad a_R = 1{,}38 \cdot 10^{-11}\left[\frac{\text{kcal}}{\text{m}^2 \cdot \text{sec} \cdot {}^\circ\text{C}^4}\right], \qquad (100)$$

wobei T_{adw} die Temperatur am inneren Rande der Grenzschicht, θ die Hauttemperatur, ε_w die Emissivität der Haut und a_R die STEFAN-BOLTZMANNsche Konstante bedeuten. Für die Wärmeübergangszahl wird die EBERsche Beziehung

$$h = (0{,}0071 + 0{,}0154\,\sqrt{\beta})\,\frac{k}{x}\,\text{Re}_\infty^{0.8} = (0{,}0071 + 0{,}0154\,\sqrt{\beta})\,\frac{k}{x^{0.2}}\left(\frac{v_\infty}{v}\right)^{0.8} =$$

$$= \text{const.}\,\frac{k}{x^{0.2}}\left(\frac{\varrho\,v_\infty}{\mu}\right)^{0.8} \qquad (101)$$

verwendet. Hier ist β der Kegelwinkel (im Bogenmaß), Re_∞ die REYNOLDS-Zahl der freien Strömung, x die charakteristische Länge (gemessen von der Vorderkante entlang der Kegeloberfläche), k der Wärmeleitkoeffizient von Luft, v die kinematische Viskosität, μ die dynamische Viskosität von Luft und v_∞ die Geschwindigkeit der freien Strömung. ϱ ist die Luftdichte. Die Grenzschichttemperatur T_{adw} erhält man aus der Beziehung

$$T_{adw} = r\,(\Delta T)_{ad} + T_\infty = T_\infty + r \cdot \frac{v_\infty{}^2}{2\,g \cdot J \cdot c_p} = T_\infty\left(1 + r \cdot \frac{\varkappa - 1}{2}\,M_\infty{}^2\right). \qquad (102)$$

Hier ist r der Temperaturausgleichsfaktor (in der englischen und amerikanischen Literatur: "temperature recovery factor"), der ungefähr 0,89 für kegelige Körper beträgt, c_p die spezifische Wärme von Luft bei konstantem Druck, g die Erdbeschleunigung, J das mechanische Wärmeäquivalent, $(\Delta T)_{ad}$ der adiabatische Temperaturanstieg und T_∞ die Temperatur der freien Strömung. Die obigen drei Beziehungen sind allgemein bekannt und verschiedentlich in der Literatur zu finden. Es wird verschiedentlich festgestellt, daß die EBERsche Beziehung auf zu kleine Werte für den Wärmeübergang führt. Jedoch im Hinblick auf das oben Gesagte *erscheint* ihre Verwendung für den hier vorliegenden Fall als geeignet. Bezeichnet man nun Q als die pro Zeit- und Flächeneinheit abgeführte Wärmemenge (auf den Mechanismus der Kühlung soll hier nicht weiter eingegangen werden), so erhält man für die Gleichgewichtstemperatur (100) nun die Beziehung

$$h\,[T_{adw} - \theta] = \varepsilon_w\,a_R\,\theta^4 + Q \tag{103}$$

oder man erhält die erforderliche Kühlleistung bei vorgegebener Hauttemperatur θ_e zu

$$Q = h\,[T_{adw} - \theta_e] - \varepsilon_w\,a_R\,\theta_e^4. \tag{104}$$

Hält man, wie vorausgesetzt, die Stoffwerte konstant und gleich einem Mittelwert und nimmt man ferner als Dichte und Geschwindigkeit die der freien Strömung, so tritt das Maximum für die Hauttemperatur gleichzeitig mit dem Maximum des Produktes aus Wärmeübergangszahl und Grenzschichttemperatur

$$h\,T_{adw} = \text{const.}\ \sigma^{0.8}\,u^{0.4}\,(A + B\,u)$$

auf. Differenziert man nach der Dichte der Strömung, so folgt

$$\frac{d}{d\sigma}\,(h\,T_B) - \text{const.}\ A \left\{0{,}4\,\sigma^{0.8}\,u^{0.6}\,\frac{du}{d\sigma} + 0{,}8\,u^{0.4}\,\sigma^{-0.2}\right\} =$$

$$= \text{const.}\ B \left\{1{,}4\,\sigma^{0.8}\,u^{0.4}\,\frac{du}{d\sigma} + 0{,}8\,u^{1.4}\,\sigma^{-0.2}\right\}.$$

Eine zweite Differentiation zeigt sofort, daß tatsächlich ein Maximum auftritt. Das Maximum tritt ein für

$$\frac{du}{d\sigma} = \left(1 + \frac{B}{A}\,u\right)\left\{1{,}4\,\frac{du}{d\sigma} + 0{,}8\,\frac{u}{\sigma}\right\}, \tag{105}$$

oder

$$\frac{du}{d\sigma}\left[1 - \frac{1}{1{,}4\left(1 + \dfrac{B}{A}\,u\right)}\right] = -\frac{4}{7}\,\frac{u}{\sigma}; \qquad u = -\frac{\beta + \sigma\,\delta}{\sigma + \eta}, \tag{106}$$

wobei

$$\eta = \frac{4}{7\left[1 - \dfrac{1}{1{,}4\,(1 + B/A\,u)}\right]}; \qquad A = T_\infty; \qquad B = \frac{r}{2\,g \cdot c_p\,J}. \tag{107}$$

als Abkürzungen eingeführt sind. Der Faktor η zeigt den Einfluß der Temperatur der freien Strömung. Er ist eine Funktion der Geschwindigkeit und bewegt sich zwischen den Grenzen $4/7 \leqslant \eta \leqslant 2$. Wäre die Temperatur der freien Strömung gleich Null, dann hätte η den Wert $4/7$. Aus Gln. (107), (106), (46) und (48) erhält man die Beziehung für die Bestimmung des Wertes von σ_θ, für den die maximale Hauttemperatur (genähert) auftritt

$$-\frac{1 + \sigma_\theta\,(\delta/\beta)}{\sigma_\theta + \eta}\,e^{-\sigma_\theta} + E\,(\sigma_\theta) + \frac{\delta}{\beta}\,e^{-\sigma_\theta} = \frac{u_i}{\beta}\,e^{-\sigma_i} + E\,(\sigma_i) + \frac{\delta}{\beta}\,e^{-\sigma_i}. \tag{108}$$

Ein graphisches Verfahren zur Lösung dieser transzendenten Gleichung ist im folgenden Abschnitt angegeben. Zunächst ist ein Wert von η nicht bekannt, da die Geschwindigkeit erst ermittelt werden muß. Man wählt deshalb zunächst $\eta = 4/7$, ermittelt σ_θ, damit die zugehörige Dichte und Temperatur der freien Strömung, darauf die zugehörige Geschwindigkeit nach Gl. (48), da diese nicht so empfindlich gegenüber einer Wahl von η ist wie Gl. (106), und berechnet damit einen neuen Wert für η. Meistens dürfte diese erste Iteration genügen. Falls erforderlich, kann diese Iteration nochmals durchgeführt werden. Der erfahrene Konstrukteur kann oft einen ungefähren Wert für die Höhe und Geschwindigkeit beim Hauttemperaturmaximum von vornherein schätzen und spart sich so einen

Iterationsweg. Hat man die endgültigen Werte für die Höhe, Dichte und Geschwindigkeit beim Hauttemperaturmaximum, so können sofort alle anderen Werte ermittelt und die eigentliche Hauttemperatur mit Hilfe der Gln. (100), (101) und (102), bzw. die maximal erforderliche Kühlleistung nach (104) bei vorgegebener Hauttemperatur, bestimmt werden.

IX. Numerische Beispiele. Anwendung der Theorie

Zur Berechnung numerischer Beispiele ist es zunächst wichtig, ein Verfahren zur Lösung der drei erforderlichen transzendenten Gleichungen (52), (92) und (108) zu finden, mit Hilfe derer die Werte für σ_i, σ_a und σ_θ bestimmt werden. Zunächst ist es erforderlich, die Perigäumsdaten zu kennen. Diese ermittelt man aus Gl. (70). Hieraus erhält man sofort die Perigäumshöhe, oder auch r_i bzw. ϱ_i für die Gleitbahn. Die Anfangsgeschwindigkeit für die Gleitbahn v_i ermittelt sich nach Gl. (72) oder (71), je nachdem das Gerät eine erzwungene (Teil-)Kreisbahn durchfliegen soll oder nicht. Nun sind noch die Terminusdaten der Gleitbahn zu bestimmen. Die Endgeschwindigkeit v_T wird vorgegeben, die zugehörige Luftdichte mit Hilfe von Gl. (73) bzw. (74) ermittelt. Man erhält also damit die Daten v_i, v_T und ϱ_T/ϱ_i. Die drei transzendenten Gleichungen sollen nun graphisch gelöst werden. Es wird zunächst die Vereinfachung gemacht, daß man sich hier nur auf *eine* Endgeschwindigkeit beschränkt, und zwar auf $v_T = 450$ m/sec. Auf der rechten Seite dieser drei Gleichungen steht jeweils derselbe Ausdruck. Diesem entsprechen die fast waagerechten, leicht ansteigenden Linien in Abb. 5. Diese Kurven sind über σ_i aufgetragen und haben v_i als Parameter. Die linke Seite von (52) ist, wenn ein v_T gewählt wird, eine Funktion von σ_i mit ϱ_T/ϱ_i als Para-

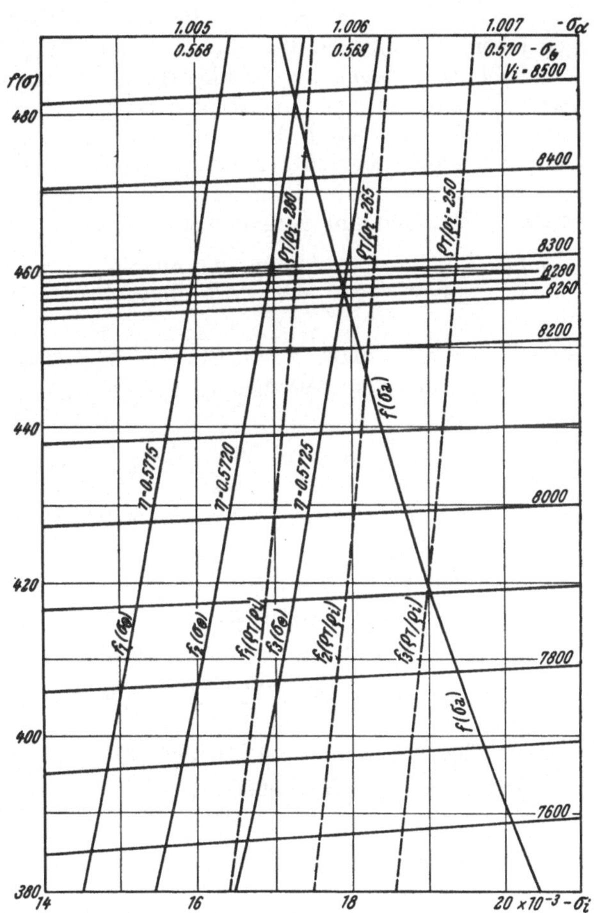

Abb. 5. Nomogramm zur Bestimmung der σ-Werte für den Anfangspunkt der Gleitbahn, für die maximale Verzögerung und für die maximale Hauttemperatur.

meter (siehe die gestrichelten Linien in Abb. 5). Die linken Seiten von Gln. (92) und (108) sind als $f(\sigma_a)$ und $f(\sigma_\theta)$ in Abb. 5 eingetragen. Für den Parameter η für $f(\sigma_\theta)$ wurden drei Werte gewählt. Die Abb. 5 soll hier nur als Beispiel für das

Anlegen eines ähnlichen Kurvenblattes dienen, mit Hilfe dessen man die erforderlichen σ-Werte leicht ablesen kann. Für den praktischen Gebrauch müßte dieses Kurvenblatt stark erweitert werden. Aus Gründen, die im nachfolgenden noch näher angegeben werden, empfiehlt es sich, Kurvenscharen für v_i gleich der minimalen Geschwindigkeit für eine gegebene Höhe und v_T ebenfalls gleich der minimalen Geschwindigkeit für eine gegebene Höhe anzulegen und dies für einen Höhenbereich von etwa 100 bis herab zu 30 km Höhe, mit Intervallen von 10 oder 20 km. Dies wäre gleichbedeutend mit einem Nomogramm für die Gln. (72), (52), (92) und (108), gegebenenfalls auch in Verbindung mit (71).

Wie man mit Hilfe eines solchen Kurvenblattes die Bahndaten eines geflügelten Gerätes, insbesondere Verzögerungsmaximum und Maximum der Hauttemperatur, ermittelt, soll im folgenden für zwei Beispiele gezeigt werden. Der erste Fall sei der einer Überschallgleitbahn, die sofort im Einlandeperigäum beginnen soll, der zweite Fall eine Überschallgleitbahn, beginnend nach Durchfliegen einer erzwungenen Kreisbahn in der Perigäumshöhe. Es wird das von W. von Braun angegebene Rückkehrgerät [1] als Beispiel für derartige Rechnungen zugrunde gelegt. Es ist hier noch zu bemerken, daß der Zweck der Rechnung einzig und allein das Aufzeigen der Handhabung und der praktischen Rechnung mit den abgeleiteten Beziehungen ist. Ferner wird noch kurz aufgezeigt, wie sich eine Bahn konstanten Gleitwinkels mit einer Bahn konstanten Anstellwinkels (Gleitzahl vorgegeben als Funktion der Mach-Zahl) vergleicht.

Beispiel 1: Die Gerätedaten sind aus der Arbeit von W. von Braun [1] entnommen. Entsprechend den dort angegebenen Daten wird k_3 und k_4/k_3 ermittelt zu

$$k_3 = 0,05; \qquad k_4' = 0,03 \cdot 4 = 0,12; \qquad k^4 = 0,12 \cdot 0,1156 \cdot 10^6 = 0,01387 \cdot 10^6$$
$$\text{für} \quad v_s = 340 \text{ m/sec}; \qquad \delta = k_4/k_3 = 0,2774 \cdot 10^6.$$

Ferner hat man

$$\frac{A}{G} k_3 = \frac{368}{27\,000} \cdot 0,05 = 6,815 \cdot 10^{-4};$$

$$v_i = 8,27 \text{ km/sec}; \qquad \varrho_i = 5,334 \cdot 10^{-6} \,\hat{=}\, 80 \text{ km Höhe}.$$

Die Betrachtung der Überschallgleitbahn werde abgebrochen bei $v_T = 450$ m/sec und $\varrho_T/\varrho_i = 265$. Man ermittelt nun die Werte für σ_i und σ_a aus dem Kurvenblatt

$$\sigma_i = -0,018\,320; \qquad \sigma_a = -1,005\,872\,5.$$

Zuerst ist nun die Höhe für das Verzögerungsmaximum zu bestimmen aus

$$\varrho_a = \varrho_i \frac{\sigma_a}{\sigma_i} = 5,334 \cdot 10^{-6} \frac{1,005\,872\,5}{0,018\,320} = 292,867 \cdot 10^{-6}; \qquad \text{also} \quad y_a \approx 41,6 \text{ km}.$$

Für diese Höhe wählt man die Mittelwerte

$$g = 9,68 \text{ m/sec}^2; \qquad H = 8600 \text{ m}; \qquad \beta = 2gH = 0.166\,496 \cdot 10^6 \text{ m}^2/\text{sec}^2;$$
$$v_s = 340 \text{ m/sec}.$$

Der Bahnneigungswinkel folgt nun sofort zu

$$\cos \vartheta = \varrho_i \left(\frac{A}{G} k_3 \right) \frac{\beta}{2\sigma_i} = 5,334 \cdot 10^{-6} \cdot 6,815 \cdot 10^{-4} \frac{0,166\,496 \cdot 10^6}{-2 \cdot 0,001832} =$$
$$= -0,016\,52.$$

Als nächstes bestimmt man das Verzögerungsmaximum mit zugehöriger Geschwindigkeit

$$(-a_t)_{max} = g \cos \vartheta \left[1 - \frac{\sigma_a}{1 + \sigma_a} \right] = -9,68 \cdot 0,016\,52 \left[1 - \frac{1,005\,872\,5}{0,005\,872\,5} \right]$$
$$= 27,22 \text{ m/sec}^2;$$

$$u_a = \left[-\frac{\beta}{1 + \sigma_a} - \delta \right] = \left(\frac{0,166\,496}{0,005\,872\,5} - 0,2774 \right) \cdot 10^6 = 28,0744 \cdot 10^6 ;$$
$$v_a = 5060 \text{ m/sec.}$$

Weiterhin ist für den Konstrukteur noch die maximale Hauttemperatur von Interesse. σ_θ erhält man zu

$$\sigma_\theta = -0,5679 ;$$
$$\varrho_\theta = \varrho_i\,\sigma_\theta/\sigma_i = 1,653\,54 \cdot 10^{-4}, \quad \text{und} \quad \text{damit} \quad y_\theta = 45,8 \text{ km}; \quad T_\infty\,(y_\theta) = 320\ °\text{K};$$
$$\mu = 1,7431 \cdot 10^{-6}.$$

Die zugehörige Geschwindigkeit ist $v_\theta = 6295$ m/sec. aus Gl. (43).

Die adiabatische Wandtemperatur wird nun

$$T_{adw} = T_\infty \left[1 + \frac{\varkappa - 1}{2} \cdot r \cdot M^2 \right] = 320\,[1 + 0,2 \cdot 0,89 \cdot (17,535)^2] = 17\,514\ °\text{K},$$

und die REYNOLDS-Zahl

$$\text{Re} = \frac{\varrho\,v \cdot x}{\mu} = \frac{165,354 \cdot 10^{-6} \cdot 6295 \cdot 0,5}{1,7431 \cdot 10^{-6}} = 2,987 \cdot 10^5.$$

Die Wärmeübergangszahl ermittelt man zu $(\beta = 20° = 0,349\,07;\ \sqrt{\beta} = 0,5908)$

$$h = (0,0071 \cdot 0,0154\,\sqrt{\beta})\,\frac{k}{x}\,\text{Re}^{0.8} = 0,0162 \cdot \frac{0,658 \cdot 10^{-5}}{0,5}\,2,400 \cdot 10^4 =$$
$$= 0,005\,12 \text{ kcal m}^2 \text{ sec }°\text{K}.$$

Damit erhält man als Bestimmungsgleichung für die maximale Hauttemperatur

$$T_{adw} = 2,5413 \cdot 10^{-9}\,\theta^4 + \theta = 17\,514.$$

Eine graphische Lösung ergibt den Wert

$$\theta_{max} = 1582\ °\text{K}.$$

Interessieren noch weitere Bahndaten, so können diese nun sehr leicht mit Hilfe der im vorhergehenden Abschnitt angegebenen Beziehungen ermittelt werden. Der Kürze halber sei hier auf die Berechnung weiterer Daten verzichtet. Zum Zweck eines Vergleichs sind der Geschwindigkeitsverlauf für diesen Fall sowie der Bahnneigungswinkel in Abb. 6 gestrichelt eingezeichnet. Man sieht, daß für diese Bahn die Geschwindigkeit stark über der Gleitbahn konstanten Anstellwinkels (und damit minimaler Geschwindigkeit — außer dem anfänglichen Bahnstück) liegt. Dies bedeutet, daß die Beanspruchung in dieser Bahn konstanten Bahnneigungswinkels entsprechend größer ist. Die Verzögerung ist etwa 6 mal so groß, die maximale Hauttemperatur etwa $1^1/_2$ mal so groß.

Beispiel 2: Es sei dasselbe Rückkehrgerät gewählt. Für diesen Fall soll nun das Gerät zunächst eine gesteuerte Kreisbahn durchfliegen. Betrachtet wird hier wieder die Überschallgleitbahn zur Ermittlung der maximalen Verzögerung und Hauttemperatur. Die Gleitbahn werde betrachtet bis zu einer Höhe von 40 km. In dieser Höhe soll das Gerät etwa die minimale Geschwindigkeit (für diese Höhe) erreichen. Zunächst ermittelt man v_i und v_T nach Gl. (72). Man erhält

$$v_{min}{}^2 = \frac{2\,g\,r}{2 + \left(\dfrac{G}{A}\,c_L\right)\gamma_0 \cdot r \cdot (\varrho/\varrho_0)} ; \qquad \left(\frac{A}{G}\,c_L\right) = 1,363 \cdot 10^{-3} ;$$

$$\left(\frac{A}{G}\,c_L\right)_T = 2,0445 \cdot 10^{-3} ;$$

$$v_i{}^2 = \frac{2 \cdot 6,452 \cdot 10^6 \cdot 9,56}{2 + 5,2309 \cdot 10^{-5} \cdot 64,52 \cdot 10^5 \cdot 1,363 \cdot 10^{-3}} = 50,147 \cdot 10^6 ;$$

$$v_i = 7081 \text{ m/sec};$$

$$v_T{}^2 = \frac{2 \cdot 9{,}68 \cdot 6{,}412 \cdot 10^6}{2 + 2{,}0445 \cdot 10^{-3} \cdot 6{,}412 \cdot 10^6 \cdot 3623{,}557 \cdot 10^{-6}} = 2{,}508 \cdot 10^6;$$

$$v_T = 1584 \text{ m/sec}.$$

Die drei σ-Werte bestimmen sich zu

$$\sigma_i = -0{,}04; \qquad \sigma_a = -1{,}0092; \qquad \sigma_\theta = -0{,}2249.$$

Die Höhe für die maximale Verzögerung bestimmt sich aus

$$\varrho_a = \varrho_i \frac{\sigma_a}{\sigma_i} = 5{,}334 \cdot 10^{-6} \frac{1{,}0092}{0{,}04} = 134{,}577 \cdot 10^{-6} \triangleq 47{,}5 \text{ km}.$$

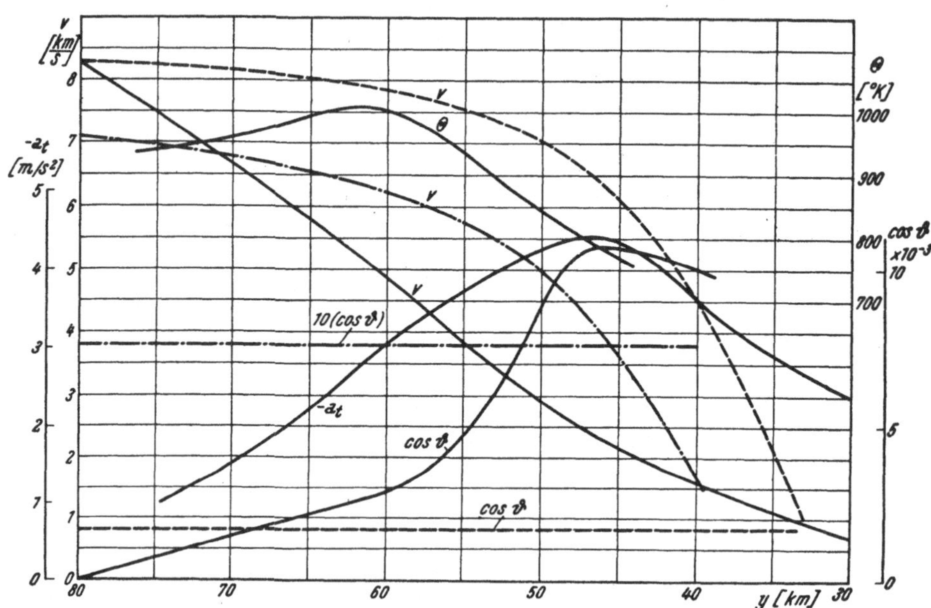

Abb. 6. Vergleich einer Überschallgleitbahn konstanten Anstellwinkels (annähernd Optimalbahn minimaler Geschwindigkeit) nach einer numerischen Integration von W. von Braun (ausgezogene Kurve) mit zwei Bahnen konstanten Bahnneigungswinkels (— — — und —.—.—.).

Maximale Verzögerung und zugehörige Geschwindigkeit werden

$$(-a_t)_{max} = g \cos \vartheta \left[1 - \frac{\sigma_a}{1 + \sigma_a}\right] = -9{,}66 \cdot 0{,}007\,565 \left[1 - \frac{1{,}0092}{0{,}0092}\right] = 7{,}943 \text{ m/sec}^2;$$

$$u_a = -\frac{\beta}{1 + \sigma_a} - \delta = \left(\frac{0{,}166\,496}{0{,}0092} - 0{,}2774\right) \cdot 10^6 = 17{,}819\,39 \cdot 10^6;$$

$$v_a = 4221 \text{ m/sec},$$

wobei sich der Bahnneigungswinkel mit Hilfe von σ_i mit $\cos \vartheta = 0{,}007\,565$ ergibt. Luftdichte und Höhe für das Maximum der Hauttemperatur sind

$$\varrho_\theta = 29{,}992 \cdot 10^{-6} \left[\frac{\text{kg sec}^2}{\text{m}^4}\right]; \qquad y_\theta = 62 \text{ km}; \qquad v_s = 368 \text{ m/sec}, \qquad T_\infty \approx 360 \text{ °K}.$$

Die zugehörige Geschwindigkeit ist $v_\theta = 6360$ m/sec. Die adiabatische Wandtemperatur wird nun

$$T_{adw} = 360\left[1 + 0,178\,\frac{40,4496}{0,1354}\right] = 19\,510\,°\mathrm{K}$$

und die REYNOLDS-Zahl $(x = 0,5\,\mathrm{m})$

$$\mathrm{Re} = \frac{\varrho\,v \cdot x}{\mu} = 0,477 \cdot 10^5.$$

Die Wärmeübergangszahl ermittelt man zu

$$h = 0,0162\,\frac{k}{x}\,\mathrm{Re}^{0.8} = 0,001\,257\left[\frac{\mathrm{kcal}}{\mathrm{m^2\,sec\,°K}}\right].$$

Damit erhält man als Bestimmungsgleichung für die maximale Hauttemperatur

$$T_{adw} = \theta^4 \cdot 11,590 \cdot 10^{-9} + \theta = 19\,510.$$

Eine graphische Lösung ergibt den Wert

$$\theta_{max} = 1208\,°\mathrm{K}.$$

Der Geschwindigkeitsverlauf mit der Höhe sowie der Wert $10 \cdot (\cos \vartheta)$ sind in Abb. 6 strich-punktiert eingezeichnet. Man sieht, daß sich dieser Fall der Gleitbahn schon merklich dem günstigen Fall minimaler Geschwindigkeit (für gegebene Höhe) nähert.

Besteht nun Interesse, mit Hilfe der in dieser Arbeit abgeleiteten Beziehungen näherungsweise charakteristische Daten, insbesondere die Maxima der Verzögerung, des Staudrucks und der Hauttemperatur für die Optimalbahn minimaler Geschwindigkeit zu ermitteln, so ist dies grundsätzlich möglich. Mit Hilfe eines stark erweiterten Nomogramms, wie zu Eingang dieses Abschnitts erläutert, kann man einen sehr engen Bereich für die Höhen, in denen diese Maxima auftreten, abschätzen. Man bestimmt so — zum Beispiel für das Verzögerungsmaximum — eine obere Höhe, über der das Maximum bestimmt nicht auftritt, und eine untere Höhe, unterhalb welcher das Maximum auch wieder bestimmt nicht auftritt. Für diese beiden Grenzen ermittelt man die minimalen Geschwindigkeiten für diese Höhen. Den Bahnverlauf in diesem kleinen Stück nähert man durch einen konstanten Neigungswinkel an, indem man die hier abgeleiteten Beziehungen zur Bestimmung des σ-Wertes für das betreffende Maximum verwendet. In der Bestimmung der anderen Maxima verfährt man ebenso. Die Einflüsse der Gerätedaten auf die Maxima von Verzögerung und Hauttemperatur werden in einer gesonderten Arbeit [12] behandelt.

X. Diskussion der Ergebnisse

In den vorliegenden Untersuchungen wurden die Bewegungsgleichungen für eine Überschallgleitbahn mit konstantem Bahnneigungswinkel analytisch integriert. Berücksichtigt wurden Luftwiderstand und Auftrieb in der Bahn. Ein Gesetz für die Änderung des Luftwiderstandsbeiwerts mit der Geschwindigkeit sowie das exponentielle Gesetz für die Luftdichteabnahme wurden der Integration zugrunde gelegt. Ein Gesetz für die Änderung des Auftriebsbeiwertes mit der MACH-Zahl (bzw. Geschwindigkeit) wurde eingeführt. Die Behandlung des Geschwindigkeitsverlustes durch die Änderung des Anstellwinkels als Störungsglied wurde durchgeführt. Wegen der Kompliziertheit der auftretenden Ausdrücke wurde ein Näherungsverfahren zur Berücksichtigung dieses Verlusts, nämlich die Einführung eines mittleren Gleitanstellwinkels, vorgeschlagen. Beziehungen zur Ermittlung der erforderlichen Perigäumshöhe der Einlandeellipse unter Berücksichtigung der Ausgangs-Satellitenbahn wurden abgeleitet. Die Bewegungsgleichungen für ein geflügeltes Gerät in einer erzwungenen Kreisbahn mit Berücksichtigung von Luftwiderstand und Auftrieb wurden integriert.

Die Untersuchungen wurden zunächst abgestimmt auf den Fall von geflügelten Geräten, die von einer Satellitenbahn um die Erde zur Erdoberfläche zurückkehren. Demzufolge wurde das Ablösen des Gerätes von der Satellitenbahn und der Flug durch die Einlandeellipse betrachtet. Die Bewegungsgleichungen für die Bremsbahn für den Fall kleiner Änderungen der Geschwindigkeit und Bahnexzentrizität wurden näherungsweise integriert. Die Änderung der Bahnelemente infolge tangentieller Verzögerungen wurde betrachtet. Eine Methode zur Abschätzung des Luftwiderstandseinflusses im letzten Teil der Einlandeellipse für kleine Bahnexzentrizitäten wurde angegeben.

Die Überschallgleitbahn wurde dann allgemein für den Fall geflügelter Raketen (das heißt überhaupt für freifliegende, geflügelte Überschallkörper) behandelt. Der besondere Zweck der Untersuchungen war die Ermittlung analytischer Beziehungen für die Maxima von Staudruck, Verzögerung und Hauttemperatur. Es ergaben sich hierbei transzendente Gleichungen zur Bestimmung der Luftdichte bzw. Höhe für das betreffende Maximum. Eine einfache graphische Lösungsmethode zur Ermittlung der drei erforderlichen σ-Werte wurde angegeben. Die praktische Verwendung des Verfahrens wurde an Hand von zwei Rechenbeispielen aufgezeigt. Für den praktischen Gebrauch wurde ein erweitertes Nomogramm vorgeschlagen, das dann auch zur näherungsweisen Bestimmung der oben genannten Maxima für eine Optimalbahn minimaler Geschwindigkeit verwendet werden kann.

Es wurde in einem Vergleich aufgezeigt, daß die Geschwindigkeiten in der Bahn konstanten Neigungswinkels sehr viel über den Geschwindigkeiten einer Optimalbahn minimaler Geschwindigkeit liegen. Es kann jedoch an dieser Stelle noch nicht gesagt werden, ob die Bahn minimaler Geschwindigkeiten in den jeweiligen Höhen tatsächlich auch die technische Optimalbahn ist. Auch bei dieser Bahn dürften die Hauttemperaturen etwas zu hoch liegen, so daß gegebenenfalls eine Kühlung in Betracht gezogen werden muß. Das Gewicht einer Kühlanlage dürfte sehr stark — neben der maximalen Temperatur — von der Wirkungszeit hoher Temperaturen abhängen. Es wäre unter diesen Umständen möglich, daß man vielleicht einer Bahn kurzer Flugzeit den Vorzug geben könnte. Untersuchungen zu diesem Problem sowie über den Einfluß der Gerätedaten auf die oben genannten Maxima werden in einer getrennten Arbeit [12], die sich auf die hier vorgelegte analytische Methode stützt, behandelt werden.

Diese Arbeit soll keinesfalls den Anspruch erheben, auch nur annähernd eine vollständige Behandlung des Rückkehrproblems in Beziehung auf die analytischen Methoden zu sein, noch soll sie eine numerische Integration ersetzen. Vielmehr ist dies ein erster Versuch der analytischen Behandlung eines speziellen, herausgegriffenen Falls einer Überschallgleitbahn mit konstantem Neigungswinkel. Wenn auch hier vorgeschlagen wurde, wie man näherungsweise dieses Verfahren für andere Bahnformen verwenden kann, so soll dies keine Behandlung dieser anderen Bahnen darstellen, sondern dem Konstrukteur in Ermanglung einer anderen Methode einen ersten Anhaltspunkt geben. Auch ist dieses analytische Verfahren, zusammen mit der vorgeschlagenen graphischen Auswertung, in erster Linie für den Konstrukteur geflügelter Geräte und weniger für den Ballistiker gedacht.

Literaturverzeichnis

1. W. von Braun, Das Marsprojekt. Frankfurt a. Main: Umschau-Verlag, 1952; S. 19—30; Aerodynamische Daten auf S. 21, Gerätedaten auf S. 30.
2. H. G. L. Krause, Die Kinematik einer Außenstation in einer zur Äquatorebene geneigten elliptischen Bahn. Forschungsreihe der Gesellschaft für Weltraumforschung, Bericht Nr. 10, Stuttgart, Dez. 1951.
3. E. Sänger, Gaskinetik sehr großer Fluggeschwindigkeiten. Forschungsbericht Nr. 972. Berlin 1938; N. A. C. A. Techn. Mem. 1270. — Gaskinetik sehr großer Flughöhen. Schweiz. Arch. angew. Wiss. 16, 43 (1950).
4. F. Tisserand, Traité de Mécanique Céleste; Tome IV, Chapitre XIII, pp. 217—221, Paris: 1896.
5. H. G. L. Krause, Zum Problem „Die Bahnbestimmung aus dem Vektor der Bahngeschwindigkeit und der Einfluß einer Änderung desselben auf die Bahnelemente". Weltraumfahrt 5, 48 (1954).
6. H. Behrbohm, Ein genäherter Geschwindigkeits- und Zeitverlauf beim Gleit- und Sturzflug. Sonderdruck aus Techn. Berichte. Berlin: 1944.
7. F. Tölke, Praktische Funktionenlehre, 2. Aufl., S. 142, 248—257. Berlin: Springer, 1950.
8. K. Katterbach und H. G. L. Krause, Die Logarithmen der Integralexponentialfunktionen. Z. Astrophysik 26, 137 (1949).
9. L. L. Moore, A Solution of the Laminar Boundary Layer Equations for a Compressible Fluid With Variable Properties, Including Dissociation. J. Aeronaut. Sci. 19, 505 (1952).
10. J. W. Smith, Effect of Gas Radiation in the Boundary Layer on Aerodynamic Heat Transfer. J. Aeronaut. Sci. 20, 579 (1953).
11. Surface Cooling at High Speeds. J. Amer. Rocket Soc. 23, 101 (1953).
12. H. J. Kaeppeler, Über den Einfluß einer Variation der Flügelfläche auf die maximale Verzögerung und Hauttemperatur von Rückkehrgeräten. Vortrag anläßlich der 7. Jahreshauptversammlung der Gesellschaft für Weltraumforschung. Hamburg, Mai 1954.

Two Aspects of the Time Element in Interplanetary Flight

By

H. Preston-Thomas, Ottawa[1], BIS

(With 3 Figures)

Abstract. Ion rockets do not suffer from some of the limitations imposed by the high fuel consumption of chemical rockets. They allow us to consider, therefore, the use of non-minimal orbits to the inner planets and the use of reasonable transfer times on flights to the outer planets. In the former connection it is shown that even when rockets of very high characteristic velocity are used, there are still long periods during which transfers between Earth and Mars cannot be made. In the latter connection some design characteristics of very high powered ion rockets are derived and applied in the case of a flight between Earth and Neptune. It is shown that this requires power conversion units having a power output per unit mass of the order of ten times that of a unit that is adequate for an Earth-Mars rocket.

Although the details of the propulsive units that will enable space flight to be achieved are as yet unknown to us, our present knowledge of the relevant physical and engineering principles allows us to predict in broad outline the forms that they will take. Thus the highly efficient chemical rocket motor will almost certainly be used to transport payloads from the Earth into a stable orbit round it, the high fuel consumption of such a motor giving us an overall mass ratio greater than one hundred [1]. If chemical propellants originating on Earth were then to be used for a journey to one of the nearer planets and back, the resulting overall mass ratio at the Earth's surface would be of the order of 10^4 or more; this figure is, except possibly for the occasional scientific expedition, economically prohibitive. Journeys to the outer planets using such a propellant are, if a reasonable transit time is to be achieved, quite out of the question.

The ion rocket [2, 3], however, offers a possible solution to the problem of fuel consumption, although fuel economy is obtained at the cost of introducing formidable problems of power supply and conversion. The thrust available from such a rocket will be of the order of a milligravity, which is so low that it cannot be used from a body of more than asteroidal dimensions or in an atmosphere, and from this it follows that its use will be restricted to transfers between stable orbits in space. For this purpose, however, its mass ratio can be made so favourable — between values of the order of 1.1 and 2 — that the realisation of an efficient ion rocket design will allow us to utilise non-minimal transfers to the inner planets and even to contemplate journeys to and from the outer planets of the Solar system. Certain properties of these two classes of orbits are considered in this paper.

---

[1] Division of Physics, National Research Council, Ottawa, Canada.

I. Starting Times for Earth-Mars Transfers

It has been shown elsewhere [4] that very considerable reductions in the transit time between planets occur for relatively small increases of power over that required for the minimal cotangential orbit. This effect is apparent in fig. 1, which shows transit time against power output for the case of "twin impulse" transfers between Earth and Mars[1]. In this figure the point O corresponds to the minimal ellipse and curves A, B and C are those for orbits osculating with Mars' orbit, orbits osculating with Earth's orbit and optimum orbits respectively. D shows transit time against power for a constant initial thrust at the Earth's orbit — 8 Km/sec in this case — and a varying divergence from it. The interval between two points on D having the same power is that required to traverse the part of the ellipse lying inside the Earth's orbit.

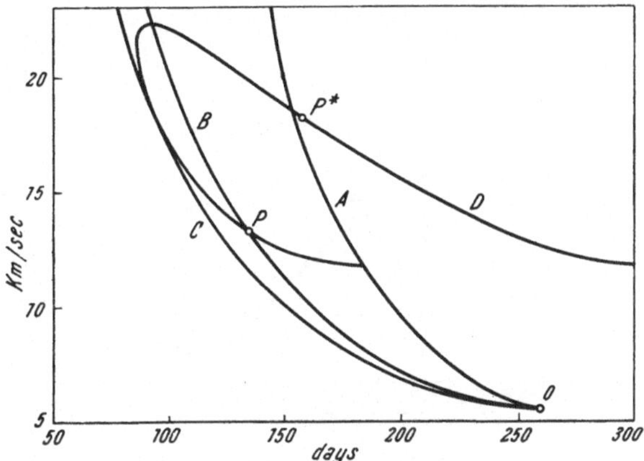

Fig. 1. Power requirements and transit times for Earth ⇄ Mars transits.

Although the repetition time is the same for any given orbit — 780 days, at the end of which time Mars and Earth will have regained their original relative positions — the starting instants vary from orbit to orbit along the optimum curve. A power versus minimum transit time curve restricted to a fixed starting date would lie wholly on the concave side of curve C and would osculate with it at one point.

From inspection of fig. 1 it can be seen that every point inside the minimal curve C lies on two curves of the family of which D is a member, and that there are two — and only two — different orbits having the same transit time and power requirements, the power being differently divided between the initial and final thrusts in the two cases. These two orbits also differ in their total angular displacements; thus the point P lying on the curves B and D in fig. 1 corresponds to orbits involving displacements of $109°$ and $85\frac{1}{2}°$ respectively. Since the transit times are identical this means that the orbits require angular differences between Mars and Earth that themselves differ by $23\frac{1}{2}°$, corresponding to 51 days difference in starting times. It can easily be shown that during this 51 day period transfer orbits requiring less power and/or having a shorter transit time than

---

[1] All the orbits are simplified to the extent of being assumed to be coplanar and unperturbed by non-Solar gravitational fields and the planetary orbits are, in addition, assumed to be circular.

those at P can be utilised, including those lying on the optimum curve between times of 120 and 130 days. Thus although for any point on the optimum curve there is a unique corresponding starting time, there is in general a certain latitude in the starting time if the transit time is increased above this minimum value.

There is, however, a considerable variation in starting times along the optimum curve itself, and this can be seen in fig. 2 which shows the starting times on this curve as a function of transit time for both Earth to Mars and Mars to Earth orbits, zero time being taken as the instant when Mars is in opposition. The available variation of starting time along the optimum curve covers at best only a small part of the repetition cycle, and this part decreases rapidly as the maximum available power is decreased. There is not a great deal of improvement in the situation for orbits not lying on the optimum curve, as can be seen from the starting times shown in fig. 2 for the orbits at P in fig. 1.

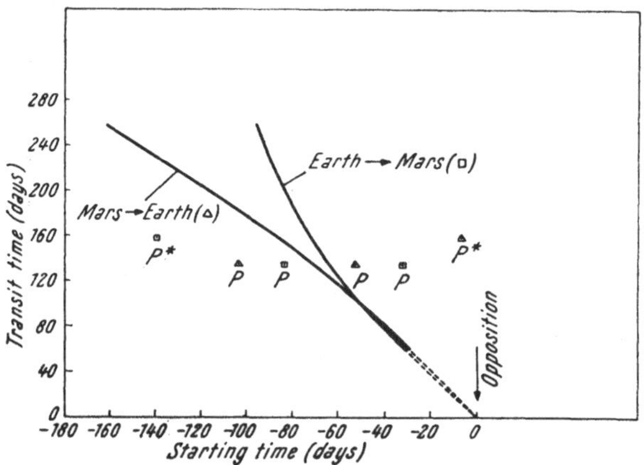

Fig. 2. Starting instants for Earth ⇄ Mars transits via optimum (and other) orbits. Cycle repeats every 780 days.

It is clear from fig. 2 that during the 780 day repetition cycle of Mars and Earth we have the following sequence of events: For about 450 days (less if low thrust rockets are being used) there is an inactive period; after this period transfers from Mars to Earth can be started, and 67 days later Earth to Mars transfers will commence; the arrival time of the last — and slowest — rocket at Mars marks the beginning of the next dead period. Even taking into account orbits other than those on the optimum curve, a quick "turn-around" is not possible for any practical figure of power expenditure, so that any person who leaves one of these planets for the other will not reach his planet of origin again for about 900 days[1]. This point is further exemplified by the orbits associated with $P*$ in fig. 1 and 2 and which lie partly inside the Earth's orbit; in spite of the high power involved and the use of a "short-cut" to Earth the rocket fails to "gain" on Earth and hence to commence the transfer after opposition.

Fig. 1 is accurate only for twin impulse transfers, which can in practice only be achieved by chemical rockets. Where ion rockets, with their characteristically long accelerating period, are employed, the orbits will be modified, the main

---

[1] A not uninteresting corollary of this overlap is that if a station on or near Mars is kept continuously manned, part of the unfortunate personnel will have to remain there for a second 780 day cycle in order to bridge the 100 to 200 day interval between the departure of the outgoing and the arrival of the incoming crew.

difference being that all transfers will begin earlier and end later than those for the corresponding twin impulse transfer. This will result in an increase in transit times of the order of 25% or more, the amount depending on the design parameters of the rocket [3]. We still obtain, however, approximately the same decrease in transit time for a given increase in power provided that the period under acceleration is not more than half the total transit period.

II. Transfers to and from Very Distant Planets

From the designer's point of view a transfer to or from one of the outer planets of the Solar system can be considered as taking place along a straight line, which, as the following analysis will show, simplifies the calculation of the design parameters enormously. The reason for this straight line concept is that the distances involved are so great that vessels having very high characteristic velocities are required if the transit times are to remain acceptably short, and these high energy requirements are negligibly modified by the action of the Solar gravitational field.

We will suppose that the vessel under consideration is an ion rocket having the design parameters deduced in reference [3]. That is to say we take the simple case in which power output (defined here as $1/2\, m\, V_e^2$, where m is the mass of fuel exhausted each second and V_e is its mean velocity along the driving axis) is proportional to power plant mass (M_p) and is independent of exhaust velocity.

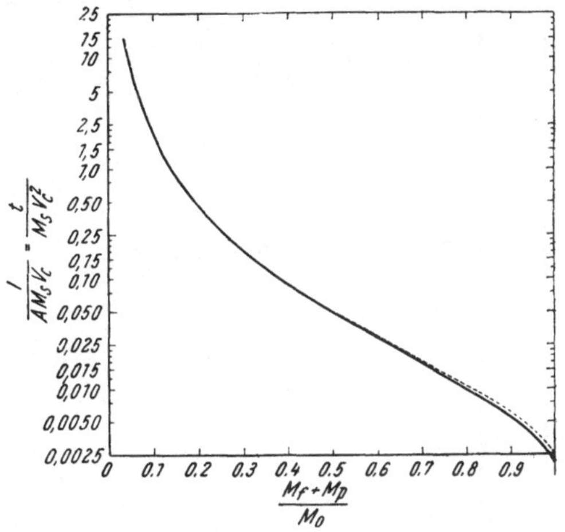

Fig. 3. Average inverse acceleration and duration of powered flight of an ion rocket.

If t is the total time under acceleration in days and if we define the specific mass (M_s) as the mass of power plant required to produce one kilowatt of power output, we can obtain the average acceleration of the rocket $(\overline{A} = V_c/t)$ in Km/sec/day in terms of the original total mass (M_0), the original mass of fuel (M_f), M_p, M_s and the characteristic velocity (V_c) where M_0, M_p and M_f are in tonnes, M_s in Kg, t in days, and V_e and V_c in Km/sec. The relevant equation is

$$\overline{A} = \frac{172.8\, M_p \log_e^2 \left(\dfrac{M_0}{M_0 - M_f} \right)}{M_f\, M_s\, V_c}$$

and for the optimum mass distribution between M_f and M_p this becomes

$$\overline{A} = \frac{172.8\, (M_0 - M_f) \log_e^3 \left(\dfrac{M_0}{M_0 - M_f} \right)}{\left\{ 2\, M_f - (M_0 - M_f) \log_e \left(\dfrac{M_0}{M_0 - M_f} \right) \right\} M_s\, V_c} = \frac{1}{K_1\, V_c}. \tag{1}$$

This function is shown by the solid line in fig. 3.

With these initial conditions we are now required to find the value of V_c — for a value of V_e that is constant throughout the periods under power —

Table I. *Overall mass* (M_0) *1000 tonnes*

	A	B	C	D	E	Units
Transit distance (S)	(4.5·10⁹ Km = 5,2·10⁴ units)				—	
Specific mass (M_s)	1	0.25	1	0.25	10	Kg/kw
Mass of fuel (M_f)	700	700	400	400	212	tonnes
Mass of fuel + power plant ($M_f + M_p$)	943	943	648	648	380	tonnes
K_2 [see equation (10)]	0.0044	0.0011	0.023	0.0057	1.0	units
Characteristic velocity (V_c)	287	455	165	262	10	Km/sec
Exhaust velocity (V_e)	238	378	323	513	42	Km/sec
Minimum transit time (t_{min})	544	343	945	595	~200	days
Power output	243,000	972,000	248,000	992,000	16,800	Kw
Mean acceleration ($\overline{A}$)	0.79	2.0	0.26	0.67	0.1	Km/sec/day

Some characteristics of four ion rockets (A, B, C, D) capable of travelling between one of the inner planets and Neptune and of an ion rocket (E) designed to travel between Earth and Mars.

that will give the shortest transit time for given values of M_s, M_f, M_0 and distance to be traversed (S). (The unit of distance is 86,400 km.)

Approximate Solution

We will consider first the simplified case in which M_f/M_0, and consequently the variation in the mass of the vessel, is small enough for us to treat the acceleration as a constant. In the course of the transfer the vessel will accelerate to a velocity $V_c/2$ during a time $V_c/2\,\overline{A}$ and in a distance $V_c^2/8\,\overline{A}$, drift for a time at the velocity $V_c/2$ and finally decelerate to a standstill over a time and distance equal to those encountered during the period of acceleration. We can therefore write:

$$t = \frac{V_c}{A} + \left(S - \frac{V_c^2}{4\,A}\right)\frac{2}{V_c} \qquad (2)$$

and from equations (1) and (2):

$$t = \frac{K_1 V_c^2}{2} + \frac{2S}{V_c}. \qquad (3)$$

Minimising t by equating dt/dV_c to zero we obtain:

$$K_1 V_c - \frac{2S}{V_c^2} = 0$$

or

$$V_c = \left(\frac{2S}{K_1}\right)^{1/3}. \qquad 4)$$

This in turn gives a minimum transit time of:

$$t_{min} = \frac{3S}{V_c}. \qquad (5)$$

Equations (4) and (5) contain our desired information. The distance covered during acceleration and deceleration is $\dfrac{K_1 V_c^3}{4} = \dfrac{S}{2}$, so we see that the vessel accelerates during the first quarter of the distance, drifts for half of it, and decelerates during the final quarter. If we take K_1 from fig. 3 we can find V_c and t_{min} as soon as S is known.

Exact Solution

When the variation in acceleration is not negligible throughout the transit time the foregoing equations must be appropriately modified. If t_0, t_1 and t_2 are the total, first and second periods under acceleration we have:

$$t_1 = \frac{t_0\,M_0}{M_f}\left(1 - \sqrt{1 - \frac{M_f}{M_0}}\right) \qquad t_2 = \frac{t_0\,M_0}{M_f}\left(\frac{M_f}{M_0} - 1 + \sqrt{1 - \frac{M_f}{M_0}}\right). \tag{6}$$

We can then obtain the corresponding distances as follows:

$$S_1 = V_e \int_0^{t_1} \log_e\left(\frac{M_0}{M_0 - M_f\,t/t_0}\right) dt$$

$$= \frac{V_c\,M_0\,t_0}{M_f}\left\{-\frac{1}{2}\sqrt{1 - \frac{M_f}{M_0}} + \frac{1 - \sqrt{1 - \dfrac{M_f}{M_0}}}{\log_e\left(\dfrac{M_0}{M_0 - M_f}\right)}\right\} \tag{7}$$

and similarly

$$S_2 = \frac{V_c\,M_0\,t_0}{M_f}\left\{\frac{M_f}{2\,M_0} - \frac{1}{2} + \frac{\dfrac{M_f}{M_0} - 1 + \sqrt{1 - \dfrac{M_f}{M_0}}}{\log e\left(\dfrac{M_0}{M_0 - M_f}\right)}\right\} \tag{8}$$

while

$$S_0 = S_1 + S_2. \tag{9}$$

We can now put

$$t = t_1 + t_2 + (S - S_0)\,\frac{2}{V_c}$$

$$= \frac{2\,S}{V_c} + \left\{\sqrt{1 - \frac{M_f}{M_0}} + 1 - \frac{\dfrac{2\,M_f}{M_0}}{\log_e\left(\dfrac{M_0}{M_0 - M_f}\right)}\right\}\frac{M_0\,V_c{}^2\,K_1}{M_f}$$

$$= \frac{2\,S}{V_c} + \frac{K_2\,V_c{}^2}{2}. \tag{10}$$

The solution of this equation is the same as that for the approximate case if K_2 is substituted for K_1. When M_f/M_0 tends to 0, K_2 tends to K_1, the two cases becoming identical. The difference between K_1 and K_2 is never large, however, amounting only to about 12% even when the entire mass of the vessel is devoted to fuel and power plant. This difference is shown in fig. 3, the dotted line giving the exact solution (K_2) and the solid line the approximate one (K_1).

Table I shows some performance data for vessels making a transfer between one of the inner planets and Neptune. The constants used were chosen so as to provide reasonable transit times. If such journies are to be practicable we require extraordinarily efficient power plants, as the fifth column, giving the corresponding characteristics for an Earth-Mars ion rocket, emphasises.

Transit times need not be so severely limited if the construction of unmanned cargo carrying vessels is considered feasible. Such vessels would permit the use of comparatively rugged — and massive — power plants and would also allow an increased proportion of the mass of the vessel to be devoted to payload.

References

1. W. N. Neat, Some limiting factors of chemical rocket motors. J. Brit. Interplan. Soc. **12**, **249** (1953).
2. L. R. Shepherd, and A. V. Cleaver, The Atomic Rocket — 4. J. Brit. Interplan. Soc. **8**, **59** (1949).
3. H. Preston-Thomas, Interorbital transport techniques. J. Brit. Interplan. Soc. **11**, 173 (1952).
4. H. Preston-Thomas, Generalized interplanetary orbits. J. Brit. Interplan. Soc. **11**, 76 (1952).

Calculation of Step-Rockets

By

M. Vertregt, Den Haag[1], NVR, BIS

(With 1 Figure)

Abstract. A simple system of notations and ratios is proposed for the calculation of step-rockets. Three ratios are used, which are sufficient for basic calculations.

All ratios are defined in such a manner that their values are greater than one; the equations derived from these ratios are simple and symmetrical.

Some examples of calculations are given.

There is no uniform method available to denote the weights of the principal parts of a step-rocket and the ratios which are calculated from these weights.

American [1], English [2] and German [3] authors use different systems, which makes their papers difficult to read, and renders it still more difficult to compare their results.

German authors have developed an elaborate system of notations and ratios; no less than eight different ratios are formulated. It is the opinion of the author that a simpler treatment would be adequate, and he proposes a system based on only four weights and three ratios, which are sufficient for the calculation of the basic figures of a step-rocket.

Fig. 1 gives a simplified scheme of a step-rocket, showing the notation of the principal parts.

A step-rocket consists of: a) steps, b) sub-rockets.

A sub-rocket is a combination of steps which acts as a complete rocket during flight. In the sketch the steps are numbered by arabic numerals and the sub-rockets by roman numerals. This division of a step-rocket in steps and in sub-rockets is important; confusion may be caused by not clearly discriminating between these two.

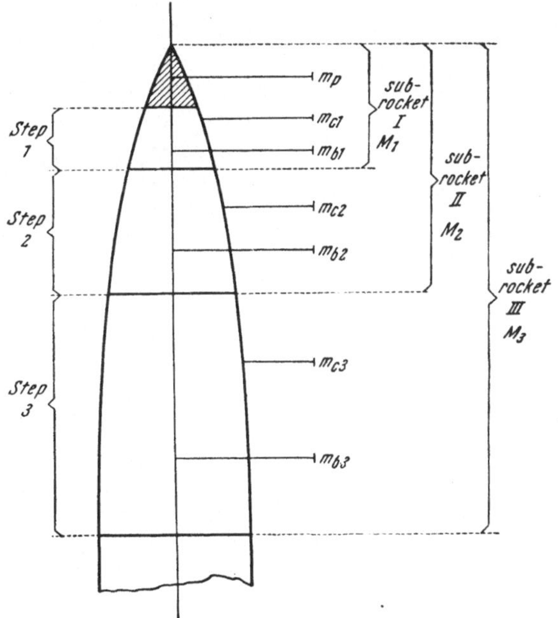

Fig. 1.

---

[1] Den Haag, Mozartlaan 73, Holland.

Contrary to accepted custom the author has numbered the steps from top to bottom. As the calculation of a step-rocket starts from the payload in the top and then proceeds from the topmost step downward, it is rational to number the steps accordingly.

The four principal parts of the rocket are denominated as follows:

m_p the *payload*. This is the *weight* of the *load* for which the rocket is built, and therefore the most important weight in the calculations. The payload may consist of instruments, or of men and instruments, *inclusive* of the structure necessary to support and protect these. In the calculations sub-rocket I is treated as the payload of sub-rocket II, sub-rocket II as the payload of sub-rocket III, etc. The payload does not belong to a step.

m_c the *dry weight* of a step; i. e. the weight of the empty tanks, the motor, the pump-unit, the fuselage, the frame-work, the steering mechanism, etc.

m_b the *weight* of the *propellants*, to which may be added the weight of the hydrogen peroxide for the pump-unit; in short, the weight of all chemicals which disappear during flight.

M the *total weight* of a *sub-rocket*. M_n is the *total weight* of a complete *step-rocket* of n steps.

Indexes, indicating the steps or sub-rockets, are affixed to these notations; for instance: m_{c2}, m_{b1}, M_3, etc.

For more detailed calculations one may, of course, add other notations; for instance: m_{t2} for the weight of the tanks of the second step, etc., but for the preliminary calculations the four foregoing notations are sufficient.

From the definitions given it follows that:

$$M_1 = m_p + m_{c1} + m_{b1}, \tag{1}$$
$$M_n = M_{n-1} + m_{cn} + m_{bn}. \tag{2}$$

The ratios used are:

p the *payload ratio*. This is the *weight* of a *sub-rocket*, divided by the *weight* of the *payload* belonging to that sub-rocket.

Thus:

$$p_1 = \frac{M_1}{m_p}, \tag{3}$$

$$p_n = \frac{M_n}{M_{n-1}}. \tag{4}$$

P the *overall payload ratio* is the *total weight* of a *step-rocket*, divided by the *payload* of the *first step*.

Thus:

$$P = \frac{M_n}{m_p}. \tag{5}$$

Furthermore:

$$P = p_1 \cdot p_2 \ldots p_n. \tag{6}$$

P is the most important ratio of a step-rocket. For a practical project, P must not exceed a reasonable value. What a "reasonable" value is, depends on economic and technical considerations, but the author agrees with Krause [3], to put provisionally:

$$P < 500$$

s the *structural ratio*. This is the *total weight* of a *step*, divided by the *dry weight*.

Thus:

$$s_1 = \frac{m_{c1} + m_{b1}}{m_{c1}},\tag{7}$$

$$s_n = \frac{m_{cn} + m_{bn}}{m_{cn}}.\tag{8}$$

r the *mass ratio*. This is the *weight* of a *sub-rocket before burning*, divided by the *weight* of that sub-rocket *after burning* of the propellant of the lowest step.
Thus:

$$r_1 = \frac{M_1}{M_1 - m_{b1}},\tag{9}$$

$$r_n = \frac{M_n}{M_n - m_{bn}}.\tag{10}$$

The structural ratio s could, by analogy, be called the mass ratio of a step, but it is better to avoid this confusing expression.

The mass ratio determines the ideal velocity which a rocket can attain in a gravitationless field and without air resistance, according to the equation:

$$V_i = c \ln r\tag{11}$$

where c is the velocity of the exhaust gases.

In the case of a step-rocket the ideal velocities of the sub-rockets may be added, so that the total ideal velocity of a step-rocket of n steps is given by:

$$\sum V_i = c_1 \ln r_1 + c_2 \ln r_2 + \ldots c_n \ln r_n.\tag{12}$$

When the c's are equal for all steps:

$$\sum V_i = c \ln r_1 \cdot r_2 \ldots r_n.\tag{13}$$

R is the *overall mass ratio*.

$$R = r_1 \cdot r_2 \ldots r_n.\tag{14}$$

Thus:

$$\sum V_i = c \ln R\tag{15}$$

And:

$$R = e^{\frac{\sum V_i}{c}}\tag{16}$$

when c is equal for all steps.

The ratios p and s are defined in such a manner that their value is greater than one, in accordance with the universally used mass ratio. This too is in contrast with accepted practice, but the advantages of this method are first of all that ratios greater than one give a clearer picture of the actual circumstances than decimal fractions do, and secondly, they are easier to memorize. Furthermore the equations, derived from the ratios, are more symmetrical when all ratios are constructed in the same manner, thus, for instance, avoiding the use of negative powers.

The three ratios p, s and r are interrelated by the equation:

$$\frac{r-1}{r} = \frac{s-1}{s} \cdot \frac{p-1}{p}.\tag{17}$$

From this it may be derived that:

$$s = r \cdot \frac{p-1}{p-r} \tag{18}$$

$$p = r \cdot \frac{s-1}{s-r} \tag{19}$$

$$r = \frac{p \cdot s}{p+s-1}. \tag{20}$$

From these three equations for single step-rockets the equations for rockets with more steps can be derived.

Thus for a rocket of n steps:

$$m_{cn} = m_p \cdot R \cdot \frac{r_n-1}{r_n} \cdot \frac{s_1-1}{s_1-r_1} \cdot \frac{s_2-1}{s_2-r_2} \ldots \frac{1}{s_n-r_n} \tag{21}$$

$$m_{bn} = m_p \cdot R \cdot \frac{r_n-1}{r_n} \cdot \frac{s_1-1}{s_1-r_1} \cdot \frac{s_2-1}{s_2-r_2} \ldots \frac{s_n-1}{s_n-r_n} \tag{22}$$

$$M_n = m_p \cdot R \cdot \frac{s_1-1}{s_1-r_1} \cdot \frac{s_2-1}{s_2-r_2} \ldots \frac{s_n-1}{s_n-r_n}. \tag{23}$$

Hence:

$$P = R \cdot \frac{s_1-1}{s_1-r_1} \cdot \frac{s_2-1}{s_2-r_2} \ldots \frac{s_n-1}{s_n-r_n}. \tag{24}$$

When the structural ratios s and the mass ratios r are equal for all steps/sub-rockets, we get the simple equations:

$$P = p^n \tag{25}$$

$$R = r^n \tag{26}$$

$$P = R \left(\frac{s-1}{s-R^{1/n}} \right)^n \tag{27}$$

$$R = P \left(\frac{s}{P^{1/n} + s - 1} \right)^n. \tag{28}$$

With the aid of these equations other ratios can be easily constructed, for instance:

The total weight of the propellants of a step-rocket, divided by the total weight of the rocket:

$$\frac{M_{bn}}{M_n} = \frac{s-1}{s} \cdot \frac{P-1}{P}. \tag{29}$$

The total dry weight of a step-rocket, divided by the total weight of the rocket:

$$\frac{M_{cn}}{M_n} = \frac{1}{s} \cdot \frac{P-1}{P}. \tag{30}$$

(s and r equal for all steps/sub-rockets).

However, for basic calculations the first three ratios are sufficient.

In conclusion some simple calculations are given as examples:

Question: A single step-rocket of total weight of 500 tons has a payload of 1 ton. Thus: $P = 500$. The structural ratio: $s = 5$.

How much would a two-step-rocket weigh with the same ideal velocity, if the structural ratio remains unchanged?

Solution:

$$m_c = \frac{M - m_p}{s} = \frac{500 - 1}{5} = 99.8$$

$$r = \frac{M}{m_p + m_c} = \frac{500}{1 + 99.8} = 4.960$$

$$\frac{V_i}{c} = \ln r = 1.6014.$$

For the two-step-rocket:

$$\frac{\Sigma V_i}{c} = \ln r^2 = 1.6014$$

$$r = 2.227$$

$$p = r \cdot \frac{s - 1}{s - r} = 3.213$$

$$P = p^2 = 10.32$$

which is about 1/50 of the weight of a single step-rocket.

Question: A four-step-rocket has the following characteristics:

$$\sum V_i = 9.0 \text{ km/sec}$$

(ideal velocity to reach circular velocity at an altitude of 1150 km).

$$c = 2.4 \text{ km/sec}$$
$$s = 4.7$$

(characteristics of the Viking).

c, s and r are equal for all steps.

What would be the total weight of such a rocket for a payload of 1 ton?

Solution:

$$R = e^{\frac{9.0}{2.4}} = e^{3.75} = 42.5$$

$$P = R \left(\frac{s - 1}{s - R^{1/n}} \right)^n = 42.5 \left(\frac{4.7 - 1}{4.7 - 42.5^{1/4}} \right)^4 = 372.$$

Thus, such a rocket would weigh 372 tons, an acceptable figure.

Question: A lunar return trip with no landing on the Moon requires according to CLARKE [4] a theoretical velocity of 22.4 km/sec.

How much would a ten-step-rocket weigh, having the same s and r as the preceding rocket and the same payload?

Solution:

$$R = e^{\frac{22.4}{2.4}} = e^{9.33} = 11\,270$$

$$P = 11\,270 \left(\frac{4.7 - 1}{4.7 - 11\,270^{1/10}} \right)^{1)} = 3{,}160{,}000.$$

Such a rocket would weigh 3,160,000 tons.

References

1. F. J. MALINA and M. SUMMERFIELD, The Problem of Escape from Earth by Rocket. J. Aeronaut. Sci. **14**, 471 (1947).
2. A. V. CLEAVER, Mass Ratios. J. Brit. Interplan. Soc. **8**, 173 (1949).
3. H. G. L. KRAUSE, Allgemeine Theorie der Stufenraketen. Weltraumfahrt **4**, 52 (1953).
4. A. C. CLARKE, Interplanetary Flight, p. **68**. London: Temple Press Ltd., 1952.

Zur Nomenklatur der Gewichtswerte von Stufenraketen

Von

G. v. Pirquet, Wien[1], ÖGfW

(Mit 4 Abbildungen)

Zusammenfassung. Die Arbeit untersucht die Verhältnisse, die sich beim Abbrennen einer (großen oder kleinen) Rakete ergeben, wobei sowohl eine tabellarische als auch eine graphische Darstellung auf Logarithmenpapier von großem Vorteil ist. Dadurch wird es in anschaulicher Weise erleichtert, alle Werte und Zwischenwerte, die die Rakete hinsichtlich ihres Gewichtes und der erlangten' Geschwindigkeit durchläuft, exakt und einfach zu ersehen. Der Autor hat diese Methode zwar schon 1928 veröffentlicht, doch wurde sie bisher nicht allgemein angewendet.

Das Verfahren ist insbesondere geeignet, die Nachteile des Hüllenabwurfes zu erläutern und jene Maßnahmen aufzuzeigen, durch die die optimale Einschränkung dieser Nachteile erreicht wird. Die besagten Nachteile muß man aber andererseits in Kauf nehmen, um sich die sehr großen Vorteile der Anwendung von Mehrstufenraketen zu sichern. Diese Vorteile liegen bekanntlich im Ausmaß der *Summe der Geschwindigkeiten*, die im Verlauf einer Weltraumreise entwickelt werden müssen.

Bei dem hier vorgebrachten Elaborat handelt es sich um eine *Bezeichnungsgrundlage*, oder man könnte auch sagen, um ein *Symbolisierungssystem*.

Es weicht von dem bisher gebräuchlichen nur in einigen Punkten ab, bzw. es ergänzt und präzisiert dieses in bestimmter Hinsicht. Es zeigt dabei nicht nur den *Vorteil*, den Gegenstand und dessen Einzelwerte *mündlich* besser ausdrücken zu können, sondern gewährt auch besondere Klarheit und Einfachheit für die

Symbole

deutsch		englisch	
R	Rak (Anf. Gew)	R	Rok, init. wgt
T	Treibstoff	F	fuel
M	Mittelgew	M	medium wgt
H	Hülse	C	cartridge
N	Nutzlast	L	payload
B	Ballast	B	ballast
c	Auspuffgsw	c	exhaust-velocity
v	Rak-Gsw	v	velocity of Rok
v_d	dekad. Rak-Gsw	v_d	decad. velocity of Rok
v_{dh}	hypoth. dekad. Rak-Gsw	v_{dh}	hypoth. dec. velocity of Rok[2]

---

[1] Wien, I., Weihburggasse 22, Österreich.

[2] Es ist wichtig, die Auspuffgeschwindigkeit c und die Raketengeschwindigkeit v schon im Grundbuchstaben (und nicht erst durch einen Index) auseinanderzuhalten, weil man sonst bei den oft benötigten Spezialwerten gar zu komplizierte Indizes verwenden müßte.

graphische und die rechnerische Darstellung. Bevor dieses System an der Hand einer *grundlegenden Tabelle* dargelegt wird, sollen die wichtigsten der benützten Symbole in einer kleinen Liste (in deutscher und englischer Sprache) angegeben werden[1].

Abkürzungen

	deutsch	englisch
Rakete	Rak	Rok
Gewicht	Gew	wgt
Geschwindigkeit	Gsw	vel
Kolonne	Kol	col
Tabelle	Tab	tab
Quotient	Qu = Q	ratio

Die Erläuterungen an Hand der Tabellen[2]

Wenn wir uns nun sowohl der *tabellarischen* (Tab. 1) als auch der *graphischen Darstellung* (Abb. 1 bis 4)[3] zuwenden, wird das Gesagte sofort verständlich. Dabei stellen in der Tab. 1 die

Zeilen 1, 3 und 5 die *statischen Phasen* (oder Stabilwerte) dar, und zwar:

Zeile 1: R = Rak = Anfangsgewicht einer Rakete, wobei in bekannter Weise $R = T + H + N$, ferner

Zeile 3: M = „Mittelgewicht", also das Gewicht *nach* dem Abbrennen des Treibstoffes T, wobei also $M = R - T = H + N$, und

Zeile 5: N = Endgewicht oder *Nutzlast* der Rakete bedeutet.

Dagegen führen uns nun die
Zeilen 2, 4 und 6 die *dynamischen* (oder kinetischen) *Phasen* der Rakete vor (Abbrennen des Treibstoffes und den Hülsenabwurf), wobei sich eben das *Gewicht*, die *Geschwindigkeit* und die *Form* der Rakete *ändern*.

Darin weicht nun meine Methode von der bisherigen ab, insofern ich hier *sowohl* die *Gewichtsdifferenzen*, als auch die *Gewichtsquotienten* ins Auge fasse und besonders bezeichne.

Um aber diesen Sachverhalt genau zu beobachten, werden wir am besten tun, diese „*dynamischen Phasen*" (in den waagrechten Zeilen) *gleichzeitig* mit den senkrechten Kolonnen II und III der Tab. 1 genau zu betrachten.

Hiebei finden wir nun also (in Kolonne II) die *sprachlichen Bezeichnungen* und in Kolonne III (was besonders wichtig und anschaulich ist) ein *konkretes Beispiel* mit den Angaben der *Gewichtswerte*.

Wie schon erwähnt, sehen wir in der Zeile 1 das Anfangsgewicht $R = 100$ Tonnen und in Zeile 3 das Mittelgewicht $M = 20$ to (*nach* dem Abbrennen des Treibstoffes $T = 80$ to).

---

[1] Ich hatte schon 1929 geplant und begonnen, in Fühlung mit Esnault-Pelterie und Oberth eine einheitliche Nomenklatur auszuarbeiten, doch gerieten diese Ansätze damals ins Stocken.

[2] Dieses Darstellungssystem ist durch die gleichzeitige *graphische und rechnerische Behandlung* schon 1928 entstanden (vgl. *Rakete, Okt. 1928, S. 156)*. Die endgültige Perfektionierung der Bezeichnungen (Wörter) und die Symbolisierung (algebraisch verwendbare Kürzungen) erfolgte erst viel später (1949/50).

[3] Zur Beachtung: Die Gewichtsangaben des Graphikons stimmen (wegen der graphischen Deutlichkeit) nicht *ziffernmäßig* mit der Tab. 1 überein.

Dazwischen liegt nun die *Zeile* 2, wobei der entsprechende Vorgang als die *dynamische* (kinetische) *Phase* bezeichnet ist. In den Kolonnen *links* sind die *Gewichtsdifferenzen* dargestellt, also

Treibstoff $T = 80$ Tonnen $= R - M$ (oder eigentlich $M = R - T$),

gleichzeitig aber *rechts* die *Gewichtsquotienten*

$R/M = t'$,   bzw. $100 : 20$ Tonnen $= 5 = t'$.

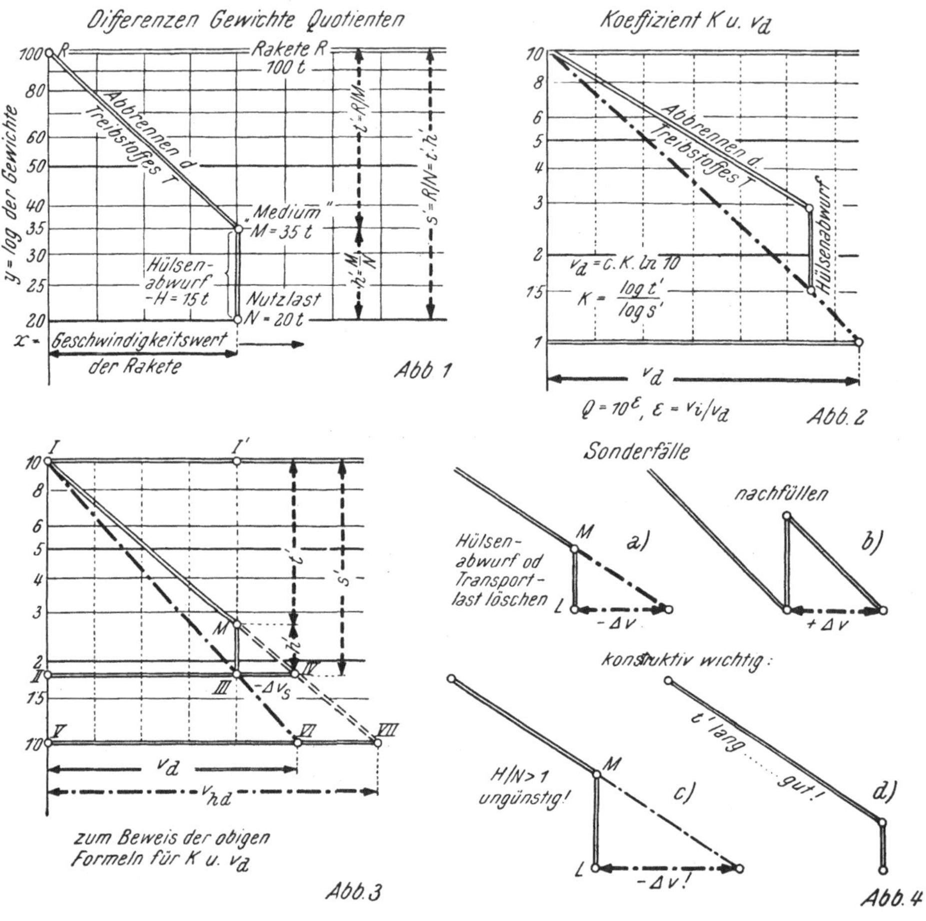

Dieser *Quotient* ist ja für die Beschleunigung und damit für den Antrieb der Rakete maßgebend.

In der Zeile 5 finden wir die Nutzlast N beispielsweise mit 10 Tonnen gewählt, wobei $N = M - H$ das Raketengewicht *nach* dem *Abwerfen* der *leeren Hülse H* ist. (Bei Mehrstufenraketen ist dann die erste Nutzlast $N_1 = R_2$, das ist das Anfangsgewicht der zweiten Stufe.)

Zwischen den Zeilen 3 und 5 liegt dann die *Zeile* 4, also die *zweite dynamische Phase*. Sie stellt das *Abwerfen* der *leeren Hülse H* dar, wobei in den *linken Subkolonnen H* als Differenzwert auftritt, während gleichzeitig in den Subkolonnen rechts der *Quotient* der Gewichtsverminderung $h' = M/N$ eingetragen ist.

Tabelle 1. *Bezeichnungen und Symbole*

Zeile	alte Bezeichnungen zirka **1923** bis **1928** OBERTH, HOEFFT, PIRQUET	neue Bezeichnungen Gewichte Differenzen	Quotienten	Beispiel in Zahlen Gewichte Diff.	Quot.	Symbole Gewichte Diff.	Quot.	English terms weights differ.	ratios.	Symbols weights differ.	ratios	CLEAVER GATLAND GARTMANN
1	$R = T + H + N$ Rakete	Rakete R Anfangsgewicht		100 Tonnen		R		rocket R		R		M_1
2	$-T$ Treibstoff	Treibstoff T	Abbrennen von T	-80 to	$: 5$	$-T$	t'	fuel F	burning fuel F	$-F$	f'	? M_1/m_1
3	$R - T = H + N$	Mittelgewicht M		20 to		M		medium (weight)		M		m_1
4	H Hülse	Hülse H	Hülsenabwurf	-10 to	$: 2$	$-H$	h'	cartridge C	jettisoning C	$-C$	c'	? m_1/M_2
5	Nutzlast N	Endgewicht = Nutzlast $N_1 = R_2$		10 to		N		payload L		L		M_2
6	volle Stufe R/N	Ballast $B = T + H$	volle Stufe	-90 to	$: 10$	$-B$	$s' = t' \cdot h'$	Ballast B	total step s'	$-B$	$s' = c' \cdot f'$	? M_1/M_2
	Kolonne I	II		III		IV		V		VI		VII

Meine alten Formeln für den Gewichtsquotienten $Q = m_0/m_z$, also Anfangsgewicht durch Endgewicht, bleiben unverändert:

$$Q = m_0/m_z = 10^\varepsilon \quad \text{und} \quad \varepsilon = v_i/v_d,$$

worin

$$v_d = \ln 10 \cdot c \cdot k,$$

aber der Koeffizient k wird nun wesentlich einfacher ausgedrückt:

$$k = \frac{\lg t'}{\lg s'} = \frac{\lg f'}{\lg s'}$$
$$\text{deutsch} \quad \text{englisch}$$

v_i = ideelle Geschwindigkeit; c = Auspuffgeschwindigkeit;
v_d = „dekadische" Geschwindigkeit

Dabei ist q_n = der Nettoquotient und

$$q_b = \text{der Bruttoquotient}$$

für eine Stufe, also der Koeffizient $\quad k = \dfrac{\lg q_n}{\lg q_b}$

$$q_n = \frac{T + H + N}{H + N} = \frac{R}{M} = t' \qquad = f'$$

$$q_b = \frac{T + H + N}{N} = \frac{R}{N} = s' \qquad = s'$$

$$\text{früher} \qquad \text{jetzt deutsch englisch}$$

Dieser Hülsenabwurf und der Quotient h', der ihm entspricht, bringt uns keinerlei direkten Gewinn (an Geschwindigkeit), er ist jedoch unerläßlich für die Verwendung von Mehrstufen-Raketen.

Man sieht aber auch, daß man für diesen unvermeidlichen Verlustquotienten nur dann kleine Werte erzielen kann, wenn man die *Nutzlast N größer* wählt als die Hülse H, welchen Umstand ich schon im Maiheft der Zeitschrift „Rakete" 1928 dargelegt habe. In Zeile 6 sehen wir nun den Quotienten für die *ganze Stufe* ermittelt, wobei $s' = t' \cdot h'$ ist. Den *Differenzwert* habe ich hier als *Ballast B* bezeichnet, wobei

$$B = R - N = T + H$$

wird.

Diese Nomenklatur bietet nun (wie wir sahen) ein lückenloses Bezeichnungssystem für alle relevanten Werte, die für das Raketenwesen in Betracht kommen; also für alle *Fixwerte, Differenzen* und *Quotienten*, und zwar sowohl betreffend die Bezeichnungen (*Wörter*) als auch betreffend die *Symbole* (= algebraisch verwendbare Abkürzungen).

Es besteht übrigens keinerlei Schwierigkeit, dieses System trotz völliger Exaktheit und Einfachheit, auch für die *Mehrstufenraketen* anzuwenden.

Text zum Graphikon

Alle diese *graphischen Darstellungen* sind auf *einachsigem Logarithmenpapier* gezeichnet, was die Vorteile großer Einfachheit, Genauigkeit und Anschaulichkeit vereinigt. Dabei ist durchgehend auf der (arithmetisch eingeteilten) *Abszisse X* die jeweils vorhandene *Raketen-Geschwindigkeit v* aufgetragen, und auf der *logarithmisch eingeteilten Ordinate* (der Y-Achse) die jeweils vorhandenen *Raketengewichte*.

Dabei veranschaulichen die einzelnen Figuren des Graphikons (vgl. Fußnote 3 auf S. 163) folgende Einzelwerte:

Abb. 1 verdeutlicht die Kolonnen I bis VII der Tab. 1, die fast alle in je drei Subkolonnen unterteilt sind; dabei zeigen die Subkolonnen

b) (in der Mitte) die „Dauerwerte", die *Gewichtswerte* der Rakete:

$$\left\{ \begin{array}{l} R = \text{Anfangsgewicht,} \\ M = \text{„Mittelgewicht" und} \\ N = \text{Nutzlast} = \text{Endgewicht.} \end{array} \right.$$

a) (links) die *Differenzwerte*:

$$\left\{ \begin{array}{ll} \text{Treibstoff} & T = R - M, \\ \text{Hülse} & H = M - N, \\ \text{„Ballast"} & B = R - N = T + H, \end{array} \right.$$

c) (rechts) die *Gewichtsquotienten*:

$$\left\{ \begin{array}{l} t' = R/M = \text{Abbrennen des Treibstoffes,} \\ h' = M/N = \text{Abwurf der Hülse,} \\ s' = R/N = \text{ganzer Gewichtsquotient der Stufe.} \end{array} \right.$$

Abb. 2 zeigt die *Ableitung* des Wertes der *dekadischen Geschwindigkeit* v_d, die auf Logarithmenpapier so einfach ist — sowie die Ermittlung des *Koeffizienten* $k = \dfrac{\lg t'}{\lg s'}$, der hiezu nötig ist.

Die *dekadische Geschwindigkeit* gibt uns den Wert der erzielten Geschwindigkeit (der Rakete) an, wenn das Gewicht der Rakete auf 1/10 (des Anfangsgewichtes) absinkt, und zwar *mit* Berücksichtigung des Hülsenabwurfes[1] (z. B. $v_{dh} =$ hypothetische dekadische Geschwindigkeit *ohne* Berücksichtigung des Hülsenabwurfes $v_{dh} = \ln 10 \cdot c = 2{,}3 \times 4 = 9{,}2 \,\text{km/sec}$ [2])

$$k = \frac{\lg t'}{\lg s'} \quad \left| \begin{array}{l} t' = 10/3 \\ s' = 10/2 \end{array} \right. \left| \begin{array}{l} \lg t' = 0{,}532 \\ \lg s' = 0{,}699 \end{array} \right| \quad \text{also:} \;\; \underline{k = 0{,}748,}$$

folglich wird hier $v_d = k \cdot v_{dh} = 0{,}748 \cdot 9{,}2 = \underline{6{,}88 \,\text{km/sec}.}$

Der Wert v_d ermöglicht uns aber eine höchst einfache (und dabei vollkommen exakte) *Ermittlung* des *Gesamtgewichtsquotienten Q* (für Mehrstufenraketen), wenn wir den Summenwert v_i aller zu entwickelnden Geschwindigkeiten kennen; wir erhalten nämlich dann:

$$Q = 10^{\varepsilon} \qquad \text{und} \qquad \varepsilon = v_i/v_d.$$

Abb. 3 erbringt den geometrischen (oder graphischen) *Beweis* für die Ableitung der Werte von v_d aus v_{dh} und k aus der Ähnlichkeit der Dreiecke[3] und bringt auch noch einen anderen *wichtigen Wert* zur Evidenz, und zwar $- \varDelta v_s$; dies ist der *Verlust an Geschwindigkeit*, den der Hülsenabwurf (für eine Stufe) verursacht, und den wir in Kauf nehmen müssen.·

Abb. 4 veranschaulicht einige *wichtige Überlegungen*, welche zur Annäherung an *optimale Anordnungen* nützlich sind. Dabei besteht Abb. 4 eigentlich aus vier kleinen Einzeldiagrammen:

Abb. 4 *a* zeigt nochmals diesen Geschwindigkeitsverlust für den Hülsenabwurf.

Abb. 4 *b* zeigt den *Geschwindigkeitsgewinn* $+ \varDelta v_s$, wenn ein *Wiedernachfüllen* einer leergebrannten Rakete durchführbar ist.

Abb. 4 *c* zeigt, wie *ungünstig* es ist, wenn das Verhältnis H/N (englisch C/L) > 1 ist; also wenn, wie schon erwähnt, die Nutzlast N (Endgewicht) einer Stufe *kleiner* als das Gewicht der Hülse ist $- \varDelta v_s$ wird dann sehr groß).

Abb. 4 *d* zeigt, daß es günstig ist, wenn t' (deutsch), bzw. f' (englisch) recht *lang* wird, was aber eben nicht durch Hinausschieben des Hülsenabwurfes wie sub 4 *c* erreicht werden soll, sondern durch ein relativ möglichst kleines Hülsengewicht (gegenüber der Treibstoffüllung): also T/H (deutsch), bzw. F/C (englisch) soll *möglichst groß* sein.

Es empfiehlt sich, noch folgendes anzufügen: Unter Benützung der folgenden Bezeichnungen
$c =$ Auspuffgeschwindigkeit und

$m' = \dfrac{-\varDelta m}{\varDelta t}$ *Sekunden-Auspuff* (Pirquet 1929)	exhaust per sec
$q' = \dfrac{m'}{m}$ *Gewichtsquotient* des Sekunden-Auspuffes (Oberth 1929)	ratio of exhaust per second

ergeben sich die zwei fundamental einfachen und wichtigen Formeln

$$P = c \cdot m' \quad \textit{Raketenantriebskraft} \qquad \text{pull of Rok}$$
$$b = c \cdot q' \quad \textit{Beschleunigung} \qquad \text{acceleration.}$$

---

[1] Der Verlust an Geschwindigkeit während der steilen Aufstiegstrecke ist hier nicht ins Kalkül gezogen: ich nehme dafür meistens einen Zuschlag von rund 1 km/sec zur ideellen Geschwindigkeit v_i.

[2] v_{dh} ist ein Wert, der nicht ständig benützt werden muß, sondern hier nur zur Verdeutlichung der Ableitung von v_d diente.

[3] $\triangle I\,II\,III \sim \triangle I\,V\,VI$, bzw. $\triangle I\,II\,IV \sim \triangle I\,V\,VII$ und ebenso: $I'\,M : I'\,III = II\,III : II\,IV = f' : s' = v_d = v_{dh} (= t' : s' \ldots$ deutsch); t' und s' liegen aber auf der logarithmischen Skala ($y =$ Ordinate) und daher $v_d = v_{dh} \cdot k$, wobei $k = \dfrac{\lg t'}{\lg s'}$ ist.

On Automatic Internal and External Control of Long Range Rockets

By

J. M. J. Kooy, Breda[1], NVR

(With 12 Figures)

Abstract. A principle design is indicated for automatic control of a long range rocket. During the powered flight the rocket is steered by an automatic pilot mounted in the vehicle, according to a prescribed program of motion. If this automatic pilot operates in the right way, the rocket describes its orbit without external intervention. Besides this internal control, the rocket is supervised by a terrestrial station which by radio signals automatically interferes as soon as the rocket deviates from the prescribed orbit, guiding the rocket again into this required trajectory.

I. Pure internal control

Let us assume a long range rocket, starting vertically and declining to horizontal direction during powered flight. After this powered flight, the rocket describes an orbit in free space and dives again into the atmosphere. Then if the rocket is equipped with wings, it can glide again to the terrestrial surface. Such a rocket can be considered as the prototype of a later circular step rocket, and can be used in order to obtain practical experience in internal and external control. Also such a rocket can carry instruments and even passengers, so that much further miscellaneous experimental evidence can be obtained. Let us further assume for simplicity's sake that the start of the rocket occurs in the equatorial plane, bending in the direction east, so that the rotation of the earth is in advantage. The orbit (with respect to a terrestrial system of reference) then becomes two-dimensional, the orbital plane coinciding with the equatorial plane.

The steering is supposed to be carried out by internal rudders, placed in the gas jet as applied in V 2-practice. These rudders are arranged in two pairs, the one pair (yaw rudders) being in zero position in the plane of the orbit and the other pair (pitch rudders) perpendicular to the orbital plane. A roll moment (about the longitudinal axis of the rocket) can be obtained by a difference of deflection of the yaw rudders. We shall assume that in this way the roll motion of the rocket is controlled.

The orbit in space throughout the powered flight is supposed to be precalculated. During this powered flight, the rocket must be forced into the predetermined orbit by an automatic pilot, operating according to a time program as to pitch motion, whereas yaw, roll and also pitch deviations from the prescribed trajectory

Fig. 1.

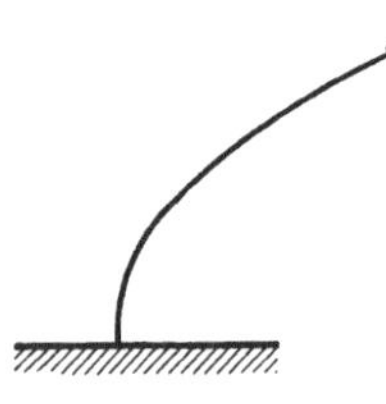

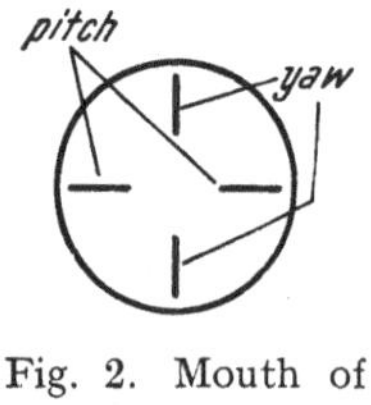

Fig. 2. Mouth of nozzle with internal rudders.

---

[1] Breda, Franklin Roosevelt-laan 14, Holland.

must be prevented. As detectors for roll, yaw and pitch, gyro instruments are applied, in order to detect deflection, rate of deflection (angular speed) and increase of rate of deflection (angular acceleration). As deflection indicators free gyro's are used, and as rate indicators rate gyro's, operating as turn indicators in conventional way. As angular acceleration indicator a kind of apparatus is used; described in the appendix of this article. The gyro detectors operate turn condensers, arranged in electric circuits, by which the rudder servo motors are controlled by means of thyratrons.

Arrangement of gyro detectors. As to detecting of *deflection*, for roll, yaw and pitch 3 separate free gyro's are applied, in principle mounted as indicated in fig. 3. The positions of these indicators are thought as follows:

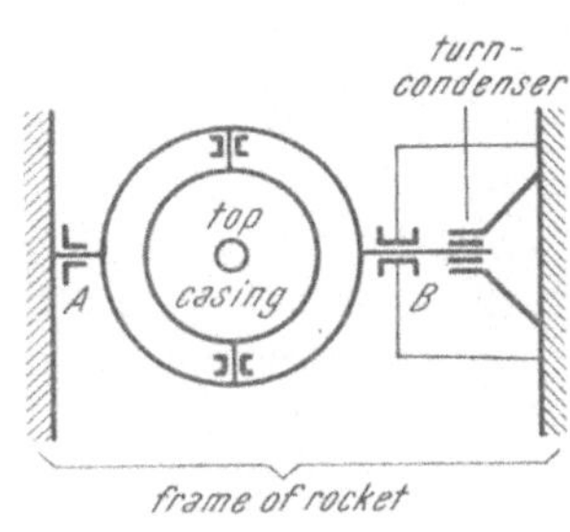

Fig. 3. Top axle ⊥ to plane of drawing.

For roll: *A B* parallel to longitudinal axis of rocket. Top axle perpendicular to plane of orbit. (Hence parallel to pitch axis of rocket.)

For yaw: *A B* parallel to yaw axis of rocket and top axle perpendicular to plane of rocket.

For pitch. *A B* perpendicular to plane of rocket. The top axle is supposed to be vertical (at the place of start).

As to detecting *deflection rate*, 3 separate gyro's are applied, in principle mounted as indicated in fig. 4, and arranged as follows:

Roll: *A B* parallel to yaw axis; top axle perpendicular to plane of orbit (parallel to pitch axis).

Yaw: *A B* parallel to roll axis (longitudinal axis of rocket); top axis parallel to pitch axis of rocket.

Pitch : *A B* parallel to roll axis: top axle parallel to yaw axis. As to detecting *angular acceleration*, 3 acceleration indicators (measuring angular acceleration) are used, of the type as described in appendix and indicated in fig. 5. They are thought to be arranged as follows:

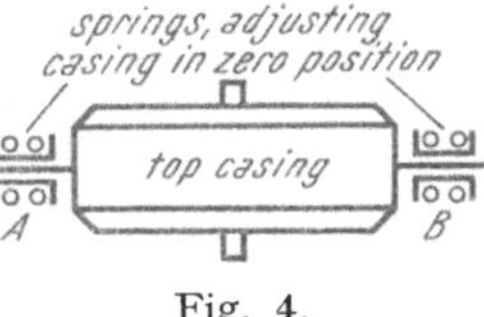

Fig. 4.

Roll: *A B* parallel to roll axis; *C D* parallel to yaw axis. Hence top axle perpendicular to plane of orbit.

Yaw: *A B* parallel to yaw axis; *C D* parallel to roll axis. Hence top axle perpendicular to plane of orbit.

Pitch: *A B* parallel to pitch axis; *C D* parallel to yaw axis. Hence top axle parallel to roll axis.

Let us now proceed by pointing out and solving a difficulty which arises, when the rocket has simultaneously different rotations. If we consider an angular acceleration detector as indicated in fig. 5, and if we assume that the rocket rotates about an axis parallel with *C D*, the whole will start to operate as a rate gyro, by which a deflection about the axis *A B* arises. This disturbance can be taken away by applying a torque about the axis *A B* which neutralises the disturbance. This neutralising torque must be proportional with the angular speed ω of the rocket about the axis parallel with *C D*, hence proportional with the deflection of the rate gyro detecting ω. Now it is rather difficult to make an electric arrangement to meet this condition. Therefore a pneumatic solution as indicated in fig. 6 is proposed. *a*, *b*, *c* and *d* are bleeding nozzles, whereas pressure air is supplied. *h* is a segment, mounted on the axle of the top casing of the rate gyro in question, and *h'* a vane mounted on the axis *A B* of the angular acceleration detector. *h'* is acted upon at both ends by the air jets of *c* and *d*.

If these jet forces differ, a torque is acting on h', that is about the axis $A\,B$ in fig. 5. By giving h and h' suitable shapes, and dimensioning the bleeding nozzles in the right way, we can obtain the required interaction in order to neutralise the disturbing influence. We then obtain the following pneumatic cross-connections, as indicated in fig. 6.

Yaw $\rightleftharpoons$ Roll	Roll $\rightleftharpoons$ Yaw	Pitch $\rightleftharpoons$ Yaw
rate rate	rate rate	rate rate
incr.	incr.	incr.

Hence the rate gyro for yaw is coupled up with the angular acceleration detectors for roll and pitch, whereas the rate gyro for roll is only coupled up with the angular acceleration detector for yaw. Let us now proceed to the servo mechanism by which the impulses of the gyro detectors are transmitted to the servo motors operating the rudders. A possible transmission scheme gyro detector $\rightarrow$ rudder servo motor is indicated in fig. 7. L is a lamp generator, in which an alternating current of frequence f is set up. This frequence f is dependent on the position of the turn condenser C, which is directly operated by the gyro indicator. Z_1 and Z_2 are two circuits, having own frequencies f_1 and f_2, whereas, if C is in zero position (deflection $= 0$), $f_1 > f > f_2$. As obvious from the figure, Z_1 and Z_2 are electromagnetically coupled up with L. By the crystal detectors k_1 and k_2 and the corresponding equalizing condensers, the grids of the thyratrons T_1 and T_2 then obtain a positive potential with respect to the filament, if Z_1 or Z_2 is excited. The thyratrons are acted upon by an alternating anode potential, which is insufficient to cause discharge in them, unless a positive grid potential is induced by Z_1 or Z_2. The armature of the rudder motor is still supplied by continuous current and the motor is equipped with two magnet windings M_1 and M_2 for clockwise and counterclockwise run. As

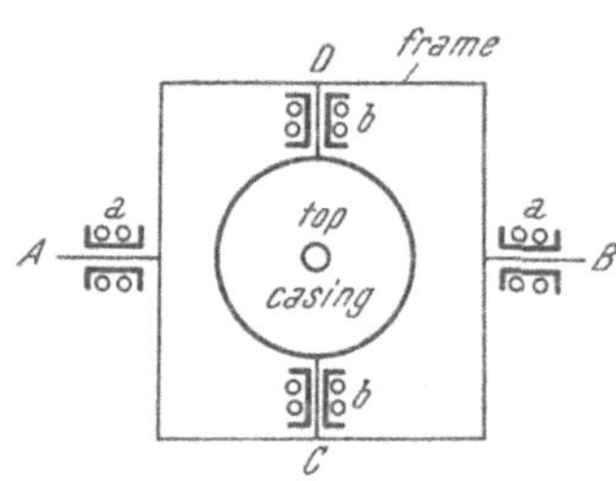

Fig. 5. *a* springs adjusting frame in zero position. *b* springs adjusting top casing with respect to frame in zero position.

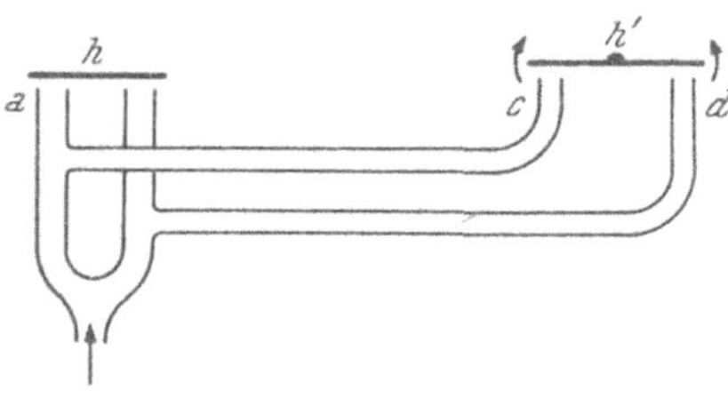

Fig. 6.

soon as C deflects, f varies. If now by deflection of C, $f = f_1$, M_1 will be energized, and the rudder motor starts to run in clockwise sense. If $f = f_2$, M_2 will be energized, and the rudder motor starts to run in counterclockwise sense. In order to prevent hunting, a recoil of servo motor on L can be obtained by inserting a reset condenser, switched in parallel with C and mechanically operated by the servo motor. In addition, a second rudder motor can be applied, weaker in torque as the first one, energized in reversed sense as soon as the rudder leaves the mid position and de-energized as the rudder returns to mid position. (In fig. 7 this auxiliary motor is not indicated.)

Further it will be obvious that besides a deflection detector (free gyro) operating C, also a rate gyro and if required also a gyro angular acceleration detector can be inserted, operating turn condensers, switched in parallel with C. In order then to obtain a good cooperation of detectors corresponding with a same variable the ratios of the capacities of the turn condensers must be chosen in a suitable way. For the rest it will be evident that a regulating device as indicated in fig. 7 can be applied in all cases where a certain variable quantity must be bounded between two limits. Hence it can be applied for roll, yaw and pitch regulation of a vertically ascending rocket, and for roll and yaw control of our rocket during powered flight. Only as to roll we have still to indicate a method,

how a therefore required difference in deflection of the yaw rudders can be effected. A possible method is the following. Apply for yaw control two servo motors, one for each of the two yaw rudders. The first servo motor is influenced by the gyro detector according to the scheme of fig. 7. The magnet winding of the second yaw rudder motor is arranged in a bridge of Wheatstone, as indicated in fig. 8, a and b. A and B are two potentiometer contacts, which can be displaced along the potentiometer resistances $\alpha\beta$ and $\gamma\delta$. The motion of A is mechanically coupled up with the first yaw rudder motor, whereas B is moved by the second motor indicated in fig. 8. By this arrangement, the second motor follows the first motor in such a way that an equal number of revolutions is made in the same sense. Now by a third motor (the roll servo motor) the potentiometer resistance $\alpha\beta$ can be displaced with respect to $\gamma\delta$. In this way the required difference in deflection of the yaw rudders can be effected. The roll servo motor can then again be influenced by the corresponding gyro detectors according to the scheme indicated in fig. 7.

Now the same device (of fig. 7) with some additional equipment can be used for

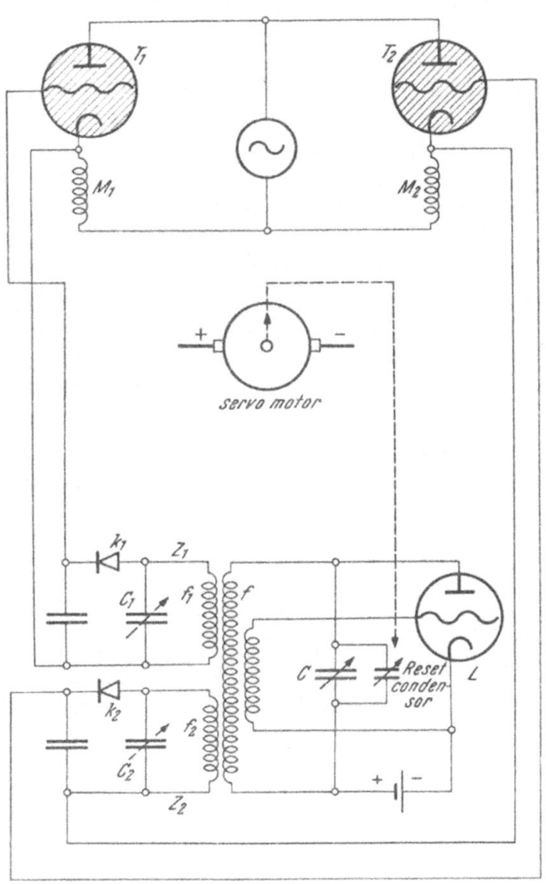

Fig. 7.

Fig. 8.

variable pitch control throughout the powered flight. Therefore in fig. 7 the frequencies f_1 and f_2 must be adjusted in combination in such a way that by combined variation of the capacities C_1 and C_2 those frequencies are altered by *a same amount, so that the included frequency f' varies with a similar amount.*

Let us suppose that the pitch angular speed and the pitch angular acceleration throughout the pitch motion corresponding with undisturbed powered flight is small, so that the rate gyro and the angular speed gyro are practically not responding. Then the frequency f is a pure function of the position of C, which is operated by the free gyro detecting the pitch angle. Further it will be obvious that the pitch rudder servo motor only comes to rest if $f = f'$. Now because the pitch angle (in accordance with the precalculated orbit) is prescribed as a function of time, also $f' = f$, and thereby the capacities of C_1, C_2 are prescribed as functions of time. Hence C_1 and C_2 can be operated by a clock work in order to obtain the required pitch motion throughout the period of powered flight. C_1 and C_2 can practically be carried out as turn condensers, with co-axial cylinders as coatings. The inner coatings of C_1 and C_2 are attached to one rigid body a, carried out as solid of revolution, whereas the outer coatings are mounted rigidly in the frame of the rocket. By the clock work oppressing the required pitch motion, a is turned about its axis.

In stead of using a clock work, collaborating with a free gyro as pitch angle detector, we can displace this free gyro by a pitch gyro as used in V 2-practice, artificially precessing by an electromagnetic torque, in conjunction with an accelerometer [1]. Then C_1 and C_2 can be kept invariable.

II. Supervision and eventual correction of internal control by terrestrial station

Let us firstly consider which extension of the internal steering equipment described above will be necessary, in order to influence the internal control by a terrestrial station. Let us thereby assume that for internal pitch control a pitch gyro with artificial precession is used, in conjunction with an accelerometer. In that case, as to pure internal control, C_1 and C_2 are invariable. Hence it will be evident that we can then influence internal pitch control by varying C_1 and C_2 in combination, in the same way as described above in case of a pitch motion clock work. This variation can be effected by a servo electromotor mounted in the rocket. This servo motor, indicated in fig. 9, is radio operated by the terrestrial supervising station, emitting a wave with two modulation frequencies alternatively superimposed, one corresponding with clockwise run, and one with counterclockwise run of the servo motor in the rocket. If no correction is required, the wave is not modulated. In the rocket a corresponding

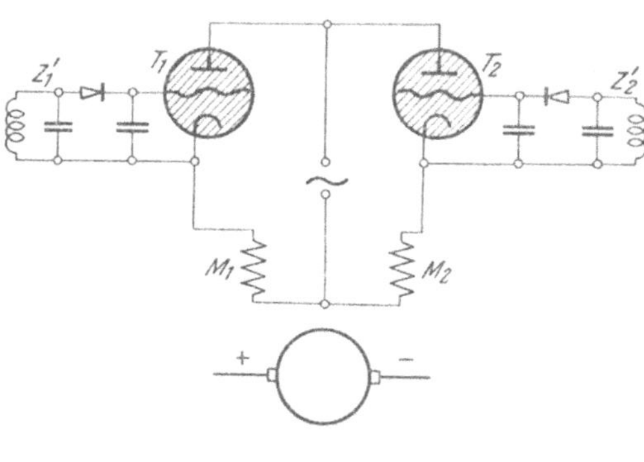

Fig. 9.

receiving set is mounted, tuned to the emission wave, and equipped with two resonance circuits Z_1' and Z_2' arranged after the detector, tuned to the modulation frequencies mentioned. T_1 and T_2 are again two thyratrons operated by an alternating potential, which can only produce a discharge if amplified by a sufficient positive grid potential, to be effected by Z_1' and Z_2'. M_1 and M_2 are again two magnet windings of the servo motor, corresponding with clockwise and counterclockwise run, whereas the armature is still supplied by continuous current.

If a pitch motion clock work in combination with a free gyro detecting pitch angle is applied, the same method of affection of pitch motion by the terrestrial station can be used. Only the outer coatings of C_1 and C_2 must also be assembled to an adjustable rigid body β, which can again be thought as solid of revolution, coaxial with the body α, which is turned by the servo motor of fig. 7. β is then turned by the servo motor of fig. 9.

In similar way an extension of the internal control scheme can be made in order to influence the internal yaw control (and if it should be required also the internal roll control) by the terrestrial station, by which then again C_1 and C_2 must be adjustable rotary condensers, operated by a radio controlled servo motor. For each extension a new pair of modulation frequencies must then be impregnated on the emission wave of the terrestrial radio set, corresponding with a pair of resonance circuits behind the detector of the rocket receiving set.

Let us now turn to the arrangement which is required at the terrestrial control station in order to supervise the motion of the rocket during powered flight. Therefore, let us use a radar instalment, in such a way that the rocket in its orbital motion is still followed by a radar beam, so that the vehicle, if the motion occurs as prescribed, still remains in the beam. Let us call the angle included by the axis of the beam and the horizontal plane, θ (position angle). Then θ as function of time is precalculated, so that θ can be varied in accordance by a suitable clock work drive. Further the plane swept out by the radar beam is the orbital plane of the precomputed orbit. The emission and reception antenna of the radar instalment can be placed in the focus region of one parabolic radar mirror. If required, the antenna's can also be placed in separate radar mirrors, mounted very near to one another with the axes parallel. In that case we obtain a double beam (one for emission and one for reception) which can soon be considered — at some distance from the terrestrial station — as one single beam. This separate arrangement of emission — and reception — antenna has the adventage that thereby the immediate recoil of emission — antenna on reception — antenna is already strongly suppressed in nascent state.

A possible scheme of the radar instalment itself is indicated in the appendix.

Now let us assume that by some disturbance the rocket deviates from the prescribed orbit, whereas it still remains in the predetermined orbit plane. In that case the vehicle leaves the radar beam, so that the echo signal vanishes. Then a servo motor must be put in operation, by which an oscillation of θ is superimposed on the position angle as prescribed function of time. As soon as the radar beam again envelopes the vehicle, the echo signal appears again and the servo motor must stop. Immediately after this stop, a modulation frequency corresponding with the required rotation sense must be emitted, by which the auxiliary servo motor of fig. 9, mounted in the rocket, is put in operation in the required sense. Thereby the rocket again leaves the radar beam, so that the echo signal again disappears. Hence the servo motor superimposing the θ oscillation, again starts to operate and stops as soon as the rocket reappears in the radar beam. If this occurs when the θ oscillation passes through zero, the rocket has again returned to the required course and no modulation may be emitted after stop of the servo motor. If the θ oscillation is not zero at the moment of reappearance of the echo signal, a modulation must be emitted again and the regulating procedure must be continued until the rocket has returned in the prescribed orbit.

In fig. 10 a basic scheme is indicated by which the required sequence of operations described above can be realised. The potential drop through the resistance II in the radar scheme surpasses a certain definite amount as soon as

— after a certain definite time lapse — no echo signal is received, so that the positive potential of the grid with respect to the filament in thyratron T also increases to the same amount, causing discharge through T. (The alternating potential, acting between u and v is only sufficient to cause discharge through T if amplified by a positive grid potential of required value.) Hence if the echo signal remains away throughout a definite time lapse, the magnet winding M of the θ oscillation servo motor A is energized by intermittant direct current, whereas the armature of this motor is still supplied by continuous current.

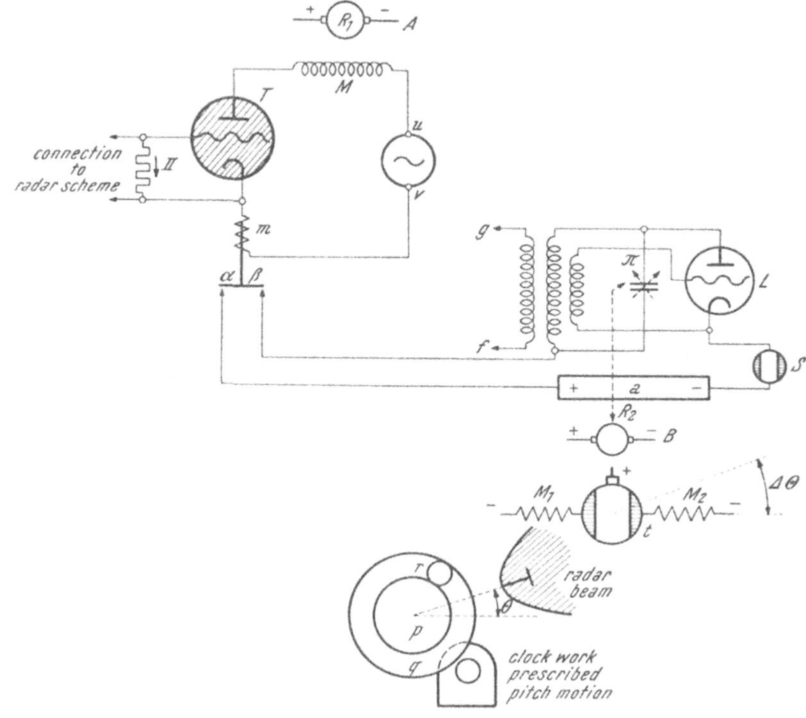

Fig. 10. f connection to filament of lamp-generator of emission wave, g connection to grid of lamp-generator of emission wave. In case of azimuth control (to be realized by similar scheme) the disk of t' (of corresponding lamp-generator L') is in mid position if $\Delta \varphi = 0$.

Simultaneously, also the magnet switch m will be energized. Thus A starts to operate, by which the gearwheel r oscillates about its axis. If only θ alters as prescribed function of time by means of the clock work, p, q and r revolve as one system, whereas A must be thought to be coupled up with r, also revolving with this system as a whole. Then by the oscillation of r about its axis, the required θ oscillation is superimposed. When the rocket reappears in the beam, the potential drop in II falls and A stops. Then also m is de-energized and $\alpha\,\beta$ closed. Hence if the oscillation $\Delta\,\theta \neq 0$, the lamp modulator L is energized by the high voltage source a via the contacts $\alpha\,\beta$. If $\Delta\,\theta = 0$, the connection of a with L is cut off by the switch S, which only closes if the turn condenser π leaves its mid position. π is operated by an auxiliary motor B, deviating the condenser π from the mid position against the torque of a spring. By this spring, π returns to mid position if B is de-energized. B is equipped with two magnet windings M_1 and M_2, corresponding with right handed and left handed torque, whereas the armature R_2 is still supplied by continuous current. M_1 or M_2 receive current if the switch t deviates from the mid position. The disk of this switch is attached to p and the corresponding brush to q. Hence if A stops and $\Delta\theta \neq 0$, a modulation in clockwise or counterclockwise sense is emitted, depending on the algebraic sign of $\Delta\theta$. As soon as the rocket again leaves the radar beam, A and thereby also m_1 is re-energized, by which L is de-energized and the modulation emission stops.

In similar way a deviation of the rocket from the prescribed orbit plane can be supervised by the radar instalment, by switching in fig. 10 a similar scheme in parallel, with servo motor A' and lamp modulator L' for azimuth oscillation, with a corresponding servo motor in the rocket as indicated in fig. 9, influencing the internal yaw control. In that case of radar supervision as to position angle and azimuth, 4 resonance circuits must be arranged behind the detector of the rocket receiving set, for the two pairs of modulation frequencies, corresponding with position angle — and azimuth angle — regulation. The period of oscillation in azimuth can be taken large in comparison to the period of θ oscillation, so that the radar beam by the combined (simultaneous) oscillations in θ and azimuth surveys the whole environs of the prescribed rocket position. A and A' are then put in operation by the same potential drop in resistance II. Hence they start simultaneously if the echo signal vanishes, and also stop simultaneously if the echo reappears. After the common stop of A and A', L and L' are both impregnating their modulations on the emission wave in the required sense, if as well $\Delta\theta \neq 0$ as $\Delta\varphi \neq 0$, $\Delta\varphi$ denoting the deflection in azimuth. If $\Delta\varphi = 0$, $\Delta\theta \neq 0$, only L is energized; if $\Delta\varphi \neq 0$ and $\Delta\theta = 0$, only L' is energized. If $\Delta\varphi = 0$ and $\Delta\theta = 0$ after the common stop of A and A', the rocket has again the required position angle and azimuth and no modulation is further emitted.

By the radar supervising system as described, only position angle and azimuth are taken into account, whereas the radius vector length of the rocket position is not attended. The remaining possible deviation however will be unimportant.

On the other hand if we should also like to control the radius vector length in similar way, we should be compelled also to regulate the thrust. Now for economic reasons it is required to apply maximal thrust throughout powered flight, so that we then have no reserve for extra tangential acceleration.

III. Appendix

1. Radar scheme

In fig. 11, the principle radar scheme is indicated. g_b charges the condenser C_1 as soon as the grid potential of the thyratron 1 is sufficiently positive. The frequence of the lamp generator T determines the sequence of the emission pulses. After charge of C_1, discharge via $p\,q$ and A follows, when the negative grid potential of 2 (thyratron) falls below a certain amount. Simultaneously, by the excited positive grid potential in thyratron 3, C_2 is charged and discharges again via the gas tube 4. 3 and 4 are adjusted in such a way that, as soon as C_2 obtains a charge of certain magnitude, the ionisation in 3 vanishes and discharge through 4 occurs. The time interval between two emission pulses, defined by T, is large in comparison to the time of charging and discharge of C_1 and C_2, so that disturbing echo effects are avoided.

By the electric field of C_2 the electron beam coming from the filament w and being accelerated by the potential drop between c and b is deflected and describes on the radar screen a straight line in conventional way, — only this line does not rotate. For the rest the whole electron tube auxiliary equipment and radar screen does not play any part in the automatic external regulation procedure described above; it only indicates the radius vector length of the position of the rocket, as long as the vehicle is enveloped by the radar beam. The high frequent echo signal is much too weak to cause directly the required effects as to the regulation process, and in order to influence the electron beam. On the other hand, this high frequent echo f_1 cannot be amplified. Therefore it must be mixed with another frequence f_2; then the difference $f_1 - f_2$ can be amplified.

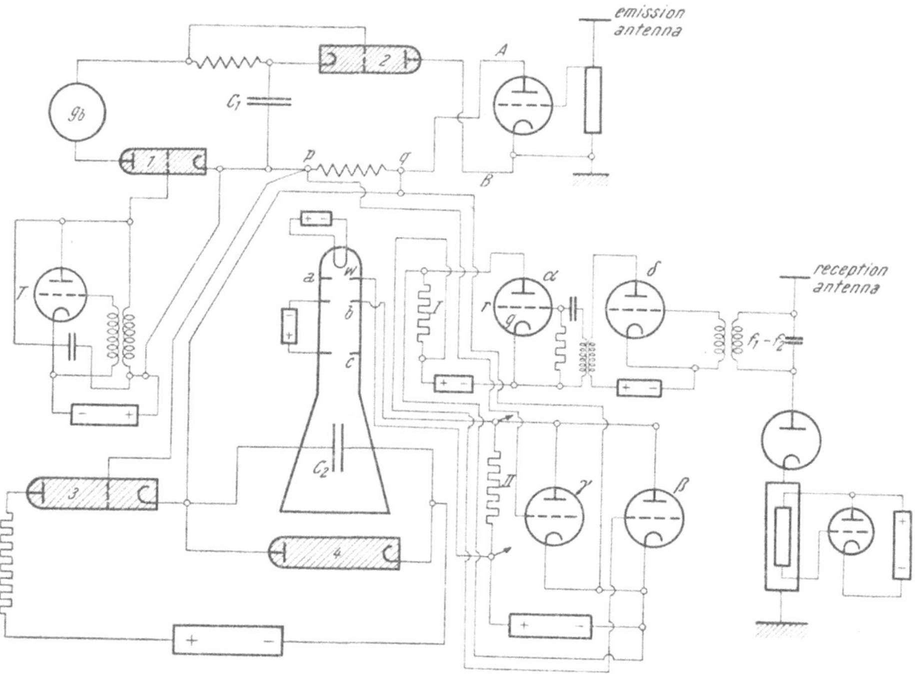

Fig. 11. g_b = continuous current source.

Then in the circuit tuned to $f_1 - f_2$ only current flows as long as the echo signal is received. Then the negative charge of the grid r increases, so that the current through resistance I decreases, by which the positive grid potential in β also decreases. Hence also the current in resistance II is weakened, by which the negative potential of diaphragm b with respect to diaphragm a falls. Hence the scattering of the electrons coming from the filament w diminishes and their number in the beam increases, whereas the speed of the electrons in the beam is mainly determined by the potential drop between c and b; the change of potential between a and b has practically no influence on this speed.

In order to suppress an immediate recoil of emission antenna on reception antenna, a second electron tube γ is switched in parallel with β in which a positive grid potential is excited when C_1 discharges through p q. Thereby the current in resistance II is increased, whereas the direct recoil of the emitted signal on the reception antenna tries to decrease this current. Hence the direct influence of emission — on reception — antenna is canceled. The connection to the regulation scheme of fig. 12 is indicated by the arrows at the terminals of resistance *II*.

2. *The angular acceleration detector*

As obvious from fig. 5, the arrangement of the instrument is the same as indicated in fig. 3, with the difference that the top casing with respect to the frame, as well as the frame itself is driven back to zero position by a spring, whereas the motion of the top casing about the axis *C D*, and also the motion of the frame about the axis *C D* is damped, in such a way that the damping moments are proportional with the corresponding angular speeds. The apparatus must be

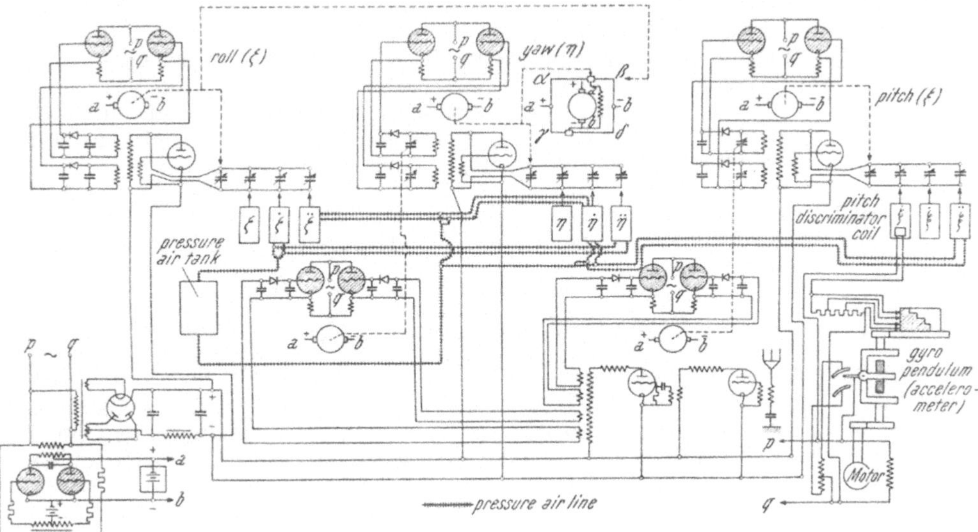

Fig. 12. Composing principal electronic scheme of radio supervised automatic pilot for long range rocket.

mounted in the vehicle in such a way that the frame axis is parallel with the vehicle axis, about which the angular acceleration must be measured. In zero position, the spinning axle of the top is perpendicular to the frame axle *A B*. If now the vehicle accelerates about the axis in question (parallel with the axis *A B*) the whole system will lag behind by inertia (due to precession of top casing) about a certain angle with respect to the vehicle body. The mathematical theory of this apparatus is pointed out in reference 2. The angle of retardation is then a measure for the angular acceleration of the vehicle about the axis parallel with *A B*.

References

1. J. M. J. Kooy, Principle Electronic Scheme for Automatic Pilot of Long Range Rocket. De Ingenieur ('s-Gravenhage) **65**, No. 20 (1953).
2. J. M. J. Kooy, Gyroscopes. De Ingenieur ('s-Gravenhage) **66**, No. 17 (1954).

Entwurfsverfahren für Höhenraketen mit Preßgasförderung

Von

R. Engel, Héliopolis[1], EAS

(Mit 4 Abbildungen)

Zusammenfassung. Höhenraketen mit Preßgasförderung finden in der modernen Raketentechnik zahlreiche Anwendung. Für ballistische Entwurfsverfahren ist es notwendig, über Mittelwertformeln zu verfügen, die den Gewichtsaufwand für eine gegebene Aufgabenstellung beschreiben.

Es wird ein derartiges Formelsystem mitgeteilt, in dem die Gewichtsanteile für Schubwerk, Förderwerk, Tankwerk und Flugwerk getrennt enthalten sind. Mit Hilfe dieses Formelsystems lassen sich „Tragfähigkeitsdiagramme" aufstellen, in die der Absolutwert der vorgegebenen Nutzlast eingeht. In Verbindung mit einem ballistischen Abakenwerk können für senkrechten Steigflug oder ballistischen Schrägflug in kurzer Zeit die technischen Daten einer Rakete zu einer gegebenen Aufgabenstellung ermittelt werden.

I. Einleitung

Die Entwicklungsstufen einer modernen Flüssigkeitsrakete lassen sich grob wie folgt abgrenzen:

Vorprojekt-Stadium, in dem zu einer gegebenen Aufgabenstellung, der die zu schaffende Rakete genügen soll, auf Grund der technischen Erfahrungen der optimale technische Aufbau der Rakete errechnet wird.

Prototypen-Stadium, in dem die beim Vorprojekt ermittelten Unterlagen in ihren Einzelheiten durchgearbeitet und die jeweils technischen geeigneten Lösungen werkstattmäßig hergestellt werden. In entsprechend angeordneten Versuchsserien wird die jeweils beste Lösungsform bestimmt.

Serien-Stadium, in dem der ermittelte beste Prototyp noch einmal mit Rücksicht auf zweckmäßige und billige Herstellungsverfahren überarbeitet wird, bis alle Bauelemente nicht nur sicher ihre Funktion erfüllen, sondern auch einfach und wirtschaftlich herstellbar sind.

Die Entwicklungskosten eines Projektes hängen nun weitgehend davon ab, mit welcher Genauigkeit im Vorprojekt-Stadium gearbeitet wird. Dem Vorprojekt-Büro obliegt es also, alle Erfahrungen des eigenen Betriebes und nach Möglichkeit auch die anderer Stellen weitgehend zu verarbeiten und in allgemeinster Form festzuhalten, damit für jeden gegebenen Fall die technisch wissenschaftlichen Unterlagen ausreichend sind. Das gegenwärtige Stadium der Raketentechnik bietet genügend Elemente, um aus ihnen Entwurfsverfahren für die verschiedenen Aufgabenstellungen abzuleiten. Nachstehend soll über ein Entwicklungsverfahren für Höhenraketen berichtet werden, bei dem vorausgesetzt wird, daß die Förderung der Treibstoffe durch Hochdruckpreßgas erfolgt.

---

[1] Technischer Direktor der Compagnie des Engins à Réaction pour Vol Accéléré (CERVA), Héliopolis (Ägypten).

II. Voraussetzungen des Verfahrens

Die Voraussetzungen lassen sich in zwei Hauptgruppen aufgliedern, nämlich: *ballistische und technische.*

Bei den ballistischen Voraussetzungen ist in erster Linie eine Festlegung der physikalischen Daten der Atmosphäre notwendig. Die CINA-Normung erstreckt sich nur bis 32 km. Die Extrapolationen darüber hinaus unterliegen leider noch einer gewissen Willkür. Eine internationale Normung bis zu Höhen von 120 km wäre sehr erwünscht. Die nächste ballistische Voraussetzung betrifft den Verlauf der Luftwiderstandsfunktion des Gerätes in Abhängigkeit der MACH-Zahl, sowohl bei arbeitendem als auch bei schweigendem Triebwerk. Zur

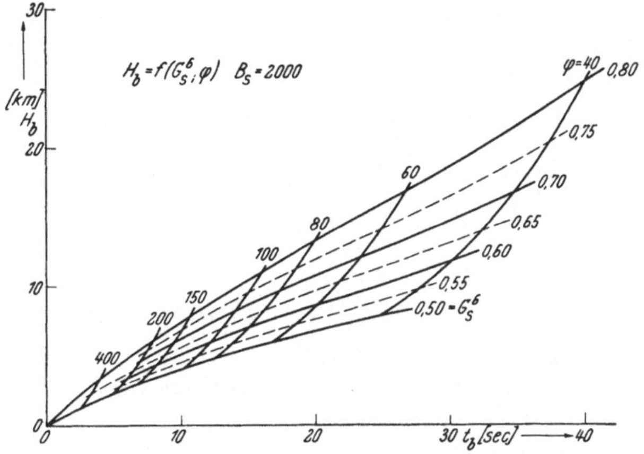

Abb. 1. Brennschlußhöhe als Funktion der ballistischen Belastung, des Treibstoffverhältnisses und der Kaliberströmungsdichte.

Erstellung derartiger Kurven muß man aus möglichst zahlreichen Windkanalmessungen für das Vorprojekt-Büro Mittelwerte festlegen, wobei mehr oder weniger eine bestimmte geometrische Form des Gesamtgerätes zugrunde gelegt werden muß.

Die ballistischen Unterlagen wurden so ermittelt, daß die Brennhöhe H_b, die Brennschlußgeschwindigkeit v_b und (bei senkrechtem Aufstieg) die Gipfelhöhe H_g als Funktionen folgender Parameter dargestellt wurden:

$$B_s = \text{ballistische Startbelastung (kg/m}^2) = \frac{\text{Startgewicht}}{\text{Kaliberquerschnitt}}$$

$$z = \text{spezifischer Triebwerksverbrauch (kg/to sec)} = \frac{\text{Treibstoffgewicht}}{\text{Gesamtimpuls}}$$

$$G_s^6 = \text{Treibstoffverhältnis (—)} = \frac{\text{Treibstoffgewicht}}{\text{Startgewicht}}$$

$$\varphi = \text{Kaliberströmungsdichte (kg/m}^2\text{sec)} = \frac{\text{Treibstoffdurchsatz}}{\text{Kaliberquerschnitt}}.$$

Die Brennzeit ergibt sich dann gemäß der Definitionsgleichung

$$t_b = \frac{B_s \cdot G_s^6}{\varphi} \text{ (sec)}. \tag{1}$$

Die Abb. 1 und 2 zeigen Ergebnisse für einen festen spezifischen Verbrauch von $z = 5{,}5$ kg/to sec und eine feste ballistische Startbelastung $B_s = 2000$ kg/m^2.

Man kann beide Darstellungen durch Weglassen des Hilfsparameters t_b zu einem einzigen Diagramm $H_b = f(v_b)$ für festes z und B_s zusammenfassen, wie Abb. 3 zeigt. Die Rechnungen wurden für verschiedene Werte von B_s zwischen 2000 und 10.000 kg/m² und z zwischen 4,5 kg/to sec und 5,5 kg/to sec ausgeführt und das so gewonnene Abakenwerk als ballistische Arbeitsunterlage dem Entwurfsverfahren zugrunde gelegt.

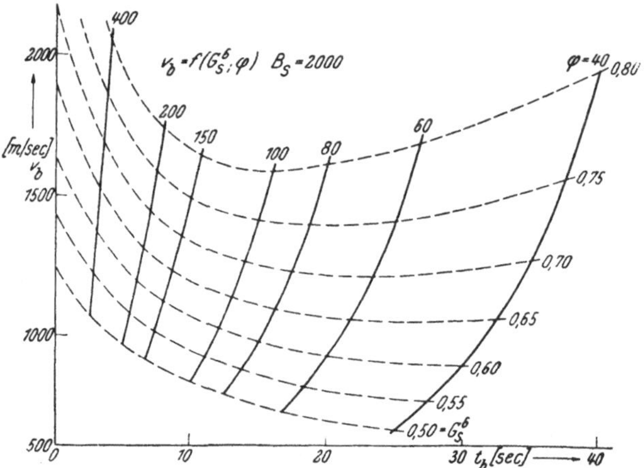

Abb. 2. Brennschlußgeschwindigkeit als Funktion der ballistischen Belastung, des Treibstoffverhältnisses und der Kaliberströmungsdichte.

Die technischen Voraussetzungen sind selbstverständlich sehr zahlreich. Eine große Bedeutung besitzt dabei der Werkstoff, aus dem das Gesamtgerät im wesentlichen hergestellt wird. Daneben spielt auch der ausgewählte Oxydator eine wichtige Rolle oder, wenn man will, die mittlere Dichte des Treibstoff-

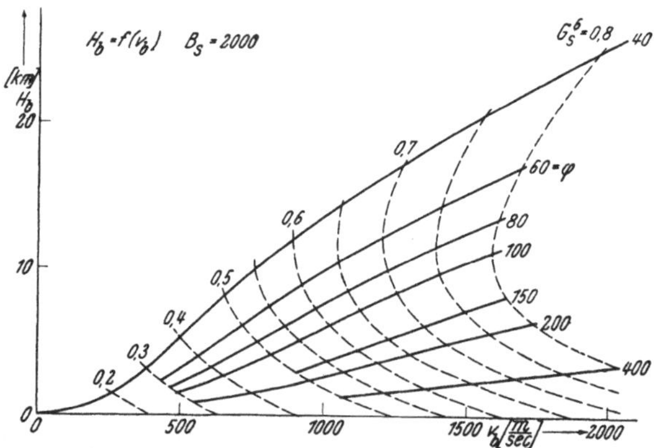

Abb. 3. Brennschlußhöhe als Funktion der ballistischen Belastung und der Brennschlußgeschwindigkeit.

gemisches. Die Bauform des Tankwerkes, ob übereinanderliegende oder koaxiale Tanks, die Anordnung des Förderwerkes, die Bauform der Brennkammer mit ihrem Einspritz- und Kühlsystem, jede dieser Einzelfragen bietet allein schon zahlreiche Varianten, das heißt aber Parameter bei der Entwurfsrechnung. Es ist ferner aus zahlreichen Versuchen und Publikationen bekannt, daß die konstruktive Auslegung von Tank-, Förder- und Schub-Werk wechselseitig aufeinander abgestimmt sein muß, um betriebsicheres Arbeiten zu gewährleisten. Die bisherige Praxis hat jedoch gezeigt, daß von allen in diesem Zusammenhang auftretenden Parametern der Betriebsdruck der Brennkammer die weitaus größte und kennzeichnende Rolle spielt. Es ist daher naheliegend und zweckmäßig, die konstruktiven Parameter vom Tankwerk, Förderwerk und Schubwerk als Funktionen des Brennkammerdruckes darzustellen. Setzt man nun voraus, daß das Förderwerk stets durch eine Hochdruck-Stickstoff-Förderung mit 200 at Speicherdruck gebildet wird, so ergeben sich relativ einfache Zusammenhänge für die Berechnung eines Vorprojektes. Beim Aufbau eines derartigen Formelsystems ist es zweckmäßig, die Gewichtsanteile für Schubwerk, Förderwerk, Tankwerk und Flugwerk getrennt zu halten, weil sich dadurch die Einzelergebnisse leicht auf andere Bauformen übertragen lassen.

Unsere Überlegungen ergaben für den Netto-Bauaufwand (= Gewicht der Rakete ohne Nutzwerk und Treibstoff, bezogen auf das Treibstoffgewicht) folgende Form

$$G_6^N = \frac{{}^1\gamma_M}{G_s^6 B_s \, 10^3} \left\{ 10^{-4} \left(a_{11} \frac{\varphi}{D} + c_{11} + a_{12}\varphi - a_{13} \sqrt{\varphi} \right) (a_{14} + a_{15} D) + a_{16} \right\} +$$

$$+ c_{21}{}^2\gamma_M \cdot 10^{-3} \left\{ \left(1 + \frac{\Lambda}{10} \right) \left(1 + \frac{\varphi Q}{10} \right) \frac{\varphi D a_{21}}{G_s^6 B_s} + a_{22} + \frac{c_{22} D}{G_s^6 B_s} \right\} + a_{23} +$$

$$+ c_{31}{}^3\gamma_M \cdot 10^{-3} \left\{ a_{31} + \frac{a_{32} D}{G_s^6 B_s} + \frac{c_{32} \varphi}{G_s^6 B_s} (c_{33} D + a_{33} G_s^6 B_s) \right\} +$$

$$+ {}^4\gamma_M \cdot 10^{-3} \left\{ \frac{c_{41} + c_{42} D}{G_s^6 B_s Q} + \frac{a_{41}}{DQ} \right\} ; \tag{2}$$

für die Kaliberlänge der gesamten Rakete Λ

$$\Lambda = c_{51} + a_{51} + \frac{1}{D} (a_{52}\varphi + a_{53} G_s^6 B_s) + 10^{-6} (a_{54} \sqrt{\varphi} + a_{55} \varphi) ; \tag{3}$$

hierin bedeuten:

${}^1\gamma_M, {}^2\gamma_M, {}^3\gamma_M, {}^4\gamma_M$ (kg/m³) die spezifischen Gewichte des Hauptwerkstoffes für Schubwerk, Förderwerk, Tankwerk und Flugwerk,

D, Q (m, m²) Kaliber und Kaliberquerschnitt der Rakete,

$a_{11} \div a_{55}$ vom Brennkammerdruck p_0 (kg/cm²) abhängige Konstruktionsparameter,

$c_{11} \div c_{51}$ vom Brennkammerdruck nicht abhängige, durch sonstige konstruktive Annahmen festgelegte Konstanten.

Nun ist es noch notwendig, in das bisher benutzte dimensionslose, bzw. auf den Startzustand oder Kaliberquerschnitt bezogene Formelsystem das Gewicht des Nutzwerkes G_5 selbst einzuführen, was sich durch die Relation

$$G_5 = B_s Q[1 - G_s^6 (1 + G_6^N)] \tag{4}$$

bewerkstelligen läßt. Die weitere Ausbildung des Entwurfsverfahrens besteht nun darin, sich auf ein bestimmtes Treibstoffgemisch mit einem festen Mischungsverhältnis m_i, einem bestimmten Brennkammerdruck p_0, einer festen Kaliberlänge Λ, sowie auf die Hauptwerkstoffe für Schub-, Förder-, Tank- und Flugwerk ${}^1\gamma_M, {}^2\gamma_M, {}^3\gamma_M, {}^4\gamma_M$ festzulegen. Mit diesen Festlegungen lassen sich dann für jeden Wert von B_s (entsprechend der Stufung von B_s in den ballistischen Entwurfsunterlagen) sogenannte „Tragfähigkeitsdiagramme" aufstellen, von denen Abb. 4 ein Beispiel gibt. Hier sind die konstruktiv bedingten Werte G_s^6 und D in ihrer Beziehung zu dem ballistischen Wertepaar G_s^6 und φ unter Einschluß des von der Aufgabenstellung zumeist vorgeschriebenen Absolutwertes der Nutzlast G_5 dargestellt, bzw. man kann die zu einem ballistischen Wertepaar G_s^6 und φ mögliche Nutzlast G_5, sowie den dazugehörigen Wert von G_6^N und D ablesen.

Durch Variation der vom Brennkammerdruck p_0 abhängigen Parameter $a_{11} \div a_{55}$ in Gln. (2) und (3) durch Änderung der Kaliberlänge Λ und durch Wahl anderer Hauptwerkstoffe für die Hauptgewichtsgruppen der Rakete läßt sich

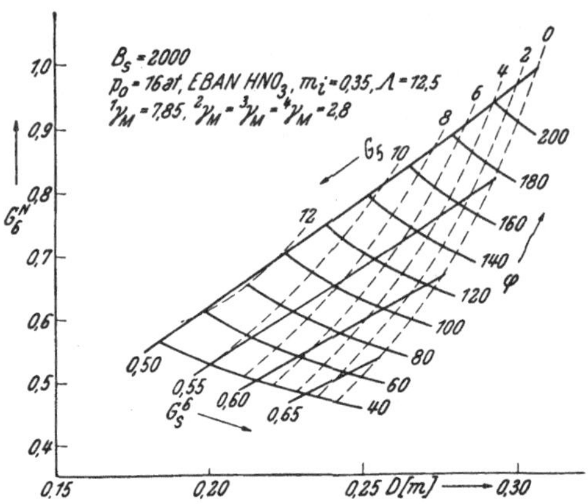

Abb. 4. Tragfähigkeitsdiagramm für ein festes Treibstoffgemisch, bei einer Kaliberlänge von 12,5, einer gemischten Bauweise und einer festen ballistischen Startbelastung.

somit ein konstruktives Abakenwerk als Ergänzung des ballistischen aufstellen, mit dem die Vorentwurfsrechnung schnell und in übersichtlicher Form durchgeführt werden kann. Dabei lassen sich auch kompliziertere Aufgabenstellungen behandeln, wenn z. B. im Zusammenhang mit Flab-Raketen verlangt wird, daß die Rakete eine gegebene Nutzlast G_5 auf eine vorgegebene Höhe H_x bringen und dort selbst noch eine ebenfalls vorgegebene Geschwindigkeit v_x besitzen soll. Da die Werte G_s^6 und G_6^N sich auch zu den Herstellungskosten einer Rakete in Beziehung setzen lassen, sind mit der gewählten Darstellungsform auch Wirtschaftlichkeitsvergleiche möglich, die ebenfalls zum Aufgabenkreis eines Entwurfsbüros gehören. Selbstverständlich aber ist auch das hier geschilderte Entwurfsverfahren nur im Rahmen der selbst gewonnenen oder durch Austausch mit anderen erhaltenen Erfahrungen gültig. Es wurde jedoch bewußt ein „dezentralisiertes" Berechnungsverfahren bevorzugt, um stets Verbesserungen ohne übermäßige Neuberechnung anbringen zu können.

Über den Einfluß der Rekombination auf die Leistung von Flüssigkeitsraketen

Von

U. T. Bödewadt, Héliopolis[1], EAS

(Mit 2 Abbildungen)

Zusammenfassung. Die Leistung einer Rakete wird gewöhnlich auf die eines theoretischen Raketentriebwerks bezogen, in dem sich die Gase zunächst auf das zur Verbrennungstemperatur gehörige Dissoziationsgleichgewicht einstellen und dann aus der Ruhe bei unveränderter Zusammensetzung adiabatisch-isentrop durch eine Düse ausströmen.

Dabei sinkt die Gastemperatur, und niedrigeren Temperaturen würde im Gleichgewicht ein geringerer Dissoziationsgrad entsprechen. Daher bleibt auch in wirklichen Düsen die Dissoziation nicht konstant, sondern geht wenigstens teilweise zurück. Diese „Rekombination" führt zu Wärmeentwicklung und damit zu langsamerem Temperaturabfall und höherer Mündungstemperatur als im theoretischen Triebwerk.

Über die Fragen, in welchem Ausmaße die Rekombination nun tatsächlich stattfindet und ob sie die Leistung günstig oder ungünstig beeinflußt, hat es lange Zeit widersprechende Meinungen gegeben. Jedoch zeigen Rechnungen für Wasserstoff wie für den Treibstoff der A 4, daß Rekombination die Ausströmungsgeschwindigkeit steigert. Dieses Ergebnis wird wohl allgemein zutreffen.

Die Raketentechniker sind bemüht, die Leistungen der Raketentriebwerke zu verbessern. Darin stimmen die meisten Fachleute überein, daß die gemessenen Leistungen hinter den berechneten noch stark zurückbleiben.

Dabei kommt es natürlich auf die Art der Berechnung an, also auf die Theorie, mit der man die Meßergebnisse vergleicht. Jede Theorie idealisiert die wirklichen Verhältnisse, aber eine zu grobe Theorie vernachlässigt so viel, daß der Vergleich mit den Messungen keine Hinweise für die Verbesserung der Konstruktion ergibt. Das trifft zum Beispiel zu, wenn man eine Ausströmgeschwindigkeit einfach aus dem Heizwert des Brennstoffes bestimmt, ohne sich um Dissoziation und Strahlverluste zu kümmern.

Wenn praktische Versuche nicht nur kleinere Einzelheiten betreffen, sondern einer weiterzielenden Forschung dienen, so muß man die Ergebnisse mit einem wohlbestimmten theoretischen Fall vergleichen. Dieser theoretische Bezugsfall soll mit einem erträglichen Rechenaufwand Ergebnisse liefern, die möglichst nicht zu weit von den wirklichen entfernt sind; es sollen darin nur die wichtigeren Einflüsse berücksichtigt werden, während alle geringeren ohne Bedenken vernachlässigt werden können.

Es ist inzwischen üblich geworden, hierfür in der Theorie der Raketentriebwerke die folgenden Voraussetzungen zu machen:

----

[1] Direktor der Entwicklungsabteilung der Compagnie des Engins à Réaction pour Vol Accéléré (CERVA), Héliopolis (Ägypten).

Der Treibstoff soll bei konstantem Druck und ohne Wärmeabfuhr nach außen verbrennen. Die entstehenden Gase sollen ideale Gase sein, deren spezifische Wärme nur von der Temperatur abhängt, und ihre Zusammensetzung ist aus den Gasgleichgewichten zu berechnen, die bei dem gewählten Verbrennungsdruck und der entstehenden Gleichgewichtstemperatur von Bedeutung sind.

Dieses Verbrennungsgas soll bei weiterhin unveränderter Zusammensetzung durch die Düse ausströmen, bis es sich auf einen Mündungsdruck entspannt hat, der gleich dem Außendruck von einer Atmosphäre ist. Diese Ausströmung soll eindimensional, adiabatisch und isentrop sein.

Außerdem muß man noch bestimmte Anfangstemperaturen der Treibstoffe annehmen, und hierüber ist noch keine volle Einigkeit erzielt; wir benutzen als normale Temperatur 25^0 C für alle bei dieser Temperatur flüssigen Treibstoffe, und bei verflüssigten Gasen die normale Siedetemperatur.

Wenn dann noch die spezifischen Wärmen, die Bindungsenthalpien und die Konstanten der Gasgleichgewichte bekannt sind, so läßt sich die theoretische Leistung eines Raketentreibstoffes berechnen und für den Vergleich mit Messungen benutzen.

Stellen sich dabei nun Abweichungen zwischen Theorie und Messung heraus, so kann man die Ursache einerseits in der zu groben Theorie suchen, wenn keine Rechenfehler vorkamen, aber auch andererseits in der zu schlechten Konstruktion, wenn keine Meßfehler gemacht worden sind. Um weiterzukommen, muß man dann alle von der Theorie vernachlässigten Einflüsse ermitteln, die für die Abweichung verantwortlich sein können, und jeden dieser Umstände daraufhin untersuchen, ob man ihn vielleicht beeinflussen kann, um auf diese Weise die Leistung des Raketentriebwerkes zu verbessern.

Ob man diese nähere Prüfung der einzelnen Einflüsse durch Rechnung, also durch eine Verfeinerung der Theorie, vornehmen will oder durch praktische Versuche, ist im wesentlichen eine Zeit- und Kostenfrage. Bei dem engen gegenseitigen Zusammen- und Gegeneinanderwirken der verschiedenen Vorgänge wird der Nutzen einer theoretischen Behandlung vielfach darin bestehen, daß sie die Größe eines solchen Einflusses abzuschätzen erlaubt, damit man weiß, ob sich praktische Versuche lohnen.

Unter den verschiedenen von der Theorie des Bezugsfalles vernachlässigten Einflüssen, wie unvollkommene Gleichgewichtseinstellung bei der Verbrennung, Nachverbrennung bei der Ausströmung, Kühlung, Reibung, Turbulenz und anderen, betrachten wir hier die Nachverbrennung. Die Zusammensetzung der Feuergase bleibt während der Ausströmung nicht unverändert, sondern die Dissoziation geht mit fallender Temperatur zurück, Atome und Radikale rekombinieren sich unter Wärmeentwicklung zu größeren Komplexen. Diesen Vorgang nennt man Rekombination oder Nachverbrennung; er findet also innerhalb der Düse statt und hat nichts zu tun mit der Nachverbrennung der schon ausgeströmten Gase, welche außerhalb der Düse beim Hinzutritt des Luftsauerstoffes stattfindet.

Diese Rekombination braucht selbstverständlich Zeit, die Zusammensetzung der Gase während der Ausströmung entspricht daher nicht genau dem Gleichgewicht, das zu der augenblicklichen Temperatur gehört, sondern bleibt dahinter zurück. Daher hat es viele verschiedene Ansichten darüber gegeben, ob für die Rekombination überhaupt Zeit bleibt oder ob das bei der Verbrennung zustandegekommene Gleichgewicht nicht bei der Ausströmung praktisch erhalten bleibe, also, wie man sagt, „eingefroren" werde.

Die Wahrheit liegt wohl irgendwo dazwischen; es findet nur eine teilweise Rekombination statt, und ihr Ausmaß hängt auch von der verwendeten Brennkammer ab, besonders von ihrer Größe.

Denn bei großen Brennkammern haben wir längere Düsen, also dauert die Ausströmung länger; es ist mehr Zeit für die Umstellung der Zusammensetzung, die Nachverbrennung ist vollständiger.

Bei kleineren Brennkammern indessen macht sich bemerkbar, daß die Hypothese der linearen Ausströmung nicht ganz stimmt; die Wandfläche ist größer im Verhältnis zum Strömungsquerschnitt, und der Wandeinfluß wird stärker. Dadurch aber wird die Rekombination auch wieder begünstigt, denn für viele dieser Reaktionen sind Dreierstöße notwendig, und an Stelle des dritten Stoßpartners kann auch die Wand treten, um überschüssige Energie- und Impulsbeträge aufzunehmen. Doch macht sich der Wandeinfluß bei kleineren Raketen auch durch stärkere Kühlung bemerkbar, und darum ist bei ihnen wohl ein stärkerer Einfluß der Nachverbrennung zu erwarten, aber er wird sich nicht ungestört nachweisen lassen.

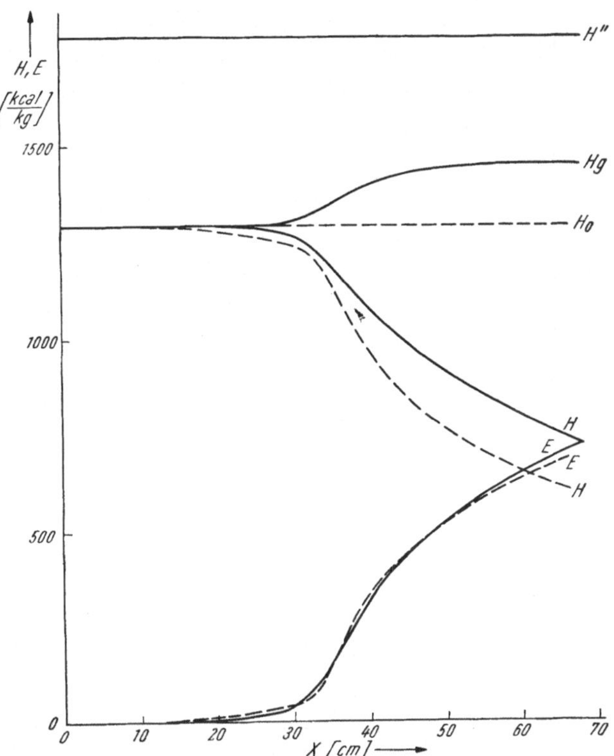

Abb. 1. Ausströmung mit (————) und ohne (— —) Nachverbrennung. Über der Brennkammerachse x sind die Ofenenthalpie H_0 und die Gesamtenthalpie H_g angegeben, sowie ihre Verteilung auf Gasenthalpie H und Strömungsenergie E.

Da somit für eine experimentelle Erforschung einige Schwierigkeiten vorauszusehen sind, lohnt sich eine theoretische Untersuchung. Diese braucht zunächst nur festzustellen, ob die Nachverbrennung überhaupt als Ursache für Leistungsverluste in Frage kommt. Es ist nicht erforderlich, den Rekombinationsgrad auszurechnen, sondern es genügt vorerst, den Fall vollständiger Rekombination mit dem theoretischen Normalfall zu vergleichen, den wir oben definiert haben und in dem gar keine Rekombination stattfindet.

Es hat in der Literatur nicht nur über die Frage, wie weit eine Nachverbrennung bei der Ausströmung überhaupt stattfindet, widersprechende Meinungen gegeben, sondern auch darüber, ob die Nachverbrennung von nützlichem oder schädlichem Einfluß auf die Leistung des Triebwerkes sei. Auch diese Frage läßt sich bei der rechnerischen Untersuchung leicht klären.

In einer 1948 veröffentlichten Untersuchung haben PENNER und ALTMANN den einfachsten Treibstoff, den Wasserstoff, untersucht. Hier gibt es nur eine einzige Reaktion: $2\,H = H_2$, und daher ist die mathematische formelmäßige Behandlung besonders einfach. Das Ergebnis war in dem dort betrachteten Falle, daß die Ausströmgeschwindigkeit von 8150 m/sec auf 8580 m/sec anstieg, bei vollständiger Rekombination; die Nachverbrennung ist hier also von Vorteil für die Triebwerksleistung.

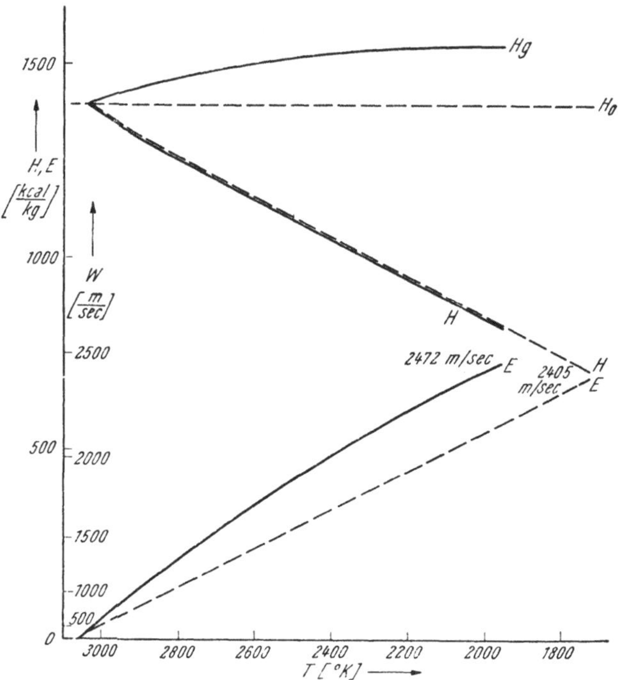

Abb. 2. Ausströmung mit (———) und ohne (— —) Nachverbrennung. Über der Gastemperatur sind Ofenenthalpie H_0 und Gesamtenthalpie H_g angegeben, dazu die Gasenthalpie H und die Strömungsgeschwindigkeit w (an der Kurve mit E bezeichnet).

Da der Wasserstoff als Treibstoff aber eine ziemlich isolierte Stellung einnimmt, so war es zweifelhaft, ob sich dieses Ergebnis für die sonstigen chemischen Treibstoffe verallgemeinern ließe. Gewöhnlich haben wir viel mehr als nur zwei Komponenten im Feuergas; es sind also auch mehrere Gasgleichgewichte simultan zu berücksichtigen. Eine entsprechende formelmäßige Durchrechnung solcher Treibstoffe ist daher nahezu ausgeschlossen.

Um trotzdem an einem Beispiel zu sehen, wie sich die Nachverbrennung bei den üblichen Treibstoffen der Raketentechnik auswirkt, habe ich einmal das „klassische" Treibstoffgemisch der A 4 numerisch durchgerechnet. Auf die Einzelheiten der Rechnung einzugehen, ist hier nicht der Ort, es sollen nur die Ergebnisse in zwei Abbildungen gezeigt werden.

In beiden Diagrammen sind dargestellt: die gesamte durch Verbrennung und Nachverbrennung entwickelte Wärme H_g, beginnend mit der Ofenenthalpie H_0; weiter die jeweils im Gase noch enthaltene Wärme H, und dazu andererseits die Gasgeschwindigkeit w beziehungsweise die Strömungsenergie $E = w^2/2\,g$. In dem einen Bilde (Abb. 2) erfolgte die Darstellung über der Gastemperatur T, in dem anderen (Abb. 1) ist die räumliche Verteilung über der Brennkammerachse x angegeben. H'' bedeutet den unteren Heizwert des Treibstoffes, berechnet unter Berücksichtigung des Sauerstoffmangels. Die ausgezogenen Kurven beziehen sich auf den Fall mit Nachverbrennung, die gestrichelten auf Ausströmung ohne Nachverbrennung.

Man erkennt aus jeder der beiden Darstellungen, daß die Rekombination für den Wirkungsgrad der Düse günstig ist, denn die Strömungsenergie und -geschwindigkeit werden sowohl vor wie nach dem Düsenhals größer. Die Mündungsgeschwindigkeit steigt von 2405 m/sec auf 2472 m/sec.

Das übereinstimmende Ergebnis der Rechnungen für diese beiden so verschiedenen Treibstoffe, nämlich den Wasserstoff und das Gemisch Alkohol-Wasser-Sauerstoff, darf man wohl auch für andere Treibstoffe als gültig annehmen. Die Rekombination ist also bestimmt keine Ursache für Leistungsverluste, sondern im Gegenteil theoretisch vorteilhaft. Sie bringt praktisch allerdings auch gewisse Nachteile mit sich, weil sie die Wärmebelastung der Düsenwand erhöht.

Demonstration über den Nachweis der kosmischen Strahlung im menschlichen Körper

(Kurzfassung)

Von

J. Eugster, Bern[1], SAA

(Mit 2 Abbildungen)

Die Abbildungen erbringen den Beweis, daß es möglich ist, lebendes menschliches Gewebe (Haut) in konserviertem Zustande in der Stratosphäre der kosmischen Strahlung auszusetzen und es nachher wieder in den lebenden Organismus einzusetzen, wo es dauernd einer histologischen Beobachtung zugänglich wird.

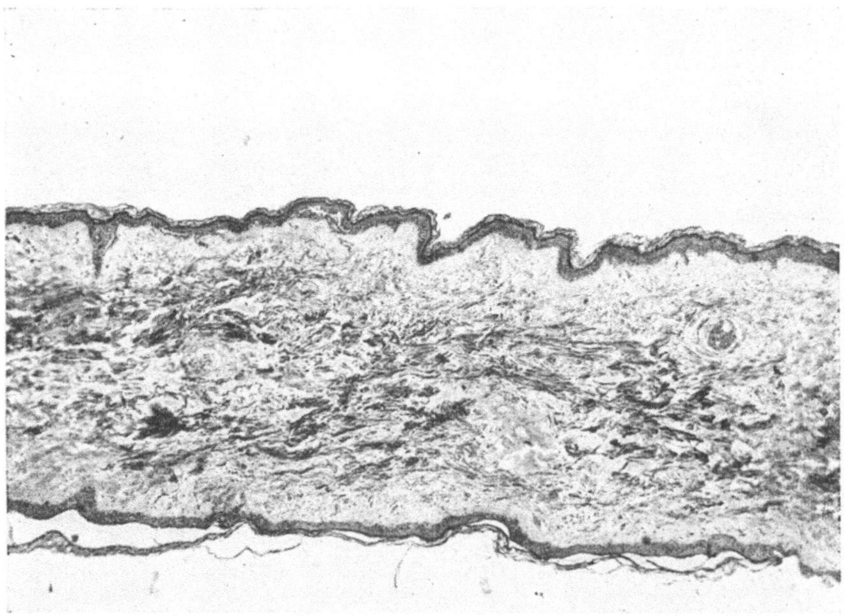

Abb. 1.

Es können dabei die Veränderungen von Zellstrukturen und Zellkernanomalien studiert werden. Damit ist eine Methode geschaffen, die Wirkung der kosmischen Strahlung, vor allem die Treffer, durch schwere primäre Teilchen und Atomzertrümmerungsfiguren im lebenden Gewebe histologisch zu beobachten und hierbei die Latenzzeiten einer etwaigen Schädigung genau zu berücksichtigen.

---

[1] Universität Zürich, Schweiz.

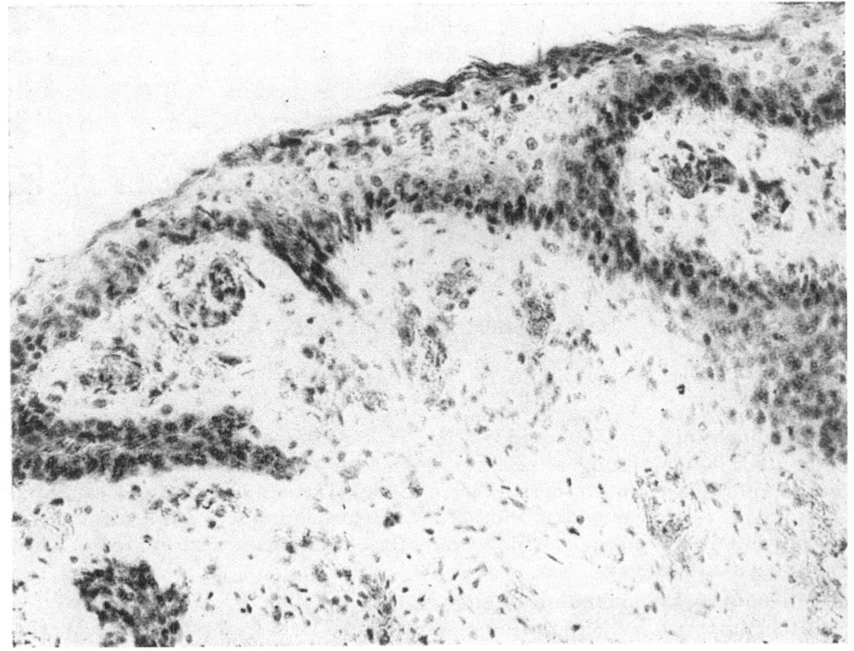

Abb. 2.

Die Entwicklung hochtemperaturbeständiger Werkstoffe für die Luft- und Weltraumfahrt

Von

E. Fitzer, Wien[1], ÖGfW

(Mit 21 Abbildungen)

Zusammenfassung. Die Verwendung der Werkstoffe bei erhöhten (über 300⁰ C), bei hohen (über 900⁰ C) und bei höchsten Arbeitstemperaturen (über 1500⁰ C) stellt gesteigerte Anforderungen an deren Warmfestigkeit und chemische Beständigkeit. Auf Grund der zu erwartenden Werkstoffbeanspruchung bei der Luft- und Weltraumfahrt werden die heute verfügbaren Werkstoffe diskutiert und die Entwicklungsrichtungen aufgezeigt.

Als Hüllenwerkstoff kommt von den Leichtmetallen im Hinblick auf die Erwärmung bei höheren Fluggeschwindigkeiten nur Titan in Frage. Zur Werkstofffrage der Strahlantriebe (Rakete und Flugzeugturbine) wird die Entwicklung während der letzten zehn Jahre über hochlegierte Stähle, Superlegierungen und oberflächengeschützte Metalle bis zu den Sinterlegierungen besprochen und auf den wechselvollen Wettlauf zwischen Warmfestigkeit und Zunderbeständigkeit hingewiesen. Die besten heute verfügbaren Superlegierungen weisen ausreichende Warmfestigkeit nur bis 900⁰ C auf. Die Metalle und Sinterlegierungen für höhere Temperaturen (1000⁰ C und darüber) sind entweder bei Arbeitstemperatur nicht genügend zunderbeständig oder bei Raumtemperatur zu spröde, um beim heutigen Stand des Turbinenbaues die Superlegierungen zu verdrängen. Für den Raketenbau lassen keramische Schutzschichten und Oxyde bzw. Hartstoffe eine erfolgreiche Entwicklung erwarten. Auf dem Gebiete des Zunderschutzes metallischer Werkstoffe für hohe und höchste Arbeitstemperaturen werden Ergebnisse eigener Arbeiten mitgeteilt.

I. Forderungen an temperaturbeständige Werkstoffe

Grundlage und Voraussetzung des heutigen Standes der Technik waren die Werkstoffe und vor allem die Metalle. Erst mit der Beherrschung von deren Erzeugung und Fertigung ist die technische Hochentwicklung, sei es nun auf dem Gebiete des Maschinenbaues, des Brückenbaues, des Verkehrswesens, der Elektrizität usw. ermöglicht worden. Die hervorstechenden Eigenschaften der Metalle als Werkstoffe sind die hohen Zugfestigkeiten, die Elastizität, die thermische und elektrische Leitfähigkeit und nicht zuletzt die gute Bearbeitbarkeit. Ein Nachteil der meisten Gebrauchsmetalle ist deren chemische Unbeständigkeit.

Die moderne Technik stellt immer neue Forderungen an die Werkstoffe. Die heute wichtigste Forderung ist die nach Temperaturbeständigkeit. Wir wollen uns heute die Frage stellen: Gibt es Werkstoffe und besonders metallische Werkstoffe, die diese immer steigenden Forderungen nach erhöhter Temperaturbeständigkeit erfüllen, bzw. können derartige Werkstoffe entwickelt werden?

---

[1] Institut für anorganische chemische Technologie der Technischen Hochschule in Wien, Österreich.

Die in Frage kommenden Temperaturbereiche sollen nach den heute üblichen Anforderungen folgendermaßen einheitlich klassifiziert werden:

$$\begin{aligned}
&\text{Erhöhte Arbeitstemperaturen} \quad \ldots \ldots \text{ über } \ 300^0 \text{ C} \\
&\text{Hohe Arbeitstemperaturen} \quad \ldots \ldots \text{ über } \ 900^0 \text{ C} \\
&\text{Höchste Arbeitstemperaturen} \quad \ldots \ldots \text{ über } 1500^0 \text{ C.}
\end{aligned}$$

Unter „Temperaturbeständigkeit" ist nun die Eigenschaft eines Werkstoffes zu verstehen, bei derartigen Arbeitstemperaturen sowohl hinsichtlich seiner Festigkeit, als auch seiner chemischen Beständigkeit zu entsprechen. Es ist also ebenso wie bei den Werkstoffen für gewöhnliche Temperaturen auch an temperaturbeständige Werkstoffe eine zweifache Forderung zu stellen:

a) Ausreichende Festigkeit, man spricht von „Warmfestigkeit";

b) chemische Beständigkeit oder „Zunderbeständigkeit".

1. Warmfestigkeit

Wie verhält sich nun ein Metall bei erhöhter, bzw. hoher Temperatur unter Spannung? Ebenso wie es z. B. bei steigender Zugbeanspruchung bei Raumtemperatur eine erst elastische, dann plastische Verformung bis zum Bruch erleidet, können wir bei erhöhter Temperatur einen Bereich der elastischen und der plastischen Verformung erkennen. Mit zunehmender Temperatur wird jedoch der Anteil der plastischen Verformung größer. Unterschiedlich zu dem Verhalten bei Raumtemperatur stellt sich die plastische Verformung erst langsam ein; der Faktor Zeit wird von entscheidender Bedeutung; man spricht vom „Kriechen". Da die den Werkstoffen übertragenen Aufgaben eine Form- und Meßbeständigkeit verlangen, müssen für die Verformung bestimmte Grenzen angegeben werden, meist 0,1, bzw. 0,01%. Wichtig ist vor allem die Angabe der Prüfzeit sowohl für die Kriechfestigkeit als auch für die Bruchspannung bei der Dauerstandfestigkeit, üblicherweise 100, bzw. 1000, bzw. 10 000 h.

Die Warm- und besonders die Dauerstandfestigkeit fällt bei Metallen mit zunehmender Temperatur stark ab. Dies liegt in der Natur der Metalle und der mit Annäherung an die Schmelztemperatur zunehmenden Beweglichkeit der Gitterbausteine. Die absoluten Schmelztemperaturen sind somit ein ungefähres Maß für die Erweichungstemperaturen der Metalle, die für Aluminiumlegierungen etwa bei 200 bis 300⁰ C, für Eisenlegierungen bei 630 bis 700⁰ C liegen.

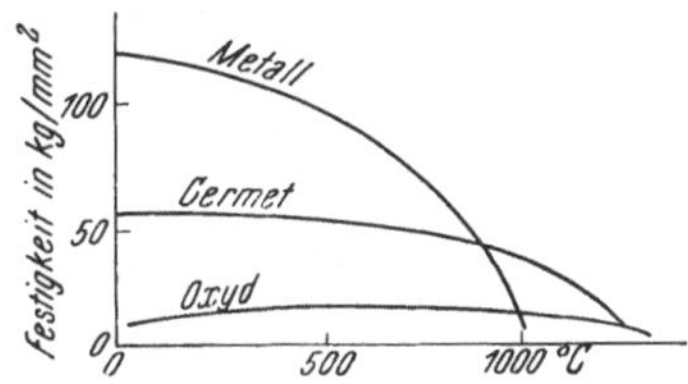

Abb. 1. Warmfestigkeiten von Legierungen, Keramik und Sinterwerkstoffen (schematisch) [1].

In Abb. 1 werden die Festigkeiten von heute üblichen Legierungen im Vergleich zu Keramik- und Sinterwerkstoffen in Abhängigkeit von der Temperatur schematisch gezeigt [1]. Man erkennt wohl die geringeren Tieftemperaturfestigkeiten keramischer Stoffe, jedoch deren vergleichweise bessere Warmfestigkeit. Auch dieses Verhalten ist durch die Feinstruktur und die Bindungsverhältnisse in den Oxydgittern bestimmt, verursacht allerdings eine erhöhte Sprödigkeit und somit Unmöglichkeit einer Verformung bei Raumtemperatur.

2. Zunderbeständigkeit

Bereits bei Raumtemperatur schafft die chemische Reaktionsfähigkeit der Metalle mit dem umgebenden Medium Schwierigkeiten. Bei erhöhter Temperatur kommen hauptsächlich die Reaktionen der Metalle mit Gasen und hier wieder mit Sauerstoff in Frage. Abgesehen von den Edelmetallen reagieren sämtliche

Metalle mit Sauerstoff zu Metalloxyden. Die technisch verwendeten zunderbeständigen Legierungen beruhen auf der Ausbildung einer gasundurchlässigen Oxyddeckschichte, in fast allen Fällen auf einer Cr_2O_3-Schichte. Der Angriff durch Sauerstoff kommt dadurch nicht zum Stillstand, schreitet jedoch nur sehr langsam fort, und zwar in dem Maße, als Metallionen durch die gebildete Oxydschichte diffundieren. Dadurch gelingt die Verwendung von Eisenmetallen bei hohen Temperaturen, also über 900^0 C in oxydierender Atmosphäre. Schwierigkeiten treten bei komplexen Zundereinflüssen, wie z. B. kombiniertem Angriff von Sauerstoff, Schwefel oder Alkalien, bzw. Fremdmetalloxyden, wie diese bei Verbrennungsgasen vorliegen, auf.

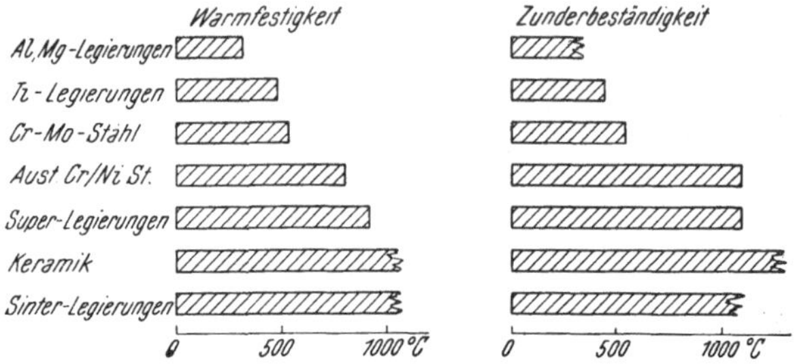

Abb. 2. Warmfestigkeit und Zunderbeständigkeit der heute verfügbaren Werkstoffe [2].

Absolut beständig gegen oxydierende Gase sind natürlich die oxydischen Werkstoffe selbst, und zwar bis zu den höchsten Arbeitstemperaturen, lediglich begrenzt durch deren Schmelzpunkt. Die Schmelztemperaturen der in Frage kommenden Oxyde liegen zwischen 1700 und 3000^0 C (s. Tab. 1).

Tabelle 1. *Schmelzpunkte feuerfester Oxyde*

Thoriumoxyd ThO_2	3050^0 C
Zirkonoxyd ZrO_2	2700^0 C
Magnesiumoxyd MgO	2642^0 C
Ceroxyd CeO_2	2600^0 C
Calciumoxyd CaO	2570^0 C
Berylliumoxyd BeO	2530^0 C
Aluminiumoxyd Al_2O_3	2046^0 C
Chromoxyd Cr_2O_3	1990^0 C
Titanoxyd TiO_2	1775^0 C
Siliciumoxyd SiO_2	1700^0 C

Auch die Warmfestigkeit der meisten Oxyde überragt bei hohen Temperaturen (1100^0 C) bereits die sämtlicher hochentwickelter Legierungen (s. Abb. 1). Die keramischen Stoffe sind jedoch nicht nur spröde, sondern im allgemeinen auch empfindlich gegen Temperaturwechsel, wodurch ihre Anwendbarkeit stark eingeschränkt wird.

In Abb. 2 wird gezeigt, wie weit die heute verfügbaren Werkstoffe den Hochtemperaturanforderungen an Festigkeit und chemischer Beständigkeit bereits entsprechen [2]. Man erkennt, daß die Zunderbeständigkeit auch der Metalle bereits in das Gebiet der hohen Temperaturen (über 900^0) vordringt, nicht jedoch die Warmfestigkeit. Auf die Keramik- und Sinterwerkstoffe soll später zurückgekommen werden.

Bevor auf die verfügbaren Hochtemperaturwerkstoffe näher eingegangen wird, soll kurz aufgezeigt werden, welche Anforderungen die Luft- und Weltraumfahrt an temperaturbeständige Werkstoffe stellt, bzw. stellen wird.

Es scheinen zwei Anwendungsgruppen mit stark unterschiedlichen Eigenschaftsforderungen vorzuliegen:
a) die Hüllenwerkstoffe,
b) die Werkstoffe für die Triebwerke.

II. Die Hüllenwerkstoffe

Hüllenwerkstoffe für die Luftfahrt sollen normalerweise lediglich eine maximale Festigkeit bei möglichst geringem spezifischem Gewicht aufweisen. Das Temperaturproblem tritt erst bei wesentlicher Überschreitung der Schallgeschwindigkeit innerhalb der Erdatmosphäre durch Kompression und Reibung auf. Und zwar wird die durchflogene Luft erhitzt, welche die Wärme zum Teil an den Flugkörper abgibt.

Nach einer Arbeit von F. HABER [3] ist für die Stagnationstemperatur lediglich die Fluggeschwindigkeit maßgeblich. Abb. 3 zeigt die Abhängigkeit der Stagnationstemperatur von der MACH-Zahl (Vielfaches der Schallgeschwindigkeit). Diese beträgt z. B. bei einer Fluggeschwindigkeit von 1000 m/sec etwa 500⁰ C.

Die Stagnationstemperatur wird wohl nur auf verhältnismäßig kleine Punkte (Stagnationspunkte) des Flugkörpers begrenzt sein, doch ist zu bedenken, daß diese Temperaturen bei noch nicht phantastisch erscheinenden MACH-Zahlen auf 1000⁰ C und darüber ansteigen werden und dadurch eine Erwärmung der ganzen Hülle bewirken.

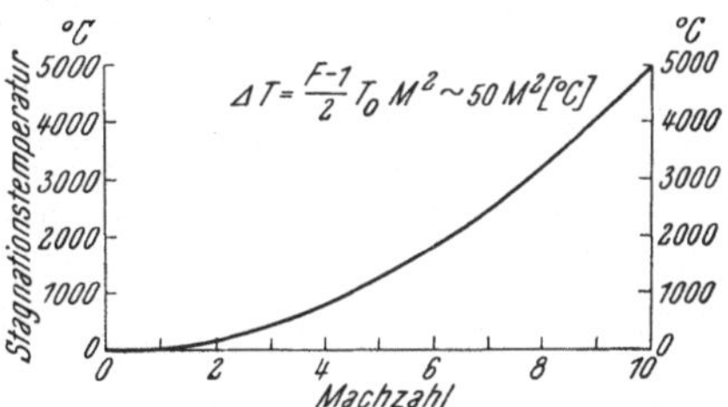

$$\Delta T = \frac{F-1}{2} T_0 M^2 \sim 50\, M^2\, [°C]$$

Abb. 3. Stagnationstemperatur als Funktion der MACH-Zahl (nach F. HABER [3]).

Tatsächlich soll man z. B. bei der deutschen V2-Rakete beim Wiedereintreten in dichtere Luftschichten mit einer Geschwindigkeit von 1000 m/sec Oberflächentemperaturen von 450⁰ C gemessen haben. Auch ist bekannt geworden, daß bei Flugzeugen mit Überschallgeschwindigkeit bereits Erhitzungen an Leitwerk und Flügelenden auftreten. Für die Raumfahrt wird man wohl mit einer Temperaturbeständigkeit der Hülle von rund 500⁰ C *und darüber* rechnen müssen.

Obwohl mit der Temperaturbeständigkeit der Hüllenwerkstoffe nicht unmittelbar zusammenhängend, soll der Vollständigkeit halber noch die Notwendigkeit eines genügenden Erosionswiderstandes der Hüllenwerkstoffe erwähnt werden. Innerhalb der unteren Erdatmosphäre sind die Regentropfen eine Gefahr, in höheren Schichten muß mit aufprallenden Meteoriten gerechnet werden.

Tab. 2 zeigt die Auftreffwahrscheinlichkeit größerer Meteoriten auf einen Flugkörper innerhalb von 24 Stunden und deren Eindringtiefe in Aluminium nach WHIPPLE [4]. Die Wahrscheinlichkeit, daß z. B. ein Meteorit mit 0,3 mm Durchmesser mit einer Eindringtiefe in Aluminium von 3 bis 4 mm innerhalb von 24 Stunden aufprallt, ist nur 1 : 2000. Jedoch ist mit dem häufigen Auftreffen von Mikrometeoriten (0,01 mm Durchmesser) besonders in Höhen über 130 km zu rechnen. Tatsächlich sind in Raketenhüllen derartige von Meteoriten herrührende Krater gefunden worden [5]. Bei einer längeren Fahrt in großen Höhen ist also mit einer Art Sandstrahleffekt auf der Raketenhülle zu rechnen und dies läßt erkennen, daß auch in dieser Hinsicht besondere *Anforderungen an Hüllenwerkstoffe* zu stellen sind.

Die bekannten Leichtmetalle Aluminium und Magnesium und deren Legierungen mit den geringen spezifischen Gewichten von 2,7 bzw. 1,8 kommen für erhöhte Temperaturen über 300⁰ C als Hüllenwerkstoffe nicht mehr in Frage. Ihre obere Warmfestigkeitsgrenze liegt bei etwa 300⁰ C. Die zulässige Spannungsbeanspruchung von Flugkörperhüllen wird etwa mit der von nichtbefeuerten Druckkesseln, von welchen Angaben in Abb. 4 gezeigt werden, vergleichbar sein.

Stahlblech, das auch als Hülle für die deutsche V2 gedient hat, hat den Nachteil des hohen spezifischen Gewichtes (7,8). Abhilfe ist hier durch das neue Metall Titan mit dem spezifischen Gewicht 4,4 zu erwarten. Dessen Warmfestigkeit, besonders in Legierungen mit 6 bis 8% Aluminium, ist bei 420 bis 510⁰ C der von austenitischem Stahl überlegen [7]. Die Entwicklung der Titanlegierungen ist jedoch noch nicht abgeschlossen. Die Oxydationsbeständigkeit von Titan ist bis zu diesen Temperaturen um 500⁰ C eben noch gut. Darüber allerdings tritt rasch eine Versprödung durch Lösung von Sauerstoff ein. Ein weiterer Vorteil von Titan als Hüllenwerkstoff ist die Möglichkeit der Oberflächenhärtung durch Nitrieren. Hiedurch könnte der an Hüllenwerkstoffe auch hinsichtlich des Erosionswiderstandes zu stellenden Forderung entsprochen werden.

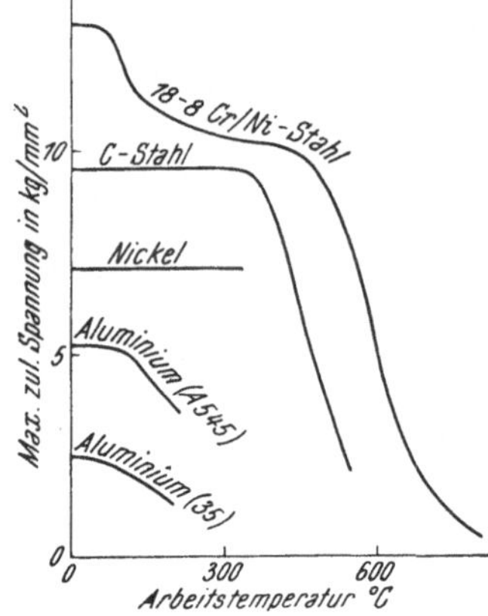

Abb. 4. Zulässige Spannungen für Druckkesselbleche bei verschiedenen Temperaturen nach Campbell [6].

Es ist jedoch zu berücksichtigen, daß das neue chemisch gewonnene Metall Titan eben erst vom Versuchsmaßstab in die technische Produktion übergeführt

Tabelle 2. *Angaben über Meteorite, deren Häufigkeit und Eindringtiefe in Aluminium nach Whipple [4].*

Größenzahl des Meteoriten in Helligkeitswerten	ges. kinet. Energie (erg)	Masse (g)	Radius (cm)	Auftreffwahrscheinlichkeit in 24 h	Eindringtiefe in Al in cm
0	$1,0 \cdot 10^{13}$	1,25	0,46	$1,2 \cdot 10^{-8}$	10,9
1	$4,0 \cdot 10^{12}$	0,50	0,34	$3,1 \cdot 10^{-8}$	8,0
2	$1,6 \cdot 10^{12}$	$1,98 \cdot 10^{-1}$	0,25	$7,7 \cdot 10^{-8}$	5,9
3	$6,3 \cdot 10^{11}$	$7,9 \cdot 10^{-2}$	0,10	$2,0 \cdot 10^{-7}$	4,3
4	$2,5 \cdot 10^{11}$	$3,1 \cdot 10^{-2}$	0,14	$4,9 \cdot 10^{-7}$	3,2
5	$1,0 \cdot 10^{11}$	$1,2 \cdot 10^{-2}$	$1,0 \cdot 10^{-1}$	$1,2 \cdot 10^{-6}$	2,3
6	$4,0 \cdot 10^{10}$	$5,0 \cdot 10^{-3}$	$7,4 \cdot 10^{-2}$	$3,1 \cdot 10^{-6}$	1,7
7	$1,6 \cdot 10^{10}$	$2,0 \cdot 10^{-3}$	$5,4 \cdot 10^{-2}$	$7,7 \cdot 10^{-6}$	1,3
8	$6,3 \cdot 10^{9}$	$7,9 \cdot 10^{-4}$	$4,0 \cdot 10^{-2}$	$2,0 \cdot 10^{-5}$	0,93
9	$2,5 \cdot 10^{9}$	$3,1 \cdot 10^{-1}$	$2,9 \cdot 10^{-2}$	$4,9 \cdot 10^{-5}$	0,69
10	$1,0 \cdot 10^{9}$	$1,2 \cdot 10^{-4}$	$2,2 \cdot 10^{-2}$	$1,2 \cdot 10^{-4}$	0,51
11	$1,0 \cdot 10^{8}$	$5,0 \cdot 10^{-5}$	$1,6 \cdot 10^{-2}$	$3,1 \cdot 10^{-4}$	0,37
12	$1,6 \cdot 10^{8}$	$2,0 \cdot 10^{-5}$	$1,2 \cdot 10^{-2}$	$7,7 \cdot 10^{-4}$	0,27
13	$6,3 \cdot 10^{7}$	$7,9 \cdot 10^{-6}$	$8,6 \cdot 10^{-3}$	$2,0 \cdot 10^{-3}$	0,20
14	$2,5 \cdot 10^{7}$	$3,1 \cdot 10^{-6}$	$6,3 \cdot 10^{-3}$	$4,9 \cdot 10^{-3}$	0,15
15	$1,0 \cdot 10^{7}$	$1,2 \cdot 10^{-6}$	$4,6 \cdot 10^{-3}$	$1,2 \cdot 10^{-2}$	0,11

wird. Die Produktion betrug 1950 100 t, 1954 soll sie 5000 t betragen und für 1956 sind in den USA. 25 000 jato geplant. Hiezu ist bekannt geworden [8], daß für ein großes modernes Flugzeug mit 1900 km/h allein 18 t Ti-Schwamm benötigt werden.

III. Werkstoffe für Strahlantriebe

Gänzlich andere Anforderungen als an die Hüllenwerkstoffe sind an die Werkstoffe der Triebwerke zu stellen. Hier treten hohe und höchste Temperaturen, etwa zwischen 900 und 3000⁰ C auf. Und es ist die Suche nach geeigneten Hochtemperaturtriebwerkstoffen, welche die moderne Entwicklung der Werkstoffforschung prägt. Als Triebwerke kommen die Rakete und innerhalb der Erdatmosphäre noch die Strahlantriebe mit Turbokompressor (Flugzeugturbine) in Betracht. Beide beruhen auf Verbrennung von organischen flüssigen Brennstoffen (Alkohol, Kohlenwasserstoffen) oder von anorganischen Verbindungen (wie z. B. Hydrazin) mit überschüssigem Sauerstoff, sei dieser aus angesaugter Luft oder aus mitgeführten sauerstoffabgebenden Flüssigkeiten (hochkonzentrierter Salpetersäure, flüssigem Sauerstoff) entnommen. Diese Verbrennungsgase sind in allen Fällen stark oxydierend und korrodierend. Die Verbrennungstemperaturen von 1500 bis etwa 3000⁰ C und der große Druck bzw. die beachtlichen Ausströmungsgeschwindigkeiten erfordern höchste Warmfestigkeit und Oberflächenbeständigkeit der Werkstoffe [1]. Zur besseren Beurteilung des heutigen Standes und der Entwicklungsrichtungen auf dem Gebiete der hochtemperaturbeständigen Werkstoffe sollen ganz kurz die Temperaturanforderungen in einer Rakete und einer Gasturbine skizziert werden.

Bei der *Rakete* (Abb. 5) werden Brennstoff und Oxydationsmittel, z. B. flüssiger Sauerstoff und Alkohol oder hochkonzentrierte Salpetersäure und Kohlenwasserstoffe, unter hohem Druck in die Verbrennungskammer gespritzt. Die Verbrennungstemperatur beträgt 2700 bis 3000⁰ C. Durch Auspuff der Verbrennungsgase wird der Schub erzeugt. Kritisch für den Raketenantrieb ist die Düse, da Erosion oder Korrosion im Hals die Richtung und Größe des Schubes beeinflussen kann. Bei den hohen Verbrennungstemperaturen kommt also dem Erosions-Korrosionsangriff der mit mehr als 2100 m/sec ausströmenden aggressiven Verbrennungsgase besondere Bedeutung zu. Ungekühlter Stahl würde z. B. in wenigen Sekunden schmelzen, während die üblichen keramischen Werkstoffe nur einige Minuten widerstehen. Erschwerend für die Werkstoffbeständigkeit wirkt der schroffe Temperaturwechsel beim Zünden bzw. beim Brennschluß des Raketenantriebes.

Es gibt prinzipiell zwei Möglichkeiten zur Lösung dieses Werkstoffproblems:

a) Höchsttemperaturwerkstoffe ungekühlt oder

b) eine Doppelmantelregenerativ-Kühlung

zu verwenden. Das letztere Prinzip ist z. B. für den Ofen der deutschen V2-Rakete angewendet worden, während man für deren Strahlruder auf einen nicht gekühlten Werkstoff, und zwar auf Graphit, eines unserer höchstwarmfesten Materialien überhaupt (FP. 3900⁰ C), zurückgegriffen hat.

Graphit ist jedoch nicht oxydationsbeständig und hat deshalb nur kurze Lebensdauer. Auch für den Ofen wäre die erste Lösung viel einfacher, soweit eben die verfügbaren Werkstoffe entsprechen. Tatsächlich sollen sich bereits Ausmauerungen mit höchstfeuerfesten Stoffen [1], zu denen neben den Oxyden (s. Tab. 1) zweifellos auch Siliciumcarbid und Silicide zu rechnen sind, bewähren.

Bei der Flugzeugturbine (Abb. 6) liegen die Beanspruchungen anders. Die Verbrennungstemperatur in der Brennkammer erreicht 1650⁰ C, jedoch werden die hochbeschleunigten Flammengase mit angesaugter Luft gekühlt, bevor sie die Leitschaufel passieren und auf die Turbinenschaufeln zum Antrieb des Rotors auftreffen. Die Temperatur, auf die gekühlt werden muß, ist gegeben durch die jeweils obere Beständigkeitsgrenze der Schaufelmaterialien und liegt zur Zeit bei 900° C. Der Rotor, der sich mit 7000 bis 12 000 Umdrehungen/Minute dreht, treibt lediglich den Kompressor, der die angesaugte Luft auf 4 bis 5 Atmosphären verdichtet, und Hilfseinrichtungen. Der Flugzeugantrieb wird durch den Strahlschub der austretenden hochbeschleunigten Verbrennungsgase erzielt. Das zur Zeit noch ungelöste Werkstoffproblem der Flugzeugturbine ist der Bedarf an Materialien für Schaufeln und Auspuffrohr, die Temperaturen über 900° C mechanisch und chemisch widerstehen. Auch bei der Turbine treten sehr große Temperaturwechselbeanspruchungen auf. Größte Anforderungen an die Maßhaltigkeit auch unter den enormen Zentrifugalbeschleunigungen müssen gestellt werden.

IV. Stähle und Sonderlegierungen

Der am universellsten anwendbare Konstruktionswerkstoff ist Stahl. Die Festigkeit des Stahles beruht bekanntlich auf den Ausscheidungsformen des Kohlenstoffs in den Eisen-Kohlenstofflegierungen. Da sich der Kohlenstoff oberhalb 750° C im Eisen löst, können erhöhte Temperaturen, praktisch 400° C, nicht über-

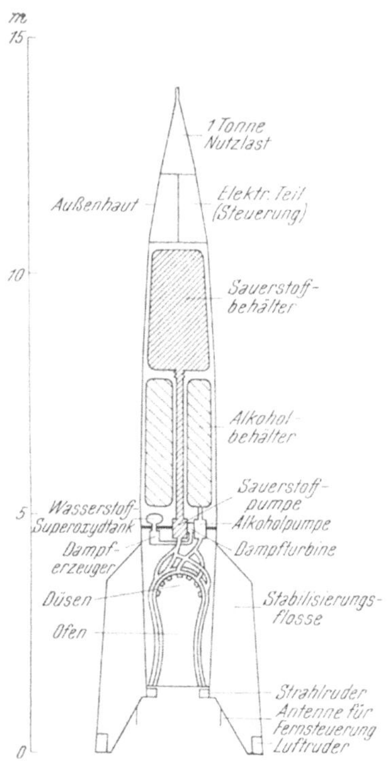

Abb. 5. Schematische Darstellung des Raketenantriebes.

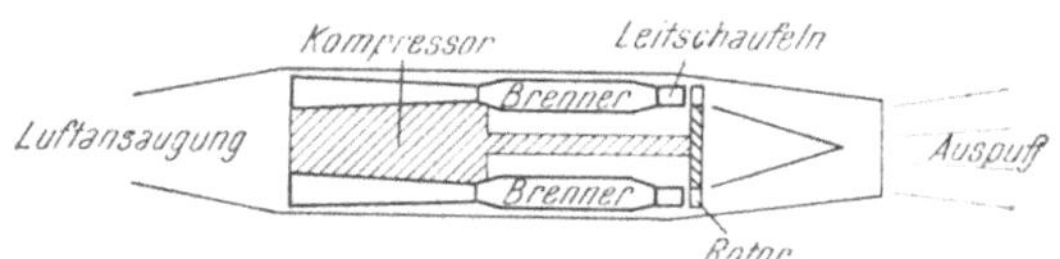

Abb. 6. Schematische Darstellung einer Flugzeugturbine.

schritten werden; durch Carbidbildner (Cr, Mo, V, Nb, Ti) erreicht man eine Warmfestigkeit bis etwa 600° C. Bei dieser Temperaturgrenze beginnt jedoch bereits entscheidend die Oxydation der Stähle und höhere Temperaturbereiche sind ausschließlich den hochlegierten Chrom-Stählen, bzw. Chrom-Nickellegierungen vorbehalten. Durch etwa 20% Cr werden Eisen, Nickel und Kobalt bis etwa 1100° C zunderfest. Diese Chromgehalte genügen, um eine festhaftende Cr_2O_3-Schichte aufzubauen.

Die Warmfestigkeit dieser gewöhnlichen zunderfesten Legierungen erreicht lange nicht die obere Grenze ihrer Zunderbeständigkeit. Sie liegt bei maximal 800° C, für extreme Beanspruchung, z. B. in Turbinen, jedoch noch tiefer.

Die Entwicklung der letzten zehn Jahre war desdalb ausschließlich darauf gerichtet, die Warmfestigkeit dieser hochchromhaltigen oxydationsbeständigen Legierungen zu verbessern. Tatsächlich konnte durch Carbidhärtung einerseits (Mo, W, Ti, Nb, V) und durch Ausscheidungshärtung andererseits (Nickelalumide und -titanide) in den sogenannten „Superlegierungen" eine weitere Steigerung der Warmfestigkeit, besonders in Legierungen mit hohem Kobaltgehalt, erreicht werden. Tab. 3 gibt die Zusammensetzung einiger Superlegierungen wieder. Abb. 7 zeigt am Beispiel vielverwendeter hochnickelhaltiger Legierungen mit und ohne Kobalt die Bruchspannung bei der Dauerstandfestigkeitsprüfung nach 1000 und nach 100 Stunden.

Mit den besten dieser Legierungen können unter starker Beanspruchung maximale Betriebstemperaturen von 850 bis 900⁰ C angewendet werden.

Abb. 8 soll am Beispiel warmfester Kobaltgußlegierungen die heterogene Gefügeausbildung derartiger Werkstoffe veranschaulichen. Das Optimum an Dauerstandfestigkeit wird bei den Superlegierungen hauptsächlich durch die thermische und

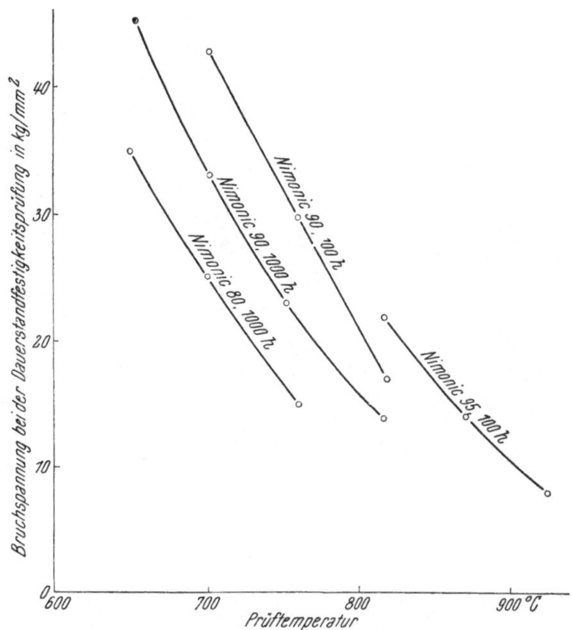

Abb. 7. Festigkeiten hochnickelhaltiger Legierungen bei erhöhten Temperaturen. Nimonic 80 = 80 Ni, 20 Cr, Ti + Al,   Nimonic 90,   Nimonic 95 = 62 Ni, 20 Cr, 18 Co, Ti + Al.

Abb. 8. Gefüge einiger Kobaltlegierungen: 11,1% Ta, 10,7% Cr und 0,53% C (hiervon die beiden oberen Bilder); 10,6% Ta, 10,7% Cr und 0,94% C (hiervon die beiden unteren Bilder); elektrolytisch geätzt mit VILELLAS Reagens (CHASTON und CHILD [9]).

mechanische Vorgeschichte beeinflußt. Die genaue Abstimmung der einzelnen Legierungsgehalte und die entsprechende Glühbehandlung sind schwierig zu treffen, und tatsächlich müssen für höchstbeanspruchte Konstruktionsteile die jeweils einzeln auf Dauerstandfestigkeit getesteten Werkstoffe aus der laufenden Produktion ausgewählt werden.

Mit dieser Hochzüchtung der metallischen Werkstoffe traten vorerst Verarbeitungsschwierigkeiten auf. Je warmfester die Legierung, um so schwerer ist sie zu bearbeiten. Abb. 9 zeigt z. B. eine Turbinenschaufel aus Nimonic 90 [10] aus dem Vollen herausgearbeitet.

Abb. 9. Turbinenschaufel aus Nimonic 90, aus dem Vollen gearbeitet [10].

Abb. 10. Genaugußteile aus warmfesten Werkstoffen für Gasturbinen (Gadd [9]).

Besonders bei den hoch kobalthaltigen Legierungen mußte man jedoch auf eine andere, alte und längst vergessene Formgebungstechnik zurückgreifen, den „Guß in verlorenen Formen" [9] oder Präzisionsguß, wie man heute allgemein sagt. Mit dieser Technik gelingt es, auch komplizierte Formen, wie sie z. B. für eine Gasturbine benötigt werden (Abb. 10), billig und schnell herzustellen.

Während nun die Entwicklungsarbeit der letzten Jahre auf die Hochzüchtung der Warmfestigkeit und vor allem der Dauerstandfestigkeit konzentriert wurde, hat man die Frage nach der chemischen Beständigkeit nicht nur vernachlässigt, sondern letztere durch die für die Warmfestigkeit so erfolgreiche Legierungstechnik sogar verschlechtert. Bestimmte Metalloxyde, so die Oxyde des Bleis, Wismuts, Wolframs, Molybdäns und vor allem des Vanadins, üben einen beschleunigenden Einfluß auf die Metalloxydation aus. Diese schädlichen Metalle können nun als Legierungselemente in den Werkstoffen oder als Verbindungen in den Treibstoffen vorliegen. Vor

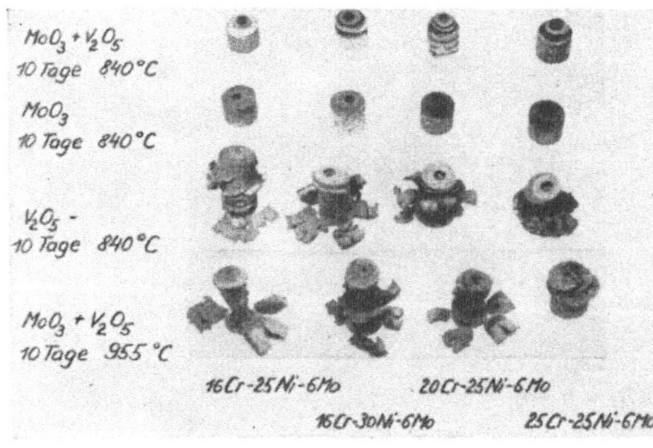

Abb. 11. Beschleunigte Oxydation von Cr/Ni-Mo-Stahl durch MoO_3 und V_2O_5 [11].

Tabelle 3. *Zusammensetzung bekannter Superlegierungen* [2]

Gruppe 1: Chrom-Nickel-Stähle (nicht wärmebehandelt).

Gruppe 2: Chrom-Nickel-Stähle und schmiedbare Kobaltlegierungen (wärmebehandelt).

Legierung	Ungefähre Zusammensetzung in Gew.%											
	Cr	Ni	Mo	Co	Fe	Nb	Ti	W	Mn	Si	C	Andere
Gruppe 1	18/22	8/10	1/1,5	—	Rest	0,2/0,6	0,2/0,6	1/1,5	1,0	0,5	0,26/0,36	
19-9 WMo	18/22	8/10	0,2/0,5	—	Rest	0,2/0,6	0,2/0,6	1/1,5	0,60	0,42	0,11	
16-25-6 (Timken)	15/17	24/27	5,5/7,0	—	Rest	—	—	—	1,0	0,5	0,12 max	0,1/0,2 N
17 W	13	20	1,0	—	Rest	—	—	2,2	0,6	1,0	0,45	
CSA (4275 Mod. and 234-A-5)	18,5	5,5	1,35	—	Rest	0,5	—	1,2	4,5	0,5	0,25	
Gamma Columbium	15	25	4	—	Rest	2	—	—	1,0	1,0	0,4	
Gruppe 2	17	15	3	13	Rest	1	—	2	1,5	0,5	0,10	0,15 N
Discaloy	13,5	26	3	—	54	—	1,5	—	0,8	0,5	0,03	0,2 Al
A-286	15	26	1,3	—	Rest	—	1,9	—			0,08	0,35 Al; 0,3 Va
R. ex 78	14	18	3,8	—	Rest	—	0,6	—	0,8	0,7	0,07	3,6 Cu
R. ex 337 A	14,5	18	3,75	7	Rest	—	0,8	—	0,7	0,9	0,25	3,5 Cu
S 495	14	20	4	—	Rest	4	—	4,0	1,0	0,5	0,45	
18-14 S-Mo	18	13,5	2,9	—	Rest	—	—	—	1,90	0,66	0,06	
ATV-3	15	20	4	—	53	4	—	4	0,7	0,9	0,5	
S B 16	19	20	4	41	3	4	—	4	1,5	0,6	0,4	
Refractaloy 26	18	38	3	20	16		3		0,8	1	0,03	0,2 Al
N 155 (Multimet)	20/22	19/21	2,5/3,5	18/21	Rest	0,75/1,25		2/3			0,08/0,16	0,10/0,20 N
S 590	20	20	4	20	27	4	—	4	1,5	0,6	0,5	
S 816	20	20	4	45	3	4	—	4	1,5	0,6	0,4	
Refractaloy 70	20	20	8	30	15	—	—	4	2	0,2	0,05	

Fortsetzung der Tabelle 3

Gruppe 3: Gegossene Kobaltlegierungen.
Gruppe 4: Nickellegierungen.

Legierung	Ungefähre Zusammensetzung in Gew.%											
	Cr	Ni	Mo	Co	Fe	Nb	Ti	W	Mn	Si	C	Andere
Gruppe 3	25/30	1,5/3,5	4,5/6,5	Rest	2 max	—	—	—	0,3	0,6	0,20/0,35	
HS23 (61)	23/29	1,5 max		Rest	2 max	—	—	4/7	0,3	0,6	0,35/0,50	
HS25 (L-605)	19/21	9/11	—	Rest	2 max	—	—	14/16	1/2	1 max	0,15 max	
HS27 (6059)	23/29	Rest	5/7	30 min	2 max	—	—	—	0,5	0,4	0,35/0,50	
HS30 (422-19)	23/29	13/17	5/7	Rest	2 max	—	—	—	0,5	0,4	0,35/0,50	
HS31 (X-40)	23/28	9/12	—	Rest	2 max			6/9	0,6	0,7	0,45/0,60	
HS36 (Lo-251)	18/20	9/11	—	Rest	2 max	—	—	14/15	1,5	0,5	0,35/0,45	0,03 B
S816	20	20	4	45	3	4	—	—	0,7	0,5	0,45	
NR 90	25	19	4,6	44	0,5		—	5,3	0,7	1,0	0,50	
X-50	25	10	—	55	0,6		—	7	0,6	0,7	0,5	
Gruppe 4	—	Rest	26/30	—	4/7	—	—	—	0,6	0,2	0,12 max	0,3 V
Hastelloy C	16/18	Rest	16/18	—	4,5/7	—	—	3,8/5,3	—	—	0,15 max	
Inconel	15	76	—	—	8	—	—	—	0,25	0,25	0,1	
Inconel X	14/16	70 min	—	—	5/9	0,7/1,2	2,3/2,8		0,7	0,4	0,08 max	0,7 Al
Inconel W	14	75	—	—	6	—	2,5		—	—	0,05	0,6 Al
Waspalloy	19	Rest	3	14	1	—	2,4		0,9	0,6	0,08	1—3 Al
Nimonic 80	21	Rest	—	—	< 1	—	1,8/2,7	—	0,5	0,5	0,04	0,5/1,8 Al
Nimonic 75	18/21	Rest	—	—	5 max	—	0,2/0,6	—	1,0 max	1,0 max	0,08/0,15	

drei Jahren hat man in Amerika den Begriff der „katastrophalen Oxydation" für diese Zerstörungserscheinung geprägt. In Abb. 11 sind einige Beispiele einer derartigen beschleunigten Verzunderung unter dem zusätzlichen Einfluß bestimmter Metalloxyde wiedergegeben [11].

In einer früheren eigenen Arbeit [12] ist bereits darauf hingewiesen worden, daß es sich bei diesem Angriff um eine Zerstörung der schützenden Cr_2O_3-Schicht handeln muß. Tatsächlich konnte in neuester Zeit von MONKHAM und GRANT [13] die Bildung von $VCrO_3$ nachgewiesen werden.

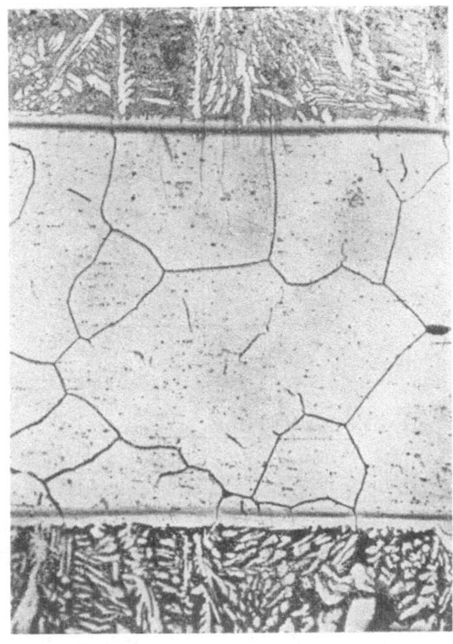

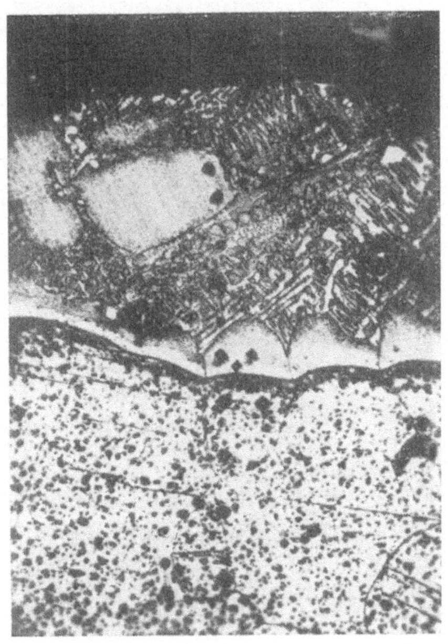

Abb. 12. Insilicierte Randschichte in einem 23Cr/19Ni-Stahl. V = 55 ×.   Abb. 13. Insilicierte Randschichte in einer eisenfreien 20 Cr/80 Ni-Legierung. V = 130 ×.

Es war daher naheliegend, den Zunderschutz auf anderen bekannten, zum Zunderschutz befähigten Oxyden wie Al_2O_3 und SiO_2 aufzubauen. Da diese Elemente äußerst versprödend auf hochlegierte Stähle wirken, mußte versucht werden, die Legierungsbildung auf die Oberflächenzonen der zu schützenden Werkstoffe zu beschränken.

Es war bisher für unmöglich gehalten worden, glühbeständige, mit Silicium angereicherte Schutzschichten auf Stahl, bzw. auf hochlegiertem Stahl zu erzeugen, weil derartige Silicierschichten bei einer thermischen Behandlung abspringen (IHRIG [14]). Eigene Arbeiten [15] hatten jedoch ergeben, daß dieses durch die Diffusionsanomalien im System Eisen-Silicium bzw. Eisen-Nickel bedingte Abspringen vermieden werden kann, wenn die Diffusionsschichte wohl genügend Silicium enthält, um die Zunderschutzwirkung zu gewährleisten (mindestens 6 Gewichtsprozent), jedoch etwa 10 Gewichtsprozent nicht übersteigt. In den Abb. 12 und 13 werden als Beispiele derartige insilicierte Randschichten in einem 23/19 Chrom-Nickel-Stahl und in einer eisenfreien 20/80 Chrom-Nickel-Legierung gezeigt. Tatsächlich haben sich diese mit Silicium angereicherten Randschichten in Laboratoriumsversuchen ausgezeichnet gegen den beschleunigenden Einfluß von Fremdmetalloxyden bei der Verzunderung bewährt. In Abb. 14 *c* ist der verbessernde Einfluß einer derartigen Oberflächenbehandlung im Vergleich zum ungeschützten Chrom-Stahl (*a*) und einem inchromierten Probestück (*b*) wiedergegeben. Diffusionsversuche haben gezeigt, daß diese Schutzwirkung auch nach mehrtausendstündiger Diffusionsglühung bei 800 bis 900° C erhalten bleibt. Bollenrath [9] hat 1951 die Lösung des Problems der beschleunigten Oxydation als Kardinalfrage für die Entwicklung von Materialien für Triebwerke bezeichnet. Wir glauben, mit unseren Arbeiten hiezu einen Beitrag geliefert zu haben.

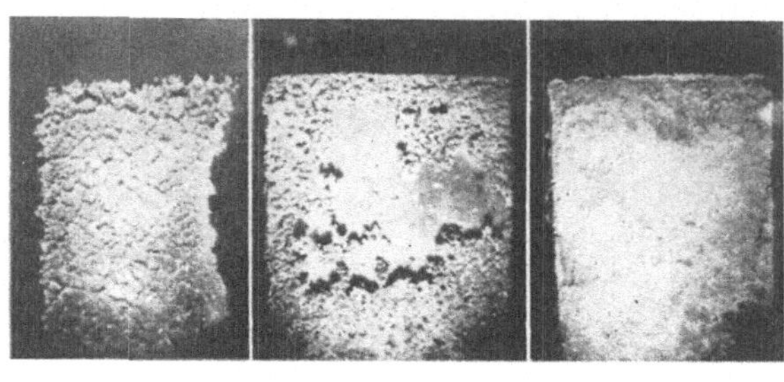

a   *b*   *c*

Abb. 14. V_2O_5-Verzunderung (2½ Stunden bei 925° C) an einem unbehandelten (*a*), inchromierten (*b*) und insilicierten (*c*) 15%igen Chrom-Stahl. V = 2,5 ×.

V. Schutzschichten gegen die Verzunderung

So weit der Stand warmfester Legierungen. Eine wesentliche Höherentwicklung der Warmfestigkeit ist bei Legierungen auf Eisen-, Nickel- oder Kobaltbasis infolge der Annäherung an die Schmelztemperatur dieser Metalle wohl kaum zu erwarten. Die Tab. 4 zeigt Schmelztemperatur, spezifisches Gewicht und Elastizitätsmodul der in Frage kommenden höherschmelzenden Metalle.

Tabelle 4. *Eigenschaften einiger Elemente bei verschiedenen Temperaturen* [9]

Ord-nungs-zahl	Element		spezifisches Gewicht	Schmelz-temperatur °C	Elastizitätsmodul kg/mm² (Köster)		
					20°	700°	1000°
6	C	Diamant	2,25	3 900	—	—	—
		Graphit	3,51				
22	Ti		4,4	1 727	11 000	6 000	4 000
24	Cr		7,1	1 860	—	—	—
26	Fe		7,9	1 535	22 000	15 000	11 000
27	Co		8,9	1 492	21 000	17 000	14 000
28	Ni		8,9	1 453	22 000	17 000	15 000
42	Mo		10,2	2 622	34 000	31 000	28 000
73	Ta		16,6	3 030	19 000	17 000	16 000
74	W		19,3	3 380	42 000	38 000	37 000

Das bei 1720° C schmelzende Titan und das bei 1860° C schmelzende Chrom überragen bereits die Eisenmetalle um 200 bis 300° C. Die höchstschmelzenden Metalle Molybdän, Tantal und Wolfram haben den grundsätzlichen Nachteil ihrer hohen Dichten. Wegen seiner Festigkeit bei hoher Temperatur hätte vor allem Molybdän und gegebenenfalls Chrom als Legierungsbestandteil Aussicht auf erfolgreiche Verwendung. Besonders Molybdän zeigt bei Temperaturen über 1000⁰ C höhere Festigkeiten als alle anderen Metalle, ohne bei tiefer Temperatur zu verspröden, so wie dies vor allem bei Chrom und Wolfram der Fall ist.

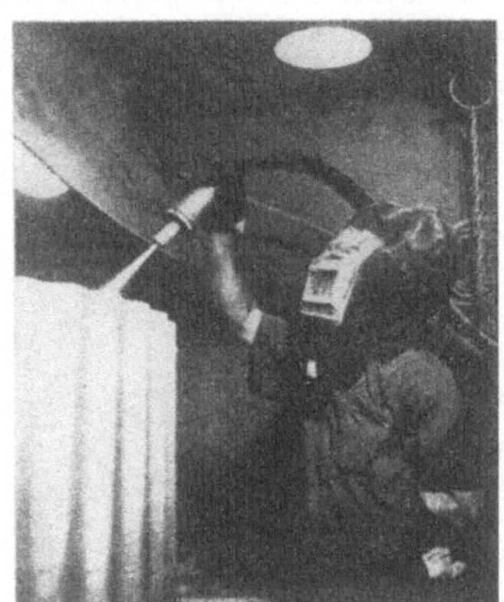

Abb. 15. Die Auspuffrohre der Flugzeugturbine (Douglas F3D—2 Skynight) sind erfolgreich mit keramischen Schichten geschützt [17].

Abb. 16. Flammspritzen eines Cermet-Überzuges aus 65% Ni und 35% MgO auf Cr/Ni-Stahl [17].

Unglücklicherweise ist jedoch Molybdän für die Hochtemperaturtechnik in oxydierender Atmosphäre wegen seiner starken Oxydation bereits ab 600⁰ C vollkommen ungeeignet. Hier setzt die Notwendigkeit eines Oberflächenschutzes ein. Die gegen Sauerstoff bei hoher Temperatur beständigsten Materialien sind die Oxyde. Es wurde in Amerika in den letzten Jahren sehr viel Forschungs-

Tabelle 5. *Zusammensetzung zweier wichtiger keramischer Schutzschichten* [18]

Zusammensetzung in Gewichtsprozent	A-19	A-418
SiO_2	36,3	28,6
BaO	—	33,7
B_2O_3	14,1	4,9
Cr_2O_3	—	23,0
CoO	1,3	—
ZnO	—	3,8
NiO	0,5	—
K_2O	3,6	—
Al_2O_3	26,4	0,8
CaO	4,5	2,7
Na_2O	12,3	—
MnO	1,0	1,9
Bindeton	10,0	5,0
Brennbedingungen	900⁰ C, 10 Min.	1020⁰ C, 10 Min.

arbeit geleistet, um diese chemische Beständigkeit der Oxyde als Deckschichten auf oxydationsempfindlichen Metallen zu verwerten. Für Molybdän soll sich z. B. ein Überzug, bestehend aus einer Glasgrundschichte mit 20% ZrO_2, die einen sehr geringen thermischen Ausdehnungskoeffizient aufweist, und darauf eine Deckschichte mit 95% ZrO_2 kurzzeitig (45 Min. bei 1430⁰ C) z. B. auf Stauröhren in den Mündungen von Raketenantrieben bewährt haben [16]. Auch als Schutz hochlegierter Stahlteile in Brennkammern von Flugzeugturbinen und als Schicht auf Strahlrohren bei derartigen Antrieben (s. Abb. 15) bringen oxydische Schutzschichten eine Verdopplung bis Verdreifachung der Lebensdauer unter gleichzeitiger Einsparung von wertvollen Legierungsmetallen.

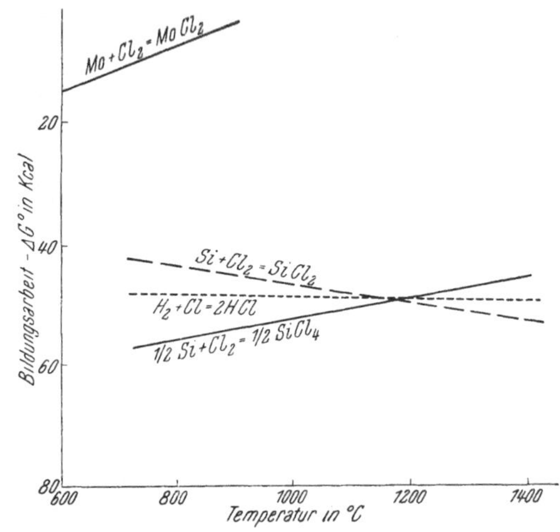

Abb. 17. Bildungsarbeiten für die Chloride der an der Molybdänsilicierung beteiligten Elemente, bezogen jeweils auf 1 Mol Cl_2. (Statt $H_2 + Cl$ lies $H_2 + Cl_2$.)

Wenn die keramischen Schutzschichten, von denen zwei der wichtigsten in Tab. 5 wiedergegeben sind, entsprechend dünn (0,01 bis 0,4 mm) aufgebracht werden, verlieren sie auch die den Oxyden anhaftende Eigenschaft der thermischen Wechselempfindlichkeit.

Neuerdings hat man sogenannte Cermet-Schichten entwickelt, die aus Metallen und Oxyden, z. B. 65% Nickel und Rest MgO, bestehen und eine sehr gute Haftfestigkeit besitzen. Eine derartige Cermet-Schichte kann durch Flammspritzen auf Cr/Ni/Stahl und Cr/Ni-Legierungen aufgebracht werden und schützt z. B. in Raketenteilen kurzzeitig gegen Verbrennungsgase bis zu 1900⁰ C.

Ein grundsätzlich anderes Schutzverfahren, besonders für die hochschmelzenden Metalle Molybdän und Wolfram, das wir in Wien unabhängig von gleichlaufenden amerikanischen Forschungen entwickeln konnten (Fitzer [19]), beruht auf der Ausbildung einer hochzunderfesten Legierungsschichte (Disilicide) durch Umsetzung von Molybdän bzw. Wolfram mit dampfförmigen Siliciumhalogenverbindungen. Bei dieser Silicierung bilden sich keine Molybdänchloride und chemisch wird diese Reaktion als katalytische Reduktion des Siliciumchlorids durch Wasserstoff zu deuten sein. Wir konnten nun finden [20], daß die Silicierungsreaktion durch vorherige Bildung des instabilen Subchlorids entscheidend erleichtert werden kann, ohne daß man durch Anwendung der sehr hohen Silicierungstemperaturen von 1600 bis 1700⁰ C [21] eine Rekristallisation des Grundmetalls bewirkt. Abb. 17 zeigt die Bildungsarbeiten für die Chloride der an der Umsetzung beteiligten Elemente, Abb. 18 eine Mikroaufnahme einer derartigen bis 1750⁰ C zunderbeständigen $MoSi_2$-Schichte.

Die Anwendung von Silicierschichten ist noch im Versuchsstadium. Die Dauer der Schutzwirkung hängt von der Gebrauchstemperatur ab und liegt bei 1100⁰ C etwa bei 2000 Stunden, bei 1600⁰ C jedoch nur noch bei 300 Stunden.

VI. Sinterwerkstoffe

Schutzschichten werden bei Hochtemperaturverwendung immer nur eine beschränkte Lebensdauer haben. Es ist daher naheliegend, diese beständigen Schichtwerkstoffe, wie die Silicide oder Oxyde, als Vollwerkstoffe zu versuchen.

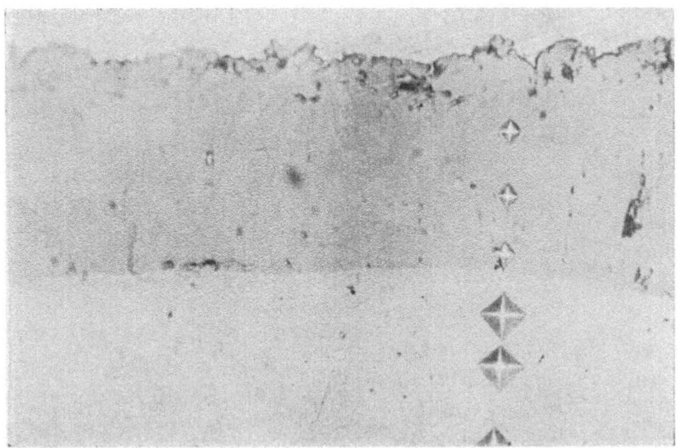

Abb. 18. Durch Silicierung erzeugte $MoSi_2$-Schutzschichte auf Molybdän (ungeätzt). $V = 300 \times$.

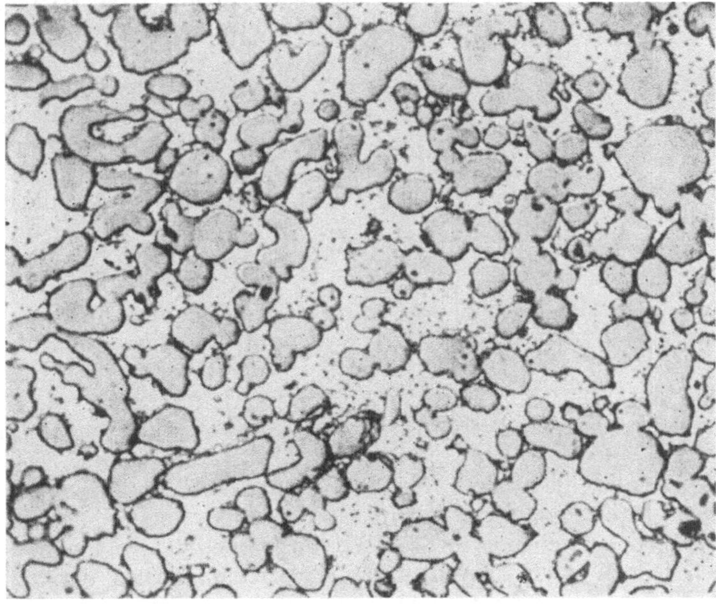

Abb. 19. TiC-Cermet mit hochnickelhaltiger Bindelegierung. Elektrolytisch geätzt in Oxalsäure (TiC dunkel) [22]. $V = 1500 \times$.

Im deutschen Sprachgebrauch ist für erstere die Bezeichnung Hartstoffe üblich, im englischen ist die Abgrenzung nicht so genau. Man spricht von ceramics, obwohl es sich um metallische Stoffe handelt, und kombiniert aus den Worten metal und ceramic die verschiedensten Ausdrücke, wie z. B. ceramals, cermets, metamics usw.

Die Hartstoffe sind hochschmelzende metallische Werkstoffe (Schmelzpunkte um 2000° C und darüber) mit metallischen Eigenschaften. Sie können kombiniert werden mit Bindern aus Metallen oder aus Oxyden. Erstere haben gute Festigkeiten, über 1000° C jedoch schlechte Zunderbeständigkeit; letztere haben gute Oxydationsbeständigkeit, sind jedoch spröde.

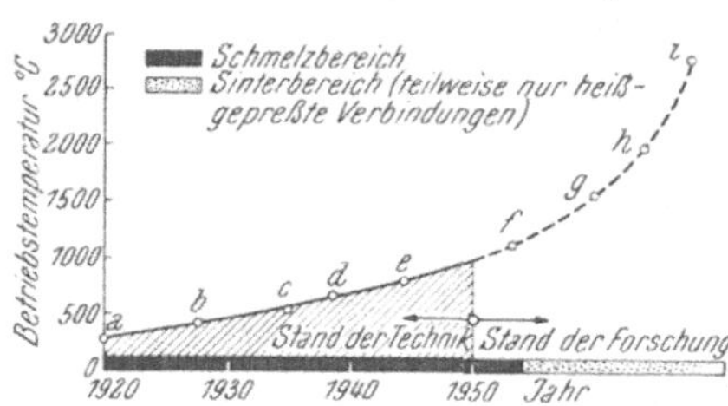

Abb. 20. Entwicklung hitzebeständiger Werkstoffe seit 1920 (Nicolaus [9]).: a) Kohlenstoffstähle, b) rostfreie Stähle, c) Dampfturbinenstähle, d) Ni-Cr-Legierung mit Ti (Nimonic 75), e) Ni-Cr-Legierung mit mehr Ti (Nimonic 80), f) zukünftige Sonderlegierungen, g) Sinterlegierungen (TiC, Nitride, Boride, Oxyde + Metall), h) Oxyde, eventuell + Metall (BeO, MgO, ZrO_2), i) Carbide, Nitride auf Basis W, Ti, Ta.

In Tab. 6 sind die Festigkeitseigenschaften der bis heute entwickelten Cermets im Vergleich zu dem besten metallischen Werkstoff (Nimonic 95) wiedergegeben, und zwar sind nach dem heutigen Stand die TiC-Cermets die wichtigsten.

Abb. 19 zeigt das Gefüge eines derartigen TiC-Kobalt-Hartmetalles.

Tatsächlich erreicht man eine um etwa 100° C höhere Betriebstemperatur (980° C) als mit den Superlegierungen. Sie sind jedoch bei Raumtemperatur weniger fest und deshalb nicht bei den heutigen Konstruktionen als Ersatz für die besten Gußlegierungen zu werten. Außerdem scheint die Fertigungstechnik der Sinterteile noch wesentlich teurer als die des Präzisionsgusses zu liegen. Von den übrigen Hartstoffen oder Cermets ist noch keine verläßliche Unterlage über deren praktische Verwertbarkeit verfügbar. Bereits 1951 wurde die in Abb. 20 wiedergegebene Darstellung über den Stand der Hochtemperaturwerkstoffe publiziert [9], wobei von den Forschungen allerdings nur „g" als experimentell gesichert angegeben wird.

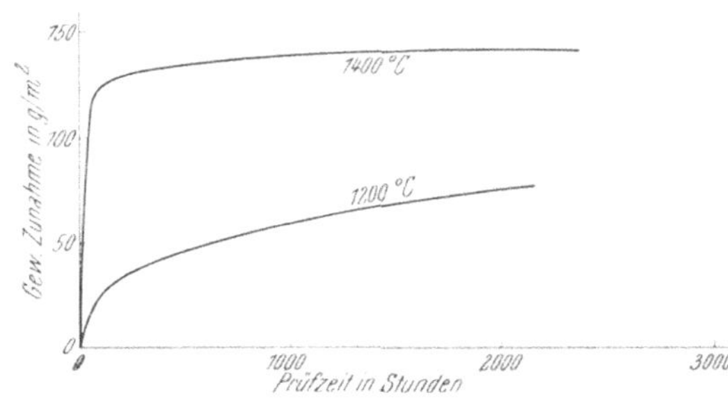

Abb. 21. Gewichtszunahme bei der Oxydation von $MoSi_2$-Sinterlegierungen im Sauerstoffstrom.

Heute, nach drei Jahren, müssen wir erkennen, daß diese Darstellung wohl etwas optimistisch war. Tatsächlich sind Werkstoffe für 1000° C Arbeitstemperatur, die auch bei Raumtemperatur nicht spröde sind, noch nicht gefunden. Für Anwendungen, bei denen es nicht so sehr auf große Zugfestigkeiten ankommt, eröffnen sich jedoch nach dem heutigen Entwicklungsstand der verfügbaren Oxyde und Hartstoffe aussichtsreiche Anwendungsmöglichkeiten.

Freilich ist der Oxydationsschutz für den Werkstoff mit der höchsten Schmelztemperatur überhaupt, das ist von 3900° C, nämlich für Graphit, noch nicht gefunden. Doch haben wir in den Disiliciden von Wolfram und Molybdän über 2000° C schmelzende metallische Stoffe mit einer verblüffenden Oxydationsbeständigkeit bis über 1700° C.

Mit dem Disilicid des Molybdäns und dessen Verzunderung haben wir uns auch in Wien beschäftigt. In Abb. 21 ist gezeigt, wie bei der Glühung im Sauer-

Tabelle 6. *Eigenschaften der wichtigsten hochtemperaturbeständigen Sinterlegierungen nach Carter* [22]

Legierungen	Zusammensetzung in %	Spez. Gewicht	Härte (Vick.)	Biegebruch-Festigkeit		Dauerstandfestigkeitsprüfung: Bruchspannung			
				Temp.	kg/mm²	Temp. °C	100 h kg/mm²	300 h kg/mm²	1000 h kg/mm²
Turbide R34	Medium Nickel $TiC-Cr_3C_2$	6,15	800	R.T.*	105	800 980	22,5 7,8	18,5 5,8	13,5 3,8
Turbide R45	Hoch Nickel $TiC-Cr_3C_2$	6,65	670	R.T.	125	750 980	22,0 6,7	20,0 5,0	16,0 3,3
WZ 1b	60 TiC 32 Ni 8 Cr	6,20	1010	R.T.	135—145	800 980	33,0 10,0	29,0 8,0	26,0 5,5
WZ 1c	50 TiC 40 Ni 10 Cr	6,40	830	R.T.	145—170	980	9,8	8,0	5,7
WZ 2	60 TiC 28 Co 12 Cr	6,10	1160	R.T.	110—125	980	7,2	6,4	5,5
WZ 12a	75 TiC 15 Ni 5 Co 5 Cr	6,00	1220	R.T.	105—115	980	6,7	4,7	—
K138A	80 TiC-TaC-NbC 20 Co	5,8	89·5 R_A* 1400	R.T. 980° C	105—70	980	8,0	—	—
K151A	80 TiC-TaC-NbC 20 Ni	5,8	89 R_A 1350	R.T.	105	980	8,0	6,7	5,2
K152B	70 TiC-TaC-NbC 30 Ni	5,9	85 R_A 1000	R.T.	125—135	980	3,5	2,1	—
K161B						980 1095	11,0 2,5		

Fortsetzung der Tabelle 6

Legierungen	Zusammensetzung in %	Spez. Gewicht	Härte (Vick.)	Biegebruch-Festigkeit		Dauerstandfestigkeitsprüfung: Bruchspannung			
				Temp.	kg/mm²	Temp. °C	100 h kg/mm²	300 h kg/mm²	1000 h kg/mm²
K162B						980	8,5		
K162C						980	9,2		
K163B						980	7,0		
ZrC-Nb	87,5 ZrC 12,5 Nb	6,29		1093⁰ C 1315⁰ C	17,5 11,0				
B₄C-Fe	64 B₄C 36 Fe	3,24		1093⁰ C 1315⁰ C 1426⁰ C	17,5 20,0 16,5				
CrB-Ni	85 CrB 15 Ni	5,9	87 · 4 R_A	R.T.	85,0	816 872	3,2 1,8	3,0 1,5	2,5 1,2
Metamic LT-1	70 Cr 30 Al₂O₃	6,0	35 R_C*						
Al₂O₃-Cr	70 Al₂O₃ 30 Cr	4,6— 4,65	1100— 1200			980 1043 1203	11,5 9,5 8,5		
Nimonic 90	Ni-Co-Cr geschmiedet, wärmebehandelt	8,27	250— 350			815	20,0	16,5	12,6
Nimonic 95	Ni-Co-Cr geschmiedet, wärmebehandelt	8,3 ungef.				815 870 900 925	22,0 14,0 10,4 8,0		

* R_A = Rockwell A, R_C = Rockwell C,   R.T. = Raumtemperatur.

stoffstrom die Oxydschutzschichte aufgebaut wird. Diese besteht aus vermutlich reinem SiO_2. Das Molybdänoxyd sublimiert im ersten Stadium der Oxydation ab. Diese gebildete glasartige SiO_2-Schutzschichte ist so dicht, daß sie eine weitere Oxydation fast vollkommen verhindert. Nach den Gewichtszunahmen kann auf eine Dicke von 0,01 bis 0,03 mm geschlossen werden. Tatsächlich bildet sich bei 1700° C nach 3000 Stunden etwa nur eine 0,06 mm dicke SiO_2-Schichte aus.

Mit diesem so überragend zunderbeständigen metallischen Werkstoff ist die Entwicklung hinsichtlich der Oxydationsbeständigkeit der metallischen Hochtemperaturwerkstoffe wiederum weit vorgeschnellt und es wird Aufgabe der zukünftigen Arbeit sein, nach entsprechenden Bindern zu suchen, um auch die Festigkeitseigenschaften dieser Werkstoffe bei tiefen und bei hohen Temperaturen den an sie gestellten Anforderungen anzupassen.

Literaturverzeichnis

1. R. A. Jones und L. T. Fuszara, Amer. Ceram. Soc. Bull. **32**, 107 (1953).
2. H. R. Clauser, Mat. Meth. **39**, 120 (1954).
3. F. Haber, Physics and Medicine of the Upper Atmosphere, S. 78. Albuquerque: Univ. of New Mexiko Press, 1952.
4. F. J. Whipple, Physics and Medicine of the Upper Atmosphere, S. 137. Albuquerque: Univ. of New Mexiko Press, 1952.
5. T. R. Burnight, U. S. Naval Res. Lab., vgl. [4], S. 147.
6. J. B. Campbell, Mat. Meth. **39**, 100 (1954).
7. F. A. Crosley und H. D. Kessler, J. Metals **6**, 119 (1954).
8. Anonym, Metall **8**, 68 (1954).
9. F. Bollenrath, Arbeitsgem. für Forschung des Landes Nordrhein-Westfalen, Heft 9/35 (1951).
10. Mond Nickel Corp., The Nimonic Series of Alloys, **1951**/9.
11. A. Des Brasunas und N. J. Grant, Iron Age **17**, 85 (1950).
12. E. Fitzer und J. Schwab, Berg- u. Hüttenmänn. Mh. **98**, 1 (1953).
13. F. C. Monkham und N. J. Grant, Corrosion (Houston) **9**, 460 (1953).
14. H. K. Ihrig, A.S.T.M. Spec. Techn. Publ. Nr. 105 vom 26. 6. 1950, "Symposium on Corrosion of Materials at Elevated Temperatures", S. 88.
15. E. Fitzer, Arch. Eisenhüttenwes. (im Druck).
16. L. G. Davis, Metall **5**, 341 (1951).
17. A. Pechman, Mat. Meth. **39**, 95 (1954).
18. W. C. Rous, Jr., Mat. Meth. **38**, 117 (1953).
19. E. Fitzer, Berg- u. Hüttenmänn. Mh. **97**, 81 (1952).
20. Österr. Pat. **178**,779.
21. E. A. Beidler, C. F. Powell, J. E. Campbell und L. F. Yntema, J. Electrochem. Soc. **98**, 21 (1951).
22. A. Carter, Metallurgia (Manchester) **49**, 8 (1954).

Gesinterte Hochtemperaturwerkstoffe

Von

R. Kieffer und **F. Benesovsky**, Reutte/Tirol[1]

(Mit 11 Abbildungen)

Zusammenfassung. Die bisherigen hochwarmfesten Legierungen dürften in Zukunft durch Sinterwerkstoffe, welche höhere Arbeitstemperaturen erlauben, ergänzt werden. Ein Hochtemperaturwerkstoff muß zunderbeständig sein und eine hohe Warmfestigkeit und gute Temperaturwechselbeständigkeit aufweisen. Die derzeit verwendeten sogenannten Superlegierungen auf Nickel-Chrom- und Kobalt-Chrom-Basis erlauben Arbeitstemperaturen bis höchstens 870°. Die Verwendung der hochschmelzenden Metalle Molybdän, Wolfram, Tantal und anderer scheitert an deren geringer Oxydationsbeständigkeit beim Erhitzen an Luft. Die Edelmetalle scheiden wegen ihres hohen Preises aus. Von Sinterwerkstoffen haben sich in der Praxis bereits Hartmetalle auf Titancarbidbasis mit Nickel-Chrom-Kobalt-Bindung bewährt. Angaben über das Zunderverhalten und die Warmfestigkeitseigenschaften dieser sogenannten WZ-Legierungen werden gemacht. Nach amerikanischen Angaben ist Zirkonborid als Düsenwerkstoff allen anderen Materialien überlegen. Besonders gute Zunderbeständigkeit haben einige Silicide, insbesondere das Molybdändisilicid. Durch Sintern hergestellte Formstücke aus diesem Material können an Luft bis auf 1700° erhitzt werden, ohne daß sie sich merklich verändern. Die Verwendung von Siliciden als Schaufelwerkstoff wird durch ihre verhältnismäßig große Sprödigkeit beschränkt. Auch hochschmelzende Oxyde und Metall-Metalloxyd-Verbundkörper dürften wegen ihrer Sprödigkeit und schlechten Temperaturwechselbeständigkeit für Turbinenschaufeln weniger geeignet sein.

I. Einleitung

Für den Antrieb von Luftfahrzeugen für höchste Geschwindigkeiten und großen Aktionsradius wird der Explosionsmotor in den letzten Jahren durch den Turbinen-, bzw. Düsen- und Raketenantrieb langsam verdrängt. Die Entwicklung des Atomantriebes, der für die Raumfahrt wohl in erster Linie in Frage kommt, steckt noch in den Anfängen und dürfte noch geraume Zeit beanspruchen. Bei den erstgenannten Triebwerken treten im Verbrennungsraum, an den Turbinenschaufeln und in den Ausströmdüsen hohe Temperaturen auf. Gleichzeitig werden die dort eingesetzten Werkstoffe mechanisch kurz- oder langzeitig beansprucht und ferner durch die Verbrennungsgase angegriffen. Da der Wirkungsgrad eines Verbrennungstriebwerkes mit steigender Arbeitstemperatur wesentlich ansteigt, ist man bestrebt, bei möglichst hohen Temperaturen zu arbeiten. Die Warmfestigkeitseigenschaften der heute für diese Zwecke zur Verfügung stehenden Werkstoffe wie Sonderstähle und Superlegierungen auf Basis Nickel-Chrom-Titan, Kobalt-Chrom-Molybdän u. a. erlauben Arbeitstemperaturen bis höchstens 850° bis 870°. Es scheint so, daß auf diesem Gebiete keine nennenswerten Fortschritte mehr zu erwarten sind. Eine Weiterentwicklung der Hoch-

---

[1] Metallwerk Plansee, Ges.m.b.H., Reutte/Tirol, Österreich.

temperaturtriebwerkstechnik ist nur möglich, wenn neuartige, bei hohen Temperaturen einsetzbare Werkstoffe gefunden werden, die wesentlich dauerstandfester und gleichzeitig oxydationsbeständiger sind als die bisherigen Materialien. Bei der Herstellung derartiger warm- und zunderfester Werkstoffe konnte sich die Sintertechnik bereits mit Erfolg einschalten und die Forschungsergebnisse deuten sogar darauf hin, daß es wahrscheinlich nur auf pulvermetallurgischem Wege möglich sein wird, derartige neue Werkstoffe zu entwickeln, die den extrem hohen Anforderungen der Turbinen-, Strahltrieb- und Raketentechnik genügen werden [1, 2, 3].

Die Antwort auf die Fragestellung, *warum Sinterwerkstoffe*, lautet: Hohe Warmfestigkeit, Zeitstandfestigkeit und geringes Kriechen bei hohen und höchsten Temperaturen sind ohne Zweifel an hohe Schmelzpunkte der Konstruktionswerkstoffe, das heißt der Metalle, Metallverbindungen und Legierungen gebunden. Die Verarbeitung hochschmelzender Metalle, der Metallverbindungen von Art der Hartstoffe, sowie von Metallhartstofflegierungen zu Formkörpern ist wiederum aus metallurgischen Gründen an das Sinterverfahren, also an die *Pulvermetallurgie als Verfahrenstechnik* gebunden.

In Tab. 1 ist zusammenfassend dargestellt, wie sich die pulvermetallurgische Entwicklung der letzten Jahre auf diesem Gebiet vollzogen hat, wobei auch das Gebiet der Oxydkeramik berücksichtigt wird [4]. Die Übergangsmetalle (*I*) bilden mit den kleinatomigen Metallen bzw. Metalloiden (*II*) die metallischen Hartstoffe (*V*). Diese mit den Hilfsmetallen (*III*) kombiniert ergeben die sehr wichtigen Hartmetalle (*VII*). Die nichtmetallischen Hartstoffe (*VI*) können auch mit metallischen Hartstoffen kombiniert und gegebenenfalls mit Bindemetallen versetzt werden (*VIII*). Endlich ergeben auch Oxyde (*IV*) und Metalle aussichtsreiche hochwarmfeste Verbundwerkstoffe (*IX*). Wichtig sind ferner auch Deckschichten von metallischen Hartstoffen, z. B. $MoSi_2$ auf Molybdän oder Silikatüberzüge auf Übergangsmetallen, bzw. auf wenig zunderfesten metallischen Hartstoffen.

II. Anforderungen an Hochtemperaturwerkstoffe

Die Anforderungen, die an einen Hochtemperaturwerkstoff gestellt werden, sind je nach Anwendung sehr zahlreich und vielseitig. Es kann im Rahmen dieser Abhandlung daher nur auf die wichtigsten Eigenschaften der Werkstoffe für die Triebwerke hingewiesen werden.

Von den mechanischen Eigenschaften steht die *Warmfestigkeit* an erster Stelle, und zwar nicht so sehr die Kurzzeit-Warmzugfestigkeit, sondern die *Zeitstandfestigkeit* (Bruchfestigkeit bei erhöhter Temperatur in Abhängigkeit von der Belastungszeit) und die *Dauerstandfestigkeit* (Höchstbelastung, die ein Werkstoff bei langandauernder Zugbeanspruchung bei höherer Temperatur erträgt, ohne daß er sich über eine gewisse Größe hinaus plastisch verformt, das heißt kriecht). Gewisse Aussagen über die Warmfestigkeit kann man auch auf Grund der Werte von *Warmbiegebruch-* und *Warmdruckfestigkeit* sowie *Warmhärte* machen.

Für die Sicherheit beim Einsatz ist die *Schlagbiegefestigkeit* auch eine wichtige Eigenschaftsgröße. Die Forderung nach höherer Duktilität ist leider bei Materialien für höchste Arbeitstemperaturen besonders schwer zu erfüllen, denn je höher schmelzend und härter ein Werkstoff ist, um so spröder ist er im allgemeinen auch.

Eine praktisch besonders wichtige Eigenschaftsgröße ist die *Temperaturwechselbeständigkeit*. Für diese gibt es kein absolutes Maß, sie muß durch praktische Versuche unter stets gleichbleibenden Bedingungen und Probenformen er-

Tabelle 1. *Entwicklung hochwarm- und zunderfester Sinterwerkstoffe*

I Übergangsmetalle der 4. 5. 6. Gruppe des Periodensystems	II Kleinatomige Metalle bzw. Metalloide	III Hilfsmetalle und Hilfsmetall-legierungen	IV Oxyde und Silikate
Ti V Cr Zr Nb Mo Hf Ta W	C, N, B, Si	Fe, Ni, Co, Cr, Nb usw. ggf. legiert mit *I* und *II*	Al_2O_3, ZrO_2, BeO, MgO, ZrO_2-SiO_2 und andere einzeln oder in Mischungen als Kompaktkörper oder als Deckschichten auf *I* und *V*

V Metallische Hartstoffe	VI Nicht-metallische Hartstoffe	VII Hartmetalle	VIII Metallische und nicht-metallische Hartstoffe	IX Metalloxyd-Metall
Carbide: TiC, Cr_3C_2 Nitride: TiN, TaN Boride: TiB_2, ZrB_2, CrB_2 Silicide: $TiSi_2$, $MoSi_2$, WSi_2 Einzeln und in Mischungen als Kompaktkörper oder als Deckschicht auf *I*	Diamant Borcarbid Siliciumcarbid Bornitrid Korund	TiC-Ni-Cr TiC-Ni-Co-Cr TiC-Ni TiC-Cr_3C_2-Ni	TiC-Al_2O_3 TiC-B_4C-SiC TiC-MgO TiN-MgO-NiO	Al_2O_3-Cr Al_2O_3-Fe BeO-Nb BeO-Ni(Co, Fe)

mittelt werden. Nach amerikanischen Angaben ist in Übereinstimmung mit den Erfahrungen der Keramiker die Temperaturwechselbeständigkeit um so besser, je größer der Quotient aus $\dfrac{\text{Zugfestigkeit} \times \text{Wärmeleitfähigkeit}}{\text{Ausdehnungskoeffizient} \times E\text{-Modul}}$ ist. Aus der Beziehung sieht man, daß die Wärmeleitfähigkeit groß, der Ausdehnungskoeffizient und E-Modul klein sein sollen. Diese Forderung kann gleichzeitig praktisch nicht erfüllt werden, wie am Beispiel metallischer Werkstoffe einerseits und keramischer Materialien andererseits gezeigt werden kann.

Grundsätzlich muß ein Hochtemperaturwerkstoff natürlich gegen die Einflüsse der Atmosphäre, also gegen die Luft und Verbrennungsgase bei der Arbeitstemperatur beständig sein. Die sich stets bildende *Zunderschicht* darf eine bestimmte Stärke nicht überschreiten, sie muß festhaftend und weitgehend gasdicht sein.

Es ist nun nicht erforderlich und auch praktisch gar nicht realisierbar, daß ein Hochtemperaturwerkstoff alle Anforderungen mit günstigsten Eigenschaftsgrößen in sich vereint.

Die Schaufel einer stationären Gasturbine muß höchst dauerstandfest sein. Da die Arbeitstemperaturen nicht sehr hoch liegen, ist die Zunderbeständigkeit meist gewährleistet. Lediglich die Korrosion durch Vanadinasche kann gefährlich werden.

Die Schaufel eines Strahltriebwerkes wird dagegen bei weit höheren Temperaturen und Umdrehungszahlen beansprucht. Höchste Zeitstandfestigkeit, günstigstes Zunderverhalten sowie beste Temperaturwechselbeständigkeit sind von Wichtigkeit. Hohe Wärmeleitfähigkeit bewirkt hier eine ungünstige starke Erwärmung des Laufkörpers und der Welle. Niedrige Dichte ist sowohl bezüglich der mechanischen Eigenschaften als auch für das Gewicht der Gesamtkonstruktion von größtem Vorteil.

Das Material für die Auskleidung einer Verbrennungskammer braucht keine hohe Zeitstand- und Dauerstandfestigkeit zu haben, es muß aber sehr gut zunderbeständig sein.

Bei einer kurzzeitig beanspruchten Raketendüse ist die Kurzzeitzugfestigkeit bzw. Druckfestigkeit wichtiger als die Zeitstand- und Dauerstandfestigkeit. Die Wärmeleitfähigkeit muß sehr gut sein, damit die hohe Oberflächenwärme rasch abgeführt werden kann. Die Oxydationsbeständigkeit braucht wegen der kurzzeitigen Beanspruchung nicht sehr groß zu sein, so daß z. B. sogar das bei höherer Temperatur oxydationsempfindliche Molybdän für derartige Anwendungsfälle geeignet ist, insbesondere wenn bei den in Frage kommenden Arbeitsbedingungen eine fast neutrale Gasatmosphäre gewährleistet wird.

III. Hochschmelzende Metalle

Die Verwendbarkeit *hochschmelzender Metalle*, beispielsweise von Molybdän, Wolfram, Niob und Tantal, als Hochtemperaturwerkstoffe ist durch ihre ungenügende Oxydationsbeständigkeit bei hohen Temperaturen auf Anwendungen in der Vakuumtechnik oder unter Schutzgas beschränkt [5]. Bei Raketendüsen hat sich allerdings auch ungeschütztes Molybdän, ebenso wie Graphit, infolge der nur kurzfristigen Hochtemperaturbeanspruchung unter fast neutralen Verbrennungsgasen bestens bewährt. Bei den normalen Hochtemperaturanwendungen kommt es bei den Arbeitstemperaturen zwangsläufig zur Einwirkung korrodierender und oxydierender Atmosphären, so daß man die hochschmelzenden Metalle nur dann an Luft verwenden kann, wenn sie mit geeigneten zunderbeständigen festhaftenden Schutzüberzügen versehen werden. Solche Schutzüberzüge sind entwickelt worden, so daß z. B. oberflächengeschütztes Molybdän und andere Metalle in Zukunft eine gewisse Rolle spielen dürften.

IV. Carbide als Hochtemperaturwerkstoffe

Von allen Hartstoffen scheinen die schon in Schneidlegierungen hervorgetretenen Carbide der vierten bis sechsten Gruppe des Periodensystems für Hochtemperaturverwendung geeignet zu sein. Diese Carbide haben Schmelzpunkte zwischen 2500⁰ und 3500⁰, Härten, die in der MOHS-Skala zwischen 8 und 9 liegen, und eine ausgesprochen metallische Leitfähigkeit (Abb. 1). Technisch sind die reinen hilfsmetallfreien Carbide kaum von Bedeutung, während die hilfsmetallhaltigen Carbide als Sinterhartmetalle technisch von größter Wichtigkeit sind. Die für Zerspanungszwecke üblichen Sorten auf WC- und WC-TiC-TaC-Basis mit Kobaltbinder sind für Hochtemperaturanwendungen wegen ungenügender Zunderbeständigkeit nicht geeignet. Dagegen sind im *Metallwerk Plansee* entwickelte Hartmetallegierungen auf Titancarbidbasis mit Ni-Cr und Ni-Co-Cr-Bindung für Hochtemperaturanwendungen technisch brauchbar. Derartige Werkstoffe, als *WZ-Legierungen* (warm- und zunderfest) bezeichnet, werden bereits in größerem Umfange erzeugt [6].

Eine Hartmetallsorte auf TiC-Basis mit Ni-Cr-Bindung veränderte sich kaum bei Versuchstemperaturen von 800⁰ bis 1200⁰, jedoch bei 1300⁰ merklich (Abb. 2). Bei dieser Legierung bildet sich wie bei Nickel-Chrom-Heizleiterlegierungen eine festhaftende, dichte titanoxydhaltige Nickeloxyd-Chromoxyd-Zunderschicht aus; die Zunderung verläuft parabolisch.

Die Zusammensetzung, die Härte und die Biegebruchfestigkeit der wichtigsten WZ-Legierungen sind in Tab. 2 zusammengestellt. Die Raumtemperatureigenschaften typischer WZ-Legierungen in Abhängigkeit vom Bindergehalt sind in Abb. 3 wiedergegeben. Mit steigendem Bindergehalt werden die Legierungen weicher und schlagfester, bei den höchsten Zusätzen sogar zerspanbar und warmverformbar. Kaltzugfestigkeit und -biegebruchfestigkeit nehmen mit steigendem Bin-

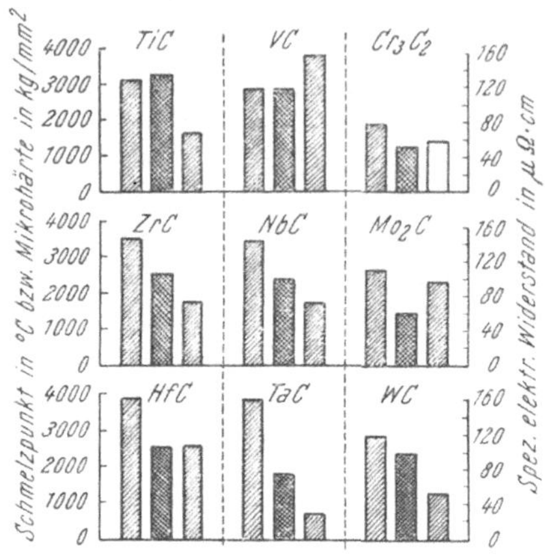

Abb. 1. Eigenschaften der Carbide. Von links: Schmelzpunkt, Härte, elektrischer Widerstand.

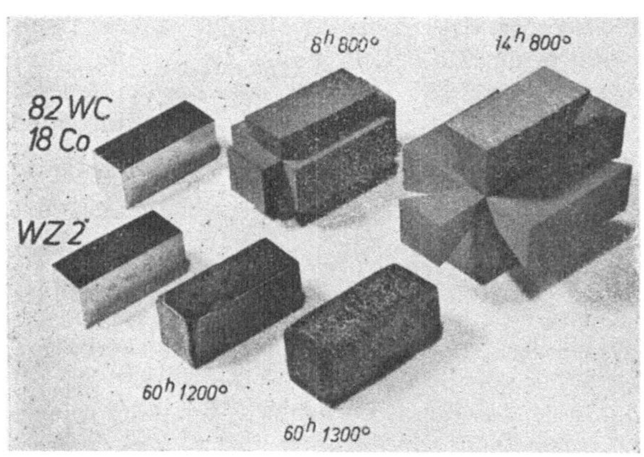

Abb. 2. Aussehen von gezunderten WZ-Proben im Vergleich zu einem WC-Co-Hartmetall.

deranteil ebenfalls zu (Abb. 4). Auch die Warmzugfestigkeit wird natürlich, wie Abb. 5 zeigt, vom Bindergehalt beeinflußt. Dasselbe gilt vom *E*-Modul (Abb. 6). In Abb. 7 wird die Zeitstandfestigkeit von WZ-Legierungen nach 100- und 1000-stündiger Belastung, von amerikanischen Sinterlegierungen auf TiC-Ni-Basis und einer klassischen Superlegierung auf Ni-Cr-Ti-Basis verglichen. Abb. 8 zeigt verschiedene hochwarmfeste Formteile aus WZ-Legierungen und Abb. 9 ein kleines Turbinenrad, das mit einer Gebläseflamme auf einem Prüfstand angetrieben wird. Nachdem versuchsweise auch bereits ein solches

Tabelle 2. *Eigenschaften von WZ-Legierungen*

Marke	Zusammensetzung in %				Härte H_V kg/mm²	Biegebruchfestigkeit kg/mm²
	TiC	Ni	Co	Cr		
WZ 1 b	60	32	—	8	1010	135—150
WZ 1 c	50	40	—	10	830	150—170
WZ 2	60	—	28	12	1160	110—125
WZ 3	50 +10 TaC	32	—	8	1070	140—150
WZ 12 a	75	15	5	5	1220	105—115
WZ 12 b	60	24	8	8	1090	130—145
WZ 12 c	50	30	10	10	860	150—165
WZ 12 d	35	39	13	13	720	170—180

Turbinenrad bei 20 000 bis 30 000 U/Minute bei Temperaturen von 1000⁰ bis
1050⁰ an den Flügeln an einer anderen Stelle betrieben wurde, erscheint die Annahme gerechtfertigt, daß die WZ-Werkstoffe für Anwendungen wie z. B.
Turbinenschaufeln bei Arbeitstemperaturen von 1000⁰ und möglicherweise 1100⁰
geeignet sind.

V. Boride

Die hochschmelzenden Boride der Übergangsmetalle der vierten bis sechsten
Gruppe des Periodensystems werden in Amerika als vielversprechende Hartstoffe für Hochtemperaturanwendungen betrachtet [7]. Insbesondere das Titan-
und Zirkondiborid sind sehr
harte, hochschmelzende
und verhältnismäßig zunderbeständige metallische
Verbindungen [2, 3, 8]
(Abb. 10). Nach amerikanischen Angaben sollen
sich Werkstoffe auf Zirkondiboridbasis für Raketendüsen ausgezeichnet bewährt haben, und allen
anderen Werkstoffen überlegen sein. Der neue Boridwerkstoff hat eine Dichte
von 6 g/cm³, eine Härte
von 88 bis 91 R$_A$, eine
Kaltbiegebruchfestigkeit
von 52 bis 70 kg/mm² und

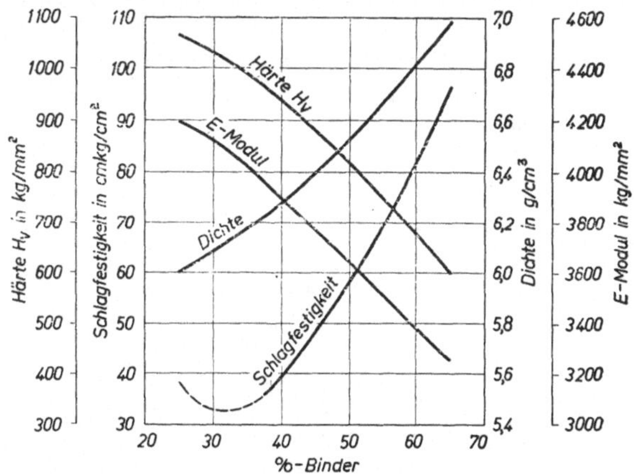

Abb. 3. Eigenschaften von WZ-Legierungen.

eine Warmbiegebruchfestigkeit (1260⁰) von 42 bis 52 kg/mm². Die Zunderbeständigkeit ist bis 1150⁰ gut. Hervorzuheben ist auch die Beständigkeit gegen
schmelzflüssige Leichtmetall- und Buntmetallegierungen [9].

VI. Silicide

Der technische Einsatz der Silicide für Hochtemperaturzwecke wird durch
ihre verhältnismäßig hohen Schmelzpunkte sowie ihre große chemische Widerstandsfähigkeit und Zunderbeständigkeit nahegelegt [2, 3]. Zwecks Ausnutzung

dieser wertvollen Hochtemperatureigenschaften kann man entweder auf den weniger beständigen Grundmetallen Silicidüberzüge aufbringen oder aus vorgebildetem Silicidpulver Kompaktkörper auf dem Sinterwege herstellen.

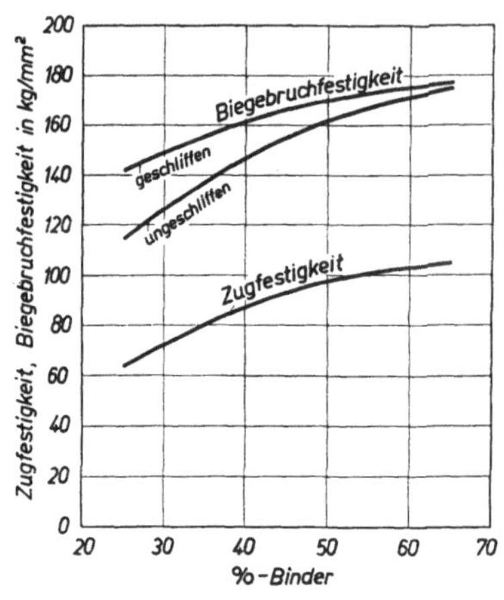

Abb. 4. Zug- und Biegebruchfestigkeit von WZ-Legierungen.

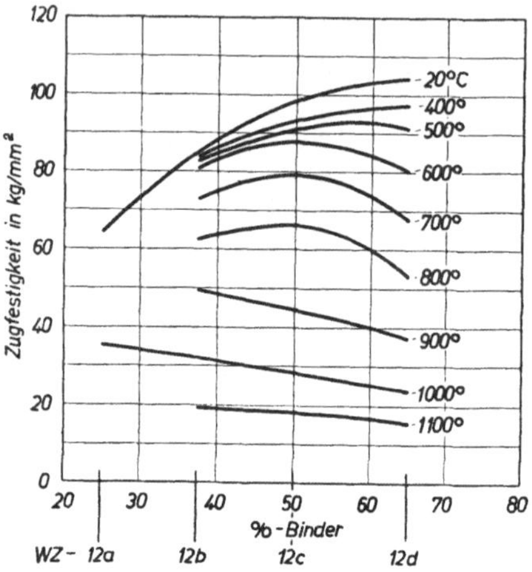

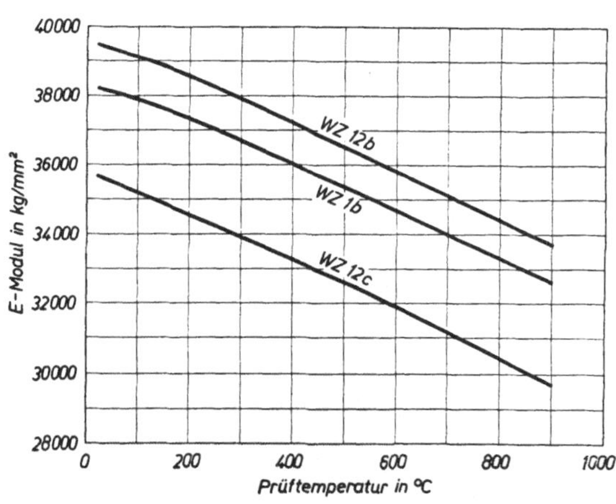

Abb. 5. Warmzugfestigkeit von WZ-Legierungen.

Durch Gassilicierung mit $SiCl_4$-Dampf können z. B. auf Molybdän sehr beständige Molybdänsilicidschichten erzeugt werden, wodurch dieses auch beim Erhitzen in oxydierender Atmosphäre geschützt wird [10, 11, 12]. Die verhältnismäßig hohen Silicierungstemperaturen bewirken allerdings eine Versprödung des Molybdänmetalles, so daß silicierte Teile mechanisch nicht beansprucht werden können. Technisch aussichtsreicher ist der Weg, aus Molybdänsilicidpulver durch Normalsintern, Drucksintern oder Strangpressen und Sintern Formkörper herzustellen [13]. Abb. 11 zeigt eine Reihe derartiger Teile aus Molybdänsilicidlegierungen. Besonders sei auf die Rohre und Stäbe hingewiesen, die ähnlich wie Silitstäbe als Heizstäbe benutzt werden und an Luft Temperaturen bis 1700°, ohne wesentlich zu verzundern, ertragen. Die Zunderschicht, die sich beim Erhitzen an Luft ausbildet, besteht hauptsächlich aus einem Quarzfilm [14]. Molybdänsilicidformkörper sind verhältnismäßig spröde, so daß sie für mechanisch beanspruchte Teile, z. B. Turbinenschaufeln, wenig aussichtsreich sind. Durch Zusatz von Oxyden und Abbindung mit entsprechenden Legierungen gelingt es aber, die Temperaturwechselbeständigkeit zu verbessern, so daß auch die Verwendung für diese Zwecke möglich sein könnte.

Abb. 6. Temperaturabhängigkeit des E-Moduls von WZ-Legierungen.

VII. Keramische Werkstoffe und Metall-Metalloxydkörper

Reine, hochschmelzende Oxyde, wie z. B. BeO, Al_2O_3 und ZrO_2 und Oxydkombinationen sowie Silikate, vereinigen gewöhnlich beste Oxydationsbeständigkeit mit hohen Festigkeiten bei höheren Temperaturen. Während des Krieges beschäftigten sich europäische Untersuchungen auf diesem Gebiete mit der Entwicklung von Ersatzwerkstoffen für hochlegierten Stahl, das heißt von Legierungen, die gewöhnlich bei Temperaturen unterhalb 800^0 verwendet wurden. Derzeitige Entwicklungsarbeiten in den Vereinigten Staaten haben Werkstoffe zum Ziel, die Temperaturen von 1100^0 und höher ertragen sollen. Bei solchen Temperaturen zeigen keramische Werkstoffe, wie aus Tab. 3 hervorgeht, merklich höhere Festigkeiten als die sogenannten Superlegierungen [15]. Diese Überlegenheit wird besonders ausgeprägt, wenn der Vergleich auf Festigkeits-DichteBasis angestellt wird. Der praktische Wert oxydischer Werkstoffe für Anwendungsfälle wie z. B. Turbinenschaufeln wird jedoch stark durch ihre Sprödigkeit und

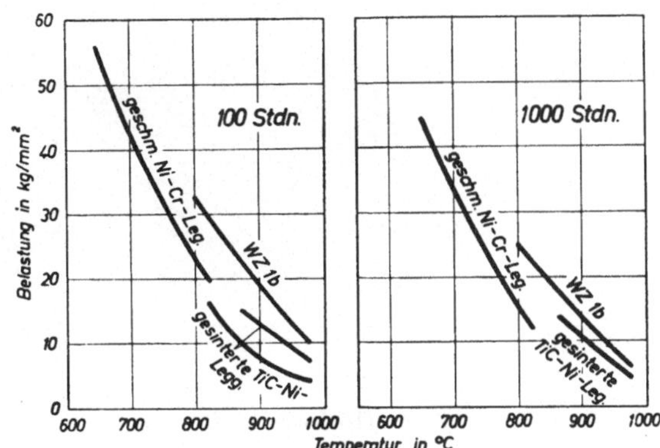

Abb. 7. Zeitstandfestigkeit warmfester Hartmetalle im Vergleich zu einer Ni-Cr-Schmelzlegierung.

Tabelle 3. *Warmfestigkeit von keramischen Werkstoffen nach einer Versuchsdauer von 100 Stunden*

Werkstoff	Dichte in g/cm³	Warmfestigkeit σ_W in kg/mm²					
		bei 820^0		bei 980^0		bei 1040^0	
		σ_W	σ_W/γ_R [1]	σ_W	σ_W/γ_R	σ_W	σ_W/γ_R
BeO-Basis	3,0	9,8	27,2	12,0	33,1	11,3	31,1
ZrO_2-MgO-BeO-Basis	4,4	8,4	15,9	12,0	22,5	7,0	13,3
BeO-ZrO_2-MgO-Basis	3,8	9,1	17,0	12,0	26,0	8,4	18,4
Sillimanit	2,8	8,1	23,9	3,9	11,4	2,5	7,3
Warmfester Stahl	8,3	20,1	20,1	7,0	7,0	—	—

Tabelle 4. *Eigenschaften von Al_2O_3-Cr 70/30* (A. R. BLACKBURN und T. S. SHEVLIN)

Dichte		4,65 g/cm³
Härte H_V	1100—1200	kg/mm²
E-Modul	36 800	kg/mm²
Zugfestigkeit 20⁰		24,6 kg/mm²
1100⁰		14,1 kg/mm²
1320⁰		9,9 kg/mm²
Druckfestigkeit	225	kg/mm²
Ausdehnungskoeffizient		$9,45 \cdot 10^{-6}$
Zeitstandfestigkeit 1000 Stunden bei 980⁰	11,3	kg/mm²
1200⁰	8,4	kg/mm²

---

[1] Relative Dichte 8,3 = 1.

insbesondere durch ihre geringere Temperaturwechselbeständigkeit eingeschränkt. Es ist versucht worden, diese speziellen Nachteile durch Zugabe von
Metallen zu beseitigen, und es wurden aussichtsreiche Oxyd-Metallverbundkörper
entwickelt, die in Analogie zu den Carbid-Hilfsmetallegierungen (Hartmetalle)

Abb. 8. Hochwarmfeste Formteile aus WZ-Legierungen.

als Oxyd-Hilfsmetallegierungen (Cermets) bezeichnet werden können. Tab. 4
zeigt die Eigenschaften eines in Amerika entwickelten Werkstoffes auf Basis
Chrommetall-Aluminiumoxyd, der unter dem Namen „Metamic" auf den Markt
kam [16]. Dieser Werkstoff zeigt interessante Hochtemperatureigenschaften,

Abb. 9. Prüfung eines WZ-Turbinenrades mit Schweißbrenner.

hat sich aber bis heute wegen seiner relativ niedrigen Festigkeitseigenschaften
und seines verhältnismäßig geringen Widerstandes gegen Temperaturwechselbeanspruchungen noch nicht in nennenswertem Umfang bei bewegten Teilen
durchsetzen können.

VIII. Ausblick

Überblickt man zusammenfassend den heutigen Stand der Forschung und Technik auf dem Gebiete der hochwarm- und zunderfesten Werkstoffe für Hochtemperaturzwecke, dann muß man zunächst feststellen, daß bisher die Schmelztechnik mit ihren geschmiedeten und teils im Präzisionsgußverfahren hergestellten Legierungen vorherrscht. Man darf aber nicht übersehen, daß auf diesem Gebiet die Entwicklung zu einem gewissen Stillstand gekommen ist und nennenswerte Steigerungen der Gebrauchstemperatur nicht zu erwarten sind. Die Sintertechnik scheint berufen zu sein, mit neuartigen Werkstoffen entscheidende Fortschritte zu bringen. Wenn man von rein keramischen Werkstoffen, die sich durch ihre gute Warmfestigkeit, aber durch die größtenteils schlechte Temperaturwechselbeständigkeit auszeichnen, absieht, scheinen die Kombinationen Hartstoff-Hilfsmetall, reine Hartstoffe und Metalloxyd-Metall (alle mit oder ohne Deckschichten), die hitzebeständigen Materialien der Zukunft zu werden.

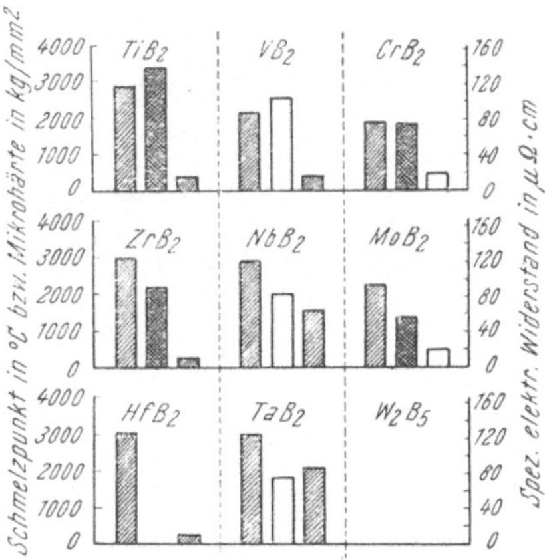

Abb. 10. Eigenschaften der Boride. Von links: Schmelzpunkt, Härte, elektrischer Widerstand.

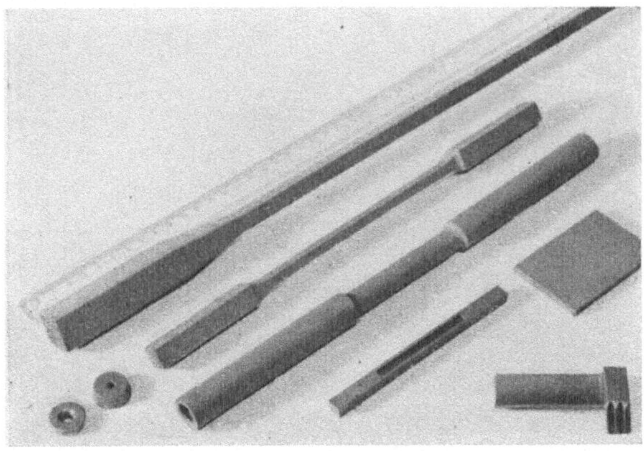

Abb. 11. Formteile aus Molybdänsilicidlegierungen.

Literaturverzeichnis

1. R. Kieffer und F. Benesovsky, Z. Metallkunde **42**, 97 (1951).
2. R. Kieffer und P. Schwarzkopf, Hartstoffe und Hartmetalle. Wien: Springer-Verlag, 1953.
3. P. Schwarzkopf und R. Kieffer, Refractory Hard Metals. New York: MacMillan, 1953.
4. R. Kieffer Ingeniörsvetenskapsakademien **25**, 264 (1954).
5. R. Kieffer und W. Hotop, Pulvermetallurgie und Sinterwerkstoffe, 2. Aufl. Berlin—Göttingen—Heidelberg: Springer-Verlag, 1948.

6. R. Kieffer und F. Kölbl, Z. anorg. Chem. **262**, 229 (1950); Planseeberichte **1**, 17 (1952).
7. P. Schwarzkopf, Proc., Gothenburg 1954, S. 1027.
8. P. Schwarzkopf und F. W. Glaser, Z. Metallkunde **44**, 353 (1953).
9. P. Schwarzkopf und F. W. Glaser, Iron Age **173**, 138 (1954), Nr. 13.
10. R. Kieffer und E. Nachtigall, Heraeus-Festschrift. Hanau, 1950. S. 186.
11. E. A. Beidler, C. P. Powell, I. E. Campbell und L. F. Yntema, J. Electrochem. Soc. **98**, 21 (1951).
12. E. Fitzer, Berg- u. Hüttenmänn. Mh. **97**, 81 (1952).
13. R. Kieffer, F. Benesovsky und C. Konopicky, Ber. dtsch. keram. Ges. **31**, 223 (1954).
14. R. Kieffer und E. Cerwenka, Z. Metallkunde **43**, 101 (1952).
15. M. D. Burdick, R. E. Moreland und R. F. Geller, N.A.C.A. Techn. Note Nr. 1561 (1949).
16. W. O. Sweeny, Tool Engr. **24**, 21 (1950).

L'exploration de la haute atmosphère avec les engins autopropulsés et le programme français de l'Année Géophysique Internationale 1957—1958

Par

E. Vassy, Paris[1]

Résumé. On fait d'abord l'historique de cette entreprise de coopération mondiale dans le domaine de la recherche scientifique. L'Année Géophysique Internationale 1957—58 sera en réalité la troisième Année Polaire Internationale, la première ayant eu lieu en 1882—83, la seconde en 1932—33.

On indique brièvement le programme concernant les mesures à effectuer dans la haute atmosphère à l'aide de fusées et la part que la France compte y prendre.

Pour ce qui concerne l'exploration de la planète Terre, l'Astronautique a donné autre chose que des promesses. Ce n'est pas ici l'endroit où rappeler le monumental ensemble de résultats apporté par l'utilisation des engins autopropulsés pour l'exploration de la haute atmosphère terrestre. La réunion qui s'est tenue l'année dernière à Oxford a permis à cet égard une remarquable synthèse. Nous nous bornerons à rappeler les avantages des méthodes directes d'investigation sur les méthodes indirectes.

Jusqu'à ces dernières années en effet, le géophysicien se trouvait un peu dans la situation de l'astrophysicien. Il devait se contenter d'observer les rayonnements émis dans la haute atmosphère (aurores polaires, lueur nocturne, phénomènes d'émission crépusculaire) ou d'examiner comment était modifié le rayonnement des astres par l'atmosphère terrestre (phénomènes d'absorption et de diffusion). Pendant très longtemps on s'est borné à l'étude des ondes du domaine de la lumière. Depuis quelques années le domaine s'est étendu à celui des ondes radio-électriques.

Le géophysicien avait cependant sur l'astrophysicien la supériorité de pouvoir expérimenter, d'envoyer des ondes. D'abord des ondes lumineuses: c'est ainsi qu'à l'aide de projecteurs on a déterminé par la mesure de la lumière diffusée, la densité de l'atmosphère jusqu'à des altitudes de l'ordre de 80 Km. En envoyant des ondes sonores on avait mis en évidence, par l'étude des anomalies de leur propagation, un important relèvement de température vers l'altitude de 50 Km; enfin en envoyant des ondes du domaine radioélectrique, et en étudiant leur réfraction dans l'ionosphère il a été possible de déterminer la densité électronique en fonction de l'altitude.

Une tentative hardie a consisté à étendre l'application de cette dernière méthode jusqu'à notre plus proche satellite. C'est ainsi que des impulsions

---

[1] Laboratoire de Physique de l'Atmosphère de la Faculté des Sciences de Paris, France. Centre d'Etudes des Projectiles Autopropulsés de la Direction des Etudes et Fabrications d'Armement.

radioélectriques ont été envoyées sur la Lune, laquelle les a réfléchies et renvoyées vers la Terre.

Mais, cependant, de singulières limitations sont introduites par l'emploi de ces méthodes. C'est ainsi qu'en utilisant les ondes lumineuses, la densité de l'atmosphère qui décroît d'une manière exponentielle devient rapidement très faible, d'où un phénomène de diffusion négligeable et par suite la précision devient très rapidement nulle quand on arrive dans les couches élevées de la stratosphère. La seconde méthode utilisant les ondes sonores voit sa mise en oeuvre extrêmement compliquée par la présence des vents. Enfin la troisième méthode, utilisée pour l'étude de l'ionosphère, présente une infirmité congénitale. En effet elle est incapable de donner la densité électronique entre l'altitude correspondant à la fréquence critique d'une couche, et l'altitude pour laquelle la densité électronique de la couche au-dessus est égale à celle de la première couche.

Aujourd'hui l'atmosphère terrestre est bien connue par suite de l'utilisation des engins autopropulsés jusqu'à l'altitude de 220 Km. On possède des tables qui donnent la pression, la densité et la température. La composition est également bien connue. Par l'analyse chimique (micro-analyse) et surtout l'utilisation du spectrographe de masse on s'est rendu compte qu'il n'y a pas dans l'atmosphère terrestre superposition des gaz par ordre de densité décroissante comme on l'avait admis pendant longtemps.

La lumière émise par l'air des régions élevées de l'atmosphère, et qui normalement est masquée par l'importante diffusion dans la basse atmosphère commence a être étudiée à bord d'engins et les premiers résultats sont très encourageants.

De même, la pénétration du rayonnement solaire et du rayonnement cosmique aux différentes altitudes est depuis peu également bien connue.

Mais tous ces résultats ne sont guère valables que pour la latitude de New-Mexico. Seuls quelques tirs ont eu lieu au bord d'un navire, le Norton-Sund, sur la côte du Pérou, dans le Pacifique Central, et quelques Rockoons ont été lancés en Alaska pour l'étude particulière du rayonnement cosmique.

Aussi une investigation d'ensemble doit être faite en différents points bien choisis de la surface du globe et c'est là le but de l'Année Géophysique Internationale 1957—58, au cours de laquelle on devra essayer d'obtenir en ces différents points des résultats susceptibles d'être comparés entre eux.

Il convient de dire à ce propos en quelques mots ce qu'est l'Année Géophysique Internationale. Jusqu'ici où les régions polaires avaient été relativement peu explorées du point de vue de la connaissance de l'atmosphère, des entreprises de ce genre s'appelaient "Années Polaires". Nous avons eu en effet les Années Polaires Internationales de 1882—83 et 50 ans après celle de 1932—33.

C'est au magnétisme terrestre que revient le mérite d'avoir le premier favorisé la collaboration internationale sur une vaste échelle. Sous l'impulsion de Gauss, à la suite de son travail sur l'analyse du potentiel magnétique, des observations simultanées avaient été effectuées de 1836 à 1841 à Dublin, Greenwich, Uppsala, St-Pétersbourg, Copenhague, Bruxelles, Berlin, Göttingen, Marburg, Leipzig, Prague, Cracovie, Breslau, Heidelberg, Genève et Milan.

D'autre part, le comportement si particulier du champ magnétique dans les régions polaires devait y amener de nombreuses expéditions.

Cependant les responsables de l'avancement de cette science, de même que pour la météorologie se rendaient bien compte, non pas tellement de l'insuffisance de leurs moyens d'investigation, mais plutôt de leur manque de coordination.

Aussi le 18 septembre 1875, lors d'une réunion de naturalistes et médecins allemands à Graz, CHARLES WEYPRECHT, lieutenant de vaisseau de la marine autrichienne, connu par sa découverte de la Terre François-Joseph, présenta un rapport dans lequel il exposa les principes fondamentaux d'une exploration arctique.

Il fit valoir que si les régions polaires représentent un des plus vastes champs d'investigation pour toutes les sciences de la nature, les résultats d'expéditions nombreuses et dispendieuses n'étaient pas jusque là en rapport avec les efforts qu'elles avaient coûtés. Ceci pour deux raisons: d'abord parce que dans toute expédition polaire, l'exploration a été considérée comme l'objet principal, et le travail scientifique comme accessoire; ensuite parce que les observations scientifiques sont dépourvues d'une qualité essentielle, à savoir que l'on puisse les comparer avec des observations faites simultanément en d'autres points.

En conséquence WEYPRECHT proposa de renoncer aux découvertes géographiques et à l'exploit d'atteindre le pôle, pour effectuer des observations scientifiques relatives à la physique, et qu'au lieu de voyages isolés on organise des expéditions sur un plan commun afin de faire simultanément des observations physiques prolongées en un grand nombre de points des régions polaires.

Si ces idées avaient pu déjà être émises auparavant, il revient à WEYPRECHT l'immence mérite d'en avoir entrepris la mise à exécution, en un temps où l'UNESCO n'existait pas.

L'occupation de treize stations fut envisagée:
Pointe Barrow (Alaska) et Baie Lady Franklin par les Etats-Unis,
Godthaab (Groenland occidental) par le Danemark,
Jan Mayen (Iles aux Ours) par l'Autriche,
Baie Mossel (Spitzberg) par la Suède,
Bossekop par la Norvège,
Sagastyr (Embouchure de la Lena) par la Russie,
Baie Möller (Nouvelle Zemble) par la Russie,
Fort Rae au Canada par l'Angleterre et le Canada,
Ile Pendulum, Kingua Fjord (côte E du Groenland) par l'Allemagne,
Baie de Dickson par la Hollande;
    dans l'hémisphère Sud:
Cap Horn par la France,
et une Ile de la Géorgie du Sud par l'Allemagne.

Ce serait une entreprise considérable que de vouloir résumer le travail accompli au cours de la première Année Polaire. Mais on peut tout de même, en choisissant un unique exemple, démontrer l'intérêt de ce genre d'entreprises mondiales.

C'est en considérant l'ensemble des observations sur la direction des arcs auroraux effectuées dans les stations de la première Année Polaire que VEGARD a montré l'étroite relation entre cette direction et le point où l'axe magnétique terrestre rencontre la surface du globe. C'est également à partir des documents de l'Année Polaire qu'il constata que le maximum d'activité aurorale se présente partout à la même heure (23 heures) à condition de considérer le temps local magnétique (il faut pour cela remplacer le pôle géographique qui intervient dans l'angle horaire par le point où l'axe magnétique rencontre la surface terrestre).

Sans discuter ici la généralité ni les conséquences de ces conclusions au point de vue de l'explication du phénomène de l'aurore polaire, nous voyons sur un exemple typique l'efficacité de telles entreprises, qui se traduit encore par des apports scientifiques de nombreuses années après la publication des résultats.

Le bilan de cette organisation mondiale de la première Année Polaire fut si encourageant que le Comité Météorologique International réuni à Copenhague en 1929, décida sur la proposition de l'Amiral Dominik l'organisation d'une seconde Année Polaire, cinquante année après la première.

Pendant cet intervalle de temps, les idées sur les phénomènes du magnétisme comme sur ceux de la circulation atmosphérique avaient singulièrement évolué, de même que les techniques. On venait en particulier de découvrir expérimentalement l'ionosphère, et la radiosonde de Bureau et Idrac, issue du ballon-sonde, ouvrait la troposphère et la basse stratosphère à une exploration continue. L'observation n'était plus localisée au sol, elle devenait possible en altitude.

Grâce à l'existence de ce puissant organisme que constitue l'Union Internationale de Géodésie et de Géophysique, lequel avait recueilli des fonds (Rockefeller, Rask-Dorstedt) il fut possible d'aller assez loin dans la comparabilité des observations en faisant construire certains types d'appareils et en les distribuant dans les différentes stations nationales.

La seconde Année Polaire fonctionna donc entre le 1er août 1932 et le 31 août 1933 avec un nombre de stations beaucoup plus grand que pendant la première.

Vingt-cinq stations furent occupées par des missions nationales:

Au Groenland: Julianehaab et Thulé par le Danemark, le Scoresby Sund par la France, Ivigtut par l'Allemagne, Angmagssalik par la Hollande;

dans le Nord de l'Amérique: College-Fairbanks et Point Barrow en Alaska par les Etats-Unis, Fort Rae par l'Angleterre, Chesterfield et Kingua Fjord par le Canada;

dans l'Ancien Continent: l'Ile aux Ours (Jan Mayen) par la Pologne, Cap Thordsen au Spitzberg par la Suède, Reykjavik en Islande par la Hollande, Snoeffetjokul en Islande par la Suisse. Bodo et Bossekop en Norvège, Kajaani et Petsamo en Finlande, Licksele en Suède, Iakoust, Bouloum, Diskson, l'Ile Hooker (Terre François-Joseph), Kandalkseha, Quellen par l'U.R.S.S.;

dans l'Antarctique, le Chili eut une station à Punta Arenas, l'Argentine aux Orcades du Sud.

En plus de l'expédition au Scoresby Sund, l'Office National Météorologique Français organisait une station à Tamanrasset et le Service Météorologique des Colonies une seconde station à Bangui, car on avait déjà fort bien compris l'importance des régions tropicales dans la circulation atmosphérique. La Belgique devait organiser une station également en Afrique à Elisabethville, l'Italie aussi, à Mogadiscio, et le Japon faire un effort particulier dans ses possessions si bien que le globe tout entier se trouvait enserré dans un réseau très dense d'observatoires.

Mais les choses sont allées très vite. Par suite du considérable développement de l'investigation scientifique dans la haute atmosphère, dont la guerre est en partie responsable, les Associations Internationales ont senti la nécessité de raccourcir l'intervalle de temps séparant les Années Polaires et de le ramener de cinquante à vingt-cinq ans. On y a vu aussi un autre intérêt: alors que la précédente Année Polaire eut lieu pendant un minimum d'activité solaire, celle de 1957—58 se produira au contraire pendant un maximum. Or pour un bon nombre de questions touchant aux régions élevées de l'ionosphère, les phénomènes se présentent de façon différente suivant la position dans le cycle solaire undécennal.

Et cette fois c'est de la Commission Mixte de l'Ionosphère, réunie à Bruxelles, en 1950, que sont partis l'idée et le programme de la prochaine Année Polaire. L'assemblée de l'Union Internationale de Géodésie et de Géophysique de 1951 à Bruxelles n'a fait qu'étendre officiellement le programme d'investigation à l'ensemble du globe, d'où la dénomination d'Année Géophysique Internationale.

Un programme spécial relatif à l'utilisation des engins a été mis sur pied. Il comportait primitivement la mesure des vents dans l'atmosphère supérieure en utilisant des trainées météoriques artificielles, la mesure du champ magnétique à haute altitude dans la zone aurorale pendant les orages, la mesure du rapport ions/électrons particulièrement du côté nuit de la terre, la distribution verticale de l'ozone etc....

En 1953 le Comité spécial de l'Année Géophysique Internationale à complété le programme, mais celui-ci ne prendra vraisemblablement sa forme définitive qu'à la prochaine Assemblée de l'U.G.G.I. qui doit se tenir à Rome en septembre 1954.

Grâce à la mise au point d'un engin autopropulsé, "VERONIQUE", qui au cours des essais de février dernier à atteint l'altitude de 135 km, la France a accepté de participer à ce programme. Elle compte en effet pouvoir lancer au cours de l'Année Géophysique Internationale une douzaine d'engins en un point du continent africain dont la latitude est de l'ordre de 32⁰, et la longitude de 2⁰ W. Pour l'équipement de ces engins un Panel a été constitué, comprenant outre le Laboratoire des Recherches Balistiques de l'Armée à Vernon, le Laboratoire des Recherches Techniques de St.Louis (D.E.F.A.), la Forschungsstelle für Physik der Stratosphäre de Stuttgart (Prof. REGENER et EHMERT) et le Laboratoire de Physique de l'Atmosphère de la Faculté des Sciences de Paris.

Nous espérons bien dans le domaine de l'utilisation des engins pouvoir apporter une contribution européenne à l'A.G.I.

Evidemment il ne s'agit point ici d'astronautique, mais *avant d'experimenter dans ce domaine il faudra résoudre le problème des confins de l'atmosphère terrestre.* Ce sont des régions sur lesquelles nous avons actuellement quelques idées que nous croyons assez précises et assez bien fondées. Mais il n'est pas douteux que seule l'expérimentation directe nous apportera quelque certitude. Je m'excuse, mes chers collègues, d'être demeuré assez attaché à notre planète. Si les aviateurs dédaignent habituellement les "rampants", je crains d'être demeuré un "rampant" parmi les spécialistes de l'astronautique et par là de devoir subir le même sort.

The Respectability of Astronautics as Reflected by Recent Developments in the United States

By

F. I. Ordway, III[1], AAS, and **H. E. Canney, Jr.**[2], AAS

Forward. 1. By consolidating information from many scientific disciplines it is easy to show that work of vital importance to astronautics is being carried on in the U.S.A. In most cases neither the work nor the workers are specifically directed towards the spaceflight goal, but the net effect of present-day contributions is encouraging.

2. We believe that conscious activity towards space flight is gaining ground, even to the extent of becoming a serious topic in education. Professional and popular support is being found at places and in a quantity far in excess of a decade ago, giving rise to justified optimism.

3. The picture is not all bright, however. Important people must be soberly convinced that space flight is feasible, desirable (if not inevitable), and that it represents one of the many roads of progress. Inertia, ultra-conservatism, even ignorance and hostility, must continually be combated. Results will be hard-won, but will be permanent if a serious, persistent, scientific campaign is continued in this frontier field of human endeavour.

I. General remarks

Fortunately for all of us gathered here at this Fifth International Astronautical Congress and for space flight protagonists the world over, we find ourselves in an agreeable climate of public opinion. Looking back over the last ten years, we can see that the change has been good. Today is perhaps a good time for us to pause for a moment, to look around us, and see where these last ten years have brought us in the United States, to note some highly-informed opinion on the current state of affairs and, from a survey of our present predicament, to hazard an opinion as to where and how we shall "go from here".

The word "predicament" is used in both the primary and secondary meanings, since the situation of astronautics today is beset by a number of paradoxes and dilemmas. The good and bad features of the situation tend to cancel each other out to a certain extent, making a clear assessment very difficult indeed. The advent and rapid development of radar, atomic energy and rocket technology have often led the layman to the conclusion that "science can do anything". This sort of support is both an asset and a liability to the scientist. Its positive value is obvious; its liability lies in the fact that a layman, too easily sold, can become just as easily disenchanted. The importance of this factor to the International Astronautical Federation cannot be over-estimated. The I.A.F. realizes that space flight must be sold to the public, but it also knows that it must be properly sold, and not over-sold, to the public, industry and government, lest

---

[1] Guided Missiles Division, Republic Aviation Corp., New York, U.S.A.

[2] Engineering Division, Bell Aircraft Corp., Buffalo N.Y., U.S.A.

our supporters begin to expect too much of us too soon. Some appalling scientific problems are still to be worked out, and these are all-too-frequently complicated by military secrecy, careless journalism, public confusion or inertia, and occasionally calculated deception by publicity-seekers.

The problem of military secrecy is at once a paradox and a dilemma. Weapons engineering has brought rocketry to a rather high state of development, but it is now beginning, by virtue of secrecy, to isolate itself from the type of thinking that gave rocketry its origin of systematic study in modern-times — space flight. This is not to say that a space ship or orbital vehicle would not be a weapon. Hardly that. But applied science, in its hurry to get things into the hardware stage, inevitably loses some of its contact with the theoretical disciplines, without which it will eventually grow barren. Military secrecy compounds this sin by putting up a further barrier, cutting off information going the other way.

Now it's probably clear, even to a very casual observer, that the achievement of space flight will require fantastic sums of money — sums which would tax the budgets of the largest nations. The obvious solution is global collaboration. Global collaboration, unfortunately, requires not only world peace but a rather improbable popular espousal of scientific knowledge for its own sake. Looking at the over-all situation, it would seem that the human race has a genius for doing things the hard way.

Last spring, Dr. Walter Dornberger, formerly military head of Germany's Peenemünde and now missile design consultant for Bell Aircraft Corporation, Buffalo, New York, pointed up this military paradox in connection with a discussion of global collaboration as an alternative to individual national bankruptcy. Such collaboration, he feared, must always remain a dream. Worse, it is likely that only military reasons can muster such vast sums of money.

Commenting on Cleaver's recent article "A Programme for Achieving Interplanetary Flight" [1], he said: "Mr. Cleaver is a realist. I agree with about 95% of what he said. The I.A.F. would do well to ponder his paper. There is a need for such realism. Outside the military realm, small experiments of, say, $ 1 000 000, might conceivably be undertaken by industrial or private interests. Commendable though these may be, they stand little chance of making important contributions to space flight..."

(Here, he reviewed three phases outlined by Cleaver:

Phase I — Theoretical and applied work resulting in the establishment of an unmanned satellite.

Phase II — Operation of a regular manned satellite, and some occasional circumlunar flights.

Phase III — Landings on the moon and planets and return.)

"Phases I and II", he said, "could be defended on the basis of military advantage. But phase III would be difficult to 'sell' to the tax paying public on any grounds. What practical advantage could you demonstrate?"

Dr. Dornberger went on to show how the wide currency of this argument of military advantage throws up a formidable barrier between the practitioner and the theorist. The practitioner deals with hardware, more or less, and is walled about by secrecy. This secrecy frustrates the theorist, whose lot is hard enough even with adequate practical data, and he has to content himself with topics which in many cases must strike the casual observer as academic minutiae. Although this gulf between the two camps is likely to be with us for a good many years, this need not necessarily discourage the I.A.F. These academic topics are academic by accident of chronology, and are no less important than the efforts of the applied researcher. The chronology itself is forced upon the unwilling world by the existence of the barrier to specific information. The I.A.F., he feels, could well and profitably make a virtue of necessity. It could take this undesirable information vacuum at face value, and jump ahead, say, 30 to 50 years, and perform valuable studies on problems we are sure to face when we fly in space. Dr. Dornberger concluded his remarks as follows:

"If Dr. Sänger organizes an (astronautical) institute in Switzerland where top men can gather and study, it would be a good thing. Much good would be done there. But I can't help asking the question: How is this to be done?"

Elsewhere, we note that the final Report of the Ad Hoc Committee on Space Flight of the American Rocket Society, published in November of 1952, seems to have regarded the co-ordination of public information as a mission of prime importance. This committee has been recently made permanent, and it is interesting to note that chairmanship is vested in a distinguished gentleman whom many of us had come to regard as an un-crackable sceptic — Mr. Milton W. Rosen, Director of the United States Navy's VIKING Rocket Project. Yes, public and professional approval is better than it used to be, but there is still enough opposition to cause many a rocket engineer to become profoundly uneasy at the mere mention of space flight. This is unfortunate, particularly when one looks back at the history of scientific progress. We would like to quote the recent statement made by Dr. Wernher von Braun, Technical Director, U.S.Army Ordnance Guided Missile Development Group[1].

At first glance this might strike the already-convinced space flight enthusiast as a restatement of the obvious — — — were it not for two factors: one: Dr. von Braun is a man of conspicuous practical achievement, and two: he is an astute judge of men. These two go together. As a military commander is no better than his staff, so a technical director is no better than his choice of division chiefs. Neither can win alone, and neither can delegate the ultimate decisions to their assistants. von Braun made his decisions and produced the V-2. Reflecting on the state of rocketry before and after the V-2, one is drawn to the impression that Dr. von Braun is more than somewhat justified in his optimism. He admits that the extrapolations he makes are bold ones, and would be among the first to concede that the jump from the V-2 to the space station is a big one indeed. But a cursory review of history between 1930 and 1944 will reveal that the jump from Raketenflugplatz to Peenemünde was no mean achievement, either. This is roughly analogous to the jump from Enrico Fermi to Manhattan District in atomic energy. We venture to comment on Dr. von Braun's statement in this way because, considered in perspective, it amounts to the scientist's equivalent of the magistrate's Judicial Notice.

A recent conversation with Mr. Kurt Stehling, Rocket Research Engineer for Bell Aircraft Corporation, Buffalo, New York, revealed some interesting views on possible methods of achieving space flight, and on the type of men who might bring it about. At our request, he reduced the substance of his view to the following:

With the present missile program underway in the United States, the problem of orbital and space flight will be approached, undoubtedly in one or several of the following ways:

1. As an outcome of the present missile program, at a time when the military necessities for such missiles will be reduced.

2. Parallel to the present missile program as a military project under the Department of Defence, as a project which will cut across the jurisdiction of the

---

[1] Cf. this volume, p. III (Statement).

various services and become a program supported equally, or partially, by all the services.

3. Less likely, a special agency, comparable to the Atomic Energy Commission, may be established for carrying on a space flight program.

4. Least likely, such a project might be supported by private industry or foundations; at any rate some private capital must be used during some phase of the program.

The problem arises as to which facility or group of facilities may construct the vehicle intended for the above purpose and what type of personnel will be responsible for the enterprise.

While a discussion of existing or planned facilities for such undertakings cannot be carried on here, the problem of the personnel involved is worth reviewing:

1. The technicians and scientists who are formerly enemy nationals, i. e., mostly Germans and who have come to this country, have often been the leaders in urging the beginning of a space flight program and have shown some remarkable technical aptitudes and experience in the field of rocket propulsion. Many of these men are in positions of trust and responsibility in the missile industry in this country and as such, can influence the functions and details of a space flight program. However, because of their former national background, and sometimes anomalous positions as citizens or non-citizens, and often, lack of political connections, they suffer from a handicap when the ultimate decisions must be made. They have a natural inclination for such projects after having worked for the Nazi war machine for so many years. However, they are sometimes not fitted for interpreting our missile program to the American people and have to be very careful not to show a sense of impatience with the democratic processes and fine points of good public relations. To sum up, therefore, the technical influence of these people is considerable but their political and managerial influence tends to be of a lower order.

2. The second group of people in the United States that will influence space flight is the existing body of designers, engineers and managerial personnel that has been in the aircraft business for a long time and whose outlook is definitely less influenced by unreasoning haste and impatience, to the disadvantage of space flight. They tend to be more cautious, especially when they have to regulate the activity of large defence or industrial establishments. However, these managerial and leading technical people (who are often very mature men), will play a very important role in guiding and supervising the activities of the younger engineers and in selecting from these younger people those whom they feel will most capably guide future projects such as space or orbital flight. Their influence, then, is a very powerful one, and if space flight is to be achieved within the next few years, a most crucial one.

3. The third large personnel sub-division may be grouped as the younger engineers and physicists who are just beginning to make a mark in the jet propulsion and rocket field. These men will tend to end up in the managerial and supervisory positions when these become vacant by the retirements of the men in group 2. This young group of men tends to be impatient with the objectives of the missile program, and often minimizes the great technical problems which will be encountered, although they are not unaware of them. It is rather that this group is not as politically cautious as the older men and can often outstrip the slow moving pace of public opinion. Nevertheless, this group, with its technical background and often considerable enthusiasm, will in time make its

weight felt increasingly and as such will probably become the most important single technical group in any space flight program.

4. The last, but not least, important group consists of the young students in universities and even in the high schools who are the most idealistic of all and who often feel that space flight either should be or is "just around the corner." It is the duty of those elder technical people who have shown interest in space flight to foster this enthusiasm in various ways so that some of the zealousness will be guided over into the professional life on these students when and if they enter industry.

A small sub-division of this group consists of the tiny but growing segment of scholars and teachers at the various educational institutions of this country who, often because of their less compromising connections, can speculate on the various aspects of space flight and who often treat this subject rigorously and scholarly; this approach is difficult for men in industry who are busy with the many ramifications of their jobs.

In conclusion, the most important group of all is the American voter and taxpayer who must ultimately pay for any project of this type. It need only to be said that the enthusiasms of the four preceding groups can do much good by approaching the subject in a dignified and calm manner and in interpreting the benefits and possibilities of space flight as objectively as possible to the public which may be in a serious questioning mood, especially if budget limitations and increasing taxes are a factor in the country's economy.

One interesting aspect of Mr. Stehling's statement is the delineation of what might be described as a sort of internal "public opinion" gradation within the ranks of those already sold on the proposition of space flight. Placed next to the ranks of the laymen, it carries on where external opinion leaves off. Together, the two sets of attitude cover the entire spectrum of opinion ranging from the ignoramus who never heard of a rocket to the top flight scientist who tackles space flight with a messianic zeal. It may conceivably be in the nature of things that success derives from that moderation wherein one extreme tempers the other.

II. The Bird's eye view

Traditionally, space flight has appealed to the scientist with aeronautical or astronomical backgrounds. As practical and theoretical investigations progress towards the realization of the age-old dream of the conquest of space, more and more technical disciplines are entering the astronautical arena, bringing with them valuable scientific talents. Consider some of the subjects receiving either close practical or theoretical study: radiobiology; theoretical and applied physics; atomic energy for propulsion; aviation medicine; telemetering and telecontrol techniques; planetary biochemistry; aviation biology; astrophysics — notably solar and cosmic ray physics; astronomy, with special attention to meteors and celestial mechanics; meteorology; toxicology; metallurgy; propellants chemistry; genetics; physiology; psychology; a new concept of science known as "human engineering"; optics; navigation; communications, notably electronics; a great deal from general electronics itself; radiology; geophysics; upper atmosphere physics; even seismology and geology by the theoreticians, already looking towards lunar exploration. Many more are doubtless deserving and receiving study. One of the tasks of the International Astronautical Federation will be to diffuse, through its publication *Astronautica Acta* and with the aid of its annual congresses, significant developments in all fields of human endeavour which contribute to the achievement of space flight. There is as yet no international medium designed to carry within its covers significant contributions to astronautics from all or even many of these disciplines.

With this by way of introduction, what can be said about progress in astronautics in the United States, both technically and "psychologically" speaking? It should be noted at the outset that much of the work of interest to the field is being produced by capable, hard working scientists who are not particularly concerned about space flight. For example, the average rocket engineer is not too likely to be an advocate of space flight, or a member of a rocket society, even though the rocket motor he is working on may be capable of driving its vehicle a considerable distance into space.

But for astronautics, the results of his work are important. He, and many other men like him, may be won over to space flight by proper stimulation of interest. As more men in high positions are convinced of the importance of astronautics, and come to realize the full impact that the achievement of space flight will have on humanity, our cause will advance more rapidly. There are encouraging signs in the United States that this is happening. Fewer scientists are scoffing at the general proposition, though it must be admitted that the "flying saucer" question is not helping matters much. The undertone of most discussions seems to be: "How much effort should be expended — — — and how soon?" Some advocate programs of the same order of magnitude as the Manhattan Project, which is to say, a massive frontal attack. Others prefer to wait for space flight as a sort of gradual, natural outgrowth of aeronautics or of very long range missiles. If the frontal attack is not possible either on global or national levels, there is a great deal going on which will be of extreme value to the future astronaut.

Most spectacular progress in the United States is to be found in the development and production of a rather lavish arsenal of ram-jet and rocket powered guided missiles and piloted airplanes. Higher altitudes are practically unavoidable, if one may put it that way. Manned and unmanned rocket vehicles are already flying in what, for all practical purposes, may be regarded as the border of space.

With almost meteoric suddenness, the ancient art of healing has begotten an energetic daughter, *space medicine*. Some time ago, it was announced by the Air Force that one-seventh of its total allotment for aviation medicine went into space medicine. Not very long ago this sort of thing would have been fantastic. Our Navy, which is equally active in aviation medicine, has collaborated with the Air Force in numerous aeromedical symposia since 1948, and out of these have come a number of concepts of direct interest to astronautics. The United States Air Forces Department of Space Medicine was established in the year following the first symposium by Major General HARRY G. ARMSTRONG, U.S.A.F., the Surgeon General.

A typical concept involved during these studies is that of the "aeropause". As the word suggests, it designates the altitude at which the atmosphere ends and space begins insofar as they affect the pilot and vehicle. Although this question may sound somewhat academic, the establishment of the aeropause, and consequently a workable description of it, may be arrived at a number of different ways from the viewpoint of the pilot and vehicle, and none of them can be safely ignored. Following the establishment of this working definition, the study of a new realm of psychological and physiological phenomena could and did make coherent progress. Knowing that Man will have to bring an approximation of his normal environment with him into space, the Air Force and Navy are thus able to intelligently inform the vehicle design engineer what he must incorporate into the vehicle to provide for the safety and well-being of its occupants. Perhaps it is in this field of space medicine that we see more clearly than anywhere that competent officials of the government, industry, and education are fairly convinced that man will some day fly in space. It seems, in fact, to have become a rule-of-thumb that space medicine must work some ten or fifteen years ahead of the vehicle engineer.

Through the use of high-altitude balloons and research rockets, the scientist is rapidly extending our knowledge of the Earth's atmosphere. For example, four ionized regions, with ionization maxima at roughly 70, 100, 200, 300 kilometers, have been identified. An ozonosphere, or ozone layer, lying somewhere between 20 and 35 kilometers has been discovered. It is known that this zone protects us from much ultraviolet radiation. Wind studies, soft-x-ray research, temperature and pressure investigations are being made regularly. A region of turbulence and atmospheric instability located between 50 and 80 kilometers is indicated. The pilots of any upper-atmosphere or space craft will be interested in this region, we may be sure. Nobody knows just where the atmosphere ends, but apparently there is not much left at 300 kilometers.

The National Advisory Committee on Aeronautics, the RAND Corp., and other agencies are continuing to study such matters as the radiative exchange of heat between vehicles, the sun, clouds, and ocean masses. The importance of these phenomena to the astronaut, who must pass through these regions, with a different set of effects on ascent and descent, is not hard to understand.

As our research airplanes, our guided missiles, and our sounding rockets continue to set new records in distance and altitude, it certainly does seem that the way is being paved towards space flight. A survey of current thinking, as reflected in technical and society journals and conference papers, presents a logical procession of stepping-stones from the rocket airplane and sounding vehicle. In approximate order, they are: the multi step rocket, perhaps with a winged and piloted final stage (a modified *Skyrocket* as a starter?) ——— next, some such configuration as the *Antipodal Bomber* (Sänger-Bredt Report, 1944) ——— next an un-manned Satellite (Wyld, von Braun, Singer and others) ——— and, finally, manned satellites and deep space ships, for which proposals are legion. This progression may be a little too orderly and convenient for the hard-boiled realist, but it is obvious that whatever course the way to space flight takes we are certain to come upon the footprints of some dedicated theoretician.

Most of us, no doubt, continue to look somewhat wistfully to the use of atomic energy for rocket propulsion. So near and yet so far. It's tantalizing. To some its unavailability is almost immoral. It's hard to imagine that the United States is ignoring the proposition, but information on the subject is just about zero. It is known that for a time, Reaction Motors, Inc., shared the services of its rocket pioneer, the late James Wyld, with the now defunct NEPA project which undertook to apply atomic energy to airplane propulsion. Presumably studies are still being made. Industry, of course, is all for it. Last May, for example, Lockheed Aircraft's engineering Vice President Hal Hibbard predicted in Aviation Week magazine that the United States could put an operational atomic powered supersonic bomber in the air within ten years. Also, a recent survey by Aero-Digest magazine showed that many industrial leaders felt that more than design studies should be made, holding that an A-plane can be made. There is even criticism that the American federal government is apathetic to the whole project. Whatever the case, we feel that there is room for more vigour in the program, and that results will be of immense importance to astronautical thinking. There is reason for encouragement here. We have read that Lockheed, Convair, General Electric, Pratt Whitney and Boeing are all doing some sort of work in the field, and that a recent contract was awarded a construction company for the purpose of building atomic airplane ground test facilities near the Atomic Energy Commission Station in Idaho Falls, U.S.A.

What happens in the United States, in any event, is probably somewhat typical of thinking the world over. At least of thinking in the nations with progressive, forward-looking technologies — — — and as such, it may be regarded as heartening indeed for the cause of astronautics. As the idea spreads, the International Astronautical Federation seems sure to grow in prestige, and will be increasingly capable of propagating the mission of space flight. Even if no formal concerted effort is possible at this time, the I.A.F. will at least be in a position to consolidate thinking, and, from its many sources of information, to draw into prospective the many programs and projects that directly or indirectly lead into the realm of astronautics.

III. Activities in the United States

The largest, oldest and most distinguished American organization in the field, the American Rocket Society, needs little introduction, even to the general public.

To most astronautical thinkers all over the world, the attitude of the American Rocket Society towards space flight has become conservative. While the official attitude of this emminent society may be such, there is a very large and important segment of its membership that is decidedly pro space flight, and this includes a hard core of pioneer thinkers who have considerable influence in government and industry. As far as the Journal is concerned, we all know that space flight has been seriously neglected, with the result that one sees only a few highly theoretical articles scattered here and there. Again, we hope this will be a short-lived phenomenon. The society was specifically formed to deal with astronautics, and at the very time when the "respectability" of space flight subjects is rising in the scientific and non-scientific world, the support of strong, organized technical societies becomes all the more important. As a matter of interest, we made a bibliography survey of the Journal of the American Rocket Society from January 1952 to June 1954. We discovered that titles mentioned pertaining to astronautics originated as follows:

U.S.A.: 54 titles; Great Britain; 45 titles; Germany: 16 titles; and others: 4 titles. This survey showed that A.R.S. coverage of foreign material was, in the case of Germany, limited solely to German space flight society publications, while for Britain, 40 out of 45 titles came from the J. Brit. Interplan. Soc. A source breakdown further showed that U. S. titles were distributed among aviation, space flight, medical and general publications, thus not enjoying the cencentration of source indicated in European astronautical writing.

In the period in question there were a few astronautical articles published in the J. Amer. Rocket Soc. itself; furthermore, the A.R.S. prepared many preprints of space flight papers which never later appeared in the Journal. In the book review department, one finds adequate coverage of astronautical writing.

The survey produced two important results. One, there is definitely much astronautical material appearing in our country; two, it does not generally appear on the pages of our foremost rocket journal, being rather widely scattered through a large variety of publications. The success of a serious astronautical journal would appear to have a good chance in the U.S.

There are at least another half a dozen societies in the United States; most of them openly espouse the astronautical theme. Five of them belong already to the I.A.F., but will withdraw this year, and a sixth is making application for membership. The withdrawing societies plan to associate, rejoining the I.A.F. as a federation. With what appear to be very modest funds, some of them have engaged in private experimentation programs. Their contributions to rocketry are also very modest, although the interest kindled among members may lead them to later perform valuable work on large industrial or governmental projects.

Five of these small American societies were discussed last February in the University of Pennsylvania Triangle. We were led to believe that they are rather active. The Reaction Research Society of Glendale, California, founded in 1943, has erected a civilian rocket launching tower, situated at a Mojave Desert test area which it shares with the Pacific Rocket Society. Rocket mail demonstrations were held in 1947 and 1948 which drew many inquiries. The R.R.S. has reportedly built a hydrogen peroxide rocket, and conducts propellant research with liquid ammonia and nitric acid. Also listed is a booster using powdered sulfur and zinc dust.

The Pacific Rocket Society of Los Angeles, California, founded in 1944, apparently has also been active experimentally. A test vehicle, designated the ZDF-23, using thiokol rubber and liquid oxygen plus a solid booster, has already allegedly reached an altitude of 10 000 meters, which would seem to be a record for non-professional groups. The society has also come up with such items as a combustible plug valve device and a barometer switch for parachute deployment. We have no details on these gadgets.

The Chicago Rocket Society, established in 1945, although not active in research, publishes a widely known and used Journal of Space Flight, containing a Monthly Newsletter and a Rocket Abstracts Section, which is one of the most complete of its kind. Astronautical topics are discussed at monthly meetings.

The Detroit Rocket Society, organized in 1946, but recently dissolved, embarked on a winged ram-jet rocket project which got as far as the solid-propellant booster stage. A small gasoline-liquid oxygen motor, developed by the D.R.S. in 1950, is now being tested by the Philadelphia Astronautical Society.

This last organization was formed by a merger, and also reports of rocket testing. It recently talked of some sort of rain-making rocket device.

The D.R.S. having been terminated, the net result is four major "minor" societies in the U.S. These societies, with some other even smaller ones, have just announced the formation of the American Astronautical Federation. Presumably the societies of the Federation will continue to use their individual names, but will seek entrance into the I.A.F. with one voice, i. e. that of the now-being-organized American Astronautical Federation. The net effect can be regarded as a simplification.

Formed only this year, the American Astronautical Society of New York City goes off to an auspicious start with open meetings drawing as many as a thousand people. Films were presented and distinguished speakers such as Oscar Schachter, Deputy Director of the United Nations Legal Department, and Mr. Gordon Vaeth of the Office of Naval Research delivered appropriate talks. The A.A.S. will apply for membership in the I.A.F. this August. Incorporated on 17 February 1954, it now has over 50 members, and is preparing the publication program for a Journal. Such an astronautical publication will fill a vacuum in our country, and should eventually enjoy a wide circulation.

The nutshell pictures of the young societies are not intended to exaggerate their importance. The value of experimentation undertaken by them is difficult to determine. If one judges such work as equivalent to amateur tinkering with wireless sets, or the construction of small telescopes, he will have to admit that it is useful. Our best radio engineers once tinkered, our professional astronomers were once amateur observers. In rocketry, beside the larger developments going on, amateur activities mean practically nothing, but they do indicate interest, and this, properly cultivated, is most important to rocketry, astronautics, and the I.A.F.

What we will probably see in the next few years will be the gradual evolution of an astronautical force, moulded closely to the B.I.S. The present tendency to separate rocketry from astronautics at the society level would almost assure a fair amount of success to some American astronautical group. Ideally, of course, we would all like to think of rocketry as a sub-field of the astronautical sciences.

In industry, emphasis is understandably on developing tactical missiles and rocket vehicles. Ram-jets seem vaguely overdue, and present so many design headaches that they might appear almost not to be worth the trouble. Specialists include Reaction Motors Inc. for rocket engines using liquid propellants, Aerojet-General Corporation for solid and liquid propellant rockets and boosters, and Marquardt Aircraft for ram-jets. To enumerate aircraft companies engaged in some phase of rocket or missile work would amount practically to a roll-call of the entire industry. Many non-aircraft companies, including such giants as Westinghouse, General Electric and Bell Telephone, also have large defense contracts in the field. All-in-all, it is obvious that the United States has a formidable rocket and missile program underway. As the A.R.S. Ad Hoc Committee on Space Flight has said (Findings, C): "The development of a rocket propelled space ship requires the successful solution of many basic problems involved in the development of long range guided missiles. In this respect, a space flight program cannot be divorced from the current military program for guided missiles."

Educationally, a wide variety of subjects are available in the general field of jet propulsion at many universities. The Daniel and Florence Guggenheim Foundation has set up institutes for jet propulsion at Princeton University and at the California Institute of Technology. A rocket propulsion course is offered by the Extension Division of the University of California at Los Angeles. It is reported that St. Louis (Missouri) University's sub-division, Parks College of Aeronautical Technology, offers graduate courses in both rocketry and astronautics, and that Newark (New Jersey) College of Engineering offers a similar course. Mr. G. P. SUTTON, who offers a course on rocketry at U.C.L.A., has written us that his book "Rocket Propulsion Elements" is used in at least twelve U.S. universities. At the University of Southern California, an evening course is available on rocketry and guided missiles. At California's Institute of Technology courses are offered in jet propulsion leading to a master's degree. Mr. SUTTON has told us that Professor ZUCROW and his staff, in addition to teaching regular jet propulsion courses at Purdue University, operate a small experimental rocket test station. Similar subjects are reported available at the University of Ohio under Prof. JOHNSON, at the University of Wisconsin under Prof. J. O. HIRSCH-FELDER, at the University of Michigan under Dr. R. FOLSOM, and at the University of Minnesota under Dr. R. HERMAN.

A course on space navigation, formerly offered at U.C.L.A. by Prof. HERRICK, has not been continued. We have heard that rocket clubs exist in several U.S. Universities, including Yale, Massachusetts Institute of Technology and the University of Chicago. Many front-rank universities, which do not offer organized curricula on astronautics — — — such as Harvard, Yale, Princeton, Johns Hopkins and Columbia — — — seem to be conducting some sort of study along these lines.   Industrial education on astronautics seems logical in industrial enterprises in the rocket and related fields, but the only courses on astronautical theory of which we have any direct knowledge were given at Reaction Motors, Inc., as a special seminar. Not only are courses being offered at the present time but educational leaders are seriously concerned with space flight education for the coming generation. Over a year ago, at New York City's Museum of Natural History, a special educational conference treating space flight took place. A panel of educators, representing Princeton, Columbia, Stevens Institute of Technology, and the New York University College of Engineering, discussed how engineering students, looking forward to working in astronautical sciences, could best achieve their higher education. This is progress!

Naturally there is a mounting flood of space flight material in television, radio, and the printed page, as well as the cinema. Some of this, when it is the considered opinion of experts, and professionally rendered, is excellent and forms invaluable propaganda for astronautics. Unfortunately, there is also a welter of fantastic trash in all media which confuses fact with fiction, science with science-fiction (however good the science-fiction may be), and enough well-intentioned but inaccurate journalism to confuse the picture rather badly at times. The question of alleged "flying saucers", a proposition capable of some sort of legitimate systematic inquiry, has been so badly bungled by many people who should know better, and so discredited by unprincipled publicity-seekers, that most of the "Flying Saucers" original protagonists have by now run for cover. The importance of the question lies less in the matter of whether or not the objects are real, but rather in what the mis-management of the problem is doing to the frame of the public mind on the subject of space flight in general.

Correctly handled, the subject of astronautics receives respectful attention at military reserve officer meetings, club reunions, and scientific gatherings. The more reliable communications media, seem to have accepted in principle, at least, both the practicability and inevitability of space travel. Leading scientific journals and aviation reviews report astronautical activities rather closely and often feature articles and symposia on the subject. Collier's magazine, citing a general publication, has given careful and dignified attention to the space flight subject in a series which shows some signs of becoming almost a permanent affair. It is interesting to note the stature of the professional people who had contributed to this series:

Dr. J. A. van Allen, Head, Department of Physics, Iowa (State) University.

Drs. Fritz and Heinz Haber, respectively, Air Force Department of Space Medicine and the University of California.

Capt. J. F. Sullivan, Director, Airborne Equipment Division, United States Navy Bureau of Aeronautics.

Col. Flickinger, Director, Human Factors Division, Air Force, Air Research and Development Command.

Dr. Wernher von Braun, Technical Director, Guided Missiles Research and Development Group, Redstone Arsenal, United States Army Ordnance.

Dr. James P. Henry, Aeromedical Laboratory, Wright Air Development Command, United States Air Force.

Dr. H. J. Muller (Nobel Prize Winner) Professor of Zoology, Indiana University.

Dr. Fred Whipple, Chairman, Department of Astronomy, Harvard University.

Dr. HUBERTUS STRUGHOLD, Head, Air Force Department of Space Medicine.
Dr. D. W. HASTINGS, United States Air Force, Chief Psychiatric Consultant.
Mr. WILLY LEY, distinguished writer, rocket-astronautics expert, and long-time protagonist of space flight.

The mounting prestige of space flight symposia in the United States is most encouraging. For several years the Hayden Planetarium in New York City has sponsored annual space flight symposia featuring top-flight scientists, many of whom contributed to the Collier's series, and many, equally famous, who have made contributions elsewhere. We were fortunate to have attended two of these, and were impressed by the large attendance and lively interest of the audience.

The latest symposium, held last May at the Hayden Planetarium, attracted nearly 500 experts in astronautical, rocket, aircraft and other fields. Discussions covered Russia's missile efforts, satellite vehicles, long range interplanetary communications, etc. The American Rocket Society, while not having energetically endorsed astronautics as an editorial policy, has attached space flight symposia to its annual gatherings, and offers lectures on the subject at sectional meetings. Other societies, such as the Institute of Aeronautical Sciences, have shown a similar interest at reunions.

Returning for a moment to publications, one is naturally not surprised to see a space flight article in an astronautical or rocket journal. But it is worth noting that bibliographies on adjacent fields are very rewarding to the astronaut if closely read. Consider the following titles and their sources:

Where does space begin? — — — The functional borders between atmosphere and space, The Journal of Aviation Medicine.

Flight at the borders of space, Scientific American Magazine.

Human tolerances to forces produced by acceleration, Douglas Aircraft Corp.

Probability that a meteorite will hit or penetrate a body situated in the vicinity of the Earth, Journal of Applied Physics.

Explosive decomposition at high altitude, Federation Proceedings.

Possibility of biological effects of cosmic rays in high altitudes, stratosphere, and space, Journal of Aviation Medicine.

A review of upper atmosphere research from rockets, Transactions of the American Geophysical Union.

Analysis of temperature, pressure, and density of the atmosphere extending to extreme altitudes, RAND Corp.

Radiation and man in space, Bulletin of the American Meteorological Society.

Further evalutation of present-day knowledge of cosmic radiation in terms of the hazard to health, United States Navy School of Aviation Medicine, Research Report.

Studies of the acclimatization of mice to high carbon dioxide and to low oxygen, Federation Proceedings.

Possible hazards to a satellite vehicle from meteorites, RAND Corp.

The theory of micro-meteorites, Proceedings of the National Academy of Sciences.

Meteor velocities determined by radio observations, Astrophysical Journal.

The animal studies of the sub gravity state during rocket flight, Journal of Aviation Medicine.

In this preliminary glimpse, at any rate, we think one may fairly conclude that the proposition of space flight, while it may lack the complete serious acceptance it deserves, has at least established a solid beach-head and is gaining ground. We may feel a sense of encouragement as the rocket goes higher, faster and further, along with each advance in space medicine. Also, one may feel optimistic about the judicious extrapolations of the scientists. They serve two purposes, first to throw the individual's effort in a great task into perspective, and secondly to fire the imagination and ambition of protagonists. In the matter of perspective, one may look back at some extrapolations of the aviation field to show how wrongly conservative even trained and brilliant scientists can be. Back around the turn of the century, an aeronautical engineer's convention discussed the future of the airplane and came to the conclusion that, among other things, the square-cube law prevents any airplane from exceeding one ton in weight. It may have been an astute deduction in terms of premises known in 1900, and we may imagine that bold thinkers who called this myopic were silenced by thunderous laughter. In the matter of imagination, bold extrapolations alone will suffice. Any reasonably mature mind is uncomfortably aware of the humdrum monotony of brackets, braces, grommets and "black boxes"; if he is to contribute anything — even so much as moral support — he must have a mighty project to ignite his emotions and excite his intellectual powers. It may be urged, in the final analysis, that the drive for excitement and discovery is what compels man spaceward.

IV. Physical and medical research of the upper atmosphere and approaches to space

The scarcity of information on specific projects amounts almost to a blackout. Some military security requirements in this day and age are undoubtedly necessary, although many scientists believe that they are greatly exaggerated, and more often smother long-range development rather than "protect" technological tricks. A careful examination of most information about specific developments bearing on space flight will show that they are largely speculation on little odds and ends of fact released through censorship. This situation obviously creates an atmosphere of mystery, and mystery inherently begets extrapolations. If the human trait is there, why not channelize it, and create popular support?

Luckily, however, there is enough going on in unclassified fields attending classified projects that we may get an inkling of what is happening. One of the most potent reminders that the United States is already thinking in terms of space flight is found in recent developments in the physics and medicine of the upper atmosphere and space. As rockets soar higher and higher into the fringes of our atmosphere, it is clear that the transition into space is a problem of today.

Definite information, lacking but a few years ago, is now available concerning man at extreme altitudes. Experts now talk freely about an hypoxic zone, about four kilometers up, where a decrease in oxygen pressure brings on human physiological and psychological discomforts, and about an anoxic zone, some 16 kilometers up, where explosive decomposition becomes a very serious problem.

Now under study are such phenomena as the "period of useful consciousness" under conditions ranging from reduced to zero oxygen pressure. Scientists in the United States have determined that above 16 kilometers man can consider himself in space for all practical purposes. The Douglas Skyrocket has already achieved 25 kilometers and although at that altitude there was still some atmospheric protection from cosmic rays and meteorites, this rocket airplane was flying in nearly absolute conditions. The pilot of this craft, according to H. Haber's book *Man in Space,* was launched to a height where less than four percent of the atmosphere's mass separated him from the vacuum of space.

Rocket missiles at Holloman Air Force Base have carried small animals 60 kilometers up and parachuted them to earth totally unharmed. Accelerations of 15 gravities were obtained for one second, and about four gravities for some 45 seconds.

Consider some of the problems being studied by top American scientists at the present time: man and the aeropause, man in space, manned vehicles in the upper atmosphere, factors of temperature, friction, ozone, radiation; manned vehicles in space (with no small attention to meteorites); manned vehicles and radio telemetering; human orientation in space, effects of acceleration, deceleration, and angular motion; human engineering, which is to say, making machines so they are within the range of human compatibility; escape techniques; and zero gravity during free fall. This listing is a somewhat academic gesture, since none of us are likely to know very much about where the emphasis falls, but it helps to enable us to visualize the sort of thinking that would necessarily be going on in the country as a whole. Of the organizations engaged in this research, those dealing with hazards to man are probably best known, and of these the Air Force Department of Space Medicine is surely the most famous. Others — — — less known but no less important — — — include the Office of Naval Research, the Navy School of Aviation Medicine; the Air Force Aeromedical Laboratory, the Air Force Atmosphere Physics Laboratory; the RAND Corp.; the Aeromedical Sciences Division, Human Factors Directorate, Air Research and Development Command of the Air Force; Air Force Space Biology Laboratory; Lovelace Foundation for Medical Education and Research; various parachute test centers; and cooperating universities. Organizations such as the Astronomical Union cooperate in organizing meteor studies for probability-of-hit data on upper atmosphere and space craft. There is also an American Space Medical Association, which holds periodic meetings.

Intensive theoretical and practical studies are being carried on in space medicine on the topics of radiation, artificial environment, orientation in space, optical factors, zero gravity, temperature and pressure tolerances, and other subjects. In recent months much publicity has been given to acceleration and deceleration experiments which seem to indicate a rather surprising human tolerance to these phenomena. Animals have been studied and automatically filmed during flights in free falling missiles. Studies on human beings and animals under abnormal pressure conditions are being carried out.

Radiation has probably worried the astronaut as much as any problem. Many an opponent of astronautics has used this argument to show that even if space flight were achieved, man would be doomed through exposure to unseen cosmic radiations. This challenge has been taken up by researchers, and much has been discovered. According to Dr. Heinz Haber, "A rocket cruising along at an altitude of 200 kilometers finds itself in an air density about 200 000 000 times smaller than that found at sea level." Even before reaching such heights, as we have seen, man will have entered *space equivalent*. The United States is already engaged in an elaborate program to determine what the radiation hazards are and what measures may be taken to protect pilots and crews.

In space, man will face primary cosmic radiation. This radiation includes protons, alpha particles and a variety of heavy atomic nuclei. In the upper atmosphere one encounters an almost "bewildering" assortment of particles in a region of secondary radiation. "The radiation within the atmosphere has been found to include neutrons, electrons, positrons, gamma rays, neutrinos, X-rays, slow protons, slow alpha particles, heavy recoil nuclei, μ-mesons (both positive and negative), π-mesons (positive, negative, and neutral), and perhaps other types of mesons, in addition to surviving elements of primary radiation." Knowing this, one would imagine flight at high altitudes to be fraught with terror.

Dr. J. A. van Allen, chairman of the Upper Atmosphere Rocket Research Panel, has concluded, however, that cosmic radiation "does *not* represent an overwhelming obstacle to high altitude and space flight by manned vehicles." In a paper, Ultraviolet Radiation and X-Rays of Solar Origin, T. R. Burnight of the Office of Naval Research believes that "present data indicate that solar radiations in the ultraviolet and soft X-ray regions do not constitute a direct hazard to passengers in space vehicles."

We may speculate that perhaps some chemical, conceivably one taken internally, may be discovered to combat any dangers that may result from prolonged exposure in space. Some defense will be needed. Although these men do not regard radiations as preclusive, they must certainly regard them as dangerous.

As for the genetic effects of cosmic radiations, Nobel prize-winner Dr. H. J. Muller doesn't seem particularly worried. He summed up one of his papers by saying: "There is every reason to anticipate that we can be successful in extending our conquest of the third dimension without genetic or other radiation damage to humanity that will correspond at all with the benefits to be derived." Still, information will have to be forthcoming on the effects of primary rays on human cells. Above some 40 kilometers there won't be much air protection, allowing cosmic radiation to hit with nearly full force, with accompanying ionization ability.

Vehicles travelling at upper altitudes and in space must carry along with them a compatible environment in much the same fashion as does a submarine. To preserve this environment, the vehicle must, in effect, fight a hostile environment outside itself. In the case of the submarine, the hostility lies chiefly in pressure, comparatively poor visibility, and an unbreathable medium. A space ship's hostile environment features lack of pressure, a visibility that seems almost too good, and a medium which is equally unbreatheable as water. A submarine's problems are aggravated as it goes down, those of the space ship as it goes "up". One problem is that of paint, with respect to radiation, friction (en route to space), temperature, and reflected solar radiations from clouds and the surface of the planet. Paint! A seemingly small item, and yet extremely important. This problem has already been encountered in rocket-powered aircraft; new coatings have replaced standard paints that had to be re-applied after each trip. Insulation will be a serious item in space craft, and for a more or less unexpected reason: a power failure could mean death through heat from radiation rather then cold. Experiments have shown that a man can withstand 150^0 C for twelve minutes following the break-down of a cooling system. Aerodynamic heating is already a serious problem to aircraft designers. When piloted airplanes reach speeds of Mach 3 and 4, the deadliness of the heat barrier will be emphasized further. The question in both cases is how to get rid of heat faster than you accumulate it.

Another hazard is a lack of ventilation at zero-gravity. With no air convection in the cabin, no circulation of respiratory gases, and low heat exchange, the danger of *self-suffocation* is considerable. The *human heat balance* seems to be an index of this danger. In the absence of circulation, respiratory heat and water vapor would be unable to leave the vicinity of the body, nor could oxygen arrive from elsewhere. Dr. Konrad Buettner, of the University of Seattle, Washington, looking into this suffocation factor, views it as a major problem if the proper balance of oxygen and carbon dioxide in the re-inhaled air isn't taken care of.

Naturally, the oxygen problem itself would be acute, and research on obtaining it from algae or leafy plants is now underway. Ozone, however, is poisonous, and serious results can be expected to occupants if a high altitude vehicle undertook to compress ozone from the ozone layer and use that for breathing. This is the province of toxicology. More urgent toxicological difficulties than ozone are present in the problem of how to get rid of waste materials such as garbage, fuel and cooking odors, water vapor, and a variety of human metabolic surpluses. Ejected from a space station, for example, VON BRAUN pointed out they would instantly explode into a fine mist and cling to the hull like an atmosphere.

This sort of explosion, incidently, is probably the most terrifying single hazard of space flight. Scientists refer to this phenomenon as "explosive decomposition" or "explosive decompression". Its importance to the space traveller lies in the proposition of *time of useful consciousness*, measured in seconds, which decreases rapidly with decrease in pressure. As the term suggests, it tells a man how long he has to save his life. According to Dr. HUBERTUS STRUGHOLD, this period will be 15 seconds from about 15 kilometers on up to infinity, where man would face "complete biological anoxia". He has enlarged upon this concept in a paper being presented at this congress [2]. We have read recently that man has been subjected to tests in which changes in altitude conditions equivalent to about 7000 meters occurred, practically instantaneously! The sensation may not have been comfortable, but it proved that man can stand quick changes, to a degree.

Prof. ULRICH LUFT of the Air Force School of Aviation Medicine recently made studies on artificial cabin environment, simulating, insofar as possible, conditions that would be met in travel to and beyond the border of space. The tolerance of man for pure oxygen in terms of cabin pressure was investigated. One conclusion: "By taking full advantage of acclimatization, and with additional benefit of pure oxygen, a special crew could operate in a cabin under a little more than two pounds per square inch, an altitude equivalent of some 45 000 feet" (or about 14 kilometers). In line with this, studies were initiated on the boiling point of body fluids under a range of conditions.

Temperature, pressure and density studies of the atmosphere will continue. A comparatively recent discovery is that oxygen above 100 kilometers, what there is of it, will be in atomic rather than molecular form, and that ultraviolet light at that altitude dissociates nitrogen. There are numerous artificial environment chambers in existence. The Air Force has used 20-man chambers, four-man chambers for explosive decomposition tests, and one-man chambers for extreme conditions. That private industry is also engaged in this sort of study is attested by the Glenn L. Martin Company's 30-kilometer simulated altitude chamber operating over a temperature range from — 74 degrees C to + 77 gegrees C. Much information on toxic conditions in sealed cabins, on water vapour accumulation problems, and so forth, has already been released.

The Air Force and Navy Schools of Aviation Medicine, and other groups, have organized programs dealing with human orientation in the upper atmosphere and space. The problem is tremendous. Says Dr. STRUGHOLD: "The conquest of the outskirts of the atmosphere, and eventually space, is a revolutionary event, comparable only to the transition of the aquatic animals to the land in geological times." Not much is known about man under zero-gravity. Animals have shown no ill effects, and pilots undergoing brief periods of this condition during flight in a ballistic trajectory have reported orientation difficulties, but suffered no harm.

Analytical studies have been conducted on the ways in which the brain receives its orientation stimuli, and the effect of decreased gravity, acceleration, and deceleration upon their proper registration. Men have undergone 15 gravities acceleration in large centrifuges without "blacking out". At 10 gravities they could still move arms, legs, and push buttons. Prone and supine positions have proven best for high accelerations, but more than four gravities for extended acceleration periods is dangerous.

A recent book by Robert Jungk, *The Future Is Already Here*, first published in German, describes in rather spine-chilling detail how "... each day... dozens of young Americans are shaken, beaten, thrashed, scalded, refrigerated, half asphyxiated, and pressed like lemons (our translation from the French edition)..." It should satisfy the most fastidious *connoisseur* of Gothic mystery tales. "In California", Jungk continues, "they are attached to narrow trolleys and projected vertically into the air, in the Mojave Desert they are catapulted on an ultra-rapid cart, rolling along horizontal rails; in Johnsville, Pennsylvania, they are left in a swing until they lose consciousness. In Ann Arbor, Michigan, by means of a new type of dictaphone, sensory difficulties are artificially provoked and (temporary) loss of language results. At Princeton, New Jersey (under the influence of high frequency sound vibrations, inaudible to the ear), the guinea pigs lose the sense of equilibrium. Others encounter the furnaces of Eglin Air Force Base, Florida, the cold chambers of Wright Field, soar 12 000 meters above Holloman Air Force Base, New Mexico, and drop in free-fall to the bottom of Carlsbad Caverns. At San Antonio, Texas, (living) human specimens are hermetically sealed in chambers where they are submitted to pressures corresponding to altitudes of ten-, fifteen-, or twenty-thousand meters; the blood begins to boil and nitrogen from the organism forms blisters on the surface of the body...". The author was appalled by these inhuman tests, apparently not realizing that they must be made if flight at extreme altitudes and in space is ever to become feasible. Progress, like the course of true love, is often a harrowing affair.

The problem of vision in the upper atmosphere is also receiving close attention by the medical experts in the United States. Optical difficulties stem from the fact that the filtering effect of the atmosphere naturally lessens with altitude. The friendly sunshine of ground level experience becomes somewhat less than friendly in space. Or does it? At great distances from the sun, it may develop that the problem of fierce solar radiations would be a most welcome one. In the meantime, however, we have yet to get to the Moon. We still have the fairly elementary problem of visual orientation in zero-gravity, one which may keep us quite occupied for some time to come.

The escape of pilots and crews from upper atmosphere and space craft is a consideration which is a logical outgrowth of a problem already with us in the matter of getting out of disabled airplanes. Ejection seats have been discharged into the air at speeds of 1760 kilometers per hour at Edwards Air Force Base, in California. A good deal of publicity has been given to a variety of such seats and capsules in use at the present time. Ejection seats have been noted in jet combat in Korea; pilots have safely disencumbered themselves of their moribund fighter planes. Capsules in many cases are nothing more or less than miniature "environment chambers" such as those used for experimental purposes in Air Force laboratories, equipped with similar pressurizing and oxygen system and heating devices. Ground tests have been performed, as well, on the parachutes themselves by the use of rocket powered rail cars. Reports from the Navy and Air Force indicate that emergency escape techniques have been tried out under conditions above 15 kilometers with ejection capsules. Only 12% of the Earth's atmosphere remains above the aircraft at this altitude. Dr. Wernher von Braun has proposed an interesting escape capsule idea which features a fast-closing tube-like affair, triggered by a barometric "explosive decomposition" alarm, fired through the bottom of the mother plane. The capsule descends by parachute to a short distance above the surface of the Earth where the final braking is achieved by rockets. It is reported that animals have been successfully ejected in capsules from extremely high altitudes.

The Cook Electric Co. has been using both missiles and rocket-powered sleds (with the North American 22 700-odd kilogram thrust liquid propellant rocket engine) to test its new high-speed parachutes. And Northrup Aircraft has built a sled at Holloman Air Development Center, which runs on a track over a 1000 meters long. 1200 kilometer per hour speeds are reported, furnished by twelve 2050 kilogram thrust rockets, offering accelerations up to 100 g's.

Missiles without human or animal occupants, notably the so called *Skokie*, have been dropped to earth with negligible damage. The application of this kind of thing to multi-stage spacecraft arrangements is obvious. A sort of footnote in the survival sideshow is represented by the newly-announced, quick, hand-operated, "aerosol bomb" device which sprays unguent liquids on skin wounds resulting from extreme heat.

Recent developments in pressurized flying suits deserve special mention. Much work in this development program takes place at the Air Force Aeromedical Laboratory at the Wright Air Development Center. There, a Model T-1 partial pressure suit was made for pilot protection against extreme temperatures, low pressures, and oxygen insufficiency. Another model, the S-2, has seen repeated testing. Still another, the V-3 exposure suit, protects against temperatures down to nearly —60⁰ C, and up to over +70⁰ C, with noise control also taken into account.

The Navy Aeromedical Laboratory in Philadelphia, doing similar work on exposure suit problems, has achieved some significant results. It is claimed that man could survive in planetary space in this suit, which carries its own oxygen, pressurizing, and air-conditioning systems. Close study of released photographs suggests that this may indeed be true. Developed under the direction of Navy Captain J. F. SULLIVAN, this suit has been tested at about 20 kilometers altitude. Through contract, private industry has inevitably been active in research on these suits. One Air Force suit, for example, was manufactured through the collaboration of Bendix Aviation, Inc., the David Clark Company, and the International Latex Corporation.

A somewhat parallel development is the so-called anti-gravity suit which raises the pilot's tolerance to acceleration three gravities above normal endurance. During accelerations, heart output pressure must increase, and the suit assists the body in keeping the brain adequately supplied with blood. Compressing the legs and lower torso, the body is encouraged to develop higher pressures in the upper blood system which feeds the brain. The assumption, of course, is that the heart acts as a constant volume pump.

What to do about meteors is an item of obvious urgency to space fliers. The relative danger depends on the size of the ship, its orientation, and location in terms of Earth, cometary orbits, meteor streams, and time — which is to say, when and for how long the ship will be in a certain area. Fortunately, some excellent work has been done on the subject. Dr. FRED WHIPPLE, Chairman of Astronomy at Harvard University, has been particularly active in meteor research, and has given considerable thought to the problems meteoric material would pose for a space ship. His reports [3], together with those of GRIMMINGER [4] and others, have led us to believe that the danger from micro-meteorites (whose sandblasting effects on space and satellite vehicle surfaces will not be appreciated), meteorites, and meteors, may not be as great as formerly imagined. Dr. Whipple's studies have been presented at Space-Flight symposia in New York, and in many reviews. Once outside the atmosphere, the danger will be greatest, but will lessen with increasing distance, since our planet acts as a great gravitational magnet attracting them. Some authors hold, on the other hand, that really the earth shields a part of space, affording some protection to the astronaut. Detailed charts and tables of hit probabilities for various sizes of meteoric matter have already been prepared. For short flights below 100 kilometers altitude, the danger is slight. Higher and longer flights become a serious matter. Whipple has suggested meteor bumpers, and pressurized regions "between the inner and outer skins". By avoiding (a) known cometary orbits and meteor swarms, and (b) prolonged flights above the atmosphere near the Earth; (c) by taking navigational precautions; and (d) by employing protective devices... it appears that the meteor hazard can be greatly reduced. Incidently, thin walls will probably be the rule: meteorites would pass cleanly through, and not cause explosions that would result from contact with a thick shell.

Another field of study concerns noise and vibration at high altitudes, with special attention of their effect on machines and occupants. Here we may note the servo-mechanism, which will be of decisive importance to space flight, especially during acceleration and deceleration, when the crew would be occupied with their own situation. All of these pursuits suggest that the path towards space flight is widening, and will continue to do so, with close collaboration between the space surgeon and guided missile planner.

V. Progress in rocketry — the finger points to space

Obviously not much may be said about specific projects. Extrapolations about the performance of specific items of equipment, especially guided missiles, would be a foolhardy gesture on our part. Even a lucky guess, when made by persons subject to security control, may prove as serious to the speculator as a conscious leak of information. It should be permissible, however, to review some of the comparatively recent published facts on some American developments. Having worked together in a rocket engine enterprise, we can cite a few of the major products of one American company. The successful development and production of small liquid-propellant rocket engines for the Navy Lark missile is one noteworthy contribution of Reaction Motors, Inc., of Rockaway, New Jersey. Following this, was the 2727 kilogram thrust four-chamber liquid-oxygen and alcohol engine produced by the same company. This engine, which has powered the Bell X-1 and X-1A, the Douglas D-558-2 Skyrocket and the Republic XF-91 turbojet-and-rocket powered tactical airplane, may rank with the Walther and V-2 engines as one of the greatest rocket powerplants of all time. The reliability and durability of this engine is almost unbelievable. To our knowledge this engine has enabled the airplanes mentioned above to break all existing records for speed and altitude. Thirdly, this same company also produced the single-chamber liquid-oxygen and alcohol 9100 kilogram thrust gimbaled engine for the Glenn L. Martin-Navy Viking sounding rocket with speeds of 6600 kilometers an hour, a record, and an altitude of over 220 kilometers, also a record. A company of this sort is engaged in the continual improvement of its existing products, the design and test of numerous other applications of rocket power, and the development of larger and better standard units for airplane and missile propulsion. There is a welter of news about newer and larger rocket engines for a variety of aeronautical and missile uses, but it would be unwise for us to attempt to do much more than mention a few of them. Suffice it to say, an imposing array of weapons is in the offing, carrying such names as *Regulus, Corporal E, Hermes, Atlas, Bomarc, Snark, Redstone* and *Rascal*. In leafing through recent issues of American aviation magazines one finds such typical developments or new items as: new and bigger power plants for improved *Viking* missiles are underway; Reaction Motors may build a new rocket engine for X-2 research airplane; General Electric has a developed 9000 plus kilogram thrust liquid propellent rocket engine; Aerojet reports a large liquid oxygen-liquid hydrogen powerplant; Navy and Air Force test installations can negotiate thrusts in the hundreds of thousands of kilogram range; *Deacon* rockets are successfully fired from balloons; and so forth and so on, day after day, year after year. Naturally, these are just peeks behind the security curtain, but it does not take much imagination to realize that progress is being made.

General PUTT of the Air Research and Development Command believes that rockets will eventually supplant most types of aircraft known today. Intense missile and pilotless airplane testing in progress at many Air Force installations lends credence to this belief. Recently announced are two ballistic artillery rockets of impressive size in production for the Army, believed capable of carrying nuclear war-heads. Mr. CONGREVE, please take note! The cryptic names for these two rockets are *Honest John* and *Corporal E*. The United States Government has announced that the missile program for the period 1951 to 1955 will be a thumping $ 4,7 billion, including $ 2,6 billion for research and development.

At Patrick Air Force Base's Cocoa-Cape Canaveral missile range, test firings up to 800 kilometers in distance have been reported. Plans for a longer range area of something like 2500 kilometers have been discussed in news media for some time. One notable project involved a system developed by Bell Aircraft for Chance-Vought Aircraft's *Regulus* missile developed for the Navy. This system enables recovery to be obtained by landing the missile by remote control from director aircraft. *Regulus* is designed apparently to be launched from anything the Navy's got, on land and sea. The *Nike* ground-to-air missile is developed by Douglas Aircraft and Bell Telephone for the Army. 6,2 meters long, 0,3 meters in diameter, and weighing about 450 kilograms, this target-seeking missile has proven effective at 23 kilometers altitude and a range of 57 kilometers. News reports imply that they are being stationed in vast numbers around key American cities. Boeing's *Bomarc* is a ramjet-rocket combination which seeks its aerial target like *Nike*, but is, in addition, capable of banking turns.

GLENN I. MARTIN, at a WRIGHT "50th Anniversary of Powered Flight" celebration, forecast an *interstellar* space ship travelling at 40 000 kilometers an hour! Later, at a dinner of the Institute of Aeronautical Sciences, he predicted atomic powered aircraft. Air Force General JAMES ("JIMMY") DOOLITTLE has predicted the exploration of space within the foreseeable future. As for satellite vehicles, all that is definitely known is a brief statement made in 1948 by the late JAMES FORRESTAL, former United States Secretary of Defense. It is reasonable to suppose that studies of the problems are continuing, but just how far the concept has progressed, we don't know. There has, of course, been a lot of comment about the vehicle. RAND Corp.'s R. M. SALTER, in "Engineering techniques in Relation to Human Travel at Upper Altitudes", believes that "the fact that a satellite vehicle has not been practical in a strict military sense has retarded its development in favor of guided missiles." He does think that a man-made satellite can be placed into orbit on the basis of man's present knowledge, but just when this will be done, we would all like to know.

For many years, those of us who work outside the realm of secret research will have to be content with odds and ends of information released by the military. Large missiles develop at a painfully slow pace. Whether long range missiles will lead us into space, or whether a frontal assault will be necessary, is very hard to tell. But it is likely that, as the day of decision approaches, the guided missile will remember, so to speak, that it has a mother. The I.A.F. must be prepared for this... for one can't help feeling now and then that the guided missile at the moment represents the art of rocketry in a state of military amnesia.

The I.A.F. should watch for astronautical overtones in such items as, for example, fins, valves, controls, jet stability, aerodynamic heating; materials (ceramics, cermets and substances such as diatomaceous earth), instrumentation, shock mounting, and developments in controling the yaw, pitch and roll of rocket motion. Problems of structure demand particular attention; it has been estimated that by removing 45 kilos from the *Viking* structure and adding them to the propellant supply, an additional 16 kilometers altitude would be realized. Temperature problems such as those connected with turbine pumps, injectors, igniters, thrust chambers, and cooling jackets are likely to be with us perpetually. Chemical propellants form a particularly irritating problem; for some reason known only to the whimsy of nature the propellants that look most interesting are usually fantastically poisonous, corrosive, unstable or expensive. We are thus left with the rather classical combinations, which, while they are logistically good, are apt to result in rather inconvenient mass ratios, with low exhaust velocities. While atomic energy looks theoretically promising in some ways, one is still posed with a mass-ratio problem due to the requirement of reaction mass, a formidable heat-transfer situation, and, worst of all, the serious danger of radioactive contamination if the vehicle undertakes to use the power to rise from the ground. If used in space, without a reaction mass, the accelerations will be painfully small. On top of all this is the crucial consideration of screening. Encouraging rumors about a new shielding technique, however, reported to be some 300 times as effective as any hitherto known, are most welcome and will bear close scrutiny by the I.A.F.

There are numerous other areas demanding and getting serious consideration. Long range communications with space rockets, satellite vehicles and with lunar and planetary objectives, have received attention. The vast problem of interplanetary navigation has been studied, resulting in some important theoretical papers. Construction of bases on the Moon and planets have been objects of speculative work. The scientific uses of the space station have been discussed. The list could be extended almost indefinitely to show that thinking both in the United States and other parts of the world has undergone a tremendous evolution in the last decade or so.

VI. Concluding remarks — where do we go from here?

Of course, it would be not possible to bring into one paper an accounting of all the developments that would benefit space travel, even if we knew about all of them. There may well be many ideas of astronautical concern receiving attention at this time whose significance is yet to be appreciated. We do not pretend to have more than skimmed the vast amount of material bearing upon the art of space flight. We may readily assume, further, that there is a vast amount of material now unavailable because of security restriction. We have hoped, however, to show a cross section of the breadth of research and development going on in our country, and to indicate what we feel are the conscious efforts of a number of top experts to foster the realization of space flight by showing not only that the concept is valid, but that man's striving for extreme altitudes and space is both natural and inevitable.

We have tried to indicate some significant results, to outline avenues of research, to show that progress in atomic energy, propellant chemistry, interplanetary navigation techniques, long range communication, and metallurgy — — — all can and do contribute to astronautics. We have wanted to emphasize the necessity of space flight education, to provide an incentive for the rising generation to enter this challenging new field. We believe that the rôle of the I.A.F. in these realms can be one of crucial importance.

Internationally, we all hope the I.A.F. will soon be able to enter the International Council of Scientific Unions. Mr. STEMMER's suggestion that the I.A.F. organize a Central International College is splendid and deserves the fullest support. Others have wanted to see more astronautical subjects in existing educational institutions and more theses written on space flight problems. Prof. HECHT has talked of teamwork in the treatment of plant and chemical problems, insofar as they affect astronautics. Ideas like these can be put into action by concerted effort. There will be difficult times, but we who are dealing with matters on the frontiers of human knowledge are familiar with difficulties. And above all we must bear in mind that provision in the I.A.F. constitution which observes that the I.A.F. "shall exist to promote and stimulate the achievement of space flight as a peaceful project".

Thus, one vital mission of the International Astronautical Federation, we feel, must be to act as a global "clearing house" for all available information of astronautical importance. In the present partial vacuum of practical data, some very astute minds will be needed to weight reliability and relevance. The theoretical disciplines must not be allowed to languish or starve to death.

Looking back over the survey, it seems that the outlook is basically good. Public acceptance of space flight is hardly complete, but we are gaining ground. The same may be said for professional opinion. The improvement may be noted in the shift of emphasis from "if" to "what" and "how". There seems reason to conclude that the general public has, finally, about conceded the possibility of space flight as an academic proposition, but remains largely unconvinced as to its practicability. Since there is some likelihood that it is this "general public" which may eventually be asked to finance the space-flight undertaking, one way or another, we protagonists have the burden of developing an extraordinarily cogent argument that it *is* practicable. One of the more mundane disciplines of science, if we may be pardoned the mixture of metaphor, is a saint-like patience with its financiers.

The I.A.F. and its member societies will be sorely handicapped by the scarcity of fundamentally practical data. We must be patient with this also, for perhaps even more cogent reasons. The I.A.F. will be judged not only on the astuteness of its technical insights, but on its ability to assess the world situation within which it must work. We must be bold in our thinking, but we must also be judicious in our choice of methods. I.A.F. prestige is rising. It will continue to do so as long as we maintain a sound and realistic perspective.

References

1. A. V. CLEAVER, J. Brit. Interplan. Soc. **13**, 1 (1954).
2. H. STRUGHOLD, Astronaut. Acta **1**, 32 (1955).
3. F. WHIPPLE, Meteoric Phenomena and Meteorites, in: Physics and Medicine of the Upper Atmosphere, pp. 137—170. Albuquerque: Univ. of New Mexico Press, 1952.
4. G. GRIMMINGER, Probability that a Meteorite will Hit or Penetrate a Body Situated in the Vicinity of the Earth. J. Appl. Physics **19**, 947 (1948).

IAF: Utopia or Reality?

By

G. A. Partel, Monfalcone[1], AIR

(With 3 Figures)

Abstract. The author criticizes the present activities of the IAF which have as their purpose mainly the winning of new national member societies, and he prooves that these activities are only worthwhile with a few countries that are culturally and technically progressed but which are not members so far.

As a feasible activity of the near future — to make the first practical step towards the conquest of space — the author proposes to win the broadcasting and telecasting companies of the Earth for the construction of a small space station which could be destined exclusively for broadcasting and telecasting purposes.

It is always a sound idea to step aside and take stock of where one has been and is going. If today an outsider should ask: what is the IAF?, the answer would be ambiguous. The answer would be ambiguous, because the IAF is nothing positive. An association which exists only as a function of the national societies affiliated to it, obviously cannot pretend to show why and how the scope for which it was founded is being pursued. It was said that the IAF must by now proceed on a narrow front, owing to the immaturity of the present astronautical situation. In such a case, the very existence of the IAF is immature. As to the above front, one can do without it just as well, because things would not change either. The IAF makes the impression of asking as a favour to be recognized by the other international scientific institutions. An impression of weakness, after all.

The necessity for the IAF to exist is not justified in a convincing way. The congresses, which are held yearly, —practically the only consistent activity so far showed — could take place just as well if previous arrangements with or without IAF, among the different national societies in existence, are made. This already took place in Paris. It can happen tomorrow, if the IAF should cease to exist. The immediate scope is essentially technical: we have to create the assumptions necessary for the achievement of space travel. It is up to us members of the IAF — through this Federation — to fail or to succeed.

Of the two activities which the IAF could logically display — to face the deep problems of development on one hand and to promote the astronautical idea on the other — today one tries to choose the way presenting the smallest difficulty: to enlarge the membership of the IAF in the still "virgin" countries.

Anyway, a more deep examination of the main countries of the world will at once reveal that such an activity — taking into consideration the nations already members of the IAF — is rather passive. In fact, although fig. 1 apparently shows that the lands to be still "astronautisized" are many (white

---

[1] Via Perugia, 6, Monfalcone, Italy.

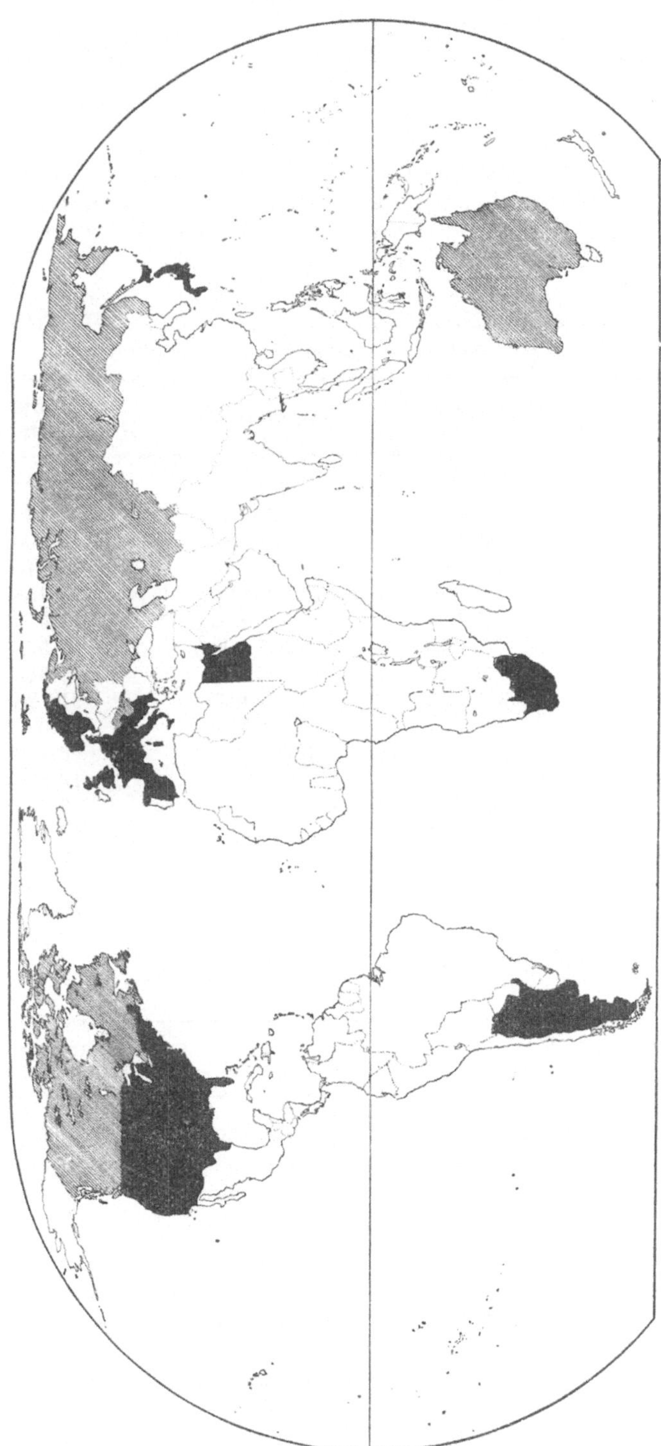

Fig. 1. Political Planisphere.

area: 63.1% of the earth's surface and 66.57% of the earth's population), we
observe on the contrary that practically the scientific and technical culture
available today on this planet is already included in the countries associated to the
IAF (black area: 10.78% of the earth's surface and 23.16% of the earth's
population), and represented by the respective societies. The main countries
still absent from the Federation and recommended for membership in the IAF
are represented by the hatched area (26.12% of the earth's surface and 10.27%
of the earth's population). Such an activity should therefore be addressed
towards those countries. To linger further in such a direction, by trying to
attract into our circle the countries of the white area, is sheer loss of time,

Table I. *Area, Population, and Educational Prospect of the Countries Being Members
of the IAF, and of the Countries Recommended for Membership*

Members of the IAF	Area, sq km	Population	Students (Universities)
Argentina	2.797.092	17.097.889	88.823
Austria	83.884	7.090.122	19.762
Denmark	42.929	4.286.900	7.600
Egypt	991.964	20.045.000	34.540
France	550.996	42.000.000	128.754
Germany (West)	245.100	47.585.872	71.672
Israel	20.202	1.247.000	1.500
Italy	301.047	46.452.000	189.665
Japan	379.925	83.199.637	91.728
Netherlands	32.385	10.200.280	25.036
Norway	324.248	3.281.000	6.106
Spain	504.904	28.286.518	42.597
Sweden	448.950	7.017.000	9.742
Switzerland	41.284	4.714.992	13.195
Union of South Africa	1.223.897	12.320.000	19.994
United Kingdom	255.396	51.580.051	79.450
United States	7.710.714	150.697.361	2.616.262
Yugoslavia	256.522	16.250.000	43.625
	16.211.439 (10.78%)	553.351.622 (23.16%)	

Countries recommended for membership	Area, sq km	Population	Students (Universities)
Australia	7.704.117	8.185.539	30.477
Belgium	30.518	8.653.653	16.723
Canada	9.374.747	13.845.000	?
Czechoslovakia	127.764	12.519.000	31.769
Hungary	92.962	9.201.158	31 000
Union of Soviet Socialist Republics	21.946.084	192.900.000	1.247.000
	39.276.192 (26.12%)	245.304.350 (10.27%)	

World	150.383.000 (100%)	2.388.939.000 (100%)	

(Data refer to year 1950)

resulting at the end in a delay for the achievement of the real objective of the Federation: the conquest of space.

Table I shows the countries associated to the IAF (black area of fig. 1, including France and Norway), and the countries for which membership is to be sought (hatched area of fig. 1), as well as their relative areas and populations. In the last column of the table, the number of students inscribed at the universities of the respective countries is given, this being a valuable index for evaluating the educational development of the people in question. All data refer to the year 1950.

Table II. *Statistics of Industrial Production*

Aluminum (Thousands of short tons, 1949)		
1.	United States	603.5
2.	Canada	366.8
3.	U.S.S.R.	154.3
4.	France	65.0
5.	Norway	38.6
6.	United Kingdom	34.0
7.	Italy	27.9
8.	West Germany	26.5
9.	Switzerland	24.3
10.	Japan	23.4

Steel (Thousands of short tons, 1950)		
1.	United States	96,400
2.	U.S.S.R.	30,400
3.	United Kingdom	18,200
4.	West Germany	13,300
5.	France (including Saar)	11,600
6.	Japan	4,900
7.	Belgium	4,100
8.	Canada	3,400
9.	Czechoslovakia	3,200
10.	Poland	2,700

Electricity (billions of kwh., 1950)		
1.	United States	329.0
2.	U.S.S.R.	86.7
3.	United Kingdom	55.0
4.	Canada	50.9
5.	West Germany	44.0
6.	Japan	38.8
7.	France	31.4
8.	Italy	20.8
9.	Sweden	18.3
10.	Norway	17.3

Diving deep into the examination on the industrial side of the matter, in table II the first ten nations classified in their respective order of importance for the production of aluminum, steel, and electricity are given, these latter products being considered as a high standard for industrial comparison. It is easy to ascertain how such nations either are already members of the IAF or are to be found in the area to be "astronautisized".

It is a task of the national societies to disseminate the astronautical idea in their respective countries. The energy of the IAF be therefore devoted to the technical development of the astronautical premises necessary to the real headway of space flight, owing to the few countries of technical and scientific importance, which could still be associated to the Federation giving some contribution to our goal.

Once being established the limited importance of devoting the main activity of the IAF to make proselytes in the native areas, one may ask what real contribution has been so far brought — after the constitution of the Federation — by the different associated national societies. The exchange of some ideas presented at the congresses held so far cannot be considered as a decisive contribution to the recognition of the IAF in the astronautical field, as it really happened when membership was asked for in the International Union of Engineer Associations. Such ideas do not belong to any organic plan for an effective realization of a scientific and technical development, according to the present position of human knowledge, which only the IAF can address for a proper exploitation. Still better: such a plan does not exist at all! Be it well clear that this is in no way to be interpreted as an imposition for an obligation of fixed topics. It would like to be an incitement for awaking those conditions which are the only possible ones for *today's* progress in the astronautical field. To lead the way is the only possible means for the success of the IAF. Too many difficulties have arisen for its recognition and respective membership to international organizations. Going cn with the pace kept so far, it may be foreseen that in the year 2000, perhaps,

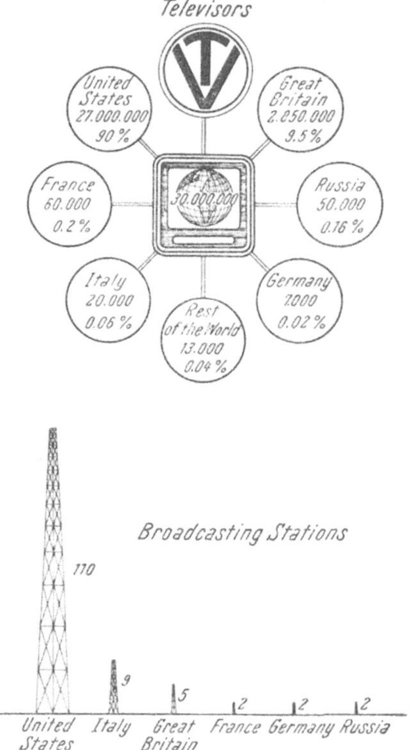

Fig. 2. Television in the world at the beginning of 1954.

one would have realized that, if the planets do not go to the IAF, it is the IAF which must go to the planets!

The approach of the IAF at present is somewhat like that of the gardener who cannot plow today because he has no seed. Can the national societies afford to put off work until tomorrow because the system is not entirely ready yet? I don't think so. Let us try to go as far as we can — the development of the system can catch up later.

It is advisable to take some steps now towards tomorrow's requirements to pick up some of that priceless element which is time.

It was stated that an intensified activity of the IAF is prevented by the lack of financial means. Have we perhaps tried to wake up the direct interest of those who can bring financial contributions appropriate to the order of size of the IAF?

The way towards space is opened, manifest, before Man. I want to show here only one possibility: television!

In fig. 2 are given the televisors and broadcasting stations existing on this planet today.

The cost of a broadcasting station is very high. The possibility to telecast to reasonable distances is limited by physical reasons. This is why the television companies, sooner or later, must go into the space: it is the only manner by which they can televise on the whole globe and establish a universal communication service.

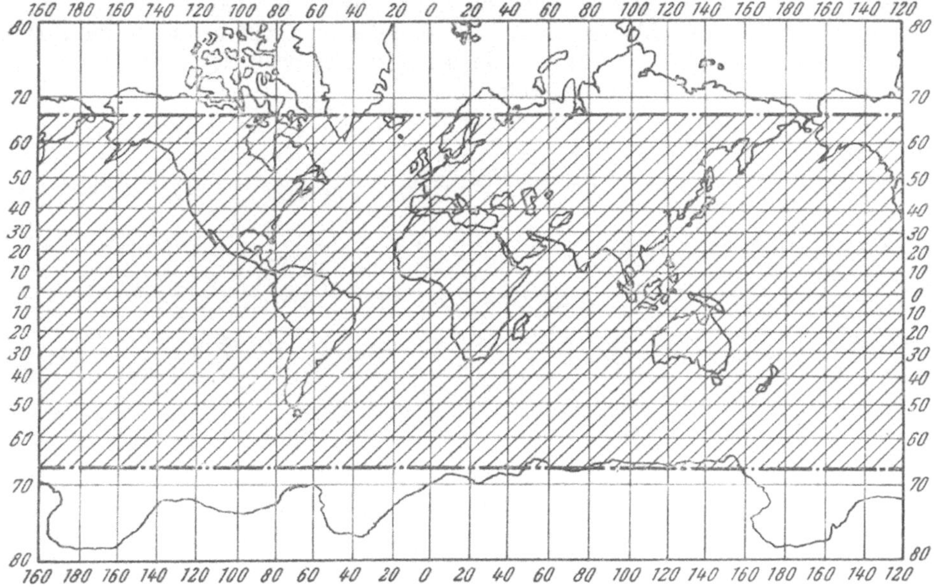

Fig. 3. Mercator's projection showing limits of visual field of an orbital vehicle at 557 km height (inclination of orbit to the equator: 45⁰).

The IAF experts should therefore study the standpoints and the problems of development, of production, and of economics for the establishment of an unmanned satellite vehicle designed exclusively as a trans-receiver television station, having minimum dimensions and the most economical possible cost. For carrying out the design, if necessary, a committee of experts could be appointed, who should initiate working *at once*. Simultaneously, the IAF should try to coordinate the interests of the television agents in the different countries, coming to an agreement for the accomplishment of this enterprise.

Taking as an example the orbit I of engineer ENGEL's paper "Die Aussenstation", for a satellite vehicle revolving at 557 km height with an inclination of 45° to the equator, one could telecast over 90 per cent of the earth's surface, viz. over the latitude area included between $+68°$ and $-68°$. The limits of the visual field for such a satellite vehicle are given in fig. 3. By increasing the inclination of the orbit, the visibility field is to be increased as well (99 per cent for 60° inclination).

Taking into consideration an exhaust velocity of 2800 m/sec, the ideal mass ratio required is to be 18.82. It is envisaged to use a three-step rocket with a payload of the last step of 100—500 kg, according to the type of instruments carried on board.

It is no use to say that the realization of such a project, also through the support of the interested governments under whose control the television agents stand, would constitute a first practical step towards the knowledge and the brotherhood of mankind as well as towards the space ocean, on the verge of which is our generation.

If the IAF is important in its activities — and I think it is — the proper atmosphere for its healthy growth must exist. Mere size is not important at this time. The IAF is still in its formative period. Its direction of growth is dependent in a large part on the actions taken on the problems presented here.

Action on these problems is required — and soon. But before action serious thought should come — for the actions taken may well determine the course for the IAF in its astronautical rôle.

Geodetic Significance of a Minimum Satellite Vehicle

By

I. M. Levitt, Philadelphia[1], ARS

Abstract. The establishment of an unmanned, uninstrumented, non-returnable satellite vehicle circling the Earth will enable geodesists to:

(1) determine large distances across the surface of the Earth, especially over bodies of water, which are difficult to measure. This would furnish the basic tool for large scale triangulation;

(2) determine the gravitational constant "g". This would be an average g for the entire Earth;

(3) determine the oblateness of the Earth.

This vehicle, which might better be called a beacon would circle the Earth at an altitude of 200 miles and reflect sunlight to the Earth. To an observer on the Earth it would appear brighter than a first magnitude star. Photography of the moving beacon would furnish the necessary data to compute an orbit and then use the orbit to determine the above characteristics.

The establishment of an unmanned, uninstrumented, non-returnable satellite vehicle circling the Earth will provide the geodesists with a powerful tool to further their knowledge of the Earth. A tiny satellite reflecting sunlight will appear as a stellar beacon which will circle the Earth in short periods and so furnish what may be considered as another moon which can be used in the Earth sciences.

At the present time it is established that such a satellite vehicle can:

1. Be used for triangulation. Large distances across the surface of the Earth, especially over bodies of water, are difficult to measure. This would furnish the basic tool for large scale triangulation.

2. Be used to determinate the gravitational constant "g". This would be an average g, for the entire Earth, a quantity at this time unknown.

3. Be used to determine the figure of the Earth, specifically the oblateness.

Let us assume, for the moment, that there is in the sky a beacon circling the Earth at an altitude of 200 miles. With this in the sky, how can it be used for triangulation?

To begin, the object will be carefully plotted against the background stars with the result that the orbit will be determined accurately and an ephemeris can be computed for future positions. This work is similar to the determination of the perturbed orbit of a comet. The satellite moving around the Earth behaves precisely as a comet around the sun and the Laws of celestial mechanics furnish the means to determine completely the orbit.

As in the case of the comet the beacon will be observed against a background of stars. From photographic plates containing both the beacon and the background stars a series of right ascensions and declinations with appropriate times

---

[1] The Fels Planetarium of The Franklin Institute, Philadelphia/Pa., U.S.A.

will be available which will uniquely define the path of the satellite. Once the orbit has been determined then an ephemeris can be computed and the future positions of the body for any epoch would be available.

The actual solution, in these days of modern computers, will be easy. The difficult part will be the tracking and the photographing of the beacon. At an altitude of 200 miles the angular motion of the body around the center of the Earth will be about 4 degrees a minute. However, the observer is not at the center of the Earth but really twenty-twenty firsts of the distance from the center to the vehicle. This means the beacon will swing across the sky with a variable angular speed. When it is directly overhead it will be moving at about 80 degrees a minute. On the horizon it will apparently move slower. To those interested in knowing what it will look like to an observer on the Earth, the answer is that the point of light will move about as rapidly as a high slow moving airplane, say 225 miles per hour at about 15 000 feet.

During World War II much equipment was fabricated to track relatively high speed aircraft. These cine-theodolites, on altazimuth mountings, can be used to track the beacon. Some in use today at White Sands and other rocket testing stations can be altered for this use. However, photographic adapters will have to be incorporated in this device. The adapters will be complex and will probably incorporate the dual-rate cameras designed by the astronomers of the United States Naval Observatory.

The dual-rate camera is a complex mechanism which can track stars on a large plate. Above the regular photographic plate there is centered a small plane, parallel transparent glass plate. The glass plate is pivoted at the edges and with this rotation it can displace all images on the photographic plate which fall on it. The displacement is uniform, regular and controlled by the rotation of the center section.

As the exposures will be on the order of several seconds both the satellite and the background stars can be photographed. The procedure will be to give the large plate a sidereal rate and rotate the center glass plate with a rate to keep the satellite stationary.

Once the satellite is in the sky with a perfectly determined orbit it can be used for triangulation on the Earth. All that is needed is the right ascension and declination of the satellite and an observation time.

To find the points on the Earth's surface we obtain from the ephemeris the x_1, y_1, z_1, coordinates of the body at time t_1. The direction cosines of the satellite from the observer are l, m, n where these quantities are defined by:

$$l = \cos(GHA)\cos\delta \tag{1}$$

$$m = \sin(GHA)\cos\delta \tag{2}$$

$$n = \sin\delta \tag{3}$$

where GHA is the Greenwich hour angle.

One equation for the observer's position is then given by:

$$\frac{x - x_1}{l} = \frac{y - y_1}{m} = \frac{z - z_1}{n}. \tag{4}$$

A second and third point equation for x, y, z can be obtained and thus the x, y, z coordination can be used to determine precisely the position on the surface of the Earth. In this fashion the satellite can lend itself to triangulation over large distances.

This is but one facet of geodesy. The use of a satellite vehicle for triangulation will save considerable money which is normally spent on this work.

As an example, the United States Army Map Service on January 25, 1954 finished closing the line of the 30th Meridian — — an international undertaking. Europeans have completed the portion of the survey in Europe and had carried it down through Turkey to link it with the 30th Meridian line running through Africa. Almost insurmountable difficulties were encountered because it had to be run through flat, featureless country with no marked rises of ground which could be used for triangulating. Substantial towers had to be erected for these measures. The average cost of these points is $ 1000.00 and there are hundreds required in an undertaking of this magnitude. The high cost comes through the use of a party of 15 to 20 men for several days. With the aid of the beacon these measures could be made from widely separated points in a fraction of the time. At the present time "running an arc", as it is called, is expensive. It takes well equipped, expensive expeditions in most cases. Using the beacon will enable lines of almost any length to be run with the cost only that of the observations and the computing machines necessary to reduce them. Economy is only one of the factors which makes this approach a highly desirable one. There is also the accuracy involved. A trans-continental survey can be made with an accuracy of about 30 feet. Using the moon it may be possible to determine the distance across the Atlantic Ocean within 1000 feet. In fact, in the total eclipse of 30 June 1954 extensive photoelectric measures were made to reduce this uncertainty. One of the shrewdest workers in the field estimates that the improvement in accuracy in the use of the beacon as compared with the moon will be by a factor of ten! This means that it will be possible to determine the width of the Atlantic Ocean to within 100 feet.

The entire Earth could be triangulated with a beacon in the sky. The stations in this country would be centered in the Southwest. The combination of excellent weather and the many places already linked by triangulation makes this an ideal spot. Stations in the Salton Sea, New Mexico, Central Texas and perhaps Mexico City could be used for preliminary work.

There is an L-shaped string of stations in Africa which could be used. In Morocco, Algeria, Tunisia, Egypt and then down through Northern Uganda, Rhodesia and finally South Africa are found stations which are now linked and could be used for triangulation.

Once the orbit has been established then India, The Netherlands, East Indies, Japan, Korea, Philippines, Marshall Islands and finally Hawaii could be tied together in a world-wide survey. It is well to remember that once the orbit has been obtained with the accuracy the geophysicist desires, then sightings can be transferred from one side of the Atlantic Ocean to the other without the necessity for simultaneous sightings on the beacon.

An interesting sidelight on position finding is the determination of the altitude of a position on the Earth. The Coast and Geodetic Survey usually determines the elevation of a point by the use of a bubble on a theodolite. This relates the height of a point above sea level. Unfortunately, sea level is not a uniform plane for the water is attracted by the land, as this is perpendicular to a plumb bob the bubble is found to be off by 4 seconds of arc on the average, and up to 20 seconds of arc under some circumstances. A deviation of this magnitude can give rise to an error in the elevation of the sea level surface of from 15 to 60 yards. Again from the accurate determination of the position of the vehicle in the sky the elevation of the station can be determined with significantly less error.

Another important constant which can be uncovered with the aid of a beacon is the gravitational constant — — little "g" — — as differentiated from the universal constant "G". The g in which the geophysicist is interested is the average value of this constant for the entire Earth.

As we move over the surface of the Earth there is a variation from the standard equation of over 100 milligals. To be able to use g in surveys the geophysicist would like to know the constant to one milligal. This is especially true over the sea where the value of g is difficult to obtain and where there is evidence of a systematic variation of 5 or 6 milligals between the land and the sea.

Previously g was determined using a reversible pendulum. The values obtained with this method were not precise because of the difficulty of getting the exact length of the pendulum and other instrumental causes. Today another method is being tested to supersede the pendulum. Today the scientist drops a known body in a vacuum. If the vacuum is only 16 feet long the scientist can study the effects of gravity for a total of one second. If he desires to study it for a longer period of time then the vacuum tube gets unreasonably long. This indicates that some new method whereby the effects of gravity can be studied over long periods of time is highly desirable. The beacon is the perfect mechanism for this determination for it can be observed for long periods of time and the effects are cumulative.

There is nothing new in the determination of g using a beacon. The method has been carefully explored for the moon. However, in the case of the moon while the method works the results are not precise enough. As in the case of the moon the right ascensions and declinations of many points are measured and a series of simultaneous equations are formed in which the partial derivations of the right ascension and declination with respect to each of the unknowns such as the assumed change in the radius of the earth, g, latitude and longitude of the observing station, etc., are incorporated. In all there are about a dozen unknowns and there will be about a dozen equations which must be solved. There will be certain times which will be favorable for the solutions for some of the unknowns. Once these are obtained then more accurate values can be fed back into the equations to yield better values for the unknowns. In this way g will be derived with a high degree of precision.

The equations from which these answers are derived:

$$\Delta\alpha = \frac{\partial\alpha}{\partial f}\Delta f + \frac{\partial\alpha}{\partial a}\Delta a + \frac{\partial\alpha}{\partial g}\Delta g + \frac{\partial\alpha}{\partial\lambda_A}\Delta\lambda_A + \frac{\partial\alpha}{\partial\Phi_A}\Delta\Phi_A + \frac{\partial\alpha}{\partial\lambda_E}\Delta\lambda_E + \frac{\partial\alpha}{\partial\Phi_E}\Delta\Phi_E + \ldots \tag{5}$$

$$\Delta\delta = \frac{\partial\delta}{\partial f}\Delta f + \frac{\partial\delta}{\partial a}\Delta a + \frac{\partial\delta}{\partial g}\Delta g + \frac{\partial\delta}{\partial\lambda_A}\Delta\lambda_A + \frac{\partial\delta}{\partial\Phi_A}\Delta\Phi_A + \frac{\partial\delta}{\partial\lambda_E}\Delta\lambda_E + \frac{\partial\delta}{\partial\Phi_E}\Delta\Phi_E + \ldots \tag{6}$$

where $\Delta\alpha$ is known and is the observed minus computed right ascension of the vehicle

$\Delta\delta$ = is known and is the observed minus computed declination of the vehicle
f = is the flattening of the Earth
a = is the equatorial radius of the Earth
g = is the gravitational constant
λ_A = is the longitude of the station in the United States
Φ_A = is the latitude of the station in the United States
λ_E = is the longitude of a station in Europe
Φ_E = is the latitude of a station in Europe

and the quantities Δf, Δa, etc., represent the corrections to the assumed values.

As the variation in the gravitational constant is known from the equator to the pole the determination of one good value for g will permit the computing of acceptable values for any place on the Earth.

The geophysicist, especially the exploration geophysicist, is vitally interested in the value of g. He would like to know the precise value of this constant. With the aid of gravity meters he explores the surface of the earth and maps the gravitational field. In so doing he discovers gravitational anomalies. In some cases these may be due to light deposits of oil underneath a salt dome. The rate of change in the acceleration with surface position may lead to valuable deposits.

The geophysicist is using this method with good success. However, the problem of coordinating surveys by various nations and various oil companies can best be met by a knowledge of the absolute accelerations. An increase in our knowledge of the gravitational constant by another decimal point would help tremendously in this work.

It is estimated that, in the United States, at least $ 5 million a year is spent in exploratory digging which, while still essential, may be reduced by a considerable amount and thereby reduce the overall costs of geophysical prospecting. A moving object in the sky will permit the determination of the gravitational constant which will satisfy these rigorous requirements.

The accurate determination of the shape of the Earth can evolve from a satellite vehicle. In the partial differential equations built up for solution there was one factor, a, which measures the equatorial radius of the Earth. The solution of these equations will determine this quantity precisely. However, the flattening "f" was also an unknown for which we could solve.

If this is done then the bulge of flattening of the Earth which may be defined as $\dfrac{a-b}{a}$ is derived. At the present time we know the above ratio to about one part in 300. If the position of the satellite could be determined to one degree then our knowledge of the flattening would be improved by a factor of 7. In other words, we would know the flattening to one part in 2100. However, from work on comets, it is highly probable that the position of the satellite can be determined to about 1 minute of arc. If this is the case then we can determine $\dfrac{a-b}{a}$ to 1 part in 20 000!

The satellite vehicle is visualized as being the third or fourth stage of a step rocket in which the first stage is an improved version of the V–2.

One of the brightest spots in the space travel picture has been the declaration by top rocket personnel in the United States that the necessary "hardware" to establish a satellite vehicle is now available. While the first stage is assumed to be the V–2 there is no definite information as to what the others may be though it may be safely assumed that they will be rockets in operational use today. The question of a third or fourth stage will be decided when the type of orbit is decided on. A three-stage rocket will undoubtedly give rise to a highly excentric orbit which is not necessarily a handicap. However, if approximate circularity of the orbit is desired then another application of power at apogee will be necessary both for that and the assurance that the orbit will lie above the sensible atmosphere.

At the minimum altitude of 150 miles, below which air resistance becomes effective, the period will be 89 minutes. At 200 miles the period will be 91 minutes. The above discussions were based on an altitude of 200 miles.

It should be noted that even if the pressure of the atmosphere is greater than computed at this time and the satellite should fall back to the surface significant results could still be obtained. First the satellite will not come down in too much of hurry but may make many revolutions around the earth and when the satellite does fall the very act of coming down will permit the scientist to determine the pressure of the atmosphere during its descent.

The payload of this rocket device will be small and weigh about 10 pounds. The payload will consist of a large deflated rubber balloon or plastic bag in which has been placed a carbon dioxide cartridge similar to those used to charge water. A tining mechanism is fastened to the carbon dioxide cartridge and at a given preset instant a triggering mechanism will release the gas in the cartridge and permit it to inflate the balloon. This will take place after the payload has attained circular velocity. Surrounding the balloon will be a layer of thin aluminum foil with the shiny surface on the outside. When the balloon expands to approximately 15 feet in diameter there will have been created an aluminum shell of the same diameter.

Once the aluminum shell has been inflated the gas will leak from the balloon in time and it will collapse due to the stresses in the rubber. However, there being no forces acting on the distended aluminum shell it will persist as a sphere.

If we assume that the only source of illumination for this aluminum shell is sunlight and assume that the reflectance of the shiny aluminum is about 90% and further assume the beacon is at an altitude of 200 miles then the satellite will appear to an observer on the earth as a first magnitude star. It is assumed that the integrated area of the krinkly aluminum shell will be about $\frac{1}{4}$ square inch and this tiny area will be as bright as the brightest stars.

There is still one other possibility. If it is desired to make some tests at night when the satellite would normally be invisible then it may be possible to project a different type of reflecting device which will always reflect back to the observer and to mount a battery of six 60-inch searchlights concentrating their light on the moving object to illuminate it.

It is difficult to estimate the brightness of the beacon under these conditions but there is a distinct possibility that this scheme might work and so permit the operational use of the beacon at times other than twilight or dawn.

There are several choices of orbits. If one is put into the sky and has been found useful then others can be put above the Earth in different orbits to derive different variables whose values are desired.

As an example, if the satellite orbit is a polar one the precessional effect of the Earth will make itself apparent by a rotation of the nodes. The rotation of this line is directly influenced by the bulge of the Earth. In this work the perturbations by the Sun and Moon are neglected for they have been shown by Dr. Lyman Spitzer [1] to be negligible. He shows that for a satellite revolving around the Earth at a distance of 800 kilometers the precessional period is 2300 years. The results for wich the geophysicist looks will take a fraction of a year.

If, on the other hand, the satellite orbit is an equatorial one it can still be used to determine the bulge. An excentric orbit will show a rotation of the line of apsides which is caused by the Earth from a sphere. An almost circular orbit in the plane of the equator will permit a determination of the equatorial radius and a value of g.

The establishment of the above beacon appears neither difficult nor expensive.

The approach contemplated would have a portion of the guided missile program devoted to the establishment of the beacon. It can be assumed that almost a billion dollars was earmarked to develop and acquire guided missiles in the United States in 1953.

In time, the beacon could be a natural evolution of the guided missile program but the time can be shortened if a directive is issued for the establishment of the beacon. It is recognized that the beacon has military significance in view of the intercontinental guided missile programs actively pursued by many nations.

The beacon will not represent a major item of expense. As the engineering work on the first and second stages are well underway and certainly there is complete familiarity with the guidance system it appears that the only major item of expense would be the engineering and construction of the third and fourth stages. As these are tiny compared to the larger stages already available this cost should be a minor one.

The speaker believes that the entire project could consummated for less than $ 10 million which is the cost of a single B–52. This is also less than 1 percent of the 1953 guided missile budget. It is also certain that with guided missile activity highly accelerated the percentage cost will drop still further. In time, the project may take 3 or 4 years. Here again it is difficult to estimate the exact time because most of the knowledge required to arrive at this is shrouded by security measures.

As this project will be a self-amortizing one, for the money it will save on long range surveys will in time more than pay for its establishment, it is hoped that in the near future some organization will be permitted to fully investigate the establishment of the beacon and then be given the task of making it materialize.

Reference

1. L. Spitzer, Jr., Perturbations of a Satellite Orbit. J. Brit. Interplan. Soc. 9, 131 (1950).

Die „Neo-Ideographie" als Mittel zur Verständigung für künftige Beziehungen mit anderen Planeten[1]

(Kurzfassung)

Von

R. V. Dyrgalla, Buenos Aires[2], SAI

(Mit 3 Abbildungen)

Die „Neo-Ideographie" stellt den Versuch einer neuartigen Schriftsprache dar, in der Ideen und abstrakte Begriffe graphisch zum Ausdruck gebracht werden.

Diese durch einen universellen Charakter gekennzeichnete „Bild-Graphik" ermöglicht das Erfassen abstrakter Gedanken, die sich nicht ohne weiteres ins Wahrnehmbare übertragen lassen und deshalb für die meisten Menschen schwer wiederzugeben sind.

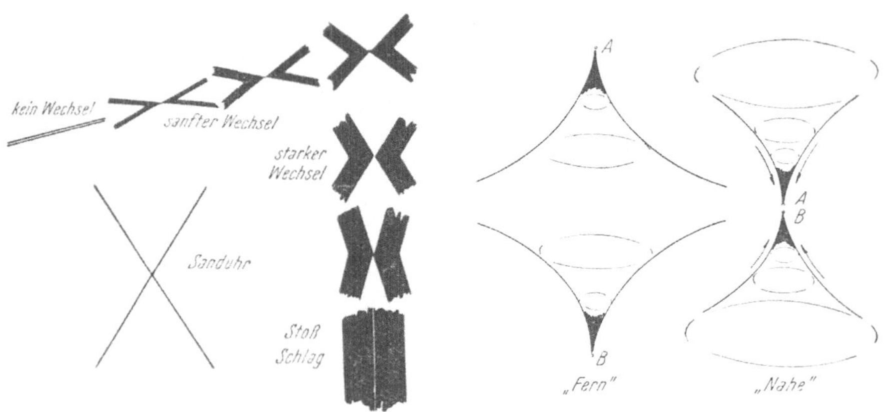

<table>
<tr><td>Abb. 1. Das stufenweise Ansteigen der Intensität eines Wechsels.</td><td>Abb. 2. Der Begriff von „Nah und Fern".</td></tr>
</table>

Unsere Welt besteht vorwiegend aus Geschehnissen, die wir als Folge von Wechselwirkungen, das heißt als dynamische Vorgänge wahrnehmen. Um diese nun graphisch darstellen zu können, brauchen wir außer den drei geometrischen Dimensionen noch die vierte, die zeitliche.

---

[1] Im Gegensatz zu der chinesischen und ägyptischen Ideographie stellt die „Neo-Ideographie" Vorgänge, Geschehnisse und Tätigkeiten als Funktion der Zeit (vierte Dimension) dar.

[2] La Lucila, Diaz Velez 2865, Buenos Aires, Argentina.

Weil die wesentlichste Charakteristik der Geschehnisse ihre Dynamik ist, tritt deren Bedeutung in den Vordergrund. Das Ablaufen der Vorgänge in der Zeit ist anschaulich in der bekannten Sanduhr wiedergegeben, die uns auch die Illustration des Begriffes „Wechsel" darstellt. Das stufenweise Ansteigen der Intensität eines Wechsels, das heißt der qualitative Übergang von einem Zustand in den anderen, wie auch z. B. Ursache — Wirkung, Frage — Antwort, stellen wir mittels der Sanduhr-Zeichnung dar, deren Seiten verschiedene Winkel einschließen (Abb. 1).

Als Beispiel eines typischen Wechsels ist der Begriff „Nahe-Fern" dargestellt (Abb. 2). Die Punkte *A* und *B* sind infolge der Konvergenz der Kurven sehr *nahe* und bei Umkehrung der Kurven sehr *weit* (*fern*) voneinander.

Dieser Begriff von „Nahe-Fern" kann auch benutzt werden, um die funktionelle Bedeutung der Brücke darzustellen (Abb. 3). Hier bestimmen die drei geometrischen Dimensionen ihre Gestaltung und Position im Raume. Mittels der vierten Dimension (der zeitlichen) wird durch das sehr nahe Zusammenbringen sehr entfernterDinge ein Wechsel ermöglicht.

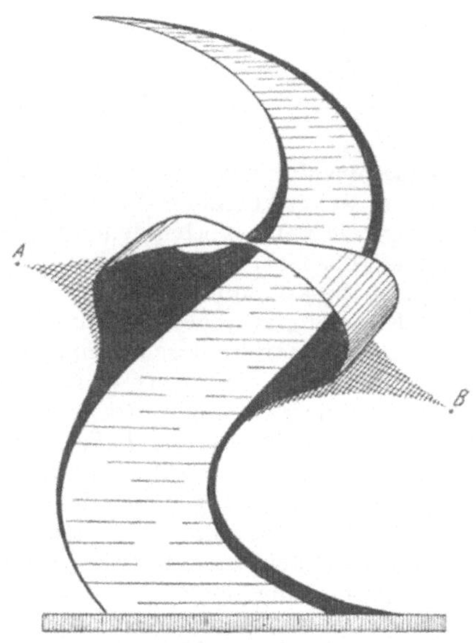

Abb. 3. Der Begriff der „Brücke".

In ähnlicher Form können vielerlei Gedankengänge zum Ausdruck gebracht, das heißt veranschaulicht werden.

Auf weitere Beispiele einzugehen ist in diesem Rahmen nicht möglich. Es möge der Hinweis genügen, daß die „Neo-Ideographie" einen Weg eröffnet, in Form einer Symbolsprache eine Ausdrucksmöglichkeit allgemeinster Verständlichkeit zu schaffen. Damit kommt sie auch als Mittel zur Verständigung mit außerirdischen Lebewesen in Frage, falls es solche gibt, was heute allerdings noch nicht bewiesen ist.

Über Strömungsvorgänge, die mit einer Verbrennung gekoppelt sind

Von

F. Cap, Innsbruck[1], ÖGfW

Zusammenfassung. In Raketendüsen treten Gasströmungen auf, die durch die in ihnen weiterlaufenden Verbrennungsvorgänge stark beeinflußt werden: Einerseits wird die Menge vorhandenen Gases durch die Verbrennung vermehrt und andererseits muß das Gas, das im Augenblick seiner Entstehung nur die Geschwindigkeit der Gasquelle besitzt, auf die örtliche Strömungsgeschwindigkeit beschleunigt werden. Diese Kopplung zwischen Strömungs- und Verbrennungsvorgängen bewirkt eine Abänderung der Strömungsgleichung und der Kontinuitätsgleichung.

Von mehreren Verfassern wurde bereits die Entropieänderung, die durch eine Verbrennung innerhalb einer Strömung verursacht wird, betrachtet. Der Vortragende verzichtet bewußt auf die Erfassung dieses sicherlich nicht zu vernachlässigenden Effektes und stellt in den Brennpunkt seiner Ausführungen nur die aus obigen Gründen erwähnten Abänderungen der Grundgleichungen.

Es zeigt sich, daß infolge der STOKESschen Reibungskraft die als feste oder flüssige Treibstoffpartikel gedachten Gasquellen sehr rasch die Geschwindigkeit des strömenden Mediums annehmen. Die sich ergebenden Änderungen der Strömungsgleichung und der Kontinuitätsgleichung, die für Zylinderkoordinaten und für eindimensionale Strömungen mit variablem Rohrquerschnitt angeschrieben werden, sind daher verhältnismäßig einfach.

Nach einer kurzen Diskussion des Verbrennungsgesetzes, welches die pro Zeit- und Volumseinheit infolge der Verbrennung neu hinzukommenden Gasmengen bestimmt, wird ein Verfahren zur Gewinnung der Charakteristiken des Systems angegeben. Für einen speziellen Fall werden diese Charakteristiken, auf denen graphische Lösungsverfahren aufgebaut werden können, explizit angegeben.

Einleitung und Problemstellung

In der Praxis des Düsenmotors, Raketenmotors usw. tauchen immer wieder Strömungsvorgänge auf, die mit Verbrennungserscheinungen gekoppelt sind. Die Verbrennung in der Brennkammer, im Raketenofen, ist fast immer unvollständig, die meist flüssigen, unverbrannten Treibstoffreste werden von der Strömung, die mit großer Geschwindigkeit erfolgt, mitgenommen und verbrennen, da sie sich auf der Entzündungstemperatur befinden, zum großen Teil noch während des Strömungsvorganges in der Düse oder sogar auch außerhalb der Düse. Deswegen wurden ja auch in manche Düsenmotoren Nachbrennvorrichtungen, meist Staustrahlrohre, eingebaut.

Wenn es sich darum handelt, bei einem technischen Vorgang die letzten Prozente an Wirkungsgrad aus dem Motor herauszuholen, so kann dies wohl nur durch ein Zurückgehen auf die exakte Theorie des Vorganges geschehen. Es soll deshalb im folgenden unter Verwendung vorausgegangener, sowohl publi-

---

[1] Institut für theoretische Physik der Universität, Innsbruck, Innrain 52, Österreich.

zierter als auch nicht publizierter Arbeiten des Verfassers versucht werden, eine möglichst umfassende Theorie dieser Erscheinungen aufzubauen.

Im Rahmen dieser Arbeit wollen wir nur Düsenströmungen (Turbomotoren verschiedener Art, Raketenmotoren) behandeln, also zweidimensionale rotationssymmetrische Strömungen, und zwar der mathematischen Schwierigkeiten wegen (es können nur zwei Geschwindigkeitskomponenten durch das graphische Charakteristikenverfahren erfaßt werden) Strömungen *ohne* Drall. — Bei jedem Verbrennungsvorgang wird bekanntlich die Entropie größer; dieser Effekt müßte in einer genauen Theorie berücksichtigt werden. Ansätze hiezu sind bereits vorhanden [11, 12].

Wenn sich jedoch die Entropie ändert, ist der Strömungsvorgang nicht mehr adiabatisch, nach der Wirbelgleichung von Crocco treten Wirbel auf. Man ist dann nicht mehr in der Lage, Potentialströmung zu treiben und dieses im folgenden beschriebene Verfahren anzuwenden. Man kann jedoch auch dann ein Charakteristikenverfahren heranziehen [11], nämlich die Theorie der Charakteristiken eines Systems von Differentialgleichungen erster Ordnung.

Auf die Formulierung der hier dargestellten Theorie in dieser Art, also *mit* Berücksichtigung der Entropieänderung während des Strömungsvorganges, soll in einer späteren Arbeit eingegangen werden. In der Innenballistik, wo die hier besprochenen Effekte eine große Rolle spielen, ändert sich die Entropie im Rohr bis zu 50% und mehr, bei den hier besprochenen Düsenströmungen mit Verbrennung eines flüssigen Treibstoffes hingegen dürfte die Entropieänderung infolge der Verbrennung nicht so groß ausfallen, und sie soll daher in erster Annäherung vernachlässigt werden. Ob die bisher übliche Vernachlässigung des Verbrennungsvorganges während der Strömung (im Sinne der Mitbewegung der später definierten „Gasquellen" und der Vermehrung des strömenden Mediums) ein kleinerer Fehler ist als die Vernachlässigung der Entropieänderung, vermag natürlich nur durch eine Anwendung der vollen Theorie auf praktische Beispiele entschieden werden.

Auch Wärmeleitungsvorgänge und Erscheinungen der inneren Reibung müssen, um eine adiabatische Strömung zu erhalten, zunächst vernachlässigt werden, obwohl auch in dieser Hinsicht bereits verheißungsvolle Ansätze bestehen [6].

Die Schwere kann wegen der geringen Dichte der Gase sicher vernachlässigt werden, im übrigen bietet die Einführung der Schwereeffekte keine Schwierigkeiten, da das Schwerefeld ein Potentialfeld ist [9].

Auch die Erweiterung, daß sich das Strömungsmedium nicht wie ein ideales Gas verhalten soll, bietet keine besonderen Schwierigkeiten. Sie wird durch die Einführung der „Schallfunktion" h ermöglicht. Man könnte sogar daran denken, durch Heranziehung einer besonders gewählten Zusatzgleichung auch die Dissoziationserscheinungen in der Düse zu berücksichtigen, auf deren Bedeutung schon Sänger [10] hingewiesen hatte.

Strömung und Verbrennung beeinflussen einander gegenseitig. Wir erfassen zunächst:

Die Wirkung der Verbrennung auf die Strömung

Diese besteht darin, daß:

1. Die Masse des Strömungsmediums vermehrt wird, es treten „Gasquellen" auf. Unter Gasquellen verstehen wir solche feststehende oder mit der Strömung bewegte Raumpunkte, „in denen Strömungsmedium entsteht", das heißt zur Strömung neu hinzukommt. Die Gasquellen sind in unserem Fall mit den Treib-

stoffpartikeln, bzw. Tröpfchen identisch. *Es muß daher die Kontinuitätsgleichung des Strömungsmediums abgeändert werden.*

2. Falls die Geschwindigkeit, mit der sich die Gasquellen bewegen, nämlich v', nicht gleich ist der Strömungsgeschwindigkeit des Mediums, muß das Druckgefälle der Strömung für die ruckweise Beschleunigung des eben entstandenen neuen Gases aufkommen, *es muß daher auch die Strömungsgleichung abgewandelt werden* [1, 3].

Umgekehrt beeinflußt auch die Strömung den Verbrennungsvorgang

1. Durch die Strömung wird der Druck in der Umgebung der brennenden Treibstoffpartikel (Tröpfchen, Gasquellen allgemein) geändert. Da die Verbrennung der in Frage kommenden Treibstoffe als chemische Reaktion druckabhängig ist, wird auch die *Verbrennung beeinflußt* [3].

2. Die meisten „Verbrennungsgesetze" (die angeben, wieviel Treibgas unter bestimmten physikalischen und chemischen Umständen pro Sekunde aus dem Treibstoff entsteht) sind für ruhende Treibstoffe, bzw. ein konstantes Verbrennungsvolumen (oder ähnliche einschränkende Voraussetzungen) aufgestellt. Auch so kommt eine Änderung des Verbrennungsgesetzes zustande.

Wir werden also in den folgenden *Spezialfällen*, nämlich:

1. stationäre, rotationssymmetrische Strömung, teilweise mitgerissene Gasquellen;

2. stationäre, rotationssymmetrische Strömung, vollständig mitgerissene Gasquellen;

3. instationäre eindimensionale Strömung („Fadenströmung") mit veränderlichem Querschnitt (Düse!) mit teilweise mitgerissenen Gasquellen;

4. instationäre eindimensionale Strömung mit variablem Querschnitt mit vollständig mitgenommenen Gasquellen;

unter *Vernachlässigung* von:

innerer Reibung; Wärmeleitung; Entropieänderung infolge Verbrennung; Wirbeln,

— also unter Annahme einer adiabatischen isentropischen Potentialströmung — (Charakteristikentheorie der hyperbolischen Differentialgleichung zweiter Ordnung), unter Vernachlässigung der Schwerkraft sowie unter Vernachlässigung der Tatsache, daß die in der Natur vorkommenden Strömungsvorgänge dreidimensional sind — zu untersuchen haben,

I. wie die Gasquellen mitgerissen werden können;

II. wie die Strömungsgleichung und Kontinuitätsgleichung abzuändern sind;

III. wie sich die Annahme eines nicht idealen Gases auswirkt;

IV. wie das Verbrennungsgesetz abzuändern ist, und

V. wie aus den geänderten Gleichungen die Potentialgleichung abzuleiten ist und wie auf Grund der LEGENDRE-transformierten Potentialgleichungen praktisch brauchbare reelle Charakteristiken gewonnen werden können, auf denen ein graphisches Lösungsverfahren aufgebaut werden kann (einschließlich Anfangs- und Randbedingungen).

I. Über das Mitreißen der Gasquellen

Gasquellen werden in den meisten Fällen feste oder flüssige Treibstoffteilchen mit einer konstanten Teilchendichte $\tilde{\varrho}$ sein. Hingegen ist $\bar{\varrho}$, Treibstoff in g/cm³, keineswegs konstant, was in früheren Arbeiten übersehen worden ist. Gasförmige Treibstoffe sind nach der hier vorgebrachten Theorie kaum zu behandeln und werden Gegenstand einer weiteren Arbeit sein.

Sei m die mittlere Masse des Treibstoffteilchens, so wird, wenn wir in erster Näherung für feste und flüssige Teilchen Kugelgestalt (mit dem mittleren Radius a) voraussetzen, gelten

$$m = \frac{4\,\pi}{3}\,a^3\,\tilde{\varrho}. \qquad\qquad (\mathrm{I},\ 1)$$

Die Bewegungsgleichung lautet

$$m\,\frac{dv'}{dt} = \sum_i \mathfrak{K}_i. \qquad\qquad (\mathrm{I},\ 2)$$

Es wirken folgende Kräfte:

1. Die *Druckkraft*

$$\mathfrak{K}_D = - \oiint p\,df$$

(p der aerodynamische Druck. Das Oberflächenintegral ist über die Oberfläche der Gasquelle zu nehmen, das Minuszeichen kommt von der nach außen orientierten Normalen.)

2. Die *Stokessche Reibungskraft*

$$\mathfrak{K}_{St} = -\,6\,\pi\,\eta\,a\,(v - v'),$$

wo η der innere Reibungskoeffizient des Gases (wäre der Voraussetzung nach eigentlich Null zu setzen) und v die Strömungsgeschwindigkeit des Mediums ist.

Da $\oiint p\,df$ nach dem Satz von Gauss gleich $\iiint\limits_{Vol.} \operatorname{grad} p\,d\tau$ ist, folgt, wenn man für $\iiint \operatorname{grad} p\,d\tau$ längs der als klein angesehenen Gasquellen den konstanten Vektor $\mathfrak{g}$ setzt,

$$m\,\frac{dv'}{dt} = -\,6\,\pi\,\eta\,a\,(v - v') - \frac{4\,\pi}{3}\,a^3\,\pi\,\mathfrak{g} \qquad\qquad (\mathrm{I},\ 2')$$

oder mit (I, 1)

$$a^2\,\tilde{\varrho}\,\frac{dv'}{dt} = \frac{9}{2}\,\eta\,(v - v') - a^2\,\mathfrak{g}. \qquad\qquad (\mathrm{I},\ 2'')$$

Da wir v noch nicht kennen, ist eine Integration von (I, 2″) nur zusammen mit der Strömungsgleichung möglich. Wir können aber umformen:

Es gilt für $(v - v')$, den Geschwindigkeitsunterschied zwischen Gasquellen und dem Strömungsmedium,

$$(v - v') = -\,a^2\,\mathfrak{g}\,\frac{2}{9\,\eta} - \frac{2}{9\,\eta}\,a^2\,\tilde{\varrho}\cdot\frac{dv'}{dt}. \qquad\qquad (\mathrm{I},\ 3)$$

woraus wir sehen, daß die Gasquellen umsomehr mitgerissen werden, *einerseits je kleiner a ist* (desto kleiner ist bei gleichem $\overline{\varrho}$ auch m und desto kleiner ist auch $\mathfrak{g}$ — und zwar folgt mit einem linearen Druckgradienten $\mathfrak{g} = \alpha\,a$ quadratische Abhängigkeit von a), *anderseits je größer die Zähigkeit η des Gases ist.*

Es gilt also

$$\lim_{a\to 0}(v - v') = 0 \text{ von zweiter Ordnung.} \qquad\qquad (\mathrm{I},\ 4)$$

Wenn wir andere Effekte „zweiter Ordnung", wie Entropieänderung, innere Reibung usw. vernachlässigen, können wir also immer von $v = v'$, das heißt vollständigem Mitgenommenwerden der Gasquellen ausgehen und die Fälle 1 und 2, 3 und 4 werden identisch. Der Vollständigkeit halber wollen wir jedoch alle Fälle betrachten, und zwar 1 und 3, denn 2 und 4 gehen aus 1 und 3 durch den Prozeß (I, 4) hervor.

Wir brauchen also nur 1 und 3 betrachten, um im wesentlichen die Gesetzmäßigkeiten der Fälle 1 bis 4 in Händen zu haben.

II. Die Abänderung der Strömungsgleichung und der Kontinuitätsgleichung

Sei D eine stetige Funktion des Ortes (und der Zeit im instationären Fall), die angäbe, wieviel Gramm neues Strömungsmedium pro cm³ Strömungsraum und pro Sekunde zur Strömung hinzutritt (wir nennen D die Quellfunktion), so muß das Druckgefälle für die ruckweise Beschleunigung dieser Gasmenge von v' auf v Sorge tragen.

Es gilt dann:

Spezialfall 1. (r, x sind übliche Zylinderkoordinaten, wegen der Form der Strömungsgleichung s. z. B. bei MÜLLER [15])

$$\varrho u \frac{\partial u}{\partial r} + \varrho v \frac{\partial u}{\partial x} + \frac{\partial p}{\partial r} = -D(x, r) \cdot (u - u')$$

$$\varrho u \frac{\partial v}{\partial r} + \varrho v \frac{\partial v}{\partial x} + \frac{\partial p}{\partial x} = -D(x, r) \cdot (v - v') \tag{II, 1}$$

$$(\varrho = \text{Gasdichte}, \qquad u = |v_r|, \qquad v = |v_x|).$$

Für die Kontinuitätsgleichung des Strömungsmediums gilt:

$$v \frac{\partial \varrho}{\partial x} + \varrho \frac{\partial v}{\partial x} + \frac{1}{r} \varrho u + u \frac{\partial \varrho}{\partial r} + \varrho \frac{\partial u}{\partial r} = D(x, r), \tag{II, 2}$$

während für die durch die Gasquellen dargestellte Masse gilt:

$$v \frac{\partial \overline{\varrho}}{\partial x} + u \frac{\partial \overline{\varrho}}{\partial r} + \overline{\varrho} \frac{\partial v'}{\partial x} + \frac{1}{r} \overline{\varrho} u' + \overline{\varrho} \frac{\partial u'}{\partial r} = -D(x, r), \tag{II, 3}$$

oder für die Gesamtmasse:

$$v \frac{\partial \varrho}{\partial x} + \varrho \frac{\partial v}{\partial x} + \frac{1}{r} \varrho u + u \frac{\partial \varrho}{\partial r} + \varrho \frac{\partial u}{\partial r} + v' \frac{\partial \overline{\varrho}}{\partial x} + u' \frac{\partial \overline{\varrho}}{\partial r} + \overline{\varrho} \frac{\partial v'}{\partial x} + \frac{1}{r} \overline{\varrho} u' + \overline{\varrho} \frac{\partial u'}{\partial r} = 0.$$

Dazu kommt noch (I, 2') als Bewegungsgleichung der Gasquellen.

Man könnte im Zweifel sein, ob die Beschleunigungsglieder der Gasquellen nicht schon in (II, 1) einzutragen wären, da dasselbe Druckgefälle für die Bewegung sowohl des Strömungsmediums als auch der Gasquellen verantwortlich ist. Die Versuche von GASTERSTÄDT [13, 14] über den pneumatischen Transport von Weizen sprechen eher für eine Berücksichtigung schon in (II, 1), denn Schwebekörper in der Strömung (Weizenkörner, bzw. Gasquellen) erhöhen in *Rohren* die Widerstandsziffer λ. Insbesondere dürfte $v - v'$ auch von $\varrho/\overline{\varrho}$ abhängen (s. PRANDTL [14]), was auch für den folgenden Ansatz sprechen würde:

$$\overline{\varrho} u' \frac{\partial u'}{\partial r} + \overline{\varrho} v' \frac{\partial u'}{\partial x} + \varrho u \frac{\partial u}{\partial r} + \varrho v \frac{\partial u}{\partial x} + \frac{\partial p}{\partial r} = -D(u - u') + R_r$$

$$\overline{\varrho} u' \frac{\partial v'}{\partial r} + \overline{\varrho} v' \frac{\partial v'}{\partial x} + \varrho u \frac{\partial v}{\partial r} + \varrho v \frac{\partial v}{\partial x} + \frac{\partial p}{\partial x} = -D(v - v') + R_x. \tag{II, 4}$$

Würde man hier, um zu *Spezialfall 2* zu kommen, $v = v'$ setzen, so erhielte man mit $\overline{\varrho} + \varrho = \varrho^*$ und $(R = 0)$

$$\varrho^* u \frac{\partial u}{\partial r} + \varrho^* v \frac{\partial u}{\partial x} + \frac{\partial p}{\partial r} = 0,$$

$$\varrho^* u \frac{\partial v}{\partial r} + \varrho^* v \frac{\partial v}{\partial x} + \frac{\partial p}{\partial x} = 0,$$

(II, 5)

also die „ungestörte Strömung" eines Mediums mit der „Mischdichte" ϱ^*, während aus (II, 1) eine durch die Anwesenheit von Gasquellen *völlig* ungestörte Gasströmung folgen würde. Dies spricht also sehr gut für (II, 4) statt (II, 1). Für die Kontinuitätsgleichung ergibt sich bei der zweiten Auffassung [die der Addition von (II, 2) und (II, 3) entspricht] keine Änderung; im Spezialfall 2 ergäbe sich entweder (II, 2) und (II, 3) *ungeändert*, oder nach Addition

$$v \frac{\partial \varrho^*}{\partial x} + \varrho^* \frac{\partial v}{\partial x} + \frac{1}{r} \varrho^* + u \frac{\partial \varrho^*}{\partial r} + \varrho^* \frac{\partial u}{\partial r} = 0,$$

(II, 6)

also die Massenerhaltung eines „gemischten" Mediums.

Für die Reibungskraftkomponenten R_r und R_x wird man den Ansatz

$$R_r = a\,(u - u'),$$

$$R_x = a\,(v - v')$$

(II, 7)

machen können, wo a eine von der „Größe a" der Gasquellen und der inneren Reibung des Gases abhängige Konstante ist.

Wir wollen (II, 4), (II, 2) und (II, 3) als die richtigen Gleichungen im Spezialfall 1, (II, 5) und (II, 6) im Spezialfall 2 ansehen.

Im *Spezialfall 3* beginnen wir mit der Ableitung der Kontinuitätsgleichung. Es sei $F(x)$ der veränderliche Düsenquerschnitt, $f_1(x)$ die Strömungsfläche des Gases, $f_2(x)$ des Treibstoffes. [Im Fall 1 war eine solche Unterscheidung nicht notwendig, da es sich um eine echte zweidimensionale Strömung handelte. Man kann zeigen, daß (II, 2) und (II, 3) auch dann exakt gelten, wenn man zwischen dem Strömungsvolumen V_1 des Gases mit der Oberfläche f_1 und dem Strömungsvolumen V_2 des Treibstoffes mit der Oberfläche f_2 unterscheidet. Aber es ist eben $F = f_1 + f_2$ nicht definiert, in diesem Falle aber schon.]

Es gilt für das *Treibgas*:

$$\frac{d}{dt} \int_{V_1} \varrho\, f_1\, dx + \int_{V_1} \operatorname{div}\,(\varrho\, f_1\, v)\, dx - \int_{V_1} D\, f_1\, dx = 0$$

und für den *Treibstoff*

$$\frac{d}{dt} \int_{V_2} \overline{\varrho}\, f_2\, dx + \int_{V_2} \operatorname{div}\,(\overline{\varrho}\, f_2\, v')\, dx + \int_{V_2} D\, f_2\, dx = 0.$$

Ferner ist $f_1(x) + f_2(x) = F(x)$ und wohl $f_1 \gg f_2$; es folgt daraus:

$$\frac{\partial \varrho}{\partial t} f_1 + \frac{\partial \varrho}{\partial x} v\, f_1 + \varrho\, \frac{\partial f_1}{\partial x} v + \varrho\, f_1 \frac{\partial v}{\partial x} - D\, f_1 = 0$$

(II, 8)

und

$$\frac{\partial \overline{\varrho}}{\partial t} f_2 + \frac{\partial \overline{\varrho}}{\partial x} v'\, f_2 + \overline{\varrho}\, \frac{\partial f_2}{\partial x} v' + \overline{\varrho}\, f_1 \frac{\partial v'}{\partial x} + D\, f_2 = 0,$$

(II, 9)

und weiter

$$\frac{\partial \varrho}{\partial t} + \frac{\partial \varrho}{\partial x} v + \varrho\, \frac{\partial v}{\partial x} + \varrho\, v\, \frac{\partial \ln f_1(x)}{\partial x} = D,$$

(II, 10)

$$\frac{\partial \overline{\varrho}}{\partial t} + \frac{\partial \overline{\varrho}}{\partial x} v + \overline{\varrho}\, \frac{\partial v'}{\partial x} + \overline{\varrho}\, v'\, \frac{\partial \ln f_2(x)}{\partial x} = - D.$$

(II, 11)

Für die Strömungsgleichung erhält man:

$$\varrho\,\frac{\partial v}{\partial t} + \varrho\,v\,\frac{\partial v}{\partial x} + \overline{\varrho}\,\frac{\partial v'}{\partial t} + \overline{\varrho}\,v'\,\frac{\partial v'}{\partial x} + \frac{\partial p}{\partial x} = -D\,(v-v') + R; \qquad (\text{II},\ 12)$$

gehen wir nun durch $v = v'$ $(R = 0)$ zum *Spezialfall 4* über, so wird mit $\varrho^* = \varrho + \overline{\varrho}$, $f_1 \gg f_2$, $f_1 \sim F$

$$\frac{\partial \varrho^*}{\partial t} + \frac{\partial \varrho^*}{\partial x}\,v + \varrho^*\,\frac{\partial v}{\partial x} + \varrho^*\,v\,\frac{\partial \ln F}{\partial x} = 0, \qquad (\text{II},\ 13)$$

$$\varrho^*\,\frac{\partial v}{\partial t} + \varrho^*\,v\,\frac{\partial v}{\partial x} + \frac{\partial p}{\partial x} = 0, \qquad (\text{II},\ 14)$$

also wieder die Strömung eines „Mischmediums".

Streng genommen müßte auch (II, 2) die Glieder $\varrho\,f_1$ und $\overline{\varrho}\,f_2$ enthalten und man würde für $f_1 \gg f_2$, $f_1 \sim F$ auf

$$\varrho\,\frac{\partial v}{\partial t} + \varrho\,v\,\frac{\partial v}{\partial x} + \frac{\partial p}{\partial x} = 0 \qquad (\text{II},\ 15)$$

geführt werden. Im allgemeinen ist also der *mechanische* Effekt der Theorie gering. Der Einfluß der Verbrennung auf die Strömung ist vernachlässigbar, bzw. durch eine Mischdichte erfaßbar. Für die Praxis werden die folgenden Gleichungen genügen [(II, 15) und (II, 16)]:

$$\frac{\partial \varrho}{\partial t} + \frac{\partial \varrho}{\partial x}\,v + \varrho\,\frac{\partial v}{\partial x} + \varrho\,v\,\frac{\partial \ln F\,(x)}{\partial x} = D, \qquad (\text{II},\ 16)$$

denn man kann wohl immer $v = v'$ annehmen, und dann sind auch die Glieder mit $\overline{\varrho}$ vernachlässigbar.

Da die instationäre eindimensionale Strömung mit variablem Querschnitt nur eine Annäherung darstellt, hat es wohl wenig Sinn, die feineren Effekte mit $\overline{\varrho}, v \neq v'$ zu berücksichtigen.

III. Beliebiges Gas

An Stelle der sonst üblichen Druckfunktion $P = \displaystyle\int \frac{dp}{\varrho\,(p)_{adiab.}}$ verwenden wir [2] die Schallfunktion $h = \displaystyle\int \frac{dp}{(a\,\varrho)_{adiab.}}$. Da adiabatisches Verhalten vorausgesetzt ist, gilt $a^2 = \left(\dfrac{dp}{d\varrho}\right)_{adiab.}$, weiter $h = \displaystyle\int \frac{a\,d\varrho}{\varrho}$, $P = \displaystyle\int \frac{a^2\,d\varrho}{\varrho}$ und daraus

$$\frac{dP}{dt} = a\,\frac{dh}{dt}. \qquad (\text{III},\ 1)$$

IV. Das Verbrennungsgesetz

Die Verbrennung eines Treibstoffes ist eine Oxydation, meist von C und H zu deren Oxyden. Der Kohlenwasserstoff wird meist vor der Verbrennung dissoziiert, so daß wir näherungsweise die Oxydation von C und H getrennt berechnen können.

Wenn wir bloß die Oxydation des Wasserstoffs untersuchen, so gilt das Massenwirkungsgesetz

$$\frac{[\mathrm{H}]^2\,[\mathrm{O}]}{[\mathrm{H_2O}]} = k\,(T),$$

wo die eckigen Klammern die Konzentrationen (Partialdrucke) bedeuten. Man kann daraus ableiten, daß näherungsweise für die pro Sekunde durch Verbrennung erzeugte Treibgasmenge ein schon in der Ballistik bekanntes Gesetz gilt, das Gesetz von CHARBONNIER-SCHMITZ-MURAOUR [3]:

$$D = A + B \cdot p, \qquad\qquad (IV, 1)$$

das heißt der Massenzuwachs an Treibgas sei in roher Annäherung eine lineare Funktion des Druckes.

Im allgemeinen Fall wird D eine experimentell zu bestimmende Funktion von p und wohl auch von T, der Temperatur, sein (so die Verbrennung nicht bei konstanter Temperatur erfolgt). Diese Funktion

$$D(p, T) = D(x, y, t)$$

wird experimentell durch Verbrennung eines Treibstoffgemisches in einer Verbrennungsbombe mit konstantem Volumen zu bestimmen sein. D wird man aus dem zeitlichen Druck- und Temperaturanstieg zu ermitteln haben. Da p von der Strömung abhängt, wirkt die Strömung auf die Verbrennung ein, es ist in (IV, 1) der jeweilige örtliche Druck einzusetzen. Da in der Strömung die Verbrennung nicht bei konstantem Volumen erfolgt, wird die Funktion D noch eine Korrektur erfahren müssen, die früher angedeutet wurde. Dort finden sich auch nähere Angaben über die Funktion D.

V. Die Charakteristiken

Es soll nun noch abschließend gezeigt werden, wie man in zwei praktisch wichtigen Fällen zu den Charakteristiken gelangt, auf denen man ein graphisches Lösungsverfahren aufbauen kann.

a) *Rotationssymmetrische stationäre Strömung mit völliger Mitführung der Quellen.* Es gilt, wenn man in grober Vernachlässigung $\overline{\varrho} = 0$ setzt:

$$\varrho\, u\, \frac{\partial u}{\partial r} + \varrho\, v\, \frac{\partial u}{\partial x} + \frac{\partial p}{\partial r} = 0, \qquad\qquad (V, 1)$$

$$\varrho\, u\, \frac{\partial v}{\partial r} + \varrho\, v\, \frac{\partial v}{\partial x} + \frac{\partial p}{\partial x} = 0, \qquad\qquad (V, 2)$$

$$v\, \frac{\partial \varrho}{\partial x} + \varrho\, \frac{\partial v}{\partial x} + \frac{1}{r}\, \varrho\, u + u\, \frac{\partial \varrho}{\partial r} + \varrho\, \frac{\partial u}{\partial r} = D. \qquad\qquad (V, 3)$$

Ein Vorintegral von (V, 1), (V, 2) gibt die stationäre BERNOULLI-Gleichung

$$1/2\, v^2 + P = 0$$

oder mit $v\, dv + a\, dh = 0$

$$v\, dv + \frac{a^2\, d\varrho}{\varrho} = 0,$$

also

$$\left.\begin{aligned}
\frac{1}{\varrho}\, \frac{\partial \varrho}{\partial x} &= -\frac{1}{a^2}\left(v\, \frac{\partial v}{\partial x} + u\, \frac{\partial u}{\partial x}\right) \\[2mm]
\frac{1}{\varrho}\, \frac{\partial \varrho}{\partial r} &= -\frac{1}{a^2}\left(v\, \frac{\partial v}{\partial r} + u\, \frac{\partial u}{\partial r}\right)
\end{aligned}\right\}, \qquad\qquad (V, 4)$$

womit aus (V, 3) folgt

$$\begin{aligned}
-v\, \frac{1}{a^2}\left(v\, \frac{\partial v}{\partial x} + u\, \frac{\partial u}{\partial x}\right) + \frac{\partial v}{\partial x} + \frac{1}{r}\, u + \\[2mm]
-u\, \frac{1}{a^2}\left(v\, \frac{\partial v}{\partial r} + u\, \frac{\partial u}{\partial r}\right) + \frac{\partial u}{\partial r} = q; \quad q = \frac{D}{\varrho}.
\end{aligned} \qquad\qquad (V, 5)$$

Durch Verwendung eines Geschwindigkeitspotentials (Legendre-Transformation) erhält man eine nichtlineare Differentialgleichung zweiter Ordnung, die bis auf das Glied mit q mit der Sauerschen Differentialgleichung der rotationssymmetrischen stationären Strömung übereinstimmt [7] und so wie diese weiter zu behandeln ist. Für $q = 0$ erhält man genau die Sauerschen Charakteristiken des zweidimensionalen statischen Falles.

Läßt man $\overline{\varrho} \neq 0$, so hat man von (II, 5) und (II, 6) auszugehen:

$$\frac{1}{2} v^2 + \int \frac{dP}{\varrho^*} = 0,$$

der Bernoulli-Gleichung des Mischmediums.

Sonst ist der Weg formal genau der gleiche,

$$a^2 = \frac{dp}{d\varrho^*},$$

es folgt genau (V, 5). Die anderen thermodynamischen Eigenschaften des Mischmediums werden durch eine „Verbrennungsadiabate"

$$p = f(\varrho^*)$$

bestimmt, die man etwa so erhalten kann:

In den ersten Hauptsatz $dH - V\,dp = 0$ setzt man ein: $dH = \varrho V c_p + \overline{\varrho} c \cdot V$, wo c die spezifische Wärme des Treibstoffes unter Verwendung von

$$p = \frac{R}{M} T \varrho \qquad\qquad\qquad \text{(V, 6)}$$

($R = $ allgemeine Gaskonstante, $M = $ Molgewicht des Treibgases).

Kürzen durch V, Division durch $\varrho\,T$ ergibt mit

$$\frac{\varkappa - \dfrac{M c \lambda}{c_v}}{\left(1 - \dfrac{M c}{c_v}\lambda\right)} = n, \qquad \frac{p}{p_0} = \left(\frac{\varrho^*}{\varrho_0^*}\right)^n, \qquad\qquad \text{(V, 7)}$$

wobei man bemerken muß, daß mit $\lambda = \overline{\varrho}/\varrho$, dem Verhältnis Treibstoff : Treibgas, gilt

$$\varrho\,(1 + \lambda) = \varrho^* \qquad \frac{\varrho}{\varrho_0} = \frac{\varrho^*}{\varrho_0^*}.$$

Mit $\lambda = 0$ erhält man die Adiabate des idealen Gases. Handelt es sich um ein nicht ideales Gas, dann muß statt (V, 5) dessen Zustandsgleichung verwendet werden.

(V, 7) kann man als Polytrope ansprechen, deren Exponent von λ abhängig ist. Damit wird allerdings die Beziehung $a^2 = dp/d\varrho^*$ in Frage gestellt.

Im Falle

b) *eindimensionale instationäre Strömung mit variablem Querschnitt und völliger Mitführung der Quellen*, wo man von

$$\frac{\partial \varrho^*}{\partial t} + \frac{\partial \varrho^*}{\partial x} v + \varrho^* \frac{\partial v}{\partial x} + \varrho^* v \frac{\partial \ln F}{\partial x} = 0$$

und

$$\varrho^* \frac{\partial v}{\partial t} + \varrho^* v \frac{\partial v}{\partial x} + \frac{\partial p}{\partial x} = 0,$$

bzw.

$$\varrho \frac{\partial v}{\partial t} + \varrho v \frac{\partial v}{\partial x} + \frac{\partial p}{\partial x} = D$$

auszugehen hätte, kann man den analogen Weg verfolgen.

Für $p\,(\varrho^*)$ gilt (V, 7).

Man kann aber auch so vorgehen:

$$\frac{\partial v}{\partial t} + v\,\frac{\partial v}{\partial x} + \frac{1}{\varrho}\,\frac{\partial p}{\partial x} = 0,$$

$$\frac{1}{\varrho}\,\frac{\partial \varrho}{\partial t} + \frac{1}{\varrho}\,\frac{\partial \varrho}{\partial x}\cdot v + \frac{\partial v}{\partial x} + v\,\frac{\partial \ln F}{\partial x} = q \tag{II, 15}$$

und wegen $dp/\varrho = a\,dh$,

$$\frac{d\varrho}{\varrho} = \frac{1}{a}\,d\,h,$$

erhält man

$$\frac{\partial v}{\partial t} + v\,\frac{\partial v}{\partial x} + a\,\frac{\partial h}{\partial x} = 0,$$

$$\frac{\partial h}{\partial t} + v\,\frac{\partial h}{\partial x} + a\,\frac{\partial v}{\partial x} + a\,v\,\frac{\partial \ln F}{\partial x} = q\,a,$$

woraus man nach 1 a sofort

$$\frac{d}{dt}\,(v \pm h) \pm a\,v\,\frac{d\ln F\,(x)}{dx} = \pm\,q\,a \tag{V, 8}$$

als Gleichungen der Charakteristiken gewinnt.

Bezüglich des sich auf diesen aufzubauenden graphischen Verfahrens, s. das Streifenverfahren (Dissertation F. CAP, Universität Wien 1945, und unpublizierte Arbeiten) und das Stufenverfahren (HALLER [8] und SCHULTZ-GRUNOW [16]).

Für $q = 0$ erhält man die Charakteristiken von HALLER, für $q = 0$, $F = \text{const.}$, den üblichen eindimensionalen Strömungsfall.

Unstetige Strömungen (Verdichtungsstöße) treten nach Voraussetzung nicht auf, doch wären diese vermutlich durch Erweiterung der stationären zweidimensionalen und eindimensionalen instationären Stoßpolaren wohl auch zu erfassen.

Literaturverzeichnis

1. F. CAP, Acta Physica Austriaca **1**, 89 (1947).
2. F. CAP, Acta Physica Austriaca **2**, 224 (1948).
3. F. CAP, Österr. Ing.-Arch. **3**, 97 (1949).
4. F. CAP, Helvet. Physica Acta **21**, 505 (1948).
5. F. CAP, J. Chem. Physics **27**, 106 (1949).
6. FIAT-Rev. German Sci. Appl. Math. III, Mathematical Foundation of Fluid Mechanics, 1948: R. SAUER, Einführung in die theoretische Gasdynamik (s. [7], dort weitere Literatur, vgl. 2. Band, Paris: Gauthier-Villars, 1951).
7. R. SAUER, Einführung in die theoretische Gasdynamik, 2. Aufl. Berlin—Göttingen—Heidelberg: Springer, 1951.
8. P. DE HALLER, Sulzer techn. Rdsch. **1946**, 1, u. a.
9. Dissertation ERNST FISCHER, Universität Wien 1949 (Kavitation durch Ausscheidung gelöster Gase).
10. E. SÄNGER, Raketenflugtechnik. München: R. Oldenbourg, 1933.
11. C. CARRIÈRE, Internat. Mechanikerkongreß. London: 1949.
12. G. GUDERLEY, Nichtstationäre Gasströmung in dünnen Rohren veränderlichen Querschnittes. Deutsche Luftfahrtforschgs. Zentr. Wiss. Ber.-Wesen. Forsch.-Bericht 1744 (1942).
13. R. GASTERSTÄDT, VDI-Forschungsh. **265** (1924), S. 617.
14. L. PRANDTL, Führer durch die Strömungslehre, S. 295. Braunschweig: Vieweg, 1944.
15. F. MÜLLER, Mathematische Strömungslehre. Berlin: Springer, 1928.
16. F. SCHULTZ-GRUNOW, Forsch. Geb. Ingenieurwes., Ausg. A, **13**, 125 (1942).

Über die aerodynamische Erwärmung von kegelförmigen Flugkörpern im Bereich extrem hoher Machzahlen[1]

Von

H. Ruppe, Berlin–Charlottenburg[2], GfW

(Mit 6 Abbildungen)

Zusammenfassung. Es wird die Hauterwärmung für einen geraden, axial angeströmten Kreiskegel berechnet, und zwar getrennt für Kontinuums- und kinetischen Bereich. Die Abbildungen zeigen Fluggeschwindigkeiten in Abhängigkeit vom Luftdruck, wobei Hauttemperatur und (halber) Kegelöffnungswinkel als Parameter dienen. Eine Tabelle gibt unter anderem den Zusammenhang zwischen Luftdruck und Flughöhe.

I. Einleitung

Die Bewegung von Flüssigkeiten wird durch vier Gleichungen beschrieben:
1. Bewegungs- (meist STOKESsche) Gleichung;
2. Kontinuitätsgleichung;
3. Energiebilanz;
4. Zustandsgleichung.

Unbekannt: Geschwindigkeit v
Temperatur T
Dichte ϱ
Druck P

als Funktionen von Ort $\mathfrak{r}$ und Zeit t.

Charakteristische Flüssigkeitswerte:

ϱ: durch p, T festgelegt;

c_p, c_v (spezifische Wärmen): in gewissen Grenzen konstant;

μ (innere Reibung): praktisch nur T-abhängig:

$$\text{SUTHERLAND:} \quad \mu \sim \frac{T^{3/2}}{T + T_S} \quad \text{(wobei } T_S = 117^0 \text{ K für Luft),}$$

$$\text{Näherung:} \quad \frac{\mu}{\mu_0} \cong \left(\frac{T}{T_0}\right)^{\omega}, \quad \text{(wobei häufig } \omega = 0{,}8\text{).}$$

λ (Wärmeleitzahl): ähnlich μ, etwa $\lambda \sim \sqrt{T}$.

$$\sigma \text{ (PRANDTL-Zahl):} \quad \sigma = \frac{\mu\, c_p}{\lambda} \left(\text{im technischen System: } \sigma = g\, \frac{\mu\, c_p}{\lambda}\right).$$

---

[1] Diese Arbeit ist eine Kurzfassung der am Institut für theoretische Physik der Technischen Universität in Berlin durchgeführten Diplomarbeit. (Daraus erklärt sich die nicht durchlaufende Numerierung der mathematischen Gleichungen und die geringe Zahl der Literaturzitate.)

[2] Berlin-Charlottenburg 2, Schillerstraße 5, Deutschland.

σ ist dimensionslos, etwa (ähnlich c_p) konstant, für Luft (Normalbedingungen): 0,715.

Einteilung der Strömungslehre:

1. Hydrodynamik ($\varrho = $ const., $\mu = \lambda = 0$).

2. Hydraulik (wie 1, $\mu \neq 0$ durch Koeffizienten genähert).

3. Aerodynamik (ähnlich 1, $\mu \neq 0$ im allgemeinen nur in Grenzschichtnäherung berücksichtigt).

4. Gasdynamik ($\varrho = p/RT$, $\mu = \lambda = 0$).

5. Gasdynamik (feinere) (wie 4, doch $\mu \neq 0$, $\lambda \neq 0$ in Grenzschichtnäherung berücksichtigt).

6. Gaskinetik (freie Weglänge l der Molekel vergleichbar der Abmessung des betreffenden Körpers).

7. Rheologie (Nicht-Newtonsche Flüssigkeiten).

8. Feuergasdynamik (wie 4, 5, 6 — aber: chemische Veränderung des Mediums während der Strömung).

Die p, T-Abhängigkeit der jeweils vorkommenden Stoffwerte kann berücksichtigt sein: a) nicht; b) genähert; c) genau.

II. Grundgleichungen

Diese seien hier lediglich angeschrieben:

Navier-Stokessche Gleichung:

$$\varrho \, \frac{Dv}{Dt} = \varrho \left(\frac{\partial v}{\partial t} + v \, \mathrm{grad} \, v \right) = \Re - \mathrm{grad} \, p + \mu \, \Delta v + \frac{\mu}{3} \, \mathrm{grad} \, \mathrm{div} \, v. \tag{1}$$

Kontinuität:

$$\frac{\partial \varrho}{\partial t} + \mathrm{div} \, \varrho \, v = 0. \tag{2}$$

Bei Zylindersymmetrie, x-Achse $=$ Symmetrieachse:

$$\frac{\partial \varrho}{\partial t} + \frac{1}{y} \left[\frac{\partial}{\partial x} (\varrho \, U \, y) + \frac{\partial}{\partial y} (\varrho \, V \, y) \right] = 0; \quad v = v(U, V, W). \tag{2 a}$$

Energiebilanz:

$$g \, \varrho \, \frac{D}{Dt} \, c_p \, T = \frac{D}{Dt} \, P + \mathrm{div} \, \lambda \, \mathrm{grad} \, T + \mu \, \Phi, \tag{3}$$

$$\Phi = 2(U_x{}^2 + V_y{}^2 + W_z{}^2) + (V_x + U_y)^2 + (W_y + V_z)^2 +$$

$$+ (U_z + W_x)^2 - \frac{2}{3} (U_x + V_y + W_z)^2$$

$$\left(\text{Inkompressibel:} \quad \frac{D}{Dt} \, P \equiv 0 \right).$$

Unter Benutzung des Entropiebegriffes S schreibt sich (3):

$$g \, \varrho \, T \, \frac{D}{Dt} \, S = \mathrm{div} \, \lambda \, \mathrm{grad} \, T + \mu \, \Phi. \tag{4}$$

Als Zustandsgleichung wurde diejenige für ideale Gase verwendet:

$$p = g \, \varrho \, R \, T. \tag{22}$$

III. Gasdynamik

Um die Umströmung des Kegels außerhalb der Grenzschicht zu finden, seien einige Ergebnisse der (einfacheren) Gasdynamik angeführt:

1. Axial angeströmter Kegel

Es bildet sich eine von der Kegelspitze ausgehende Stoßfront aus; für $\Theta < 40^0$ und Mach-Zahlen $M > 2$ ist diese nicht abgelöst.

Dann gilt

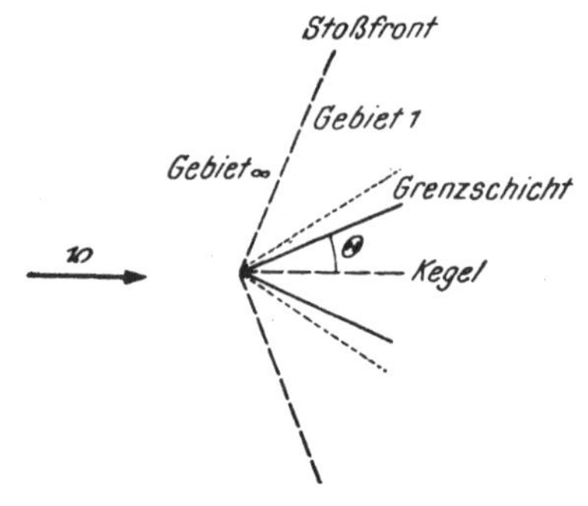

Abb. 1. Zur Benennungsweise bei der Kegelströmung.

$$\frac{p_1 - p_\infty}{\frac{1}{2}\varrho_\infty \, v_\infty{}^2} = C_p\,(\Theta, M), \qquad (14)$$

$$\frac{|v_1|}{\sqrt{v_\infty{}^2 + 2\,g\,c_p\,T_\infty}} = C_v(\Theta, M), \qquad (15)$$

wobei C_p, C_v in der Literatur [1, 2] zu finden sind.

$$\left(\text{Bekanntlich: } M = \frac{|v|}{a},\right.$$

$$\left. a^2 = g\,k\,\frac{\mathfrak{R}}{m}\,T, \qquad k = c_p/c_v\right).$$

2. Schräge Anströmung

Solange der Anströmwinkel $\leqslant 1^0$ ist, gelten obige Ergebnisse.

IV. Grenzschichten

Das System der Gln. (1), (2), (3), (22) ist bekanntlich im allgemeinen nicht lösbar. — Prandtl hat gezeigt (1904), daß die innere Reibung bei Flüssigkeitsbewegungen nur in der unmittelbaren Nähe von Wänden eine Rolle spielt (Grenzschicht). Dort aber kann man wegen der Dünnheit der Schicht ein vereinfachtes Gleichungssystem benutzen.

Außerhalb der Grenzschicht verwendet man die Methoden der Gasdynamik.

Grenzschichtgrundgleichungen:

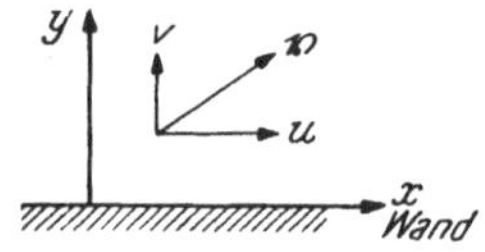

Abb. 2. Zur Benennung bei der Grenzschichtströmung.

Ausgangspunkt: (1), (2), (3), (22).

Voraussetzungen: Zweidimensional (eben), stationär, äußere Kräfte $\mathfrak{K} = 0$,

große Reynolds-Zahl $\mathrm{Re} = \dfrac{|v|\,L}{\nu}$,

$$\nu = \frac{\mu}{\varrho}.$$

Ergebnisse:

$$\varrho(U\,U_x + V\,U_y) = -p_x + (\mu\,U_y)_y, \qquad (37)$$

$$p_y = 0, \qquad (38)$$

$$(p\,U)_x + (p\,V)_y = 0, \qquad (39)$$

$$g\,\varrho\,c_p\,(U\,T_x + V\,T_y) - p_x\,U = \mu\,U_y{}^2 + (\lambda\,T_y)_y = \qquad (40)$$

$$= g\,\varrho\,c_v(U\,T_x + V\,T_y) + p(U_x + V_y), \qquad (40\,a)$$

$$p = g\,\varrho\,R\,T, \qquad (22)$$

$$\mu = \mu(T), \qquad \lambda = \lambda(T). \qquad (23)$$

Randbedingungen: $y = 0$: $U = V = 0$, $T = T_w(x)$,

   $y = \infty$: $U = U_\infty$, $V = 0$, $T = T_\infty$.

Macht man diese Gleichungen dimensionslos, so folgen die wichtigen Ergebnisse:

Die Größen U, T, ϱ, μ, λ, $V \cdot \sqrt{x}$ hängen nur von der einzigen (nach Blasius benannten) Variablen $\eta \sim y/\sqrt{x}$ ab.

Nun ist das Kegelproblem nicht eben, sondern rotationssymmetrisch. Die Mangler-Transformation gestattet jedoch den Übergang vom ebenen zum letzteren Fall:

Danach brauchen wir bei laminarer Grenzschicht in der Lösung des ebenen Problems lediglich die Längskoordinate x durch $s/3$ zu ersetzen (wobei s = Längskoordinate, in der Kegelwand von der Spitze aus gemessen), um die Lösung für den Kegel zu erhalten.

Bei turbulenter Grenzschicht gilt der gleiche Übergang mit $s/2$ statt $s/3$.

V. Laminare Grenzschichten

Die Behandlung der Gln. (22), (23), (37) bis (40) führt zu einer Temperaturverteilung in der Grenzschicht: $T = T(y)$; daraus folgt die pro Zeiteinheit an die Flächeneinheit der Wand übergehende Wärme zu $q_w = -\lambda_0(\partial T/\partial y)_{y=0}$. So ergibt sich für den Fall der ebenen Platte:

$$dq_w = -0{,}332 \left(0{,}44 + 0{,}56 \frac{T_w}{T_\infty} + \right.$$

$$\left. + 0{,}09 \sqrt{\sigma}\, \frac{U_\infty^2}{g\, c_p\, T_\infty}\right)^{-0{,}1\lambda_\infty} \frac{\sqrt{\dfrac{U_\infty x}{\nu_\infty}}}{x}\, \sigma^{1/3}\, [T_\infty^* - T_w]\, dx,$$

$$T_\infty^* = T_\infty + \sqrt{\sigma}\, \frac{U_\infty^2}{2\, g\, c_p}.$$

$$(95)$$

An (95) sind Korrekturen anzubringen:

a) Umrechnung auf Kegelströmung: x durch $s/2$ ersetzen.

b) $s = 0$ ist ein singulärer Punkt; dort gilt etwa

$$q_{w\,s=0} \leqslant \frac{\pi}{4}\, \varrho\, U_\infty^3.$$

c) Die Werte μ usw. sind T-abhängig; in (95) sind sie bei $T = 0{,}26\, T_\infty + 0{,}58\, T_\infty + 0{,}16\, T_\infty^*$ einzusetzen.

d) $T_w \neq$ const. hat bei hohem T_∞^* nur wenig Einfluß.

e) Die Gleitung ($U_w \neq 0$) bringt eine geringe Korrektur.

f) T_∞^* ist um so mehr zu korrigieren, je größer es wird, und zwar wegen

   α) $c_p \neq$ const.,

   β) Dissoziation des Grenzschichtgases,

   γ) Ionisation des Grenzschichtgases,

   (δ) Gasstrahlung wird nicht nennenswert emittiert).

VI. Turbulente Grenzschichten

Bei turbulenter Grenzschicht ist es nicht möglich, ein (95) entsprechendes Ergebnis herzuleiten. Die einfache Impulstheorie (nach v. Kármán) liefert jedoch ein Resultat, das der Wahrheit ziemlich nahe kommen dürfte.

Die einfache Impulstheorie verwendet:

1. Anschauliche Vorstellungen über Impuls- und Wärmebilanz;
2. Anschauliche Vorstellungen über die Turbulenz;
3. Messungen über das Geschwindigkeitsprofil, bei turbulenter Grenzschicht die „Subschichtvorstellung".

Damit folgt

$$dq_w = -0{,}028\, \sigma^{1/3}\, \frac{\lambda_w}{x} \left(\frac{U_\infty\, x}{v_w}\right)^{0,8} [T_\infty{}^* - T_w]\, dx. \tag{118}$$

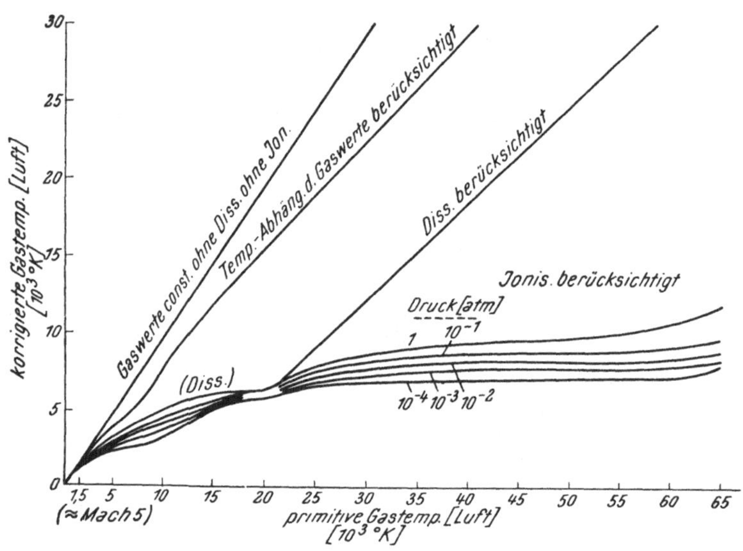

Abb. 3. $T^*_{\infty\,korrigiert}$ in Abhängigkeit von $T^*_{\infty\,nach\,Gl.\,(95)}$.

Die Betrachtungen in den Abschnitten V und VI gelten nur dann, wenn die Wandrauhigkeit einen kritischen Wert ω_{kr} nicht übersteigt; dabei ist

a) bei laminarer Grenzschicht:

$$\omega_{kr} = 25\, \frac{x}{\left(\dfrac{x\, U_\infty}{v_\infty}\right)^{3/4}}, \tag{130}$$

b) bei turbulenter Grenzschicht:

$$\frac{\omega_{kr}\, U_\infty}{v_\infty} = 100. \tag{129}$$

[(129) fordert etwa Korngröße $< 1/100$ mm — das ist technisch bei einer sorgfältig geschliffenen Fläche erfüllt.]

VII. Der Umschlag laminar—turbulent

Die Ursache des Umschlags laminar-turbulent ist in einem Instabilwerden der laminaren Strömung zu suchen.

Bei der Untersuchung der Stabilität laminarer Grenzschichten führte die Methode der kleinen Schwingungen zu schönen Erfolgen — praktisch völlig geklärt ist diese Untersuchung für den Fall der Strömung inkompressibler Medien[1].

VIII. Wandtemperaturen

Der lokale Wärmeeinmarsch ist nunmehr bekannt, sein Mittelwert Q_m also leicht anzugeben.

Unter der Annahme, daß die Haut lediglich nach außen durch Strahlung Energie abgibt, folgt die mittlere Wandtemperatur $\overline{T}_w$ (im Gleichgewicht) mit dem STEFAN-BOLTZMANNschen Gesetz aus

$$Q_m \left(\ldots, \overline{T}_w \right) = \varepsilon_A \cdot 1{,}38 \left(\frac{\overline{T}_w}{10^3} \right)^4 \quad [\text{cal/cm}^2\,\text{sec}] \tag{131}$$

(ε_A: Absorptionsvermögen des Wandmaterials).

Tatsächlich wird nun die Wandtemperatur T_w z. B. an der Kegelspitze größer als $\overline{T}_w$ — die Frage nach der genaueren Temperaturverteilung längs der Kegelwand ist aber schwierig zu beantworten, weil (sobald $T_w \neq$ const.) Wärmeleitungserscheinungen hinzutreten. Immerhin scheint die Aussage möglich, daß

a) für turbulente Grenzschicht und 1 m Kegellänge gilt:

$$T_{w\,max}/\overline{T}_w = 1{,}3,$$

b) für laminare Grenzschicht und 15 m Kegellänge gilt:

$$T_{w\,max}/\overline{T}_w = 2.$$

Kegeloberfläche gebildet von dünner Metallhaut.

Besteht die Außenhaut des Kegels aus einer dünnen (etwa 5 mm dicken) Metallschicht, so ist die Aufheizzeit nur klein (etwa 1 sec). Um den Wärmeeinmarsch in den Kegel klein zu halten, ist unter der Metallhaut eine Isolierschicht (entweder schlechter Wärmeleiter oder Mehrschichtenstrahlungsreflektoren mit Gasfüllung der Zwischenräume, wobei Konvektion möglichst zu unterdrücken ist) anzubringen.

Es ist so möglich, den gesamten Wärmeeinmarsch von ähnlicher Größe zu halten, wie er z. B. aus der Sonneneinstrahlung auf der Erdoberfläche folgt.

IX. Wärmeübergang im Bereich der Gaskinetik

Die Beschreibungsweise der Kontinuumstheorie ist dann nicht mehr anwendbar, wenn die mittlere freie Weglänge l der Partikel in der Flugkörperumgebung dessen Abmessung L vergleichbar wird — dann haben gaskinetische Betrachtungen einzusetzen.

Die KNUDSEN-Zahl K_n ist definiert

$$K_n = \frac{l}{L} \approx (\text{für Luft, } a = \text{Schallgeschwindigkeit}) \approx 1{,}5 \left/ \frac{a\,L}{\nu} \right. \tag{142}$$

Es gilt: Kontinuumstheorie für $K_n < 0{,}01$,
         Gaskinetik   für $K_n > 2$.

(Mit $L = 1$ m entspricht das etwa unter 90 km, bzw. über 130 km Höhe über dem Erdboden.) Für das Zwischengebiet fehlt eine brauchbare Theorie.

---

[1] In diesem Zusammenhang möchte ich auf die das Gebiet des Umschlags der laminaren in die turbulente Grenzschicht behandelnde Diplomarbeit des Herrn M. HEIL (Technische Universität, Berlin, Institut für theoretische Physik) hinweisen.

Über 130 km Höhe wird also der Energietransport an die Wandung so bestimmt, daß man über kinetische und rotatorische Energien der pro Zeit- und Flächeneinheit einfallenden Partikel summiert; entsprechend folgt der molekulare Energietransport von der Wand unter Verwendung der Erfahrungssätze:

1. Die Reflektion ist diffus;

2. der reflektierte Strahl hat betreffs translatorischer und rotatorischer Energie eine sich um die Wandtemperatur T_w gruppierende MAXWELL-Verteilung;

3. oszillatorische Molekelenergien nehmen am Energieaustausch nicht teil.

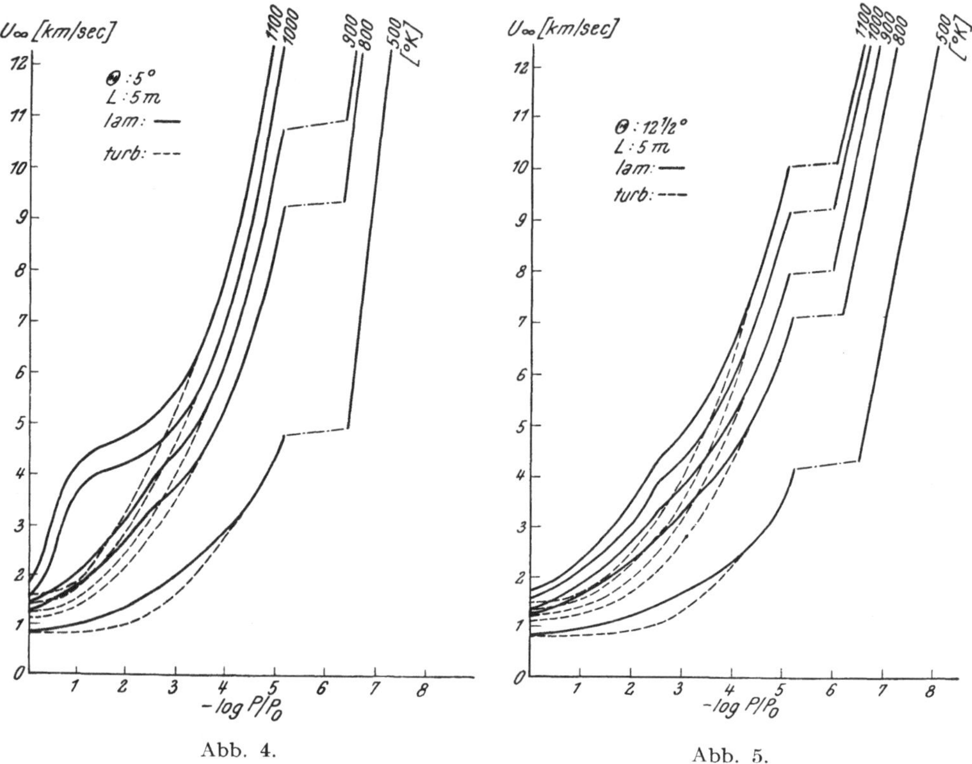

Abb. 4.   Abb. 5.

Die Ergebnisse dieser Rechnung findet man z. B. in [41]. Da geschlossene Ergebnisse nicht erhalten werden, sei hier auf eine Wiedergabe verzichtet.

Vernachlässigt man die Einstrahlung auf die Wand (das wurde bereits bei der Kontinuumstheorie getan und ist für Wandtemperaturen über 500° K erlaubt), so ist nur die Abstrahlung von der Wand zu berücksichtigen. Diese folgt wieder dem STEFAN-BOLTZMANNschen Gesetz.

Die Wandtemperatur folgt natürlich für den stationären Zustand wieder aus der Energiebilanz:

Molekularer Energietransport an die Wand — Abstrahlung von der Wand. Bemerkenswert ist, daß sich hier die Wandtemperatur längs des Kegels konstant ergibt — dadurch treten einige der in Abschnitt VIII angedeuteten Schwierigkeiten nicht auf.

Tabelle 1. *Erdatmosphäre*

p/p_0	$\log p/p_0$	Molgew.	T [°K]	γ/γ_0, ϱ/ϱ_0	Schallgeschwindigkeit a [m/sec]	Höhe [km] Winternacht	Höhe [km] Sommertag	ν [m²/sec]	$\varrho \left[\dfrac{\text{kg sec}^2}{\text{m}^4} \right]$	
1	0	29	290	1	342	0	0	$1,5 \cdot 10^{-5}$	$1,235 \cdot 10^{-1}$	
$3,16 \cdot 10^{-1}$	0,5	29	230	$3,99 \cdot 10^{-1}$	304	10	10	$3,15 \cdot 10^{-5}$	$4,92 \cdot 10^{-2}$	Kontinuum, ohne Schlupf
$7,94 \cdot 10^{-2}$	1,1	29	215	$1,00 \cdot 10^{-1}$	294	20	20	$1,22 \cdot 10^{-4}$	$1,235 \cdot 10^{-2}$	
$1,26 \cdot 10^{-2}$	1,9	29	235	$1,59 \cdot 10^{-2}$	307	30	30	$8,1 \cdot 10^{-4}$	$1,98 \cdot 10^{-3}$	
$3,16 \cdot 10^{-3}$	2,5	29	260	$3,16 \cdot 10^{-3}$	323	40	40	$4,36 \cdot 10^{-3}$	$3,90 \cdot 10^{-4}$	
$6,30 \cdot 10^{-4}$	3,2	29	265	$6,30 \cdot 10^{-4}$	326	50	50	$2,18 \cdot 10^{-2}$	$7,78 \cdot 10^{-5}$	Kontinuum, mit Schlupf
$1,26 \cdot 10^{-4}$	3,9	29	245	$1,59 \cdot 10^{-4}$	313	60	64	$8,23 \cdot 10^{-2}$	$1,98 \cdot 10^{-5}$	
$3,16 \cdot 10^{-5}$	4,5	29	200	$5,01 \cdot 10^{-5}$	283	70	75	$2,22 \cdot 10^{-1}$	$6,20 \cdot 10^{-6}$	
$6,30 \cdot 10^{-6}$	5,2	29	200	$7,94 \cdot 10^{-6}$	283	80	88	$1,41$	$9,82 \cdot 10^{-7}$	
$3,16 \cdot 10^{-7}$	6,5	28	370	$3,16 \cdot 10^{-7}$	393	100	115	$5,85 \cdot 10$	$3,90 \cdot 10^{-8}$	
$1,00 \cdot 10^{-8}$	8,0	26	480	$6,30 \cdot 10^{-9}$	462	120	150	$3,54 \cdot 10^{3}$	$7,78 \cdot 10^{-10}$	Gaskinetik große, freie Weglänge
$2,51 \cdot 10^{-11}$	10,6	24	1000	$1,00 \cdot 10^{-11}$	693	160	260	$3,62 \cdot 10^{6}$	$1,235 \cdot 10^{-12}$	
$3,99 \cdot 10^{-14}$	13,4	21	1100	$8,00 \cdot 10^{-15}$	782	200	360	$4,26 \cdot 10^{9}$	$9,89 \cdot 10^{-16}$	

$$\gamma = \gamma_0 \frac{p}{p_0} \frac{T_0}{T} \frac{M}{M_0}$$

$$p_0 = 1{,}033 \ \text{kg/cm}^2$$

$$\gamma_0 = 1{,}22 \ \text{kg/m}^3$$

$$\varrho_0 = 0{,}1235 \ \text{kg sec}^2/\text{m}^4$$

Nullwerte bei $T = 290^0$ K! Quellen: [3], [4]

$$a = a_0 \sqrt{\frac{T}{T_0} \frac{M_0}{M}}$$

X. Ergebnis

Die Abb. 4 bis 6 zeigen Kurven von Fluggeschwindigkeit aufgetragen gegen Luftdruck, wobei Hauttemperatur (500^0, 800^0, 900^0, 1000^0, 1100^0 K) und Kegelabmessungen ($\Theta = 5^0$, $12^1/_2{}^0$, 30^0; Kegellänge L stets 5 m; letzteres nicht sehr wichtig) als Parameter dienen.

Tab. 1 gibt unter anderem den Zusammenhang zwischen Luftdruck und Flughöhe.

Die Kurven sind getrennt berechnet für Kontinuums- und kinetisches Gebiet; wegen des Fehlens einer Theorie für das Übergangsgebiet wurden sie willkürlich verbunden — der wahre Verlauf dürfte glatter sein.

Nach den Abbildungen werden 12 (8) km/sec fliegbar

für $\Theta = 5^0$, $\overline{T}_w = 1100^0$ K: Nacht: 75 (62), Tag: 80 (68) km Höhe,

$\Theta = 30^0$, $\overline{T}_w = 500^0$ K: Nacht: 130 (115), Tag: 160 (140) km Höhe.

Für die Außenstation ist interessant:

Mit Sonneneinstrahlung sei für $\Theta = 90^0$ am Tage $T_w \leqslant 300^0$K — das ist bestimmt erfüllt, wenn man die Flughöhe über 250 km wählt.

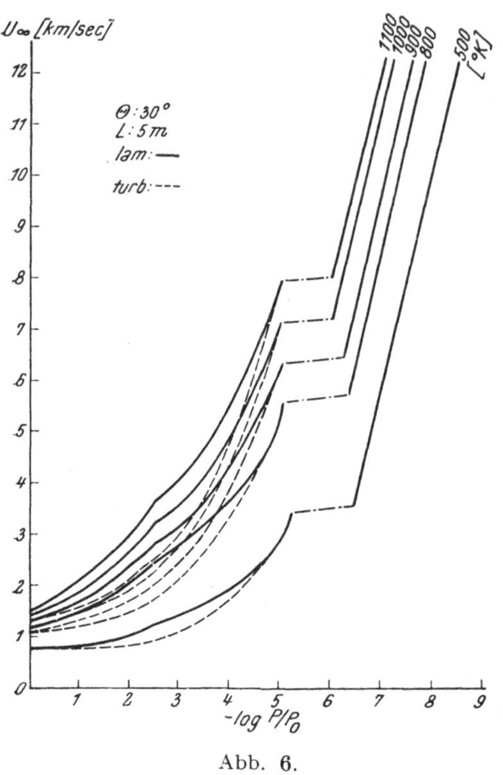

Abb. 6.

Für $T_w = 800^0$ K bei $\Theta = 12^1/_2{}^0$ und einer Fluggeschwindigkeit von 8 km/sec wird die erforderliche Flughöhe 95 (Nacht), bzw. 110 (Tag) km. Diese Zahlen dürften von Bedeutung sein für den Start von Raumfahrzeugen unter Verwendung der Kreisbahn-Nachtank-Technik.

Vielen habe ich zu danken, die mich durch ihren Rat oder freundlich zur Verfügung gestellte, zum Teil schwer beschaffbare Literatur unterstützten; besonders erwähnen möchte ich die Herren F. C. Durant, III; H. L. Dryden, Ph. D.; T. R. F. Nonweiler, B. Sc.

Literaturverzeichnis

1. G. Kuerti, The Laminar Boundary Layer in Compressible Flow. Advances Appl. Mech. 11, 21 (1951).
2. A. Ferri, Elements of Aerodynamics of Supersonic Flows. New York: MacMillan Comp., 1949.
3. E. A. Bonney, Engineering Supersonic Aerodynamics. New York: McGraw-Hill, 1950.
4. E. Sänger, Gaskinetik sehr großer Flughöhen. Schweiz. Arch. angew. Wiss. 16, 43 (1950).
5. Stalder und Jukoff, Heat Transfer to Bodies Travelling at High Speeds in the Upper Atmosphere. N.A.C.A. Rep. 944, 1949.

Ein ausführlicheres Literaturverzeichnis ist in der Originalarbeit enthalten (50 Zitate).

Die rechtliche Natur des Weltraums

Von

A. A. Cocca, Buenos Aires[1], SAI

Zusammenfassung. Die Wissenschaft arbeitet gegenwärtig mit allen Kräften an der Schaffung geeigneter Mittel zur Eroberung des Weltraums. Es ist daher notwendig, gesetzliche Grundlagen für die Anwendung dieser Mittel zu schaffen; darin besteht die jetzige Aufgabe der Juristen, die sich mit astro- und aeronautischen Fragen beschäftigen. Ob der Weltraum unabhängig, also Niemandsland, ob er allen oder einem Einzelnen gehören wird, wird von den jeweiligen Umständen abhängen; der Rechtswissenschaftler kann dieser Situation nicht vorgreifen, ohne Gefahr zu laufen, nur zu Vermutungen zu kommen.

Mit einigen seiner Grundsätze kann das Luftrecht zur Gestaltung des Weltraumrechts als neuer Lehre beitragen. Es sind gerade die aeronautischen Rechtsgelehrten, die den Versuch einer Ordnung dieser neuen Doktrin nach bestimmten Prinzipien gemacht haben. Aber nicht sämtliche Prinzipien des Luftrechts können für das zukünftige Weltraumrecht angewandt werden: Zum Beispiel das Prinzip der ausschließlichen Souveränität der Staaten über ihrem Luftraum, Dogma des Luftrechts, das in seiner Basis betroffen und angegriffen wird beim Versuch der Schöpfung des Weltraumrechts als selbständigen Zweiges der Rechtswissenschaften.

In dieser kurzen Darstellung beziehen wir uns auf einige der bekannten Grundsätze, die die Vorläufer gründlicherer Studien der juristischen Weltraumprobleme darstellen.

I. Thesis der beschränkten Souveränität über den Luftraum

John C. Cooper [1] stellte sich im Laufe eines Vortrags, den er am 5. Jänner 1951 in der „Freien Schule des Rechts" in Mexiko hielt, die Frage: „Bis zu welcher Höhe innerhalb des Luftraums reicht die Oberhoheit des Staates?" „Die Vorlegung der Frage ist einfach," fügte er hinzu, „doch ist die Analyse ziemlich schwierig und die Antwort vielleicht unmöglich."

Das internationale Recht enthält eine Formel: „Luftraum". Aber in diesem Augenblick enthält es keine Regel, um bestimmen zu können, ob eine benutzbare Gegend des Raums, über oder jenseits des „Luftraums" gelegen, an dem Lande, das dem darunter gelegenen Staat unterworfen ist, Teil hat. Hier erscheint die Frage, wissen zu müssen, wie Cooper meint, ob die Fortbewegung von Raketen hinauf nach großen Höhen rechtliche und politische Probleme erstellt.

Nach Meinung des Direktors des Instituts des Luftrechts der McGill-Universität in Montreal (Kanada) wäre es — vielleicht — nötig, eine neue inter-

---

[1] Mitglied des politisch-juristischen Kabinetts des Ministeriums des Äußern und Kultus, Mitglied des Instituts für Handels- und Schiffahrtsrecht der Universität Buenos Aires, Titularabgeordneter des Ministeriums des Äußern und Kultus bei dem beratenden Ausschuß des zivilen Flugwesens.

nationale Konvention zu schaffen, die eine Grenze für die Ausdehnung, bis zu
der die Staaten einen Höhenflug unternehmen können, festlegt.

Das Fehlen einer solchen Konvention führt Professor Cooper zur Prüfung der
juristischen Theorien, um die strittigen Fragen zu entscheiden.

In erster Linie muß man erkennen — sagt er —, daß im Raum eine obere
Grenze für das darunter liegende Gebiet existieren muß, das unter der Oberhoheit eines bestimmten Staates steht. Diese Grenze kann nicht weiter entfernt
sein als der Punkt, bis zu dem praktisch die Anziehungskraft der Erde Einfluß
über einen Gegenstand, der sich im Raum befindet, ausübt in der Weise, daß er
auf die Erde „fällt".

Die oberste Grenze des souveränen Staatsgebiets müßte sich innerhalb eines
Punktes zwischen der obersten Grenze des Luftraums und dieser „oberen Grenze"
der Anziehungskraft der Erde befinden. In irgendeinem Teile dieses ungeheuren
dazwischen liegenden Gebietes — schließt Cooper — hören die Rechte des darunter liegenden Staates gegenüber den anderen Staaten auf.

Nachdem er die Möglichkeit der mächtigen Staaten, die oberen Zonen mittels
der kostspieligen Verfahren weitreichender Raketenflugzeuge zu beherrschen,
untersucht hat, erwähnt er, daß, falls der Grundsatz der tatsächlichen Herrschaft für die Bestimmung der Grenzen des souveränen Staatsgebietes im Raume
angewandt werden soll, die Norm in folgender Weise verstanden werden müßte:
Jeder einzelne Staat, ohne zu berücksichtigen, ob er klein oder schwach sei,
hat und muß anerkannterweise — als Staat mit der gleichen Macht wie jeder
andere — die Rechte der Oberhoheit über sein Gebiet bis zu der gleichen Höhe,
bis zu der die Rechte jedes einzelnen der anderen Staaten reichen, besitzen,
ohne seine wirkliche Möglichkeit in Betracht zu ziehen.

Professor Cooper war kein Optimist beim Äußern seiner Thesis. Er gibt
seiner Meinung Ausdruck, daß er sogar zahlreiche Gründe erwähnen könne, die
der vorgeschlagenen Lösung erfolgreich entgegen stehen. Zu ihren Gunsten
sagte er nur, daß sie der Betrachtung wert ist; daß sie außerdem eine wesentliche
Grundlage für eine Welt biete, in der es sich lohnen würde, zu leben, in der der
schwache Staat nicht in der Gewalt des starken sei. Schon die Absicht, einen
Versuch zu einer Regelung zu unternehmen — schließt er —, zeigt die Bedeutung
des Problems und die Notwendigkeit einer Lösung[1].

II. Thesis der Freiheit des Weltraums

Alex Meyer legt sich die Frage in der folgenden Weise vor: Ist es ratsam
zu wissen, ob gewisse Teile des Weltraums unter irgendwelche Staatsgewalt
kommen können, oder muß dieser in seiner Gesamtheit als freies unabhängiges
Gebiet betrachtet werden?

Er erinnert daran, daß das Prinzip der Ausdehnung der Staatsgewalt bis in
den Luftraum hinein, der sich oberhalb des Land- und Wassergebiets eines Staates
befindet, in erster Linie das Resultat der Tatsache ist, daß das Landgebiet und
der Luftraum darüber für die menschlichen Wesen auf der Erde eine unerläßliche

---

[1] Die Thesis Professor Coopers, deren Synthese wir vorstehend gegeben haben,
erschien zum ersten Male in ihrem englischen Originaltext in Nr. 13 des Berichts der
„International Air Transport Association" (IATA) im Juni 1951. Sie wurde in
„The International Law Quarterly", London 1951, S. 411, nachgedruckt und erschien
in französischer Übersetzung in „La Revue Française de Droit Aérien" im Jahre 1951,
S. 123 ff. Der deutsche Text wurde von der „Zeitschrift für Luftrecht", Jahrgang 1,
Heft 3 (1952), veröffentlicht, außerdem findet sich eine Analyse in der „Revue
Générale de l'Air", 1952, Heft 3, S. 287.

Lebensnotwendigkeit bilden und so eine natürliche Einheit „als Raum und Eigentum" formen.

Die Ausübung einer Staatsgewalt — fügt er hinzu — verlangt in keiner Weise eine wirkliche Besitzergreifung des tatsächlichen Rechts; sie beansprucht nur einen bestimmten Raum mit festgesetzten Grenzen, innerhalb dessen der Staat seine Herrschaft „tatsächlich" ausüben kann. Die Grenzen des Staates innerhalb des Luftraums sind natürlich körperlich unsichtbar. Aber das ist auch nicht nötig; auch im offenen Meer gibt es keine sichtbaren Grenzen, um die territorialen Küstengewässer bestimmen zu können. Es reicht aus, daß die Grenzen festgelegt werden können.

Die zahlreichen militärischen, polizeilichen, sanitären, zollrechtlichen Interessen der Staaten erlauben es ihnen nicht, den Luftraum über ihren Hoheitsgebieten, sei es nun in seiner räumlichen Ausdehnung in die Höhe im ganzen genommen, oder nur von einer bestimmten Höhe ab, als frei zu betrachten, in der Weise, daß dort jeder tun oder lassen könnte, was er wollte. Die Unmöglichkeit eines solchen Begriffs zeigt sich vor allem im Kriege. Das unausweichliche Gesetz der Gravitation macht es jedem Staate unmöglich zu dulden, daß sein Luftraum von den kriegführenden Mächten als Schlachtfeld für die Entscheidung von Kämpfen benutzt wird, was unweigerlich geschehen würde, wenn der Luftraum in allen seinen Teilen freies Gebiet wäre.

Der berühmte deutsche Jurist fährt fort, indem er seine Meinung ausdrückt, daß das Staatseigentum mit der Luftzone ende, denn allein der Raum, der mit Luft erfüllt ist, steht in enger Beziehung mit dem Leben auf der Erde; er muß als durch seine Natur zu ihr gehörig bezeichnet werden. Zwischen dem luftleeren Gebiet des Weltraums und der Erdoberfläche existiert diese naturrechtliche Beziehung schon nicht mehr, wie schon MANDL in seiner Arbeit „Das Weltraumrecht" (Leipzig, 1932) folgerte. Aber auch in einer rechtsbildenden Beziehung kann man das kosmische Raumgebiet nicht als Gebiet bezeichnen, innerhalb dessen sich die Staatsgewalt der Nationen ausbreiten könnte.

Er erinnert hier daran, daß die Ausübung einer Staatsgewalt

1. einen Raum mit bestimmbaren, wenn auch nicht notwendigerweise sichtbaren Grenzen,

2. die Möglichkeit der Ausübung einer wirksamen Staatsoberherrschaft verlangt.

Im kosmischen Weltraum sind diese Vorbedingungen nicht gegeben. Es scheint kein rechtspolitischer Grund zu existieren, schließt MEYER, der eine Ausdehnung der Staatsmacht in den kosmischen Raum hinein nötig mache.

Die militärischen, polizeilichen, sanitären und steuerrechtlichen Interessen, die die rechtspolitische Grundlage für eine Ausdehnung der Staatsgewalt bis in den Luftraum über ihren Gebieten bilden, müßten angemessen sein, um die Ausdehnung einer öffentlichen Gewalt der Staaten weiter hinauf, also in den kosmischen Weltraum hinein, zu rechtfertigen.

Aus den vorstehenden Gründen glaubt Professor MEYER, daß eine Ausdehnung der Souveränität der Staaten über ihre Land-, Wasser- und Luftgebiete bis zum kosmischen Weltraum hinauf, über diesen gelegen, weder durch Naturgesetze, noch durch einen rechtsbildenden Grund gegeben ist, ebensowenig wie durch eine politische Notwendigkeit.

Dies führt zu der Behauptung, daß der kosmische Weltraum als frei betrachtet werden muß [2].

III. Thesis des allgemeinen Staatseigentums

Der Vertreter dieser Thesis ist einer der ernstesten Systematiker des Welt-raumrechts, Professor Joseph Kroell. Er beginnt seine Analyse im besonderen, indem er einen Begriff der „blauen Grenze" darlegt. Für den französischen Juristen wäre diese die feststehende Schranke zwischen der Atmosphäre und dem Leerraum.

Die Souveränität „usque ad coelum" bildet heutzutage einen der stich-haltigsten Grundsätze des internationalen und nationalen positiven Luftrechts. Von den ersten Anfängen ab wurde sie in allen großen aeronautischen Konven-tionen anerkannt und übernommen: so z. B. in denen von Paris, Madrid, Havanna und Chicago. Alle Versuche, sie durch das Prinzip der Freiheit der Luft zu ersetzen, haben sich bis jetzt als erfolglos erwiesen.

Nach Meinung von Kroell kann die Formel „ad infinitum", die ein Erbe des römischen Rechtes darstellt, nicht vorteilhaft sein, da sie nicht den heutigen Verhältnissen angepaßt ist. Sie befriedigt nicht, weil sich aus den aktuellen wissenschaftlichen Kenntnissen ergibt, daß eine feststehende Grenze für die Grenze der Luft oder „blaue Grenze" wirklich existiert. Es gebührt den Physi-kern, den „genauen" Punkt jenseits der Begrenzung der verschiedenen kon-zentrischen Schichten, die unseren Planeten umgeben, zu bestimmen. Diese endgültige Beschränkung ist möglich, ihre Lage ist das Resultat von Berech-nungen und Messungen, sie ist ein mathematisches Ergebnis.

Vom juristischen Standpunkt aus ist es nötig, das Prinzip aufzustellen, daß die „blaue Grenze" durch jene Linie bestimmt wird, deren mathematischer Wert für das Gebiet der Schwerkraft gleich Null ist. In anderen Worten, die Grenze des Himmels befindet sich in dem geometrischen „Punkt", in dem *praktisch* die Anziehungskraft der Erde aufhört und das Gewicht hinsichtlich der Erde nicht mehr zum Ausdruck kommt. Dieser Punkt würde die äußerste Schranke des Gebietes jedes Staates, der auf der Oberfläche unseres Planeten geformt worden ist, bilden. Weiter jenseits existiert nur die unendliche Luftleere des Universums, die einer vollkommen anderen juristischen Verwaltung unterstellt sein wird; die Demonstrationen irgendwelcher Staatsoberherrschaft werden sich ja schon nicht mehr in normaler Weise zeigen können.

Andererseits ist die einseitige Bestimmung der blauen Grenze, jenseits der durch die Natur gesetzten Grenze, ein System, das abgewiesen werden muß, weil, nachdem die natürliche Grenze überschritten ist, einem Staat die Macht gegeben würde, seinem Luftgebiet ungeheure Regionen des kosmischen Welt-raums hinzu zu annektieren. So würde ein gewisser Zustand natürlicher Gleich-berechtigung unterbrochen werden — erörtert der bekannte Völkerrechtler — und so gegen die juristische Gleichheit verstoßen werden, die das Völkerrecht proklamiert. Die Bestimmung einer unteren Grenze würde die Einheitlichkeit der Gestaltung der Erdgrenzen zerstören, und durch die künstliche Schöpfung nebeneinander gestellter atmosphärischer Teilgebiete würde man eine ständige Quelle von Konflikten zwischen Nachbarstaaten schaffen.

Für Kroell darf der außerirdische Raum nur ein Gemeingut darstellen, eine „res communis", aus dem alle Wesen, die die nationale oder staatliche mensch-liche Einheit unseres Globus bilden, ihren Nutzen ziehen können, und in letzter Analyse das Element stellen, welches das umfassende „allgemeine Staatseigen-tum" innerhalb der praktisch unbestimmbaren kosmischen Grenzen enthält, nicht geeignet für eine Besitzergreifung zum Zwecke besonderer Ziele, sondern für das Glück aller Mitglieder der internationalen Gemeinschaft reserviert. Er müßte das Allgemeingut der Menschheit sein.

Wenn auch der planetarische und siderische Weltraum einerseits ohne Eigen-
tümer ist, kann er andererseits aber auch nicht Objekt einer besonderen An-
eignung sein, weil der Besitz des Nichts eine juristische Sinnwidrigkeit ist. Dieser
Leerraum kann nur besetzt werden, und eine solche Besetzung kann bloß einen
unsicheren und vorübergehenden Charakter haben. In anderen Worten, er kann
nur für die Zwecke astronautischer Bewegung benutzt werden. In Wirklichkeit
stellt er ein allgemeines öffentliches Gut dar, innerhalb von vorläufig noch nicht
festlegbaren Grenzen, innerhalb dessen die rechtliche Ausnutzung einzig und
allein der Gemeinschaft der Nationen der Erde reserviert werden kann, der
menschlichen Gemeinschaft und ihren Organisationen, die sie innerhalb des
öffentlichen Rechtes vertreten; mit einem Wort, den in Staaten oder Staaten-
gruppen organisierten Nationen [3].

IV. Thesis der gleichzeitigen Herrschaft der Staatshoheiten im Weltraum

Autor dieser Thesis ist ein Argentinier, Professor Dr. CARLOS ALBERTO PASINI
COSTADOAT von der Universität der Rechts- und Sozialwissenschaften in Buenos
Aires.

Es scheint unangebracht, vom Raum zu reden mit Beziehung auf den Inhalt
oder die Begrenzung, die diese ihm auferlegen, besonders, wenn der Luftinhalt
oder atmosphärische Inhalt eine „res communis" ist, so folgert PASINI COSTADOAT.
Darum spricht er vom Luftraum als „coelum", das heißt Himmel, unbegrenzt
in seinem Sicht- und Geistesbegriff, beschränkt durch logische und juridische Be-
gründung und anscheinend unendlich durch die Durchsichtigkeit und gering-
fügige Dichte des Elements, das ihn füllt, wie auch durch das Fehlen eines ab-
grenzenden Kennzeichens solcher Schranke. Sei dem, wie dem sei, wie würde
eine solche Grenze festgesetzt werden? Die Grenze wäre gegeben durch die
menschliche Verwirklichung.

Er bezieht sich alsdann auf die vervollkommneten Typen von „missiles",
deren Erscheinen es schon erlaubt hat, wissenschaftlich die Möglichkeit in Betracht zu ziehen, daß Gebilde dieser Art die Ionosphäre durchkreuzen und, indem sie die irdische Anziehungskraft überwinden, im Raum ihre Stellung ändern
und mit außerordentlicher Schnelligkeit eine Laufbahn rund um die Erde beschreiben können.

Bei der Formulierung seiner Theorie macht er darauf aufmerksam, daß die
Festsetzung eines idealen Punktes, den die Grenze der Anziehungskraft der Erde
darstelle, nicht möglich sei, da eine solche Grenze allein nur existiert, während
und solange zwei Kräfte einander ausgleichen, die zentrifugale und die zentri-
petale. Das heißt, daß es nötig ist, daß die andere Kraft existiere, um sie auszu-
gleichen, und daß dies sich nur in der Verwirklichung durch den Menschen voll-
ziehen kann. Der Grenzpunkt der Staatsoberhoheit wäre infolgedessen durch die
menschliche Verwirklichung gegeben, das ist durch den am nächsten zur Erde
befindlichen künstlichen Trabanten, der in seiner eigenen Bewegung unabhängig unseren Planeten in seiner Fortbewegung begleitete, mitgezogen durch
den Einfluß der planetarischen Schwerkraft.

Aber die Oberhoheit würde damit nicht begrenzt bleiben — fährt er fort —,
sondern würde sich unter der gleichzeitigen Herrschaft zusammen mit den
übrigen Oberhoheiten, die in dem gesamten Luftraum oberhalb des staatlichen
Luftraums der verschiedenen Staaten gelegen seien, im Maße des Umfangs seiner
planetarischen Anziehung ausdehnen, beherrscht durch die Kraft seiner Fortbewegung.

In wenigen Worten zusammengefaßt: Die Thesis des Professors Pasini Costadoat führt die Oberhoheit des Staates in seinem Umfang, in zwei Zonen geteilt, bis zu ihrem äußersten Punkt: eine staatliche Oberhoheit und eine andere Oberhoheit gleichzeitiger Herrschaft. Ein weiteres Ausdehnen nach oben, das heißt, bis zum Unendlichen — schließt er — würde bedeuten, eine juristische und kosmographische Unmöglichkeit für rechtskräftig zu erklären [4].

Wie Ambrosini [5] hervorgehoben hat, würde die Staatsoberhoheit jenseits der von der menschlichen Verwirklichung erreichten Grenze in der Doktrin von Pasini Costadoat rechtskräftig bleiben. Aber dies würde natürlicherweise schon in Form der gleichzeitigen Herrschaft aller Staaten der Erde geschehen; nämlich eine Art koexistierender Souveränität aller Nationen unseres Planeten. Bis zu welchem Punkt? So weit — erklärt der Autor der Theorie —, daß der Raum, in dem mittels des Verharrungsvermögens die künstlichen Planeten um die Erde herum fliegen könnten, mit eingeschlossen ist, in dem sich auch der natürliche Planet, der Mond, befindet.

Ambrosini hat die Theorien von Cooper und Pasini Costadoat in wechselseitige Beziehung gebracht. Er drückt in dieser Beziehung seine Meinung aus, daß beide das Prinzip der Oberhoheit jedes Staates, die sich über den Raum oberhalb desselben bis zur äußersten Grenze, bei der die Kraft der Anziehung der Erde praktisch aufhört, ausdehnt oder ausdehnen kann, bestätigen. Trotzdem — fährt er fort — stimmen beide Autoren nicht genau in den Einzelheiten der Theorie überein.

Kurz und gut, was den Professor Pasini Costadoat anbelangt, müßte der Raum oberhalb der irdischen Oberfläche in zwei Zonen geteilt werden. Eine, die höhere, „nullius", und die andere (der das Planetensystem der Erde, durch deren Anziehungskraft begrenzt, angehört) der Staatsoberhoheit unterworfen, aber erneut in zwei Zonen geteilt. In der einen würde eine einzige staatliche unabhängige Oberhoheit herrschen, und in der anderen wäre diese der gleichzeitigen Oberhoheit aller Staaten der Erde unterworfen.

Zum Schluß spricht er seine Ansicht aus, daß, wenn die Staaten sich nicht an den Wortlaut der Konventionen von Paris und Chicago halten wollten, welche die staatliche Oberhoheit über den Luftraum oder Atmosphäre — und nicht jenseits davon — proklamieren, der Standpunkt, die irdische Schwerkraft zum Kennzeichen der äußersten Grenze der Oberhoheit zu nehmen, der sachlichste, vernünftigste und sicherste ist.

V. Unsere Meinung

Die Thesen, die im vorstehenden zum Ausdruck gekommen sind, sind einer Betrachtung wert; sie zeigen klar ein lobenswertes Bestreben in dieser Evolution der juristischen Wissenschaften.

Es scheint uns, daß es einer von den Umständen abhängigen Situation entspricht, ob der planetarische Weltraum unabhängig ist, Niemandsland, allen oder irgendeinem beliebigen gehörig, daß er allen Staaten der Erde unter gleichzeitig bestehender Herrschaft zugesprochen werden könnte, ein Zustand, welchem der Rechtswissenschaftler nicht vorgreifen kann, ohne Gefahr zu laufen, in dieser Beziehung ausschließlich und schlechtweg nur zu Vermutungen zu kommen.

Es existiert etwas, was die Wissenschaft gegenwärtig unmittelbar fordert, und das ist: den Raum des Planetensystems zu erreichen, zu erobern. Dazu ist das geeignete Mittel notwendig: das Fahrzeug, das erlaubt, dahin zu kommen, was bis heute noch der menschlichen Bemühung ausweicht. Die gesamte Aufgabe des Juristen und des Gesetzgebers muß auf die Ordnung dieses Mittels gerichtet werden, das die erste Vorbedingung, unumgängliches und unersetzliches Element der erstrebten Eroberung, ist.

Ohne Zweifel ist der Raum des Planetensystems augenblicklich unabhängig, wenigstens was die Erde anbelangt, denn niemand von unserem Planeten hat ihn bisher besetzt. Das, was man nun zu bestimmen versucht, ist die Frage, ob er weiterhin unabhängig sein würde, wenn irgendein Staat oder menschliches Wesen ihn besetzte oder erreichte.

Kann dieser Raum besetzt werden? Ja, mit einer Konstruktion, einem künstlichen Trabanten. Der Kontinent wird besetzt. Das Eigentum, wenn der Ausdruck sich hier anwenden läßt, gehört dem besetzten Raum, welcher kein anderer als der der Konstruktion ist. Aber — können Rechte der Oberherrschaft über den Raum, der von der Konstruktion aus beherrscht werden würde, ausgeübt werden?

Kann man sich in ihm bewegen? Sicher, mittels eines geeigneten Fahrzeugs. Hier wäre nicht ein Eigentumsrecht angebracht, sondern ein Gebrauchsrecht des kosmischen Raums.

Kann jetzt schon der juristische Charakter des kosmischen Raums festgelegt werden? Es handelt sich um eine Frage, bei der es nicht ratsam ist, a priori Gesetze zu schaffen, weil die Staaten keine vorhergehende Gesetzgebung zulassen, wenn ihre Macht und ihre Oberherrschaft im Spiele stehen. Eine Regelung solcher Natur würde nicht beachtet werden. Das Resultat wäre gleich Null. Die Staaten lassen sich nicht auf die Eroberung neuer Kontinente für das Wohl aller Nationen, sondern nur für ihr eigenes Bestes ein.

Wir glauben, daß die Juristen den Gang ihrer Arbeiten umstellen müssen, damit er logischer wäre, was die Hauptsache ist, wenn es sich um die Rechtswissenschaften handelt.

Man ist jetzt dabei, die Herstellung des Mittels, des „missile", zu studieren. Infolgedessen muß dieses von seinen frühesten Anfängen an gesetzlich geregelt werden: das Studium, das der Herstellung vorangeht, die Pläne, Versuche, Erfahrungen.

Und das ist schon Wirklichkeit. Mit dem Innsbrucker Kongreß sind es schon fünf internationale Kongresse, die abgehalten worden sind, um diese Studien in Zusammenarbeit zu verwirklichen.

Der zweite Schritt: die Konstruktion des Fahrzeugs. Wenn eine allgemeine öffentliche Herrschaft über den kosmischen Raum gewünscht wird, muß diese Bedingung als *solche* begonnen werden, mit dem Mittel, das benutzt werden soll, um den genannten Raum zu erreichen.

Wenn das Mittel („missile"), um den Zweck (die Eroberung des kosmischen Raums) zu erreichen, dem allgemeinen öffentlichen Besitz unterstellt ist, würde der zu erobernde Kontinent der juristischen Regelung unterstehen, die ihm mit demselben Recht auferlegt würde wie dem Mittel.

Kurz und gut, wenn die Studien, Projekte, Versuche und Erfahrungen heute dem allgemeinen öffentlichen Besitz angehören, müßte seine Folge, das Fahrzeug, das das Ergebnis dieser Erfahrungen ist, der gleichen juristischen Klausel unterstehen. Und in diesem Falle wird der Raum des Planetensystems eine Eroberung der Gemeinschaft der Menschheit sein.

Literaturverzeichnis

1. J. C. Cooper, s. Fußnote 1, S. 284.
2. A. Meyer, Rechtliche Probleme des Weltraumflugs. In: Probleme aus der Astronautischen Grundlagenforschung, S. 19. Stuttgart: Gesellschaft für Weltraumforschung, 1952; Z. Luftrecht (Berlin) **2**, 31 (1953).

3. J. Kroell, Éléments créateurs d'un droit astronautique. Rev. gén. air (Paris) **16, 222** (1953).
4. C. A. Pasini Costadoat, El espacio aéreo (dominium coeli). Z. der Facultad de Derecho y Ciencias Sociales (Buenos Aires) **7, 1147** (1952).
5. A. Ambrosini, Nos disputarán la Luna o Marte la soberanía sobre el cielo? (Werden uns der Mond oder Mars die Oberherrschaft über den Himmel streitig machen?) El Hogar (Buenos Aires) **49,** Nr. **2263, 81** (1953).

Rilevamento e rivelamento delle caratteristiche di volo dei razzi e missili

C. E. Cremona, Roma[1], AIR

(Con 19 figure)

Zusammenfassung. Zur Lösung der gegenwärtigen technischen Aufgaben der Außenballistik sind die bisher üblichen Registrierverfahren zur Aufnahme der Bahnen ballistisch bewegter Körper (Raketen) und zur Bildentzerrung dieser Bahnen (durch Kinotheodoliten, Radarfernmesser, optische Fernmeßmethoden usw.) nicht geeignet. Geometrische und kinematische Werte, die als hinreichend verläßlich betrachtet werden können, liefert ein neues Verfahren, das von der klassischen Photogrammetrie stammt und feststehende Phototheodoliten benützt.

Heute stellt die Außenballistik aber erhöhte experimentelle Anforderungen, nämlich Aufnahme jener kinematischen Werte, die zur Lösung der dynamischen Bewegungsgleichungen nötig sind, wie Anstellwinkel, Drehgeschwindigkeit und Beschleunigungen; Unabhängigkeit von der geographischen Lage der Aufnahmestationen; vollkommene Genauigkeit der Bildentzerrungsverfahren und Unabhängigkeit dieser Verfahren von den Abmessungen der Wurf- und Aufnahmestrecke.

Die beiden Phototheodolitenverfahren, das photogrammetrische Verfahren, das von den Ballistikern bereits angewendet wird, und das sogenannte „orthosymmetrische" Verfahren, das vom Verfasser 1953 vorgeschlagen wurde, werden beschrieben und miteinander verglichen. Ferner wird die Möglichkeit, einen Bildentzerrungsapparat, das sogenannte „Homologoskop", zu bauen, besprochen und dieser mit dem „Stereokomparator", der bei den photogrammetrischen Verfahren angewendet wird, verglichen.

Der Verfasser kommt zu dem Schluß, daß die beiden erwähnten Verfahren einander wohl wechselseitig ergänzen, aber nicht vollständig ersetzen können. Nach Möglichkeit ist wegen seiner universellen Verwendbarkeit und seiner niedrigen Einrichtungs- und Betriebskosten das orthosymmetrische Verfahren zu wählen.

I. Premessa

Uno dei principali problemi che si impongono oggi alla attenzione dei Tecnici è quello della determinazione, con una accettabile precisione, delle caratteristiche metriche, cinematiche e dinamiche (*caratteristiche balistiche esterne*) delle traiettorie percorse dai mobili a velocità balistiche nella libera atmosfera (*mobili balistici*) specialmente quando essi non abbandonano il dispositivo di lancio *dopo* aver raggiunto la velocità massima — generalmente *supersonica* — ma lo abbandonano *prima* di raggiungerla e la raggiungano poi, a notevole distanza da esso, per effetto di una *autopropulsione* di maggiore (*missili*) o minore (*razzi*) durata.

Le apparecchiature per la registrazione di queste caratteristiche balistiche esterne, si differenziano, quindi, sempre più da quelle adoperate fino ad ora dalla *balistica classica* dovendo fornire indicazioni più numerose di quelle, fino a qualche tempo fa, ritenute sufficienti, e si avvicinano a quelle relative agli impieghi astronometrici e planetari.

---

[1] Viale Arrigo Boito 67, Roma, Italia.

Il problema della registrazione (*rilevamento*), infatti, risulta complicato dalla circostanza che nella moderna balistica dei razzi, dei missili e dei proiettili, specialmente nelle applicazioni aeronautiche, od in quelle dei razzi e dei missili a più stadi, occorre tener presente la *mobilità* della piattaforma di lancio sia nel moto *relativo* (mobile balistico rispetto alla piattaforma mobile o rispetto allo stadio precedente) che in quello assoluto (velocità, assetto ed accelerazioni iniziali diverse da zero).

In questi ultimi anni, si sono sviluppati e realizzati vari *dispositivi di rilevamento* tendenti a superare le difficoltà di registrazione delle caratteristiche balistiche esterne. Essi possono essere raggruppati in quattro categorie principali: *radartelemetrici, cineteodolitici, fototeodolitici*, e più recentemente, *otticotelemetrici*.

Di essi i *cineteodolitici* [1], pur presentando notevoli vantaggi, specialmente per la praticità dell'impiego, non consentono di raggiungere alti valori di precisione nelle registrazioni e si presentano come più adatti, specialmente ai bassi valori iniziali delle accelerazioni lineari, a rilievi cinematici delle traiettorie che non a fornire dati, della desiderata precisione, per i rilievi dinamici.

I dispositivi *radartelemetrici* [2] sono apparsi solo recentemente nell'impiego balistico, ma non si dispone ancora di una sufficiente esperienza per emettere un giudizio circostanziato sulla loro possibilità di utilizzazione; i primi, in particolare, si presentano con la caratteristica precipua di un alto costo d'impianto e di esercizio.

Anche più recentemente sono apparsi dispositivi otticotelemetrici [3] ma questi ultimi sono ancora in fase di messa a punto specialmente per l'impiego nei rilievi sui razzi e sui missili.

Invece i dispositivi fototeodolitici, già da tempo impiegati in balistica esterna, presentano notevoli vantaggi specialmente per quanto si riferisca alle precisioni raggiungibili nella valutazione delle caratteristiche balistiche esterne e di essi ci occuperemo nella presente comunicazione nella quale si espone altresì un metodo originale di ripresa che elimina alcune delle cause che hanno intralciato l'impiego ed il progresso di questo interessantissimo sistema di rilevamento.

Si osserva subito, però, che un tale sistema, vincolato alla registrazione di una traccia luminosa, presenta il suo lato debole nel fatto che il mobile balistico debba essere in grado di emettere una sorgente tanto più luminosa quanto più lunga sia la traiettoria da rilevare e quindi la distanza dell'apparato fototeodolitico dalla traiettoria stessa, sì che la proiezione di quest'ultima possa essere contenuta nel supporto (lastra fotografica) in una scala che consenta possibilità di letture di alta precisione.

Il problema quindi si presenta sotto un triplice aspetto: produzione della sorgente luminosa (senza interferenze con la dinamica del mobile balistico); registrazione della traccia luminosa (*rilevamento*); ricostruzione delle caratteristiche balistiche esterne (*rivelamento*).

In questa esposizione ci occuperemo dei soli due aspetti: *rilevamento* e *rivelamento* rimandando ad altra occasione quello della produzione della sorgente luminosa più idonea.

II. Rilevamento. Metodi fotogrammetrico ed orthosimmetrico (o quasi)

Il *rilevamento* consiste nel registrare su due (o più) supporti sensibili (lastre fotografiche) le proiezioni ottiche centrali in scala opportuna, della traiettoria (o di una parte qualsiasi di essa scelta a piacere) di una sorgente luminosa solidale al mobile balistico, attraverso una opportuna orientazione relativa degli apparati ottico-registratori (camere fotografiche) in relazione alla necessità di identificare sui fotogrammi ottenibili le coppie di punti omologhi delle tracce della traiettoria registrata su di essi.

La scelta, quindi, più opportuna della disposizione terrestre degli apparati registratori, si presenta quindi con il carattere della massima importanza in quanto risultano ad essa vincolati la qualità e la precisione dei dati rilevati.

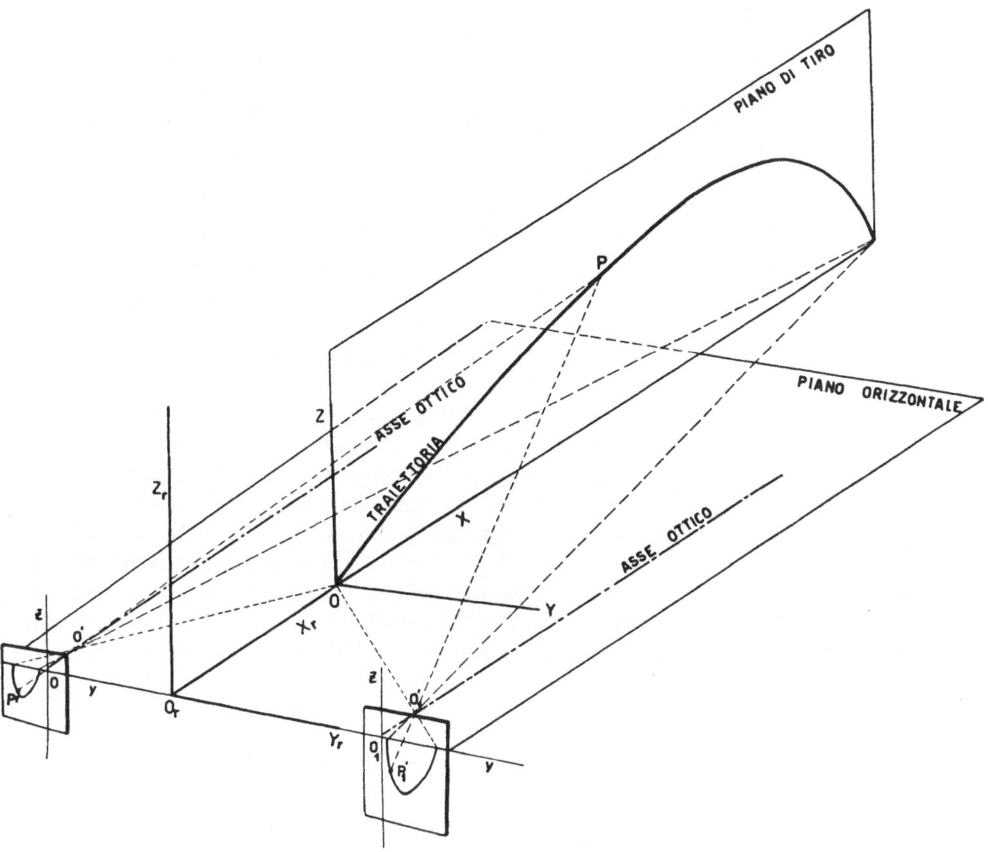

Fig. 1.

1. Metodo fotogrammetrico

Preso in prestito dalla fotogrammetria classica, questo metodo consiste nella disposizione, generalmente indicata con l'attributo di *normale*, in una postazione terrestre di due (o più) fotocamere di presa *complanari* (fig. 1) caratterizzate dall'assenza di *sbandamento, convergenza* ed *obliquità*.

Condizione essenziale è che i campi abbracciati dall'apertura angolare dell'obiettivo delle camere da presa siano sovrapposti in modo che su ciascuna proiezione sia individuabile univocamente lo stesso punto dello spazio (fig. 2).

Ne discende che la postazione delle camere ammette due sole soluzioni: l'una con gli assi ottici *paralleli* e paralleli al presunto piano contenente la traiettoria ideale (*piano traiettorio*) la quale chiameremo *postazione retrostante*, l'altra — sempre con gli assi ottici paralleli ma *normali* (o quasi) al presunto piano traiettorio suddetto — la quale chiameremo *postazione traversale*.

Qualora non si ricercasse una grande precisione nei rilevamenti di una postazione traversale, le camere possono essere messe in postazione in serie in modo che la seconda copra il semicampo adiacente della prima; la terza quello della seconda e così via, in modo da poter abbracciare il più lungo tratto possibile di traiettoria a distanze sufficientemente ravvicinate al piano traiettorio (fig. 3).

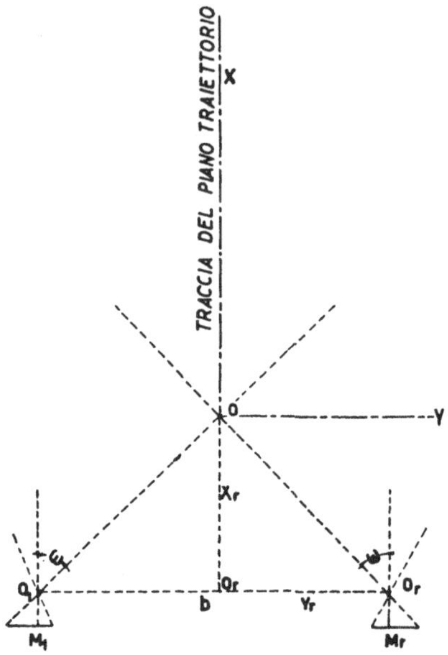

Se si desiderasse, invece una maggiore precisione ed una maggiore probabilità di rilevamento sarà opportuno prevedere per entrambi i tipi di postazione la possibilità di provvedere a postazioni rispettivamente *in serie* ed in *serie e parallelo*[1].

Si osservi che nella postazione retrostante per entrambe le macchine (o multipli di esse) la disposizione a lastre complanari presenta l'inconveniente che le proiezioni della traiettoria sulle lastre giaceranno solo su una zona di esse; da qui la convenienza di adottare talvolta formati asimmetrici (foto-camere O.M.I.-Nistri).

Nelle *postazione traversali*, invece, tutte le lastre verranno totalmente interessate (copertura completa) sì che il formato simmetrico diventa in tal caso raccomandabile, eccezione fatta per la prima e l'ultima camera nelle quali la proiezione della traiettoria giacerà sulla sola metà esterna della lastra[2].

Fig. 2.

Indicando, cioè, con $2nb$ la *lunghezza della traiettoria* (o del tratto di traiettoria) che si vuol rilevare, quale multiplo della lunghezza della base b, il numero N delle macchine necessarie di una *postazione traversale in serie* risulterà $2n + 1$.

---

[1] Nel primo caso (*postazione retrostante*) la distanza minima D_{min} della *base b* (congiungente i centri ottici degli obiettivi delle camere) dalla postazione di lancio — o dall'origine del tratto di traiettoria che interessi — risulterà:

$$D_{min} = \tfrac{1}{2} b \cot \omega + f$$

se siano: ω la semiapertura angolare dell'obiettivo della camera da presa (riferita alla dimensione traversale del supporto sensibile) ed f la sua distanza focale.

Nel secondo caso (postazione traversale) per una postazione *binata* (di *base b*) dovrà invece assumersi una distanza D

$$D = D_{min} + y = \tfrac{1}{2} (b + x) \cotg \omega + f$$

essendo x la lunghezza del tratto utile da rilevare; per una postazione *in serie*, invece, la distanza D_e di massima efficienza teorica (massima copertura) risulta:

$$D_e = b \cotg \omega + f$$

ottenendosi la completa copertura delle lastre senza sovrapposizioni di traiettoria. In pratica converrà proporzionare la lunghezza della base alla distanza in modo che risulti quest'ultima un pò maggiore di D_e e si ottenga una sovrapposizione degli estremi dei tratti di traiettoria ripresi. Così pure la traiettoria se non contenuta totalmente nel piano traiettorio non dovrà mai avvicinarsi alle postazioni ad una distanza minore di D_e. Essendo d la deviazione presunta dal piano traiettorio verso lo schieramento delle postazioni dovrà perciò essere

$$D = D_e + d = b \cotg \omega + f + d.$$

[2] Naturalmente anche nelle *postazioni traversali in serie* possono essere impiegate camere asimmetriche purché se ne tenga conto nella valutazione delle dimensioni delle basi relative.

In tutti i casi suddetti, qualora si voglia completare la serie dei risultati metrici con quelli cinematici e dinamici, occorrerà disporre di una *indicazione temporale di riferimento* che normalmente si ottiene segmentando a frequenza tarata (interruttore od obliteratore rotante) *una* delle due proiezioni della traiettoria nelle postazioni retrostanti ed in quelle traversali (semplici od in parallelo) oppure *quelle* delle macchine di posto pari nelle postazioni *traversali in serie*, tenendo presenti, in questo ultimo caso, le difficoltà insite nell'attuazione

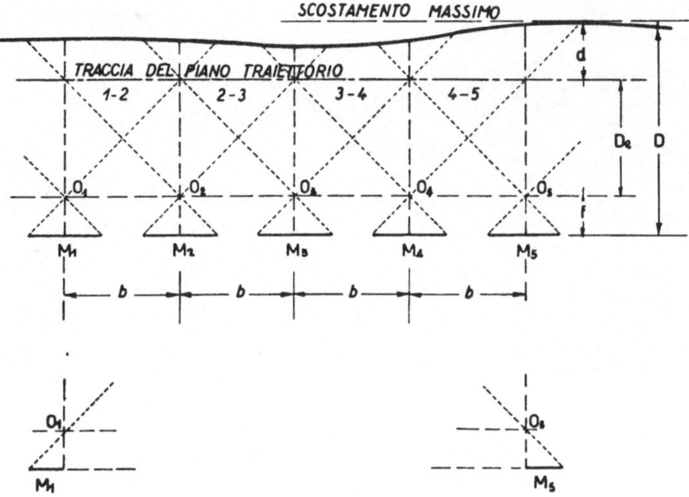

Fig. 3.

sicura del sincronismo delle segmentature [4] a distanze di base talvolta molto grandi e sempre quando non possa nascere equivoco sulla corrispondenza dei riferimenti temporali.

Il metodo fotogrammetrico, però, presenta alcuni inconvenienti pratici fra i quali i principali sono:

1. con postazioni retrostanti:

a) nelle riprese di traiettorie lunghe (missili) o molto curve (razzi) si riscontra che (fig. 4) i tratti segmentati del supporto sensibile della camera munita di obliteratore si vanno accorciando per effetto prospettico man mano che il mobile si allontani dal piano delle postazioni (ciò importa l'inconveniente che, dato che la precisione delle letture delle lunghezze dei segmenti è di ordine fotogrammetrico la calcolazione della variazione di lunghezza di essi sarà tanto meno sicura quanto minore sia la lunghezza del segmento misurato e ciò accade purtroppo quando, per effetto della propulsione, il mobile raggiunge e supera la velocità massima);

b) nel caso abbastanza frequente in pratica, di presenza di dislivello fra le stazioni si riscontra che la traiettoria — od il tratto di essa che più interessi — risulta prossima o giaccia addirittura in un piano nucleare; in tal caso la ricerca dei punti omologhi per mezzo di un comparatore o di uno stereocomparatore diventa problematica data l'incertezza delle intersezioni;

c) la possibilità di utilizzare i campi dei supporti sensibili (fotogrammi) diminuisce con l'avvicinarsi della traiettoria alla base e ciò in contrasto con la possibilità di disporre di sorgenti luminose di sufficienti potenze.

2. con postazioni traversali

a) se le traiettorie presentano scostamenti dal *piano di tiro* — parallelo (o quasi) al *piano di postazione semplice* (binata) o *multipla* — di lieve entità, la determinazione per via fotogrammetrica risulterà compromessa, come vedremo in seguito — dall'ordine di grandezza delle misure fotogrammetriche, sì che l'errore possibile risulterà tale da non consentire deduzioni di sicura attendibilità;

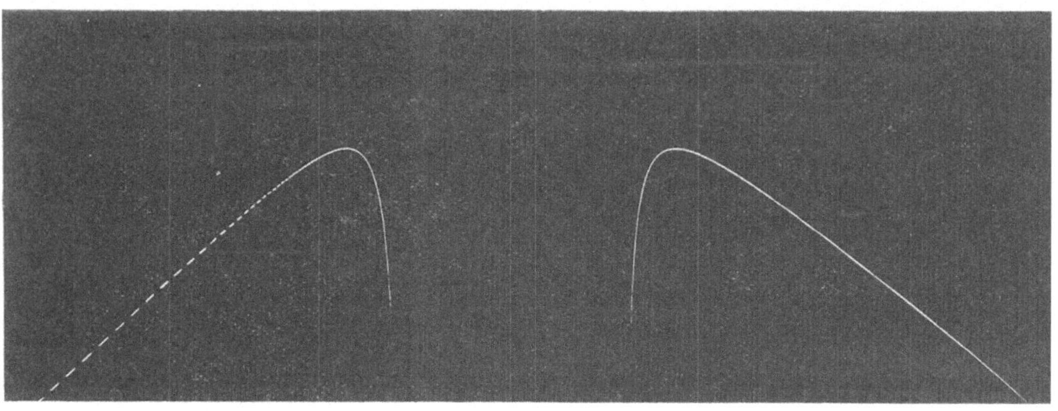

a   *b*

Fig. 4. Sistema fotogrammetrico. Rilievo traiettoria di razzo lento,
a postazione sinistra, *b* postazione destra.

b) la condizione di *complanarietà* e di *orizzontalità* delle camere risulta di difficile attuazione in relazione alla natura del terreno sul quale le camere suddette devono trovare il loro ragionevole appoggio.

Mentre quest'ultima difficoltà trova una fortunata possibilità di eliminazione negli apparati di *rivelamento* (restituzione) otticomeccanici [5], resta il fatto che con il metodo fotogrammetrico si potrà al massimo contribuire alla risoluzione sperimentale del solo „*primo problema balistico*" (proiezione della traiettoria sul piano di lancio ossia registrazione del moto della sorgente luminosa) date le possibilità delle precisioni fotogrammetriche raggiungibili in tali tipi di apparati.

2. Metodo orthosimmetrico (o quasi)

La *Balistica Razionale* classica, infatti, considera un „*secondo problema balistico*" (deviazioni dal piano di lancio ossia studio del moto *intorno* al baricentro) che richiede una diversa soluzione del problema.

Abbandonando il concetto ortodosso della fotogrammetria (parallelismo degli assi ottici) basato sulla necessità di rendere impropri i punti di intersezione dell'*asse nucleare* (retta passante per i centri ottici) con il piano comune delle lastre di ripresa ed adottando, invece quello di renderli *propri* con le intersezioni sui piani contenenti i supporti sensibili (punti necleari) si può pervenire [6] alla risoluzione contemporanea di entrambi i problemi della Balistica Razionale quando la *convergenza* dei due assi ottici raggiunga i 90° (o quasi).

Infatti, in tale condizione una delle due prese, per esempio quella prescelta ad asse *normale* al piano di lancio, offre le migliori possibilità di studio e di controllo sperimentale nel campo del primo *problema balistico* mentre l'altra, ad asse ottico nel piano di lancio, offre le migliori possibilità di studio e di controllo sperimentale nel campo del *secondo problema balistico* (scostamenti dal piano di tiro).

Da quanto sopra discende, come logica conseguenza, l'opportunità di adottare una convergenza di 90⁰ (metodo orthosimmetrico).

Un tale metodo (fig. 5) offre i seguenti vantaggi immediati:

a) intera utilizzazione dei campi delle lastre di entrambe le camere;

b) eliminazione degli effetti prospettici;

c) maggiore precisione nella determinazione delle caratteristiche balistiche esterne.

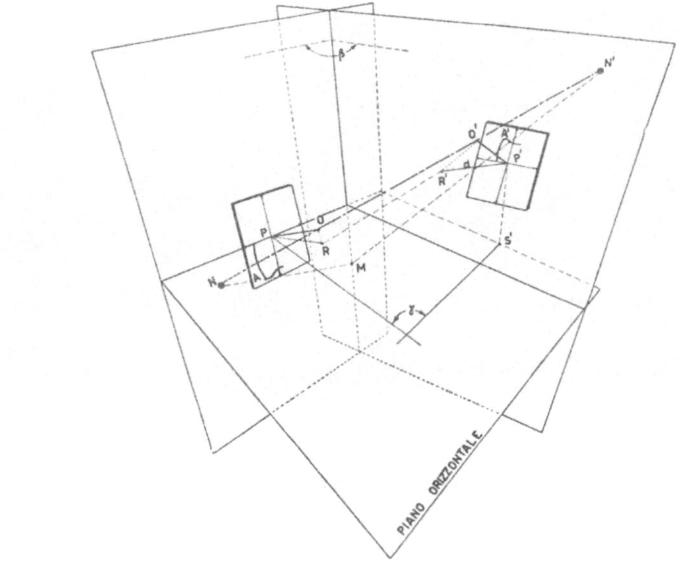

Fig. 5.

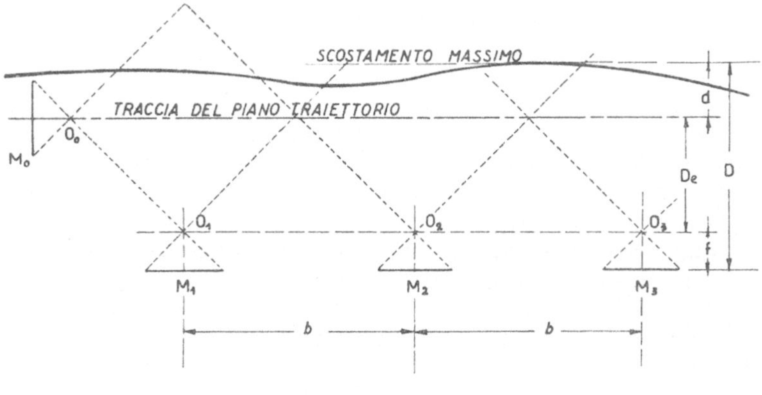

Fig. 6.

Da quanto precede discende ovviamente che il metodo orthosimmetrico esige — a parità di dominio spaziale — una maggiore lunghezza della base b, intesa anche, questa volta, come misura della distanza fra i centri ottici, sia se trattasi di postazione *binata* (semplice o multipla) in parallelo sia — e ciò si presenta come un cospicuo vantaggio — in quella *plurima* in serie (ed in serie e parallelo). Una maggiore lunghezza della base, però, porta di conseguenza la necessità di tener nel debito conto, nella considerazione dell'orientamento relativo spaziale delle macchine di presa fotografica, la convergenza relativa delle verticali delle stazioni[1].

Quanto sopra conduce ad un migliore *rendimento economico* — sia di *impianto* che di *esercizio* — dato che per coprire un campo $2\,n\,b$ di traiettoria risulta sufficiente un numero di macchine uguali ad $n + 1$ delle quali n in sistemazione *traversale* ed una in posizione *retrostante* (fig. 6) nettamente inferiore a quello del caso precedente[2].

a   *b*

Fig. 7. Sistema orthosimmetrico. Rilievo traiettoria di razzo veloce.
a postazione retrostante, *b* postazione traversale.

Anche in questo caso, qualora si voglia completare la serie dei risultati metrici con quelli cinematici e dinamici occorrerà disporre del riferimento temporale che converrà ottenere con una segmentatura (per mezzo di interruttori od obliteratori rotanti) a frequenza tarata da applicarsi alle macchine sistemate in posizione traversale in modo da rendere *minimo* l'effetto prospettico nel rilievo della traiettoria della sorgente luminosa.

Le tracce che se ne deducono (fig. 7) presentano caratteristiche, come appare evidente confrontandole con le analoghe del sistema fotogrammetrico (fig. 4), nettamente superiori a queste ed il calcolo delle caratteristiche balistiche acquista una possibilità di precisione raggiungibile molto maggiore dato che la valutazione delle lunghezze percorse negli intervalli di tempo frequenziati dall'otturatore rotante risultano, opportunamente dimensionando la frequenza, grandi quanto si desiderino rispetto all'approssimazione raggiungibile con il dispositivo di lettura delle coordinate dei punti presi in considerazione, come vedremo in seguito.

In particolare la ripresa retrostante, ottenuta con una macchina il cui asse principale può essere agevolmente situato nel *piano traiettorio di lancio teorico*, fornisce in maniera precisa ed altresì immediata le deviazioni del mobile dal *piano di lancio* stesso senza peraltro che l'effetto prospettico possa in alcun modo influire sulla precisione dei dati forniti dal foto-grammi.

---

[1] Per basi di lunghezza superiore ai 400 m. la curvatura della superficie terrestre incide con errori dell'ordine della tolleranza angolare fotogrammetrica.

[2] La distanza delle postazioni traversali dal presunto piano *traiettorio teorico* risulterà la stessa di quella nelle postazioni fotogrammetriche (fig. 3) risultando anche in questo caso: $D_e = b \cot g\,\omega + f$.

Altro vantaggio del sistema orthosimmetrico è costituito dal fatto che è possibile orientare diversamente in zenit gli assi ottici delle macchine in posizioni traversali, in modo da poter utilizzare al massimo la superficie delle lastre secondo la loro diagonale e che, inoltre, non esiste nessun vincolo nella orizzontalità delle basi (posizioni altimetriche diverse delle stazioni).

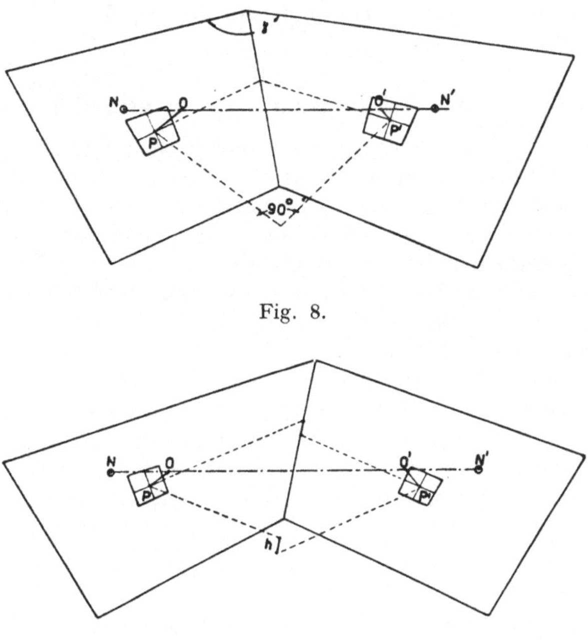

Fig. 8.

Fig. 9.

Questa considerazione porta ad una vasta possibilità di impiego del metodo orthosimmetrico [7] non solo come indicato nelle fig. 8 e 9 ma altresì come indicato nelle fig. 10 e 11 rendendo specialmente in questi ultimi casi, indipendenti totalmente le postazioni delle stazioni dall'orientamento spaziale del piano traiettorio.

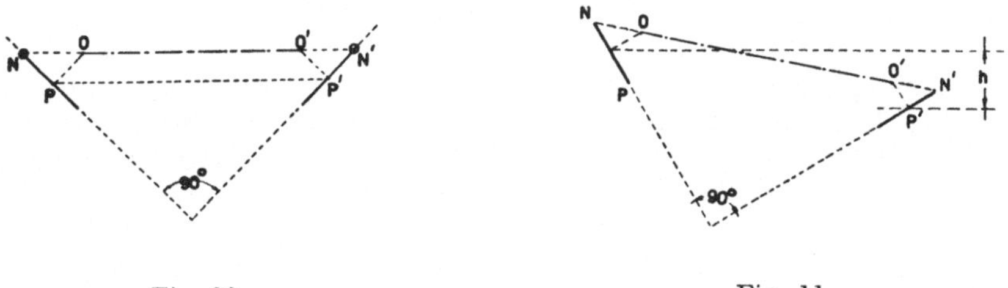

Fig. 10.   Fig. 11.

Così, per esempio, il metodo proposto eliminerebbe tutte le complesse attrezzature normalmente richieste nelle gallerie balistiche [8] per ottenere la ricostruzione spaziale della traiettoria di un modello attraverso la successione di una serie di posizioni — ottenute a mezzo di fotografie intervallate di tempuscoli di durata costante — vincolate da un sincronismo di costosa e laboriosa realizzazione e manutenzione.

Ne risulterà, altresì, come si preciserà più avanti, semplificato il compito della rivelazione potendosi impiegare un dispositivo ottico-meccanico nella valutazione delle coordinate balistiche dei punti omologhi.

In una tale disposizione risulta semplificato il problema della successione dei riferimenti temporali nelle varie lastre delle postazioni traversali e si raggiunge, anzi, una indipendenza totale dal valore delle frequenze della segmentazione sì che queste possono essere *dimensionate* nel modo più conveniente e risultare quindi, anche *diverse* tra loro.

III. Rivelamento — Metodi fotogrammetrico ed orthosimmetrico (o quasi)

La ricostruzione delle caratteristiche metriche, cinematiche e dinamiche, delle traiettorie balistiche viene compiuto attraverso l'esame ottico delle tracce impresse dalla sorgente luminosa sulle lastre fotografiche. Tale esame viene effettuato rilevando una serie di *punti omologhi* e risalendo dalle *coordinate di lastra* a quelle *spaziali* con sistemi proiettivi.

L'alto valore raggiungibile nelle approssimazioni di lettura delle coordinate di lastra (il centesimo di millimetro) con gli *apparati di restituzione* è largamente sufficiente a risolvere gli attuali problemi balistici e risulta nettamente superiore a quelli relativi agli altri dispositivi del genere (trilaterazione successiva).

La ricerca dei *punti omologhi*, invece, si presenta più laboriosa e di minor precisione se non si pervenga ad un dispositivo ottico-meccanico; è, anzi, appunto il dispositivo di restituzione che limita la possibilità di ripresa e che, finora, aveva ristretto il campo di applicabilità del metodo fotostereoscopico a quello classico fotogrammetrico.

1. Metodo fotogrammetrico — Stereocomparatore

La ripresa fotogrammetrica offre, in realtà, il pregio di consentire, in sede di restituzione, l'identificazione dei punti omologhi delle tracce sulle lastre per semplice conservazione di *ordinata di lastra (orizzontalità della base)* o per conservazione di *asse nucleare* (congiungente i centri ottici) in caso di presenza di dislivello tra due stazioni contigue complanari a mezzo di apparati ottico-meccanici che prendono il nome generico di *comparatori*.

E' evidente che la determinazione delle *coordinate di lastra* riferite a due assi cartesiani (aventi il centro O in coincidenza con il punto principale e gli assi y e z individuabili sulla lastra da ,,repairs'' su di essa impressi) per ciascuna coppia di punti omologhi si potrà ottenere più speditamente e con maggior precisione ricorrendo ad un dispositivo ottico-meccanico che contenga la coppia di lastre in esame come per esempio lo stereocomparatore O.M.I.-Nistri [5] dato che un dispositivo del genere offre il pregio di ottenere l'identificazione dei *punti omologhi* per semplice conservazione di *ordinata di lastra* (orizzontalità della base di presa) e le parallassi per spostamento delle immagini di essi fino allo loro coincidenza ottica.

In caso di presenza di dislivello delle due postazioni contigue di rilevamento complanari (base inclinata) lo stereocomparatore può fornire ugualmente l'identificazione dei punti omologhi per conservazione di ordinata di lastra e le relative coordinate riferite agli assi principali di lastra ma questi ultimi risulteranno ruotati dell'angolo che la base forma con l'orizzontale condotta per una delle due stazioni.

In questo caso, come nel precedente, gli spostamenti secondo le due direzioni assiali delle immagini dei punti omologhi fino alla loro coincidenza forniranno i valori delle parallassi che il calcolo tradurrà in parallassi verticale ed orizzontale.

Osserviamo, infine, che — salvo una maggiore laboriosità di calcolo — il metodo di rivelamento suddetto si presta anche nel caso di *complanarità delle lastre* ed inclinazione *azimutale (elevazione)* parallela de gli assi ottici delle camere, purché si conosca, come ovvio, con la debita precisione il valore di tale angolo di elevazione.

Conosciute le coordinate di lastra x e z è agevole risalire a quelle dette *coordinate di rilevamento* aventi l'origine O_r in un punto intermedio della base (per esempio traccia della base sul piano traiettorio) quale congiungente i centri ottici degli obiettivi delle camere e gli assi $O_r X_r$ orizzontale e perpendicolare alla base; $O_r Z_r$ verticale e perpendicolare alla base ed $O_r Y_r$ normale ai primi due (giacente sulla base) per similitudine geometrica di triangoli in funzione della *distanza principale* (distanza fra il centro ottico ed il piano della lastra) ottenendo le *ascisse*, le *ordinate* e gli *scostamenti* di ciascun punto della traiettoria.

Analogamente è possibile riferire ciascuna posizione spaziale del punto generatore della traiettoria ad una terna di *assi balistici* aventi l'origine O nel *punto di lancio*, l'asse orizzontale OX perpendicolare alla base di rilevamento, l'asse verticale OZ perpendicolare al precedente e quello OY perpendicolare ai primi due, ottenendo le *gittate*, le *altezze* raggiunte e le *deviazioni* dal piano traiettorio teorico (piano di lancio).

In definitiva si potranno tracciare le proiezioni cilindriche sui tre piani balistici della traiettoria effettiva del mobile partendo dalle due registrazioni delle immagini luminose sulle lastre delle camere di rilevamento.

Da queste proiezioni si possono dedurre *l'orientazione spaziale* di ciascun elemento della traiettoria; il valore *medio istantaneo* della *velocità sulla traiettoria* considerando incrementi di essa riferiti a tempuscoli (p. es. durata della traccia luminosa funzione della frequenza dell'obliteratore); il valore dell'*accelerazione istantanea relativa*.

E' evidente che i valori che si otterranno risulteranno *approssimati* ed il grado di approssimazione sarà funzione della precisione della misura delle grandezze *reali* (postazione e caratteristiche del dispositivo di rilevamento) e degli *errori* commessi nella lettura delle coordinate di lastra e nella valutazione conseguente della parallassi.

In pratica le misure della base b e della distanza principale p possono ottenersi con alta precisione relativa, di modo che assumono importanza fondamentale le precisioni di lettura consentite dallo stereocomparatore, dalle quali discende anche la precisione di valutazione della parallassi.

Il grado di precisione massimo raggiungibile, però, trova un limite in quello del sistema *obiettivo-emulsione* del dispositivo rilevatore.

Essendo praticamente possibile ottenere in uno stereocomparatore una precisione di lettura del centesimo di millimetro, risulterà, di conseguenza, necessaria una approssimazione al $10''$ nell'orientamento reciproco delle lastre e quindi a tale condizione dovranno soddisfare gli organi destinati al controllo (*livelle* e *collimatori*) delle postazioni delle camere.

Ne discende che:

a) in una *postazione traversale* l'errore dipenderà — a parità di caratteristiche dei dispositivi rivelatori e rilevatori — dal rapporto fra la *distanza* dell'asse ottico e la *lunghezza* della base;

b) in una *postazione retrostante* l'errore risulterà, invece, proporzionale alla distanza del punto della traiettoria dalla base, cioè risulterà proporzionale alla *gittata* a meno che non si operi con postazioni multiple a basi diverse o con una postazione semplice a base variabile con legge prefissata.

Esprimendo cioè gli errori in percento della distanza dalla base ed assumendo come dati gli errori massimi consentiti nella determinazione della *distanza principale* (apparato di rilevamento) e delle parallassi (apparato di rivelamento), compatibilmente con le necessità topografiche della base di rilevamento, risulterà sempre possibile, in alternativa:

— o fissare il limite superiore dell' errore percentuale e determinare i limiti entro i quali dovrà essere contenuto il rapporto fra la lunghezza della base e le coordinate di un punto del tratto di traiettoria in esame;

— o fissare il rapporto fra la lunghezza della base e le coordinate di un punto e determinare l'errore teorico percentuale relativo alle coordinate del punto.

Invece la determinazione della *velocità* ed ancor più dell'*accelerazione* risulta più problematica; infatti, a prescindere dalla considerazione che esiste la non sopprimibile antitesi fra la opportunità di ridurre l'entità dell'elemento spaziale rispetto a quello temporale (per ottenere valori più vicini al vero della velocità media nell'-intervallo) e la opportunità di non ridurre al disotto di un certo minimo l'incremento spaziale perché l'entità degli errori rientri nei limiti di approssimazione voluti, resta il fatto che man mano che il punto si allontana dal piano su cui giacciono le lastre si risentirà sempre più l'effetto *prospettico* che tenderà a ridurre la lunghezza delle tracce, registrate dalle lastre, degli incrementi spaziali, specialmente nelle postazioni retrostanti.

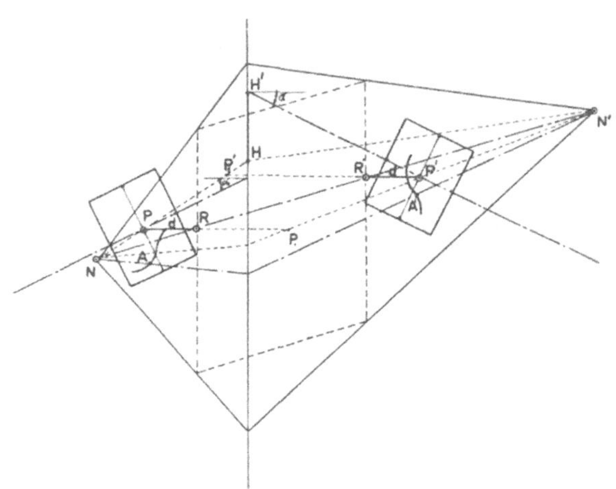

Fig. 12.

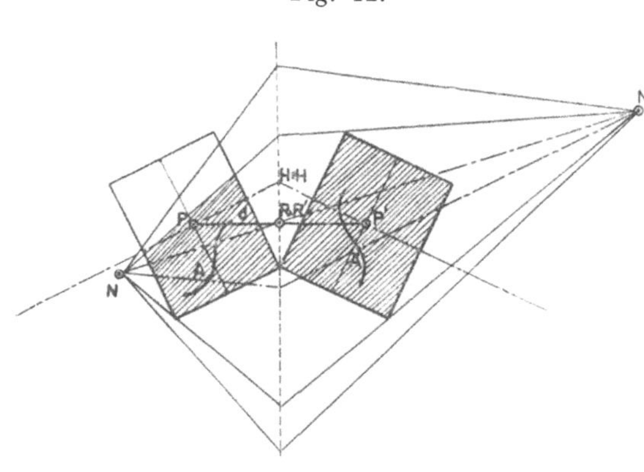

Fig. 13.

Di conseguenza maggiori incertezze intervengono nella determinazione dei valori delle accelerazioni — anzi queste diventano normalmente di non attendibile interesse.

2. Metodo orthosimmetrico—Omologoscopio

Il rivelamento nel metodo orthosimmetrico consiste nella determinazione delle coordinate di lastra di due punti omologhi nelle due riprese ed in ciò non presenta alcuna sostanziale differenza dal metodo fotogrammetrico.

La determinazione degli omologhi, invece, risulta differenziata ma altrettanto semplice e suscettibile di ottenersi a mezzo di un apparato ottico-meccanico di alta precisione e di ridotte dimensioni.

In effetti ogni punto della traiettoria spaziale individua un piano della stella avente per spigolo l'asse nucleare; i *punti nucleari*, tracce dell'asse nucleare sulle faccie del diedro, risulteranno, quindi, a diedro aperto (facce complanari) i centri dei *fasci nucleari* fra i quali sussiste la corrispondenza omografica fra le immagini omologhe del punto generico sulle due lastre.

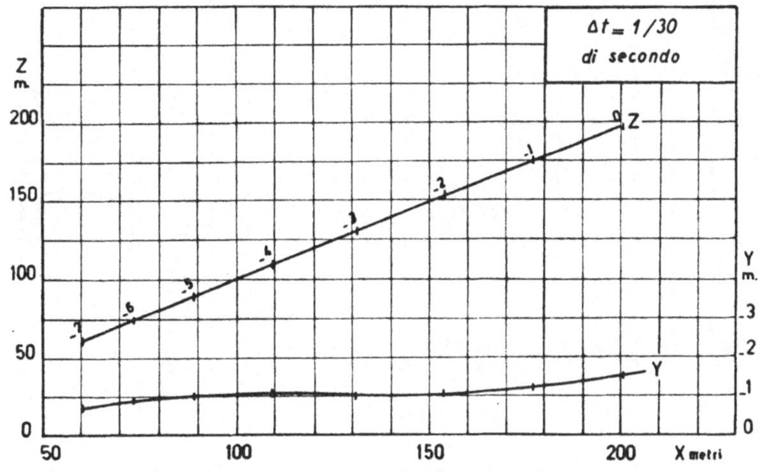

Fig. 14.

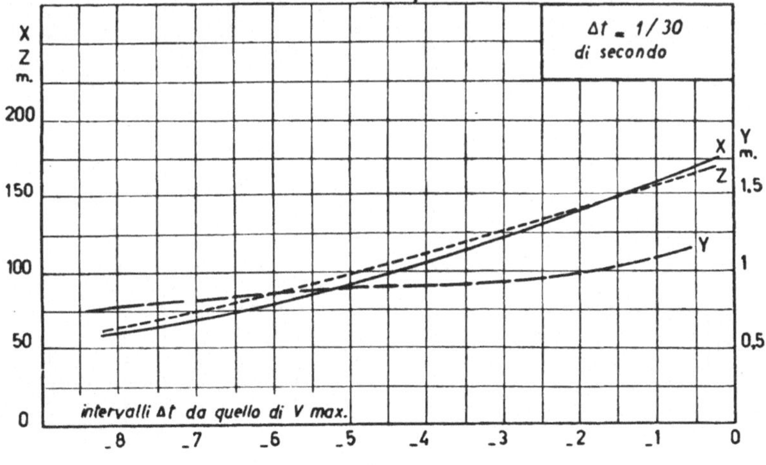

Fig. 15.

Al fine, però, di eliminare, in un dispositivo ottico meccanico la notevolissima differenza fra l'ordine di grandezza delle dimensioni topografiche e quelle fotografiche, si può utilizzare il *metodo dei fulcri* [9] definiti dalle intersezioni del raggio unito della prospettività risultante dai due fasci nucleari con le rispettive perpendicolari abbassate dai punti principali sullo spigolo del diedro (punti R ed R' in fig. 5).

Questi punti godono della proprietà che al variare dell'orientamento angolare reciproco delle lastre, il raggio unito ruota nel piano della prospettività appongiandosi ad essi (fig. 12). Ciò consente di considerare che, muovendo una delle due prospettive fotografiche con tutto il suo piano in modo che non muti il suo orientamento spaziale, fino a che il suo centro ottico, scorrendo lungo l'asse

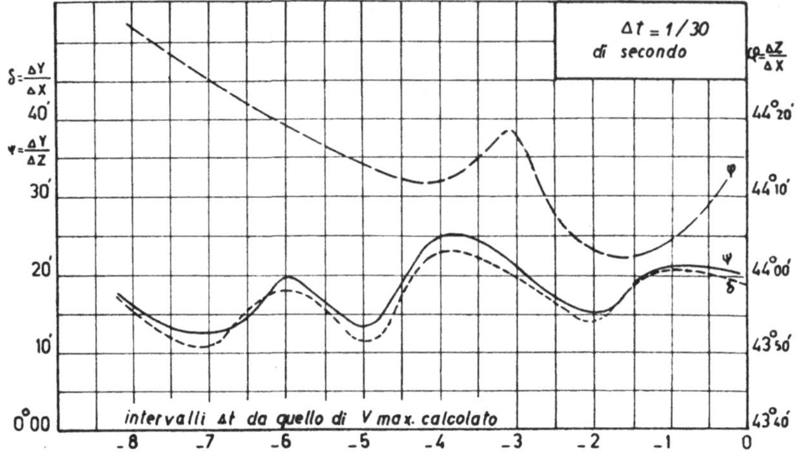

Fig. 16.

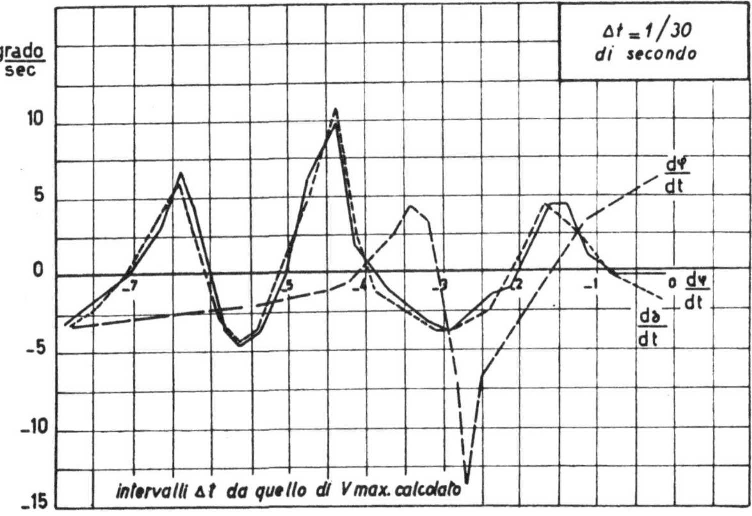

Fig. 17.

nucleare, coincida con il centro ottico dell'altra prospettiva, risulteranno, nel piano sviluppo (fig. 13), conservata la prospettività nucleare ed eliminate le dimensioni topografiche delle postazioni di rilevamento.

La corrispondenza degli omologhi risulterà, allora immediata risultando questi allineati con i rispettivi punti nucleari e con la comune intersezione delle relative congiungenti sullo spigolo del diedro.

Dal punto di vista analitico vale la pena di osservare che sul piano di sviluppo del diedro sono individuabili alcuni parametri (*distanza* dei punti principali dal fulcro unito della proiettività; *sbandamenti* dei due quadri delle lastre rispetto alla congiungente i punti principali) mentre un secondo gruppo di parametri è dato dalle coordinate dei punti nucleari (funzione della ubicazione spaziale reciproca delle due postazioni cioè delle distanze topografiche e dell'eventuale dislivello). Risulterà pertanto possibile od individuare sul piano sviluppo la corrispondenza omografica tra i fasci nucleari noti i parametri di orientamento reciproco o viceversa nota la proiettività (corrispondenza fra almeno tre coppie di immagini omologhe) risalire ai parametri di orientamento esterno delle prese.

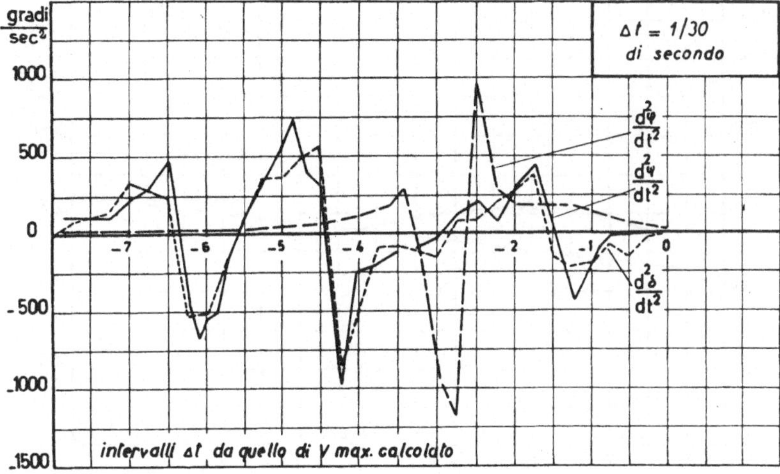

Fig. 18.

Inoltre l'osservazione precedente consente di predeterminare la proiettività nucleare sui quadri di presa in modo che la scala che si presceglie consenta di conseguire la precisione di misura voluta, per es. quella fotogrammetrica.

Anche in questo caso, quindi, sarà sempre possibile dalle coordinate di lastra risalire — una volta noti i punti omologhi — alle coordinate balistiche, per quanto si riferisca alle caratteristiche geometriche delle traiettorie, con approssimazioni molto elevate e — ciò che appare più importante — *percentualmente costanti* al variare della distanza dall'origine del mobile balistico (fig. 14 e 15).

La costanza dell'alto valore della precisione percentuale ottenibile consentirà inoltre la determinazione, con sufficiente approssimazione, dell'orientazione spaziale (fig. 16); delle velocità angolari (fig. 17) e delle accelerazioni angolari (fig. 18).

I valori, ricavabili, della velocità risultante istantanea e della accelerazione tangenziale istantanea (fig. 19) che si deducono dai precedenti, formeranno il quadro completo dal quale lo sperimentatore potrà dedurre le osservazioni e le considerazioni che lo interessino sul comportamento in volo libero del mobile balistico, affidato al suo esame.

IV. Conclusione

I fotogrammi, incisi dalla sorgente luminosa su lastre di opportuno spessore e di particolari caratteristiche di lavorazione, possono raggiungere dimensioni anche molto grandi. Commercialmente può essere adoperabile un formato 30 × 30 *cm* per il quale si possono selezionare lastre di elevata uniformità.

L'esame delle tracce fornirà altresì, ad uno osservatore attento, molti altri fenomeni relativi, per es., alla combustione quando la sorgente luminosa sia formata dal getto fuoriuscente dall'ugello ecc.

Osserviamo infine che entrambi i metodi suddetti, quello fotogrammetrico e quello orthosimmetrico, si completano senza che l'uno possa sostituire totalmente l'altro, fermo restando il fatto che quello orthosimmetrico, per il suo carattere di universalità e per la sua convenienza economica sia d'impianto che di esercizio si presenti preferibile a quello classico fotogrammetrico sempre che ciò sia possibile in relazione al problema in esame.

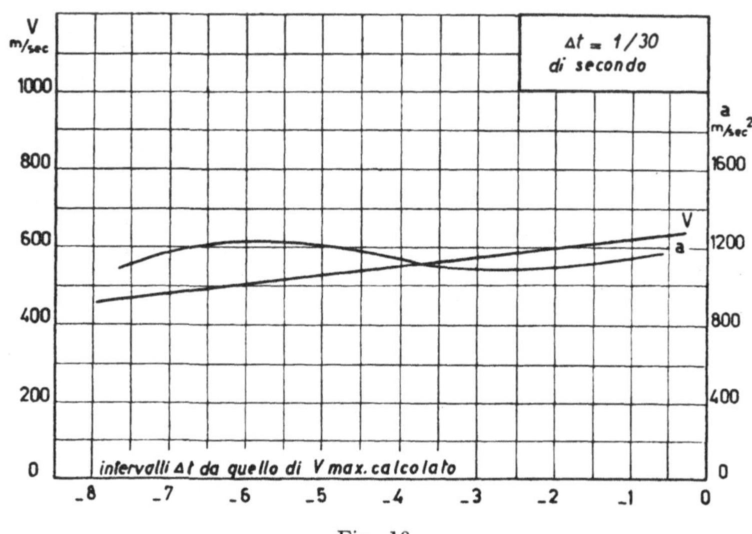

Fig. 19.

Letteratura

1. L. A. Delsasso, L. G. De Bey e D. Renyl, Full-Scale Free-flight Ballistic Measurements of Guided Missiles. Aeronaut. Sci. **15**, 28 (1948).
H. P. Hitchcook e U. M. Reklis, Trajectory of the Rocket A-4 During Observed by Mitchell Photo-Theodolites. B. R. L. Report n⁰ 639.
2. M. H. Nichols e L. L. Ranch, Radio Telemetry. Rev. Sci. Instruments **22**, 1 (1951).
G. H. Melton, Multichannel Radio Telemetering for Rockets. Electronics **21**, 106 (1948).
B. Garfinkel, Doppler determination of position. B. R. L. Report n⁰ 638.
J. C. Coe, Telemetering Guided Missilesperformance.Proc. Inst. Radio Engrs. **36**, 21 (1948).
J. B. Wynn e S. L. A. Ackermann, Guided Missile Test Center Telemetering Station. Electronics **25**, 106 (1952).
3. O. Galileo, Apparecchiatura O. G. Modello AV/1 per la misura della velocità iniziale dei proiettili. Notiz. Arm. Aeronaut. [Roma]: di prossima pubblicazione.
4. L. M. Biberman, S. E. Dorsey e D. L. Ewing, Photographic Tracking of Guided Missiles. Electronics **21**, 92 (1948).
5. L. Ronca, Riv. Maritt., Il rilievo fotogrammetrico delle traiettorie con i metodi della fotogrammetrica classica e la sua precisione teorica. Suppl. Tec., **10**, 7 (1951).
6. C. Cremona, Moderni problemi di Balistica Aeronautica. Conferenza tenuta presso il Ministero Difesa Aeronautica sotto gli auspici dell' A. I. D. A. il 13 Maggio 1953.

7. L. Ronca, La identificazione della corrispondenza omografica nucleare nella ripresa e nella restituzione stereofotogrammetrica di unalinea spaziale, in particolare delle traiettorie di razzi e missili. Seminario Aeronautico, Scuola d'Ingegneria Aeronautica dell'Università di Roma, 1 Giugno 1953.
8. E. Baekofsky, R. Hopkins e S. Dorsey, Microsecond Photography of Rocket in Flight. Electronics 6, 14 (1953).
9. L. Ronca, L'omologoscopio orthosimmetrico ,,O. M. I." sistema Cremona Ronca. Riv. Catasto Servizi. tecn. erariali 5, 297 (1953).